普通高等教育“十一五”国家级规划教材
全国环境保护优秀培训教材(证书编号:JC2016-01-024)
21 世纪高职高专环境类专业新编数字融合系列教材

环境监测

(第 3 版)

主　编　李　理　宁门翠
副主编　吴文彬　张　新　胡方洁
参　编　宋　煜　徐孝静　周玮怡
加依达尔·玛德尼叶提别克
主　审　梁　红

武汉理工大学出版社
·武汉·

内 容 简 介

环境监测是在环境分析的基础上发展起来的一门学科，是环境科学的一个重要的分支学科。环境监测的对象包括对环境造成污染或危害的各种污染因子、反映环境质量变化的各种自然因素、对环境及人类活动产生影响的各种人为因素等。

本教材适合作为本科及高职高专环境类专业的教材，也可供从事环境保护的各类技术人员参考。

图书在版编目(CIP)数据

环境监测/李理，宁门翠主编. —3 版. —武汉：武汉理工大学出版社，2024.5
ISBN 978-7-5629-6903-7

Ⅰ. ①环… Ⅱ. ①李… ②宁… Ⅲ. ①环境监测-研究-中国 Ⅳ. ①X83

中国国家版本馆 CIP 数据核字(2023)第 254344 号

项目负责人：彭佳佳 徐 扬 陈军东
责 任 编 辑：陈 硕
责 任 校 对：李正五
排 版 设 计：芳华时代
出 版 发 行：武汉理工大学出版社
地 址：武汉市洪山区珞狮路 122 号
邮 编：430070
网 址：http://www.wutp.com.cn
经 销：各地新华书店
印 刷：武汉市洪林印务有限公司
开 本：787×1092 1/16
印 张：22.75
字 数：539 千字
版 次：2024 年 5 月第 3 版
印 次：2024 年 5 月第 1 次印刷 总第 5 次印刷
定 价：49.50 元

凡购本书，如有缺页、倒页、脱页等印装质量问题，请向出版社发行部调换。
本社购书热线：027-87391631 87664138 87523148

21世纪高职高专环境类专业新编数字融合系列教材

编审委员会

出版说明

早在2002年我社就组织了全国十多所院校参与编写本套教材，时任教育部高等学校环境工程专业教学指导委员会秘书长、清华大学张晓健教授担任系列教材编审委员会名誉主任。全套教材各门课程的教学大纲、具体内容均由教学指导委员会审订，并将此系列教材确定为教学指导委员会向全国推荐的重点教材。

本套系列教材正式出版后，已被众多学校选用，同时也得到了广大师生的一致好评。其中有6种教材被列为普通高等教育"十一五"国家级规划教材，它们是《大气污染控制工程》《环境工程微生物学》《环境工程基础》《噪声控制工程》《环境监测》《水污染控制工程》；在2014年推出的新1版中，《环境监测》《环境信息技术与统计分析》《环境影响评价》《噪声控制技术》被列为第一批全国环境保护优秀培训教材；还有多种教材荣获教育部全国高等学校优秀教材奖或优秀畅销书奖。这充分说明了教材编审委员会关于教材的定位、内容、结构和编写宗旨是符合专业教学需要和专业建设需要的。

随着时代的发展、科技的进步、教学的改革和知识的更新，该系列教材部分内容也渐渐变得陈旧，亟待再次修订。于是我社自2023年开始重新进行大规模调研，并整合相关资源后，组织相关院校的一些知名教授、教学名师，重新根据当前高等院校的最新教学改革要求，参考国家最新标准进行了一次较大的、全面的修订。

此次修订工作中，我们扎实推动党的二十大精神进教材，发挥课程思政在人才培养过程中的引领作用，注重思政要素在教材中的编排与体现。在技术方面，我们积极引用数字融合出版的各类新技术，使教材在课堂教学活动中以更丰富更生动的方式进行知识内容的迁移与转化。此外我们还依据最新教学模式和教学方法，突出案例教学，牢牢把握住理论够用、实践为重的原则，并吸收近年来国内外环境治理工程的最新技术、最新方法，更加强调依据培养目标培养一线从事生产、服务和管理的应用型、技能型人才。

我们将切实做好为教学服务、为科研事业服务的工作，加强与行业的联系，使系列教材能及时地反映国家环保政策的变化、学术界最新的理论成果、行业应用的新设备及工艺流程，以达到提高专业人才培养质量的目的。

我们诚挚地希望使用本教材的师生对教材提出批评和建议，以便我们不断修订、改善、精益求精！

武汉理工大学出版社

2023年5月

第 3 版前言

生态环境监测是生态环境保护的基础，是生态文明建设的重要支撑。“十四五”时期，我国进入新发展阶段，开启全面建设社会主义现代化国家新征程。进入新发展阶段，对加强生态文明建设提出了新的要求，也对生态环境监测工作提出了新的要求。2021 年 12 月 28 日，生态环境部印发《“十四五”生态环境监测规划》，明确了推进生态环境监测从数量规模型向质量效能型跨越；提高生态环境监测体系与监测能力现代化水平；实现监测先行、监测灵敏、监测准确；保证监测数据“真、准、全、快、新”等新时期生态环境监测发展的总体思路以及碳监测评估、$PM_{2.5}$ 和 O_3 协同控制追因溯源监测、水生态监测、土壤与地下水监测、生态质量监测评价和智慧监测等重点领域的发展方向。为适应新的要求，当前生态环境监测在技术方法、仪器装备、标准体系、监测对象和数字化、智能化等方面正在发生不同程度的变革。高等院校对“新时期”生态环境监测技术人才的培养规格以及教材、教法等也应当顺应时代要求，进行必要的调整。

《环境监测》（第 3 版）是一本为适应高等院校和职业院校生态环境类专业教学需求而编写的应用型教材。原版《环境监测》教材自 2002 年编写出版以来，被众多高校选用并受到广大师生的好评，曾入选普通高等教育“十一五”国家级规划教材。结合环境监测的新发展和原版教材的使用情况重新编写的《环境监测》（新 1 版）、《环境监测》（新 2 版）教材自 2015 年、2018 年出版以来，同样被众多高校选用并受到广泛好评。2016 年 1 月，《环境监测》（新 1 版）曾入选原国家环境保护部“第一批全国环境保护优秀教材”。

为了更好地反映当前生态环境监测领域的新标准、新技术、新方法和新趋势，也为了更好地适应高等教育生态环境类专业的教学需求，突出实用性和实践性，强化学生职业能力的培养和训练，编审委员会在原《环境监测》（新 2 版）教材的基础上，结合我国生态环境监测领域发展现状，进行针对性的修订并重新出版《环境监测》（第 3 版）教材。本教材紧密结合我国生态环境监测的发展现状，内容以现行的相关国家标准为依据，可作为高等院校和职业院校生态环境类专业教材，也可作为生态环境监测相关技术人员的培训教材或参考书。

本教材共分为 10 章。第 1 章绪论；第 2 章环境监测安全知识；第 3 章水和废水监测；第 4 章空气和废气监测；第 5 章土壤污染监测；第 6 章固体废物监测；第 7 章物理性污染监测；第 8 章生物污染监测；第 9 章突发性环境污染事故应急监测；第 10 章环境监测质量保证。本教材建议教学学时为 60 至 80 学时。

参与本教材编写工作的人员有昆明冶金高等专科学校李理（前言、第 1 章、第 5 章）、宁门翠（第 10 章）、宋煜（第 2 章）、吴文彬（第 8 章）；平顶山工业职业技术学院张新（第 4 章）；江西环境工程职业学院胡方洁（第 3 章）；重庆建筑工程职业学院周玮怡（第 6 章）；昆明绿岛环境科技有限公司徐孝静（第 7 章）；阿勒泰职业技术学院加依达尔·玛德尼叶提别克（第 9 章）。全书由昆明冶金高等专科学校李理、宁门翠担任主编并负责统稿和审稿。昆明冶金高等专科学校梁红教授和杨丽芳教授参与了本书大纲的审定工作，并对编写工作提出了许多宝贵意见，在此表示感谢！

由于编者水平有限，编写时间仓促，书中难免存在疏漏和错误之处，恳请读者批评指正。

编　者

2023 年 12 月

第 2 版前言

《环境监测》(新 2 版)是一本为适应高等院校环保类专业教学需求而编写的应用型教材。原版《环境监测》教材自 2002 年出版,2008 年修订以来,被众多高等学校选用并受到广大师生的好评,曾被列为普通高等教育“十一五”国家级规划教材。结合环境监测的新发展和原版教材的使用情况重新编写的《环境监测》(新 1 版)自 2015 年出版以来,同样被众多高等学校选用并受到广泛好评。2016 年 1 月,《环境监测》(新 1 版)入选国家环境保护部“第一批全国环境保护优秀教材”。

环境监测是环境保护工作的重要基础和有效手段。当前的环境监测与多年前相比,在理论、技术和方法上都有了新的进步和发展。为了更好地反映这些新理论、新技术和新方法,也为了更好地适应高等教育环保类专业的教学需求,突出实用性和实践性,强化学生职业能力的培养和训练,编审委员会组织《环境监测》(新 1 版)教材原编写团队,在《环境监测》(新 1 版)的基础上,结合我国环境监测发展现状,进行针对性的修订并重新编写《环境监测》(新 2 版)教材。本教材紧密结合我国环境监测的现状,内容以现行的相关国家标准为依据。本教材可作为高等院校环保类专业教材,也可用作环境监测相关技术人员的参考书。

本教材共分为 10 章,第 1 章绪论;第 2 章水和废水监测;第 3 章空气和废气监测;第 4 章固体废物监测;第 5 章土壤污染监测;第 6 章物理性污染监测;第 7 章生物污染监测;第 8 章室内环境监测;第 9 章突发性环境污染事故应急监测;第 10 章环境监测质量保证。本教材的建议教学学时为 60～80 学时。

参与本教材编写工作的老师有李理、梁红(前言、第 1 章、第 9 章)、蒋成义(第 2 章)、张新(第 3 章)、钱美荣(第 4 章)、隋聚艳(第 5 章)、彭莉(第 6 章)、刘修英(第 7 章)、张征宏(第 8 章)、姚淑霞(第 10 章)。全书由昆明冶金高等专科学校李理、梁红担任主编并负责统稿和审稿。昆明冶金高等专科学校高红武教授、王宜明教授和杨丽芳教授参与了本书大纲的审定工作,并对编写工作提出了许多宝贵意见,在此表示感谢!

由于编者水平有限,编写时间仓促,书中难免存在疏漏和错误之处,恳请读者批评指正。

编　者

2018 **年** 11 **月**

第1版前言

《环境监测》是一本为适应高职高专院校环保类专业教学需求而编写的应用型教材。原版的《环境监测》教材自2002年编写出版，2008年修订以来，被众多院校选用并受到广大师生的好评，入选了普通高等教育“十一五”国家级规划教材。

环境监测是环境保护工作的重要基础和有效手段。当前的环境监测与十多年前相比，在理论、技术和方法上都有了新的进步和发展。为了更好地反映这些新理论、新技术和新方法，也为了更好地适应高等职业教育的教学需求，突出实用性和实践性，强化学生职业能力的培养和训练，编审委员会组织了国内多所知名高职高专院校的具有丰富教学经验和实践经验的教学名师重新编写本书。本书紧密结合我国环境监测的现状，内容以现行的国家标准为依据，力求反映当前国内外的发展水平。

本书共分为10章。第1章绪论；第2章水和废水监测；第3章空气和废气监测；第4章固体废物监测；第5章土壤污染监测；第6章物理性污染监测；第7章环境污染生物监测；第8章室内环境监测；第9章突发性环境污染事故应急监测；第10章环境监测质量保证。

参与本书编写工作的老师有梁红、李理（前言、第1章、第9章、附录一、附录二）、蒋成义（第2章）、张新（第3章）、钱美荣（第4章）、隋聚艳（第5章）、彭莉（第6章）、刘修英（第7章）、张征宏（第8章）、姚淑霞（第10章）。全书由昆明冶金高等专科学校梁红、李理担任主编并负责统稿。昆明冶金高等专科学校高红武教授、王宜名教授和杨丽芳教授参与了本书大纲的审定工作，并对编写工作提出了许多宝贵意见，在此表示感谢！

由于编者水平有限，编写时间仓促，书中难免存在疏漏和错误之处，恳请读者批评指正。

编　者

2014年10月

目　　录

1 绪 论

本章提要

【知识点】

◆ 环境监测的类型及目的

◆ 环境监测技术应用及发展现状

◆ 我国环境标准体系概况

【技能点】

◆ 能够根据环境监测的对象和监测项目查找对应的相关标准

生态环境监测（一般指环境监测）是生态环境保护的基础，是生态文明建设的重要支撑。

环境监测是在环境分析的基础上发展起来的一门学科，是环境科学的一个重要分支学科，也是一门实践与理论并重的应用学科。环境监测是运用各种手段，对影响和反映环境质量因素的代表值进行测定，并得到反映环境质量或环境污染程度及其变化趋势的相关数据和结果的过程。随着人类社会和科学技术的发展，环境监测所包含的内容也在不断扩展。早期的环境监测一般只针对工业污染源，而当今的环境监测不仅针对所有影响环境质量的污染因子，可能还针对生物和生态变化等。早期环境监测只能确定环境实时质量，而当今的环境监测不仅能确定环境实时质量，还能为预测环境质量提供科学依据。

环境监测的对象包括对环境造成污染或危害的各种污染因子、反映环境质量变化的各种自然因素、对环境及人类活动产生影响的各种人为因素等。

环境监测的过程一般可分为现场调查、监测方案制订、优化布点、样品采集、运送保存、分析测试、数据处理、综合评价等环节。

人类可利用环境监测数据及时掌握环境质量现状及其污染程度。所以，环境监测是环境管理和污染治理等工作的基础，在人类防治环境污染，改善生态环境，实现人与环境可持续发展的过程中起着不可替代的作用。

1.1 环境监测的目的与分类

1.1.1 环境监测的目的

环境监测的目的是准确、及时、全面地反映环境质量现状及发展趋势，为环境管理、污染源控制、环境规划提供科学依据。环境监测的任务可具体归纳为：

①根据环境质量标准，利用监测数据对环境质量做出评价。

②根据污染情况，追踪污染源，研究污染变化趋势，为环境污染监督管理和污染控制提供依据。

③收集环境本底数据、积累长期监测资料，为制定各类环境标准（法规），实施总量控制、目标管理、环境质量预测提供依据。

④实施准确可靠的污染监测，为环境执法部门提供执法依据。

⑤为保护生态环境、人类健康以及合理利用自然资源提供服务。

1.1.2 环境监测的分类

环境监测可按其监测介质和监测目的进行分类。

1.1.2.1 按监测介质分类

环境监测按监测介质（环境要素）分类，可分为空气监测、水质监测、土壤监测、固体废物监测、生物监测、生态监测、物理污染监测（包括噪声和振动监测、放射性监测、电磁辐射监测）和热污染监测等。

1.1.2.2 按监测目的分类

（1）监视性监测（又称常规监测或例行监测）

监视性监测是对环境要素的污染状况及污染物的变化趋势进行监测，以达到确定环境质量或污染状况、评价污染控制措施效果和衡量环境标准实施情况等目的。监视性监测是各级环境监测站监测工作的主体，所积累的环境监测数据是确定一定区域内环境污染状况及发展趋势的重要基础。

监视性监测包括两方面的工作：①环境质量监测（指所在地区的水体、空气、噪声、固体废物等的常规监测）；②污染源监督监测（指对所在地区的污染物浓度、排放总量、污染趋势等的监测）。

（2）特定目的性监测（又称特例监测）

特定目的性监测是为完成某项特种任务而进行的应急性的监测，是不定期、不定点的监测。这类监测除一般的地面固定监测外，还有流动监测、低空航测、卫星遥感监测等形式。特定目的性监测可分为以下几种情况：

①污染事故监测

对各种突发污染事故进行现场应急监测，摸清事故的污染程度和范围，造成危害的大小等，为控制和消除污染提供决策依据。如：油船石油溢出事故造成的海洋污染监测、核泄漏事故引起的放射性污染监测、工业污染源各类突发性的污染事故监测等。

②仲裁监测

主要是针对环境法律法规执行过程中所发生的矛盾和环境污染事故引起的纠纷而进行的监测，如：排污收费、数据仲裁、调解处理污染事故纠纷时向司法部门提供的仲裁监测等。仲裁监测应由国家指定的具有质量认证资质的单位或部门承担。

③考核验证监测

一般包括环境监测技术人员的业务考核、上岗培训考核、环境监测方法验证和污染治理项目竣工验收的监测等。

④咨询服务监测

指向其他社会部门提供科研、生产、技术咨询、环境评价和资源开发保护等服务时需要进行的服务性监测。

(3)研究性监测

研究性监测是专门针对科学研究而进行的监测，一般包含以下几种情况：

①标准方法、标准样品研制监测

指为研究制订监测分析方法和研制环境标准物质(包括标准水样、标准气、土壤、尘、植物等各种标准物质)所进行的监测。

②背景调查监测

通过环境监测技术手段调查获取某特定区域环境中生物种群及数量、污染物浓度的背景值或本底值。

③污染规律研究监测

围绕研究污染物产生的途径、迁移转化过程以及污染物质对人、生物和生态环境的影响及规律等方面开展监测。

1.2 环境污染和环境监测的特点

1.2.1 环境污染的特点

(1)广泛性

广泛性指各种污染物的污染影响范围在空间和时间上都比较广。由于污染源强度、环境条件的不同，各种污染物质的分散性、扩散性、化学活动性存在差异，污染的范围和影响也就不同。空间污染范围有局部的、区域的、全球的；污染影响时间有短期的、长期的。一个地区可以同时存在多种污染物质，一种污染物质也可以同时分布在若干区域。

(2)复杂性

复杂性指影响环境质量的污染物种类繁多,成分、结构、物理化学性质各不相同。监测对象的复杂性包括污染物的分类复杂性和污染物存在形态的复杂性。

(3)易变性

易变性指环境污染物在环境条件的作用下发生迁移、变化或转化的性质。迁移指污染物空间位置的相对移动,迁移可导致污染物扩散稀释或富集;转化指污染物形态的改变,如物理相态,化学化合态、价态的改变等。迁移和转化不是毫无联系的过程,污染物在环境中的迁移常常伴随着形态的转化。

(4)综合性

环境是一个复杂体系,当多种环境污染同时存在并达到一定浓度时,其对人体或其他生物体的影响有以下几种情况:

①独立作用:人或其他生物体只受到环境中某一种污染物的危害且没有因其他污染物的共同作用而加深危害。

②相加作用:环境中存在的多种污染物都对人或其他生物体产生危害作用且危害作用等于各种污染物产生的危害作用之和。

③协同作用:环境中存在的多种污染物对人或其他生物体产生危害作用且总体危害作用超过各种污染物单独产生的危害作用之和。

④拮抗作用:环境中存在的两种或两种以上污染物对人或其他生物体产生的危害作用彼此抵消,以致总体危害作用低于各种污染物单独产生的危害作用之和。

从环境毒理学的角度看,环境污染物对人体或其他生物体甚至生态系统的影响往往是多种因素相互叠加的综合效应。

1.2.2 环境监测的特点

(1)综合性

环境监测是一项综合性很强的工作。首先,环境监测的方法包括物理、化学、生物、物理化学、生物化学等,它们都是可以表征环境质量的技术手段。另外,环境监测的对象包括空气、水、土壤、固体废物、生物等,准确描述环境质量状况的前提是对这些监测对象进行客观、全面的综合分析。

(2)连续性

环境污染的时间、空间分布具有广泛性、复杂性和易变性的特点,因此,只有开展长期、连续性的监测,才能从大量监测数据中发现环境污染的变化规律,并预测其变化趋势。数据越多,监测周期越长,预测的准确度就越高。

(3)追溯性

环境监测包含现场调查、监测方案制订、优化布点、样品采集、运送保存、分析测试、数据处理、综合评价等环节,是一项复杂的系统工作。任何一个环节出现差错都将对最终数据的准确性产生直接影响。为保证监测结果的准确度,必须先保证监测数据的准确性、可比性、代表性和完整性。因此，环境监测过程一般都需建立相应的质量保障体系，确保每一个工作环节和监测数据都是可靠的、可追溯的。

1.2.3　环境优先监测

环境中可能存在的污染物质种类繁多，不同种类的污染物质其含量和危害程度往往不尽相同，在实际工作中很难做到对每一种污染物质都开展监测。在人力、物力和技术水平等有限的条件下，往往只能做到有重点、有针对性地对部分污染物进行监测和控制。这就要求按照一定的原则，根据污染物质的潜在危害、浓度和出现频率等情况对环境中可能存在的众多污染物质进行分级排序，从中筛选出潜在危害较大、出现频率较高的污染物质作为监测和控制的重点对象。在这一筛选过程中被优先选择为监测对象的污染物称为环境优先污染物，简称优先污染物(priority pollutants)。针对优先污染物进行的环境监测称为环境优先监测。

从世界范围看，美国是最早开展环境优先监测的国家。美国在20世纪70年代颁布的《联邦水污染控制法》(即《清洁水法案》)中就明确规定了129种优先污染物，其后又增加了43种空气优先污染物。欧盟(原欧共体)早在1975年就在《关于水质的排放标准》的技术报告中列出了环境污染物的“黑名单”和“灰名单”。

早期监测和控制的优先污染物主要是一些在环境中浓度高、毒性大的无机污染物，如重金属等，其危害多表现为急性毒性的形式，容易获得监测数据。而有机污染物由于其种类较多、含量较低且分析检测技术水平有限，所以一般用综合性指标，如COD、BOD、TOC等来反映。随着人类社会和科学技术的不断发展，人们逐渐认识到一些浓度极低的有机污染物在环境和生物体内长期累积，也会对人类健康和环境造成极大的危害。这些含量极低(一般为痕量)的有毒有机物的存在对COD、BOD、TOC等综合指标影响甚小，但其对人体健康和环境的危害很大。这类污染物也逐渐被列为优先污染物进行监测和控制。

环境优先污染物一般都具有以下特点：潜在危害大(毒性大)；影响范围广；难以降解；浓度已接近或超过规定的浓度标准或其浓度呈大幅上升趋势；目前已有可靠的分析检测方法。

我国于1990年公布了“中国环境优先污染物黑名单”，包括14个化学类别共68种有毒化学物质，其中有机物占58种，详见表1.1。原环境保护部(现生态环境部)、工业和信息化部、卫生健康委于2017年12月联合发布了《优先控制化学品名录(第一批)》，包括重金属4类，有机物18类，详见表1.2。三部委于2020年11月再次联合发布了《优先控制化学品名录(第二批)》，收录了18种/类化学品，详见表1.3。

1.2.4　新污染物

新污染物是指排放到环境中的具有生物毒性、环境持久性、生物累积性等特征，对生态环境或者人体健康存在较大风险，但尚未纳入管理或现有管理措施不足的有毒有害化学物质。我国是化学物质生产使用大国，加强新污染物管控工作，是深化环境污染防治，保护国家生态环境安全的必然要求，对于防范环境与健康风险意义重大。党的二十大对“深入推进环境污染防治”作出部署，明确提出“开展新污染物治理”的重要任务。《中共中央 国务院关于深入打好污染防治攻坚战的意见》把新污染物治理能力明显增强作为“十四五”时期主要目标予以部署，并明确提出要强化源头准入，动态发布重点管控新污染物清单及其禁止、限制、限排等环境风险管控措施。2022 年 5 月，国务院办公厅印发《新污染物治理行动方案》，对新污染物治理工作进行全面部署。生态环境部会同有关部门印发了《重点管控新污染物清单（2023 年版）》（生态环境部令第 28 号，以下简称《清单》）已于 2023 年 3 月 1 日起施行。《清单》中列出了四类 14 种类重点管控新污染物，包括：《关于持久性有机污染物的斯德哥尔摩公约》明确的持久性有机污染物（POPs）、已列入有毒有害大气污染物名录或有毒有害水污染物名录并需实施重点管控的新污染物、近期社会高度关注的环境内分泌干扰物壬基酚、国内外高关注的抗生素类物质和我国已淘汰的持久性有机污染物。

表 1.1　中国环境优先污染物黑名单

化学类别	名　称
卤代烃（烷、烯）类	二氯甲烷、三氯甲烷、四氯化碳、1,2-二氯乙烷、1,1,1-三氯乙烷、1,1,2-三氯乙烷、1,1,2,2-四氯乙烷、三氯乙烯、四氯乙烯、三溴甲烷
苯系物	苯、甲苯、乙苯、邻二甲苯、间二甲苯、对二甲苯
氯代苯类	氯苯、邻二氯苯、对二氯苯、六氯苯
多氯联苯类	多氯联苯
酚类	苯酚、间甲酚、2,4-二氯酚、2,4,6-三氯酚、五氯酚、对硝基酚
硝基苯类	硝基苯、对硝基甲苯、2,4-二硝基甲苯、三硝基甲苯、对硝基氯苯、2,4-二硝基氯苯
苯胺类	苯胺、二硝基苯胺、对硝基苯胺、2,6-二氯硝基苯胺
多环芳径	萘、荧蒽、苯并[b]荧蒽、苯并[k]荧蒽、苯并[a]芘、茚并[1,2,3-c,d]芘、苯并[g,h,i]芘
酞酸酯类	酞酸二甲酯、酞酸二丁酯、酞酸二辛酯
农药	六六六、滴滴涕、敌敌畏、乐果、对硫磷、甲基对硫磷、除草醚、敌百虫（美曲膦酯）
丙烯腈	丙烯腈
亚硝胺类	N-亚硝基二丙胺、N-亚硝基二正丙胺
氰化物	氰化物
重金属及其化合物	砷① 及其化合物、铍及其化合物、镉及其化合物、铬及其化合物、铜及其化合物、铅及其化合物、汞及其化合物、镍及其化合物、铊及其化合物

注：①砷的污染性质与重金属类似，故与重金属一起讨论。

表 1.2 优先控制化学品名录(第一批)

编号	化学品名称	CAS 号
PC001	1,2,4-三氯苯	120-82-1
PC002	1,3-丁二烯	106-99-0
PC003	5-叔丁基-2,4,6-三硝基间二甲苯(二四苯麝香)	81-15-2
PC004	N,N′-二甲苯基-对苯二胺	27417-40-9
PC005	短链氯化石蜡	85535-84-8 68920-70-7 71011-12-6 85536-22-7 85681-73-8 108171-26-2
PC006	二氯甲烷	75-09-2
PC007	镉及镉化合物	7440-43-9(镉)
PC008	汞及汞化合物	7439-97-6(汞)
PC009	甲醛	50-00-0
PC010	六价铬化合物	
PC011	六氯代-1,3-环戊二烯	77-47-4
PC012	六溴环十二烷	25637-99-4 3194-55-6 134237-50-6 134237-51-7 134237-52-8
PC013	萘	91-20-3
PC014	铅化合物	
PC015	全氟辛基磺酸及其盐类和全氟辛基磺酰氟	1763-23-1 307-35-7 2795-39-3 29457-72-5 29081-56-9 70225-14-8 56773-42-3 251099-16-8
PC016	壬基酚及壬基酚聚氧乙烯醚	25154-52-3 84852-15-3 9016-45-9
PC017	三氯甲烷	67-66-3

续表 1.2

编号	化学品名称	CAS 号
PC018	三氯乙烯	79-01-6
PC019	砷及砷化合物	7440-38-2(砷)
PC020	十溴二苯醚	1163-19-5
PC021	四氯乙烯	127-18-4
PC022	乙醛	75-07-0

表 1.3　优先控制化学品名录(第二批)

编号	化学品名称	CAS 号
PC023	1,1-二氯乙烯	75-35-4
PC024	1,2-二氯丙烷	78-87-5
PC025	2,4-二硝基甲苯	121-14-2
PC026	2,4,6-三叔丁基苯酚	732-26-3
PC027	苯	71-43-2
PC028	多环芳烃类物质,包括:	
	苯并[a]蒽	56-55-3
	苯并[a]菲	218-01-9
	苯并[a]芘	50-32-8
	苯并[b]荧蒽	205-99-2
	苯并[k]荧蒽	207-08-9
	蒽	120-12-7
	二苯并[a,h]蒽	53-70-3
PC029	多氯二苯并对二噁英和多氯二苯并呋喃	—
PC030	甲苯	108-88-3
PC031	邻甲苯胺	95-53-4
PC032	磷酸三(2-氯乙基)酯	115-96-8
PC033	六氯丁二烯	87-68-3
PC034	氯苯类物质,包括:	
	五氯苯	608-93-5
	六氯苯	118-74-1
PC035	全氟辛酸(PFOA)及其盐类和相关化合物	335-67-1 (全氟辛酸)
PC036	氰化物 *	—

续表 1.3

编号	化学品名称	CAS 号
PC037	铊及铊化合物	7440-28-0(铊)
PC038	五氯苯酚及其盐类和酯类	87-86-5 131-52-2 27735-64-4 3772-94-9 1825-21-4
PC039	五氯苯硫酚	133-49-3
PC040	异丙基苯酚磷酸酯	68937-41-7

* 注:指氢氰酸、全部简单氰化物(多为碱金属和碱土金属的氰化物)和锌氰络合物,不包括铁氰络合物、亚铁氰络合物、铜氰络合物、镍氰络合物、钴氰络合物。

1.3 环境监测技术

环境监测技术包括采样技术、测试技术和数据处理技术等。本节仅介绍常用的污染物分析测试技术。

1.3.1 化学分析法

化学分析法是以化学反应为基础的分析方法,在环境监测中应用较多的是重量分析法和容量分析法(滴定分析法)2 种。

(1)重量分析法

重量分析法是用适当方法先将试样中的待测组分与其他组分分离并转化为一定的形式,再用称量的方式测定该组分含量的分析方法。重量分析法在环境监测中主要用于环境空气中悬浮颗粒物(PM_{10}、$PM_{2.5}$)、降尘以及水体中悬浮固体、残渣、油类等项目的测定。

(2)容量分析法

容量分析法是将一种已知准确浓度的溶液(标准溶液),滴加到含有被测物质的溶液中,根据化学定量反应完成时消耗标准溶液的体积和浓度,计算出被测组分含量的一类分析方法。根据化学反应类型的不同,容量分析法分为酸碱滴定法、配位滴定法、沉淀滴定法和氧化还原滴定法 4 种。容量分析法主要用于水中酸碱度、化学需氧量、生化需氧量、溶解氧、硫化物、氰化物、硬度等项目的测定。

1.3.2 仪器分析法

仪器分析法是利用被测物质的物理或物理化学性质来进行分析的方法。由于这类分析方法一般需要借助相应的分析仪器，因此称为仪器分析法。目前，仪器分析法已被广泛应用于对环境污染物的定性和定量分析中。在环境监测中常用的仪器分析法有光谱分析法（包括紫外-可见分光光度法、红外光谱法、原子吸收光谱法、原子荧光光谱法、X 射线荧光光谱法等）、质谱法、色谱分析法（包括气相色谱法、高效液相色谱法、离子色谱法、气-质联用、液-质联用等）、电化学分析法（包括电位分析法、极谱分析法等）等。例如：污染物中无机金属和非金属的测定常用光谱分析法；有机物的测定常用色谱分析法；污染物的定性分析和结构分析常采用紫外-可见分光光度法、红外分光光度法（即红外光谱法）、质谱法等。

1.3.3 生物技术

生物监测技术是利用生物个体、种群或群落对环境污染所产生的反应信息来判断环境质量状况的一类方法。

生物监测包括生物体内污染物含量的测定、生物在环境中受伤害症状的观察、生物的生理生化反应的测定、生物群落结构和种类变化的监测等几个方面。例如：根据指示植物叶片上出现的受伤害症状，可对大气污染做出定性和定量的判断；利用水生生物受到污染物毒害所产生的生理机能（如鱼的血脂活力）变化，可判断水质污染状况等。所以，这种方法也是一种最直接的反映环境综合质量的方法。

1.3.4 环境监测技术的发展

随着科技的发展和对生态环境保护及管理要求的不断提高，环境监测技术也随之不断发展。人们逐渐认识到环境中部分污染物其浓度虽然极低，但对人体和生态环境的危害作用却很显著。对这类污染物质实施监测，必须借助痕量及至超痕量分析技术，对检测方法及分析仪器灵敏度、准确度、选择性等方面的要求也随之提高。因此，高灵敏度、高准确度、高分辨率的检测技术和分析仪器，如：化学发光分析法、大型精密分析仪器、多仪器联用技术等被日益广泛地应用于环境监测工作中。

当前，环境监测技术正在向高灵敏度、高准确度、多元化方向发展。环境监测正逐步向自动化、标准化、网络化和智慧化方向发展，环境监测仪器正在向便携化、自动化和精细化方向发展。地理信息系统技术 GIS＋遥感技术 RS＋全球卫星定位系统技术 GPS（简称“3S”技术）以及云计算、物联网、大数据、人工智能等新兴技术正在被日益广泛地应用于环境监测中。另外，现代生物技术在环境监测中的应用也逐渐增多。

2021 年 12 月 28 日，生态环境部印发了《“十四五”生态环境监测规划》，提出了以监测先行、监测灵敏、监测准确为导向，以更高标准保证监测数据“真、准、全、快、新”为根基，全面推进生态环境监测从数量规模型向质量效能型跨越，提高生态环境监测体系与监测能力现代化水平的总体思路；同时，也明确了围绕碳监测评估、$PM_{2.5}$ 和 O_3 协同控制追因溯源监测、水生态监测、土壤与地下水监测、生态质量监测评价、智慧监测等重点领域的环境监测技术发展和能力建设总体方向。

1.4 环境监测网络与环境自动监测

1.4.1 环境监测网络

环境监测工作是综合性科学技术工作与执法管理工作的有机结合体。环境监测网络既具有收集、传输质量信息的功能，又具有组织管理功能。目前，国内外建立的环境监测网络主要有两种类型。一种是要素型，即按不同环境要素来建立监测网络，如美国国家环保局的环境监测网络。美国国家环保局设有三个国家级监测实验室（大气监测研究中心，水质监测研究中心，噪声、放射性、固体废弃物及新技术研究中心），分别负责全国各环境要素的监测技术、数据收集处理工作。另一种是管理型，即按行政管理体系来建立监测网络。该类型中监测站按行政层次设立，测点由地方环保部门控制。上述两种类型的监测网络分别如图 1.1、图 1.2 所示。

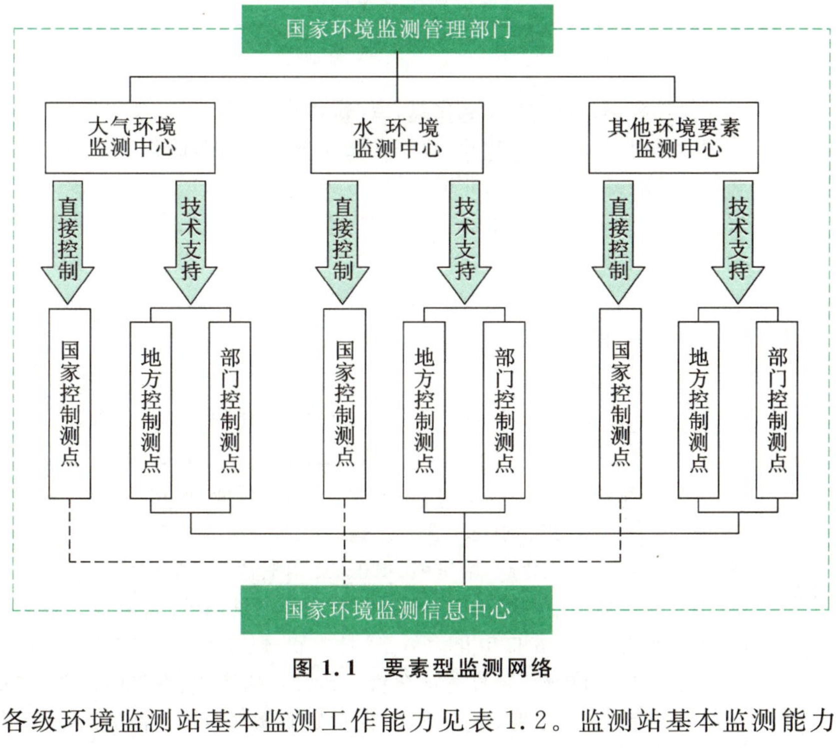

图 1.1 要素型监测网络

我国各级环境监测站基本监测工作能力见表 1.2。监测站基本监测能力主要以能否开展现行的《空气和废气监测分析方法》《水和废水监测分析方法》等各种监测技术规范中列举的监测项目来衡量。原则上一、二级站（国家级、省级）必须具备各项目监测分析能力，其中大气和废气监测共 61 项，降水监测 12 项，水和废水监测 71 项，土壤底质固体废弃物监测 12 项，水生生物监测 3 大类，噪声、振动监测 6 项。三级站（市

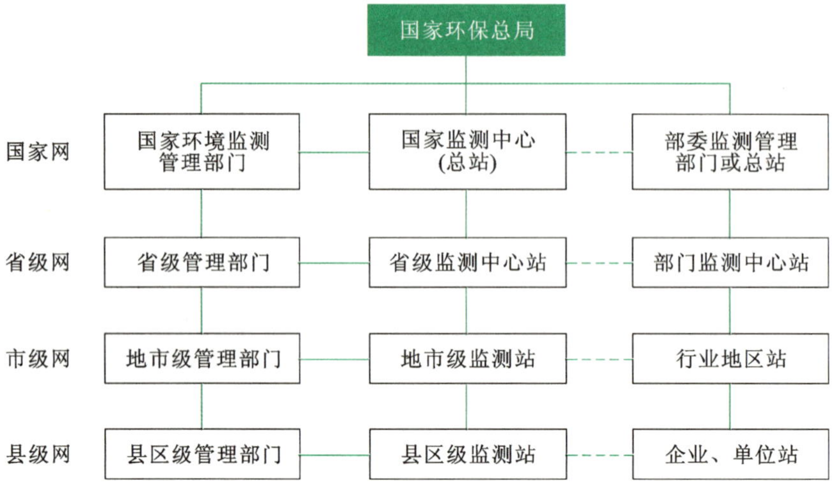

图 1.2　管理型监测网络

级)应尽可能全面具备各项目的监测能力。四级站(县级)监测除以表 1.4 中画“__”标记为必监测项目外,应根据当地污染特点尽可能增加相应的监测项目。

表 1.4　环境监测站基本监测能力一览表

类别	监 测 项 目
大气和废气监测(共 61 项)	一氧化碳、氮氧化物、二氧化氮、氨、氰化物、总氧化剂、光化学氧化剂、臭氧、氟化物、五氧化二磷、二氧化硫、硫酸盐化速率、硫酸雾、硫化氢、二硫化碳、氯气、氯化氢、铬酸、雾、汞、总烃及非甲烷烃、芳香烃(苯系物)、苯乙烯、苯并[a]芘、甲醇、甲醛、低分子量醛、丙烯醛、丙酮、光气、沥青烟、酚类化合物、硝基苯、苯胺、吡啶、丙烯腈、氯乙烯、氯丁二烯、环氧氯丙烷、甲基对硫磷、美曲膦酯、异氰酸甲酯、肼和偏二甲基肼、TSP、PM_{10}、降尘、铍、铬、铁、硒、锑、铅、铜、锌、铬、锰、镍、镉、砷、烟尘及工业粉尘、林格曼黑度
降水监测(共 12 项)	电导率、pH 值、硫酸根、亚硝酸根、硝酸根、氯化物、氟化物、铵、钾、钠、钙、镁
水和废水监测(共 71 项)	水温、水流量、颜色、臭、浊度、透明度、pH 值、残渣、矿化度、电导率、氧化还原电位、银、砷、铍、镉、铬、铜、汞、铁、锰、镍、铅、锑、硒、钴、铀、锌、钾、钠、钙、镁、总硬度、酸度、碱度、二氧化碳、溶解氧、氨氮、亚硝酸盐氮、硝酸盐氮、凯氏氮、总氮、磷、氯化物、碘化物、氰化物、硫酸盐、硫化物、硼、二氧化硅(可溶性)、余氯、化学需氧量、高锰酸钾指数、五日生化需氧量、总有机碳、矿物油、苯系物、多环芳烃、苯并[a]芘、挥发性卤代烃、氯苯类化合物、六六六、滴滴涕、有机磷农药、有机磷、挥发性酚类、甲醛、三氯乙醛、苯胺类、硝基苯类、阴离子合成洗涤剂
土壤底质固体废弃物监测(共 12 项)	总汞、砷、铬、铜、锌、镍、铅、锰、镉、硫化物、有机氯农药、有机质

续表 1.4

类别	监测项目
水生生物监测（共 3 类）	水生生物群落、水的细菌学测定、水生生物毒性测定
噪声、振动监测（共 6 项）	区域环境噪声、交通噪声、噪声源、厂界噪声、建筑工地噪声、振动

1.4.2 环境自动监测

要达到控制污染、保护环境的目的，必须掌握环境质量变化，进行定点、定时的人工采样与监测，月复一月、年复一年地积累各类监测数据，然后通过综合分析找出污染现状和变化规律。完成这项工作需要花费大量的人力、物力和财力。20 世纪 70 年代初，世界上许多国家和地区相继建立了可连续工作的大气和水质污染自动监测系统，使环境监测工作向连续自动化方向发展。环境自动监测系统的工作体系由一个中心监测站和若干个固定的监测分站（子站）组成，如图 1.3 所示。

环境自动监测系统 24 小时连续自动地在线工作，在正常运行时一般不需要人员参与，所有的监测活动（包括采样、检测、数据采集处理、数据显示、数据打印、数据贮存等），都是在电脑的自动控制下完成的。

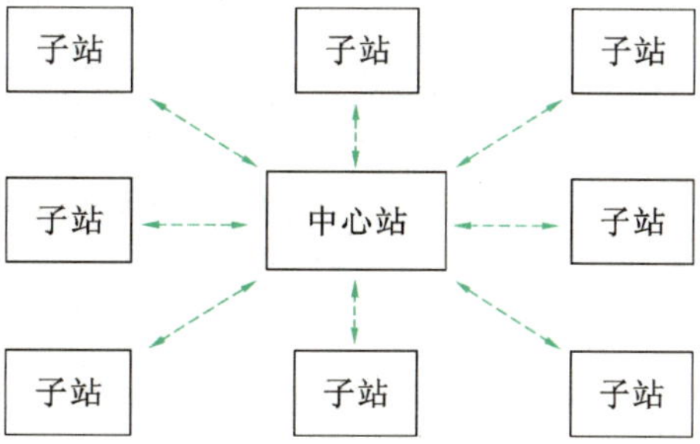

图 1.3 环境自动监测系统示意图

子站的主要工作任务包括通过电脑按预定的监测时间、监测项目进行定时定点样品采集、仪器分析检测、检测数据处理、定时向中心监测站传送检测数据等。

监测中心站的主要工作任务包括收集各子站的监测数据、处理数据、统计检验结果、打印污染指标统计表、绘制污染分布图、公布污染指数、发出污染警报等。

1.4.3 我国环境监测网络

我国的环境监测网络在最初的管理型监测网络（按行政管理体系建立）的基础上逐步建立和完善了以环境要素为基础的跨部门、跨行政区的要素型监测网络，如三峡工程生态与环境监测信息管理中心、东亚酸沉降监测网中国网、国家海洋环境监测中心等。早在 20 世纪 90 年代初，我国就建立起了国家环境质量监测网（简称国控网），形成了国家、省、市、县四级环境监测网络。自 1998 年起，设立了国家环境监测网络专项资金，用于环境监测能力和监测信息传输能力等方面建设。目前，我国已建成覆盖全国的自动化、标准化的环境质量监测网络，涵盖了地表水质量自动监测系统（图 1.4）、空气质量自动监测系统(图 1.5)、污染源自动监测系统、近岸海域自动监测系统、生态监测系统等。

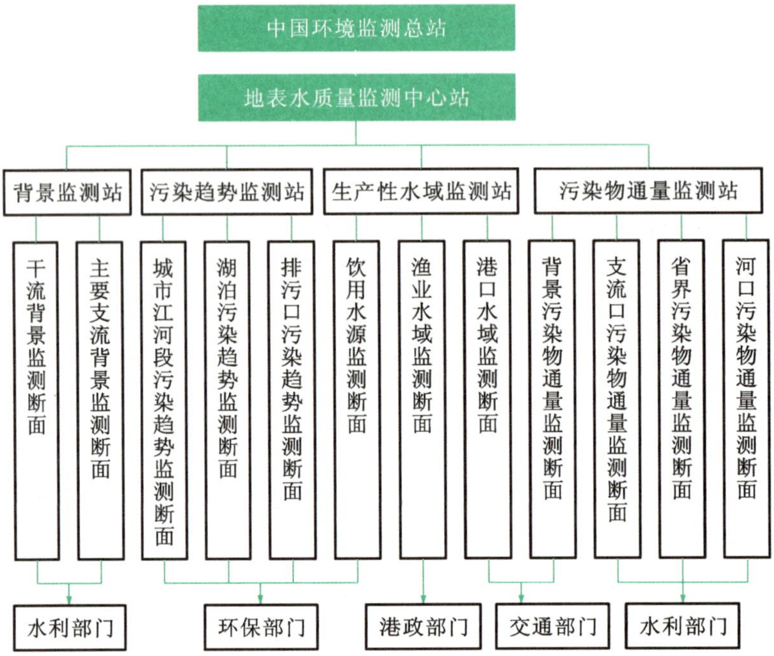

图 1.4　地表水质量监测网组成示意图

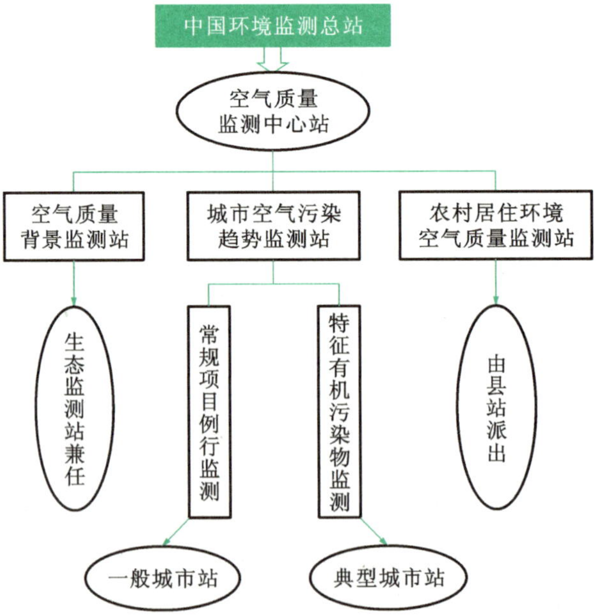

图 1.5　空气质量监测网组成示意图

1.5 环境标准

标准是经公认的权威机构批准的一项特定标准化工作成果(ISO定义),它通常以文件的形式规定必须满足的条件或基本单位。环境标准是以防止环境污染,维护生态平衡,保护人群健康为目的,对环境保护工作中需要统一的各项技术规范和技术要求所做的规定,也是有关控制污染、保护环境的各种标准的总称。

环境标准是环境保护法规的重要组成部分,具有法律效力;环境标准是环境保护工作的基本依据,也是判断环境质量优劣的标尺。环境标准在无形中推动环境科学的不断发展。环境标准是一个动态标准,它必须根据所处时期的科学技术水平、社会经济发展状况、环境污染状况等来制定。环境标准通常每隔几年修订一次,新标准一旦颁布,老标准自动作废。

1.5.1 我国环境标准体系

我国的环境标准体系由国家环境保护标准、地方环境保护标准和国家环境保护行业标准三部分组成。我国环境标准体系构成如图1.6所示。

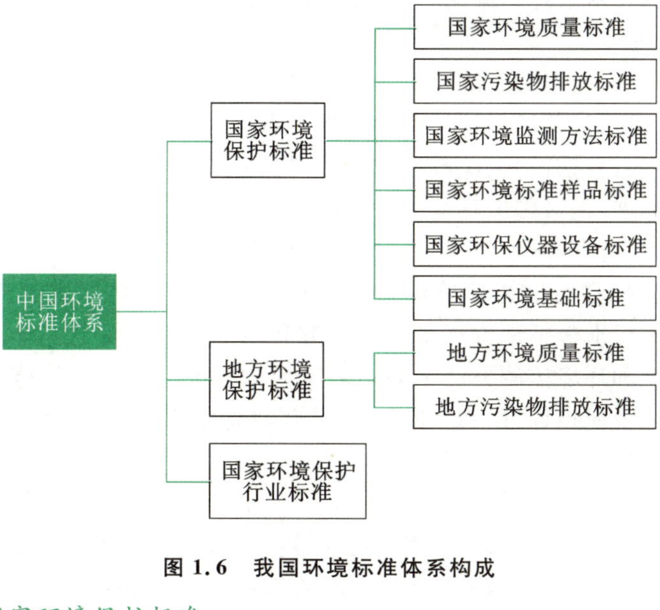

图1.6 我国环境标准体系构成

1.5.1.1 国家环境保护标准

国家环境保护标准包括国家环境质量标准、国家污染物排放标准、国家环境监测方法标准、国家环境标准样品标准、国家环境基础标准和国家环保仪器设备标准六大类。

国家环境质量标准是指在一定的时间和空间范围内,为保护人群健康、维护生态平衡、保障社会物质财富,国家在考虑技术、经济条件的基础上,对环境中有害物质或因素的允许含量所做的限制性规定。它是国家环境政策目标的具体体现,是制定污染物排放标准的依据,也是衡量环境质量的标尺。这类标准一般按照环境要素和污染要素划分,如大气质量标准、水质量标准、环境噪声标准以及土壤、生态质量标准等。

国家污染物排放标准是国家为实现环境质量标准目标,结合技术经济条件和环境特点,对排入环境的污染物或有害因素所做的限制性规定。它是执行环境质量标准的重要保证,也是对污染排放进行强制性控制的重要手段。

国家环境监测方法标准是国家为保证环境监测工作质量而对采样、样品处理、分析测试、数据处理等做出的统一规定。此类标准一般包含采样方法标准和分析测定方法标准。

国家环境标准样品标准是国家为保证环境监测数据的准确、可靠而对用来标定分析仪器、验证分析方法、评价分析人员技术和进行量值传递或质量控制的材料或物质所做的统一规定。

国家环境基础标准是指在环境保护工作范围内,对有指导意义的符号、代号、图形、量纲、指南、导则等由国家所做的统一规定。它在环境标准体系中处于指导地位,是制定其他标准的基础。

除上述环境标准外,国家对环境保护工作中其他需要统一的方面也制定了相应的标准,如环保仪器设备标准等。目前,我国的环境基础标准、环境监测方法标准和环境标准样品标准,已基本与国际通用的相关标准接轨。环境质量标准和污染物排放标准受具体国情和环境特点及技术条件的制约,一般不采用国际标准。

1.5.1.2 地方环境保护标准

我国国土面积大,不同地区的自然条件、环境状况、产业分布和主要污染因子等情况存在较大差异,有时国家环境保护标准很难覆盖和适应全国各地的情况。地方环境保护标准是由省(自治区、直辖市)人民政府根据地方特点或针对国家标准中未作规定的项目制定的环境保护标准,是对国家环境保护标准的有效补充和完善。对国家标准中未作规定的项目,可以制定地方环境质量标准;对国家标准中已作规定的项目,可以制定严于国家标准的相应地方标准。地方环境保护标准可在本省(自治区、直辖市)所辖地区内执行。地方环境保护标准包括地方环境质量标准和地方污染物排放标准。环境基础标准、环境标准样品标准和环境监测方法标准不制定地方标准。在标准执行时,地方环境保护标准优先于国家环境保护标准。近年来,随着环境保护形势的日趋严峻,一些地方已将总量控制指标纳入地方环境保护标准。

1.5.1.3 国家环境保护行业标准

由于各类行业的生产情况不同,其产生和排放的污染物的种类、强度和方式各不相同,有些行业之间差异很大。因此,针对不同的行业需制定相应的环境保护标准才能与各行业的具体情况相适应。国家环境保护行业标准由国家环境保护行政主管部门针对不同行业的具体情况制定,在全国范围内执行。在环境保护领域,主要围绕污染物排放来制定行业标准。污染物排放标准分为综合排放标准和行业排放标准。行业排放标准是针对特定行业的生产工艺、排污状况以及污染控制技术评估和成本分析,并参考国外相关法规和典型污染达标案例等综合情况而制定的污染物排放控制标准。例如：中华人民共和国环境保护部（原环保总局）根据我国大气污染物排放的特点，确定锅炉、水泥厂、火电厂、炼焦炉、工业炉窑（含黑色冶金、有色冶金、建材）等为重点排放设备或行业，并单独为其制定排放标准。行业排放标准是根据本行业的污染状况制定的，因而具有更好的适应性和可操作性。综合排放标准与行业排放标准不交叉执行，在有行业排放标准的情况下优先执行行业排放标准。

1.5.2 我国现行环境质量标准

目前，我国已颁布实施的环境质量标准见表1.5。

表1.5 我国现行环境质量标准

	标准名称	标准号
空气	环境空气质量标准	GB 3095—2012
	乘用车内空气质量评价指南	GB/T 27630—2011
	室内空气质量标准	GB/T 18883—2022
水质	地表水环境质量标准	GB 3838—2002
	海水水质标准	GB 3097—1997
	地下水质量标准	GB/T 14848—2017
	农田灌溉水质标准	GB 5084—2021
	渔业水质标准	GB 11607—1989
土壤	土壤环境质量　建设用地土壤污染风险管控标准（试行）	GB 36600—2018
	土壤环境质量　农用地土壤污染风险管控标准（试行）	GB 15618—2018
	食品农产品产地环境质量评价标准	HJ/T 332—2006
	温室蔬菜产地环境质量评价标准	HJ/T 333—2006
	拟开放场址土壤中剩余放射性可接受水平规定（暂行）	HJ/T 53—2000
噪声	声环境质量标准	GB 3096—2008
	机场周围飞机噪声环境标准	GB 9660—1988
振动	城市区域环境振动标准	GB 10070—1988

1.5.3 我国现行污染物排放标准

目前，我国已颁布实施的污染物排放标准见表1.6。

表 1.6　我国现行污染物排放标准

	标准名称	标准号
大气污染物排放标准	火葬场大气污染物排放标准	GB 13801—2015
	石油炼制工业污染物排放标准	GB 31570—2015
	石油化学工业污染物排放标准	GB 31571—2015
	合成树脂工业污染物排放标准	GB 31572—2015
	无机化学工业污染物排放标准	GB 31573—2015
	再生铜、铝、铅、锌工业污染物排放标准	GB 31574—2015
	锡、锑、汞工业污染物排放标准	GB 30770—2014
	电池工业污染物排放标准	GB 30484—2013
	砖、瓦工业大气污染物排放标准	GB 29620—2013
	玻璃工业大气污染物排放标准	GB 26453—2022
	炼焦化学工业污染物排放标准	GB 16171—2012
	铁合金工业污染物排放标准	GB 28666—2012
	轧钢工业大气污染物排放标准	GB 28665—2012
	炼钢工业大气污染物排放标准	GB 28664—2012
	炼铁工业大气污染物排放标准	GB 28663—2012
	钢铁烧结、球团工业大气污染物排放标准	GB 28662—2012
	铁矿采选工业污染物排放标准	GB 28661—2012
	火电厂大气污染物排放标准	GB 13223—2011
	摩托车和轻便摩托车排气污染物排放限值及测量方法(双怠速法)	GB 14621—2011
	稀土工业污染物排放标准	GB 26451—2011
	钒工业污染物排放标准	GB 26452—2011
	橡胶制品工业污染物排放标准	GB 27632—2011
	陶瓷工业污染物排放标准	GB 25464—2010
	铝工业污染物排放标准	GB 25465—2010
	铅、锌工业污染物排放标准	GB 25466—2010
	铜、镍、钴工业污染物排放标准	GB 25467—2010
	镁、钛工业污染物排放标准	GB 25468—2010
	硝酸工业污染物排放标准	GB 26131—2010
	硫酸工业污染物排放标准	GB 26132—2010
	非道路移动机械用小型点燃式发动机排气污染物排放限值与测量方法(中国第一、二阶段)	GB 26133—2010

续表 1.6

	标准名称	标准号
大气污染物排放标准	煤层气(煤矿瓦斯)排放标准(暂行)	GB 21522—2008
	电镀污染物排放标准	GB 21900—2008
	合成革与人造革工业污染物排放标准	GB 21902—2008
	储油库大气污染物排放标准	GB 20950—2020
	加油站大气污染物排放标准	GB 20952—2020
	煤炭工业污染物排放标准	GB 20426—2006
	水泥工业大气污染物排放标准	GB 4915—2013
	锅炉大气污染物排放标准	GB 13271—2014
	饮食业油烟排放标准(试行)	GB 18483—2001
	工业炉窑大气污染物排放标准	GB 9078—1996
	炼焦化学工业污染物排放标准	GB 16171—2012
	大气污染物综合排放标准	GB 16297—1996
	恶臭污染物排放标准	GB 14554—1993
	重型车用汽油发动机与汽车排气污染物排放限值及测量方法(中国Ⅲ、Ⅳ阶段)	GB 14762—2008
	摩托车污染物排放限值及测量方法(中国第四阶段)	GB 14622—2016
	轻便摩托车污染物排放限值及测量方法(中国第四阶段)	GB 18176—2016
	非道路移动机械用柴油机排气污染物排放限值及测量方法(中国第三、四阶段)	GB 20891—2014
	油品运输大气污染物排放标准	GB 20951—2020
	柴油车污染物排放限值及测量方法(自由加速及加载减速法)	GB 3847—2018
	装用点燃式发动机重型汽车曲轴箱污染物排放限值及测量方法	GB 11340—2005
	装用点燃式发动机重型汽车 燃油蒸发污染物排放限值及测量方法(收集法)	GB 14763—2005
	重型柴油车污染物排放限值及测量方法(中国第六阶段)	GB 17691—2018
	汽油车污染物排放限值及测量方法(双怠速法及简易工况法)	GB 18285—2018
	轻型汽车污染物排放限值及测量方法(中国第六阶段)	GB 18352.6—2016
	三轮汽车和低速货车用柴油机排气污染物排放限值及测量方法(中国Ⅰ、Ⅱ阶段)	GB 19756—2005
	摩托车和轻便摩托车排气烟度排放限值及测量方法	GB 19758—2005
	农用运输车自由加速烟度排放限值及测量方法	GB 18322—2002

续表 1.6

	标准名称	标准号
水污染物排放标准	石油炼制工业污染物排放标准	GB 31570—2015
	石油化学工业污染物排放标准	GB 31571—2015
	合成树脂工业污染物排放标准	GB 31572—2015
	无机化学工业污染物排放标准	GB 31573—2015
	制革及毛皮加工工业水污染物排放标准	GB 30486—2013
	电池工业污染物排放标准	GB 30484—2013
	合成氨工业水污染物排放标准	GB 13458−2013
	柠檬酸工业水污染物排放标准	GB 19430—2013
	纺织染整工业水污染物排放标准	GB 4287−2012
	缫丝工业水污染物排放标准	GB 28936−2012
	毛纺工业水污染物排放标准	GB 28937−2012
	麻纺工业水污染物排放标准	GB 28938−2012
	铁矿采选工业污染物排放标准	GB 28661−2012
	铁合金工业污染物排放标准	GB 28666−2012
	钢铁工业水污染物排放标准	GB 13456−2012
	炼焦化学工业污染物排放标准	GB 16171−2012
	磷肥工业水污染物排放标准	GB 15580—2011
	稀土工业污染物排放标准	GB 26451—2011
	钒工业污染物排放标准	GB 26452—2011
	汽车维修业水污染物排放标准	GB 26877—2011
	发酵酒精和白酒工业水污染物排放标准	GB 27631—2011
	橡胶制品工业污染物排放标准	GB 27632—2011
	弹药装药行业水污染物排放标准	GB 14470.3—2011
	淀粉工业水污染物排放标准	GB 25461—2010
	酵母工业水污染物排放标准	GB 25462—2010
	油墨工业水污染物排放标准	GB 25463—2010
	陶瓷工业污染物排放标准	GB 25464—2010
	铝工业污染物排放标准	GB 25465—2010
	铅、锌工业污染物排放标准	GB 25466—2010
	铜、镍、钴工业污染物排放标准	GB 25467—2010
	镁、钛工业污染物排放标准	GB 25468—2010

续表 1.6

	标准名称	标准号
水污染物排放标准	硝酸工业污染物排放标准	GB 26131—2010
	硫酸工业污染物排放标准	GB 26132—2010
	杂环类农药工业水污染物排放标准	GB 21523—2008
	制浆造纸工业水污染物排放标准	GB 3544—2008
	电镀污染物排放标准	GB 21900—2008
	羽绒工业水污染物排放标准	GB 21901—2008
	合成革与人造革工业污染物排放标准	GB 21902—2008
	发酵类制药工业水污染物排放标准	GB 21903—2008
	化学合成类制药工业水污染物排放标准	GB 21904—2008
	提取类制药工业水污染物排放标准	GB 21905—2008
	中药类制药工业水污染物排放标准	GB 21906—2008
	生物工程类制药工业水污染物排放标准	GB 21907—2008
	混装制剂类制药工业水污染物排放标准	GB 21908—2008
	制糖工业水污染物排放标准	GB 21909—2008
	皂素工业水污染物排放标准	GB 20425—2006
	煤炭工业污染物排放标准	GB 20426—2006
	医疗机构水污染物排放标准	GB 18466—2005
	啤酒工业污染物排放标准	GB 19821—2005
	柠檬酸工业污染物排放标准	GB 19430—2013
	味精工业污染物排放标准	GB 19431—2004
	兵器工业水污染物排放标准 火炸药	GB 14470.1—2002
	兵器工业水污染物排放标准 火工药剂	GB 14470.2—2002
	城镇污水处理厂污染物排放标准	GB 18918—2002
	污水海洋处置工程污染控制标准	GB 18486—2001
	污水综合排放标准	GB 8978—1996
	畜禽养殖业污染物排放标准	GB 18596—2001
	烧碱、聚氯乙烯工业水污染物排放标准	GB 15581—2016
	航天推进剂水污染物排放标准	GB 14374—1993
	肉类加工工业水污染物排放标准	GB 13457—1992
	海洋石油勘探开发污染物排放浓度限值	GB 4914—2008
	船舶污染物排放标准	GB 3552—2018

续表 1.6

	标准名称	标准号
噪声	建筑施工厂界环境噪声排放标准	GB 12523—2011
	工业企业厂界环境噪声排放标准	GB 12348—2008
	社会生活环境噪声排放标准	GB 22337—2008
固体废物控制标准	水泥窑协同处置固体废物污染控制标准	GB 30485—2013
	生活垃圾填埋场污染控制标准	GB 16889—2008
	危险废物焚烧污染控制标准	GB 18484—2020
	生活垃圾焚烧污染控制标准	GB 18485—2014
	危险废物贮存污染控制标准	GB 18597—2023
	危险废物填埋污染控制标准	GB 18598—2019
	一般工业废物贮存、处置场污染控制标准	GB 18599—2020
	含多氯联苯废物污染控制标准	GB 13015—2017

1.5.4 我国环境监测方法标准

污染物造成环境污染的因素复杂，时空变化差异大，对其测定的方法可能有许多种，但为了提高环境监测数据的准确性和可比性，保证环境监测工作质量，环境监测必须制定和执行国家或部门统一的环境监测方法标准。有时，还必须执行国际统一的环境监测方法标准。这类方法标准很多，是环境监测操作过程必须执行的统一规范。目前，我国现行的环境监测方法标准有《水和废水监测分析方法(第四版增补版)》、《空气和废气监测分析方法(第四版增补版)》等。该部分内容将在后续章节中详细介绍。

思考题与习题

1. 简答环境监测的定义、环境监测的目的和分类。
2. 简述环境污染的特点和环境监测的特点。
3. 环境监测工作过程包含哪些工作环节？
4. 什么是环境优先监测？什么是环境优先监测污染物？
5. 简述我国环境标准体系的组成及标准的分类和分级情况。

2 环境监测安全知识

本章提要

【知识点】

◆环境监测现场安全防护常识

◆了解常见常用环境监测安全防护设备及用品

◆环境检测实验室安全常识

【技能点】

◆环境监测现场及实验室常见事故应急处理

◆环境监测安全防护设备及用品的规范使用

2.1 现场监测安全知识

由于环境监测任务日益专业化、多样化，环境监测面临的安全问题也越来越突出。监测环境复杂程度不一，监测现场主要存在有毒有害气体、腐蚀性液体固体、生物、水电、交通工具、高空作业、粉尘、噪声及季节性影响等方面的安全因素。监测安全防护主要是进行全程序监测安全管理，监测人员要高度重视现场监测安全，坚持安全第一、预防为主，防止人员、仪器设备、样品出现安全问题。

2.1.1 环境监测现场的安全防护

2.1.1.1 水体(底质)现场监测防护

要防止不利的气象条件，有毒的动植物或爬虫等对人体造成伤害。应避免从不安全的场所，如斜坡等不安全的堤岸采样。如不能避免，则应由 2 人或 2 人以上操作，必要时应采取使用救生圈并系好救生绳等安全防护措施。采样仪器或设备放置在堤岸上，应避免受到水浸蚀或人为的故意破坏并采取适当的保护措施。在水中或接近水的地方使用电动采样设备要预防触电事故的发生。

当趟水进入江河采样时，应由 2 人或 2 人以上进行操作，必须穿上救生衣，同时采样者要考虑到有淤泥、流沙、深洞及急流的存在，要预备趟水探测工具。如果采样者对自己趟水采样能力没有把握或者对江河底质条件不清楚，应当在河岸固定物体上系一保险绳。

在桥上进行采样操作时，要密切注意过往车辆，防止交通事故对工作人员造成伤害，必要时工作人员应穿上发荧光的衣服。在铁路桥上工作时，必须知道列车行车时刻表，采样者绝不能使用不易迅速搬走的设备。

在通航的河流桥上工作时必须小心，不要向过往船舶下放采样装置，避免伤害船舶和船上人员。利用船只进行采样作业，船上至少要有2位采样人员。使用的采样船只必须有良好的稳定性。在通航的水域采样时，采样船只要悬挂监测作业信号标记(信号旗，晚上悬挂信号灯)，要警惕正在航行的船舶疾驶、碰撞等造成的危险。采样人员在船上作业要始终穿着救生衣。上岸时一定要等待船只停稳并系好固定绳索后人员与样品才能上岸。

在有冰层覆盖的水中采样，首先要仔细检查冰层位置和厚度，化冰期间在冰上工作尤其危险。正常情况下不应当把车辆驾驶到冰层覆盖的水体上。

在含有大量污水或污水处理厂出水的河流中采样，要考虑到存在的细菌、病毒和有毒污染物、热污染和放射性物质的危害性。

在下水道、污水池、污水处理厂、污水泵站、地下水、矿井等部位采样时，必须注意下述危险：

(1)污水管道系统中爆炸性气体混合可能引起爆炸的危险。

(2)有毒气体，如硫化氢、一氧化碳、氰化物等引起的中毒危险，缺氧引起的窒息危险。在下水道、地下水、矿井采样时，如有必要，可采取强制通风、动物试验等手段并使用救生绳，确保采样人员人身安全。

(3)在对含有细菌、病毒和有毒污染物(如医疗废水)样品的监测中，采样过程中对病毒和细菌的防范必须给予思想上的足够重视，还可以借鉴医院的做法。

(4)在污水处理设施、污水泵站等采样时要谨防滑脚、坠落所造成的摔伤(淹死)危险。

(5)采样时注意蒸汽和热排废水的烫伤危险和使用带电设备的触电危险。

2.1.1.2　空气与废气现场监测安全防护

现场监测人员要严格遵守各项安全操作规程和劳动纪律。搬运仪器过程中要防止玻璃仪器磕碰、划伤人员。现场用气瓶一定要轻拿轻放，气体不要用尽，要防止倒灌，开启气门时，不要对准人。严禁相互嬉闹、吸烟、酒后登高、带病作业。患有恐高症、心脏病、高血压、精神病、癫痫病等人员不适合从事高处作业。高空作业人员需着便利的工作服，穿软底防滑鞋，系安全绳，戴安全帽。所用设备应摆放平稳，传递物件时不能抛掷。各作业场所内，凡有坠落可能的物料一律先行撤除或者加以固定，以防跌落伤人。监测过程中若发现高空作业的安全设施有缺陷或隐患，务必及时报告并立即处理解决。安全管理人员要及时确认高空监测平台面积是否符合实际要求，安全护栏和登高的爬梯是否牢固(有条件的最好使用自动升降梯)。

现场监测在露天、无遮挡、高温的场所进行时，须配备好饮用水和防暑药品。如在锅炉、焚烧炉、熔炉等监测过程中，需要站在高温环境下采样时，要采取一定的隔热措施，尽量不要穿胶底鞋，涤纶、化纤类衣服。需要观察监测现场高温燃烧状况时要戴防护眼镜。烟道烟气存在高温正压的可能，要防止烟气逸出造成灼伤，烟枪长时间置于烟道中，也要防止烫伤，需要戴厚棉手套。

监测开孔应避免漏风并在便于操作、安全可靠处。如条件允许，监测孔最好设在上风向、负压状态下的垂直管道处。在含有易燃、易爆气体或颗粒物的管道中开孔时应遵循企业安全作业要求，采取必要防燃、防爆措施。在防爆厂区采样，采样设备应符合防爆要求，当采取有毒有害、高温气体或采样点处于正压状态时，为保护操作人员的安全，采样孔应设置防喷装置(丝堵或废气止气装置)，人员应站在上风向，如有必要须佩戴防毒面罩或呼吸器。人员如感不适，应及时更换采样人员或停止采样。

加热采样管最好使用 36 V 电压。禁止用电笔试高压电。手上有水或潮湿时，请勿接触电器或电气设备。在有高压(如使用高压静电除尘)设施的地方，应注意高压标识。切勿靠近隔离区，开孔也应尽量避开高压电极处，谨防高压击打导致人员伤亡。

2.1.1.3 噪声现场监测安全防护

进入现场(特别是建筑施工场地)须戴安全帽，以防物体坠落伤人。测量污染源噪声时要注意现场周围环境，防止触电、碰伤、机械伤害等安全事故发生。在测量高噪声源时，要配备防噪耳塞。测量交通噪声时要遵守交通规则与秩序，以防发生交通事故。测量夜间噪声时，要注意周围环境的安全，同时要做好生物性防护，配备口罩、橡胶手套、手电、棍棒、消毒药品等物品以防蛇、虫叮咬。

2.1.1.4 辐射监测安全防护

辐射监测人员须注意辐射地点的警告标识，在监测现场有辐射的状况下，监测人员必须穿好防辐射服，监测时要尽量减少接触放射性的时间以减少人体接受剂量。

要远离辐射源，尽可能采用具有不同功能的长柄器械或机械手进行远距离操作，保持人与辐射源有足够的距离。应首先估测电磁辐射强度，参照电磁辐射防护产品说明中的参数选用相应的防护用品，如辐射防护服装、防护眼镜、电磁辐射防护屏、个人计量报警仪等。必要时可采取屏蔽防护，在人与辐射源之间加适当材料的屏蔽物，以减少人体接受的外照射剂量。

2.1.1.5 生物现场监测安全防护

监测现场禁止吸烟、饮食、化妆。取生物样品时，动作要放缓慢，防止喷溅，一旦发生生物安全问题应立即去医院诊治。

在生物样品采样过程中，对于病毒和细菌的防范，必须给予思想上的足够重视，特别要防止空气传播(感染源在空气中的传播)、直接传播(如偶然针刺、碎玻璃直接传染)、皮肤黏膜接触(感染源通过破损皮肤黏膜接触造成的感染)，全过程要戴防护手套、口罩，穿防护服。在电动捕鱼采集生物样品时必须特别小心，要预防触电事故的发生。

现场监测结束后，应进行必要的清洗和消毒，做好个人卫生，避免将有毒有害物质带进自己的生活场所。

2.1.1.6 土壤、固体废弃物现场监测安全防护

在化工、制药、农药、电镀等行业退役厂区采集柱状土壤样品时，应注意局部环境的

有毒、有害物体对采样人员的危害，采集固体废弃物特别是危险固体废弃物应选用合适的样品瓶或容器，并佩戴防护手套、防毒面罩等防护设备。

危险固体废弃物一般具有腐蚀性、毒性、易燃性、反应性和感染性，所以在样品采集、运输、保存过程中必须采取有效的防腐、防燃、防爆、防溢（泄漏）、防毒等安全防护措施。

2.1.2 安全防护设备

监测人员在开展现场监测工作的过程中，要严格按照相关规范要求进行，并配备相应的安全装备，明示其作用、用途等，便于依据不同的监测环境和条件合理取用。常用防护装备及用途见表 2.1。

表 2.1 防护设备名称及用途

序号	防护设备名称	用途
1	各类防护手套，如橡胶手套，乳胶手套，耐酸、碱手套，防化学品手套，一般作业防护手套，皮肤保护膜等	手防护
2	带面罩式胶布防毒衣、连衣式胶布防毒衣、橡胶工作服、防毒物渗透服、透气型防毒服、一般作业防护服等	身体防护
3	隔离式呼吸器、过滤式呼吸器	呼吸系统防护
4	化学安全防护眼镜、安全面罩、安全防护眼镜、安全护目镜、安全防护面罩等	眼睛、脸部防护
5	辐射防护服、防护眼镜、电磁辐射防护屏、个人计量报警仪	电离、电磁辐射防护
6	其他：安全帽、安全带、救生绳、救生圈等	

2.2 实验室安全知识

环境监测实验室需要使用各种仪器设备及化学试剂，常需要在高温高压、易燃易爆的环境下开展工作。工作人员要对实验室中的水电、气体、仪器设备等容易引发安全事故的因素严格管理，掌握安全防护知识，树立安全管理思想，建立应急管理体系，保证实验室的安全运行。环境监测实验室安全防护主要注意用水安全、用电安全、用火安全和用气安全等几个方面。

2.2.1 用水安全

实验室内用水的环节主要是纯水机制水、蒸馏及回流装置中的冷凝水，在日常维护及实验过程中均需注意用水安全。

日常维护工作中，检查实验室的洗眼装置、喷淋装置等设施，确保设施处于完好状态，保证在发生事故时的应急救援作用。

实验前，检查实验装置，对冷凝管中老化的橡皮管、纯水机中老化的滤芯套管及时进行更换，防止在实验过程中漏水。

冷凝时，先由冷凝管下口缓缓通入冷水，自上口流出引至水槽中，蒸馏及回流完毕应先停止加热，然后再停止通水。在加热蒸馏及回流过程中，检测人员绝不允许擅自离开，实验结束后应立即关闭电源和水源。

下班离开时，认真检查各实验室的水龙头是否关好，发现不安全因素要及时报告。

2.2.2 用电安全

实验室日常运行中，用电容量必须处在安全范围内，防止用电超载。50 Hz、25 mA 以上的交流电通过人体，会造成呼吸困难，100 mA 以上则会致人死亡。因此，为了保障人身安全，在工作过程中必须严格遵守实验室用电规程，确保实验室用电安全。

实验室内禁止使用电热水壶、热得快等加热设备。不能用潮湿的手开、关电源。接触仪器设备时，不能带电插、拔、接电气线路。插座请勿接太多插头，以免超负荷引起电器火灾。多个大功率仪器不得共用一个接线板。仪器设备及线路设施的安装改造必须由专职人员负责，必须严格按照安全用电规程实施，不许乱接、乱拉电线，不得私自拆装、改装电线。电线的安全通电量应大于用电功率。所有电器的金属外壳都应保护接地。

日常维护工作中，检查所有电源的裸露部分，确保均装有绝缘装置，如电线接头处应裹上绝缘胶布，发现已损坏的插座、插头或绝缘不良的电线应及时更换。不能用试电笔去试高压电。使用高压电源应有专门的防护措施。

实验前，先检查仪器设备，再接通电源，实验结束后先关闭加热电器的电源开关。实验人员离开实验室或遇突然断电时应关闭电源，尤其是要关闭加热电器的电源开关。修理或安装电器时，应先切断电源。

仪器设备使用过程中，发生过热现象应立即停止使用。如有人触电，应迅速切断电源，然后进行抢救。如遇电线起火，立即切断电源，用沙或二氧化碳、四氯化碳灭火器灭火，禁止用水或泡沫灭火器等导电液体灭火。

2.2.3 用火安全

实验室安全事故中，着火是最容易发生的事故，多数是由加热设备使用不慎或处理低沸点有机溶剂时操作不当引起的。相关工作人员在工作过程中要加大防护力度，确保实验室人员安全。

实验室内，不得使用明火取暖，严禁吸烟，不宜存放过多的易燃品，严禁在火焰、电加热器或其他热源附近放置易燃物。灼热的物品不能直接放置在实验台上，温度较高时应先放置在石棉网上。烘箱、马弗炉等加热设备应放置在水泥台面上或砂石台面上，严禁在烘箱内存放、干燥、烘焙有机物。

蒸发、蒸馏或回流易燃液体时，应根据沸点高低分别用水浴、沙浴或油浴等加热，不可用明火直接加热或用明火加热水浴，实验过程中分析人员绝不允许擅自离开。

使用烘箱时，不能超过允许温度，使用结束后应立即关掉电源。酒精灯、喷灯、电炉等加热器使用完毕后也应立即关闭。

2.2.4 用气安全

气体钢瓶一般用于盛装永久气体、液化气体或混合气体，是实验室储存压缩气体特制的耐压钢瓶。使用时应注意钢瓶上油漆的不同颜色，颜色相同的要看字样名称，避免发生混淆。常用气体钢瓶的识别见表 2.2。有些气体易燃或有毒，在使用钢瓶时要特别注意安全。可燃气体与空气混合，当两者比例达到爆炸极限时，受到热源（如电火花）的诱发，就会引起爆炸。

表 2.2 钢瓶的颜色及标志

气体名称	瓶身颜色	字样	字样颜色
氧气	天蓝色	氧	黑
氢气	深绿色	氢	红
氮气	黑色	氮	黄
氩气	灰色	氩	绿
氨气	棕色	氨	白
乙炔	白色	乙炔	红
压缩空气	黑色	压缩空气	白

存放钢瓶时，由于钢瓶内压大（有的高达 15 MPa），应在阴凉、干燥处，远离热源、火源，避免暴晒及强烈震动，可燃性气体钢瓶必须与氧气钢瓶分开存放。

搬动气瓶时，应装上防震垫圈，旋紧安全帽，防止意外转动并减少碰撞。搬运装满气体的气瓶时应使用专用推车，也可以用手平抬或保持垂直转动，绝不能用手直接接触开关阀移动。

开启气瓶时，操作人员要掌握气瓶安全知识，站在侧面或与气瓶接口处垂直的位置上，避免气流直冲人体。打开钢瓶总阀门，此时高压表显示出瓶内贮气总压力。慢慢地顺时针转动调压手柄，至低压表显示出实验所需压力为止。停止使用时，先关闭总阀门，待减压阀中余气逸尽后，再关闭减压阀。

使用钢瓶时，应装减压阀和压力表。可燃性气瓶（如 H_2、C_2H_2）气门螺丝为反丝；不燃性或助燃性气瓶（如 N_2、O_2）为正丝，各种压力表一般不可混用。钢瓶必须直立放置，用铁链固定稳妥，一般实验室内存放气瓶量不要超过 2 瓶。应先旋动开关阀，后开减压阀：用完后先关闭开关阀，放尽余气后再关减压阀，切不可只关减压阀而不关开关阀。开、关减压阀时，动作必须缓慢。使用可燃性气体时，要防止气体逸出，室内通风要良好。

操作大量可燃性气体时，严禁同时使用明火，还要防止发生电火花及其他撞击火花。

更换气瓶减压阀时，应使用专门扳手，不得随便使用凿子、钳子等工具硬扳，以防损坏瓶阀。各种气体的减压阀、导管不得混用，以防爆炸。

钢瓶内的气体不可全部用完，一定要保留 0.05 MPa 以上的残留压力，防止外界空气进入钢瓶。必须定期对气瓶进行安全技术检查，特别注意减压阀是否受腐蚀或漏气。充装一般气体的 3 年检验一次，充装腐蚀性气体的 2 年检验一次。使用中发现有严重腐蚀或严重损伤的，应提前进行检验。瓶体有缺陷、安全附件不全或已损坏的，切不可再使用。有条件的实验室可安装可燃气体报警装置，防止气体泄漏发生火灾。

2.3 化学试剂安全使用常识

环境监测实验室涉及的样品广泛，分析方法多，需要各种化学试剂。有些试剂本身具有腐蚀性、毒性或易燃易爆等特性，有些在实验过程中有各种对人体有害的气体、蒸气、烟雾等产生。因此，环境监测人员必须掌握一定的安全常识和防护知识，熟悉有关事故的紧急处理措施。

2.3.1 化学试剂的性质、保存使用和安全防护

2.3.1.1 化学试剂纯度等级和用途

根据试剂的纯度和杂质的量，我国国家标准将其分为优级纯(GR)、分析纯(AR)、化学纯(CP)和实验试剂(LR)。其中，优级纯(GR)又称一级品，这种试剂纯度最高，杂质少，用于精确分析和研究工作。分析纯(AR)又称二级品，质量略低于优级纯，用于一般分析和科研。化学纯(CP)又称三级品，质量较分析纯差，但高于实验试剂，用于工业分析及教学实验。实验试剂(LR)又称四级品，杂质含量较多，但比工业品纯度高，主要用于一般化学实验。

在环境样品分析中，优级纯(GR)可用于配制标准溶液，分析纯(AR)用于配制定量分析中的普通试液，化学纯(CP)只能用于配制半定量或定性分析中的普通试液或清洁剂等。

根据不同要求，化学试剂还有其他规格，如高纯试剂、基准试剂、pH 基准试剂、色谱纯试剂，其他如指示剂、生化试剂、生物染色剂和特殊专用试剂等，目前国外的如农残级试剂等，用量也很广泛。其中，高纯试剂质量高于优级纯，特别适用于一些痕量分析。

2.3.1.2 化学试剂的保存和使用

(1)化学试剂的保存

化学试剂应由专人管理，贮存在专设的试剂贮藏室中，贮藏室最好背向阳光，保持通风、干燥，杜绝任何明火并备有充分有效的灭火设施。剧毒试剂(如氰化钠/钾、氧化砷、汞盐等)应贮存于保险柜中由专人保管，同时安装防盗和监控设施并和公安联网；易挥发试剂应贮放在有通风设备的房间内；易挥发性或易燃易爆的试剂仓库应安装防爆灯和防

爆开关。

分类摆放，原则是一般试剂与危险试剂分开贮存，无机试剂与有机试剂分开贮存，氧化剂与还原剂分开贮存。铵盐比较容易受热分解，应单独地贮存在阴凉的地方。易燃、易爆试剂应贮存于铁皮柜或沙箱中。标准物质也应有专人管理，分类贮存。

管理人员需经常检查试剂贮存情况，根据库存需要及时补充，对于储藏室里的其他试剂也要定期检查是否变质和损耗，建立系统的存放、领用登记台账。

(2)化学试剂的领用及安全使用

领用时，少量领取，存放在阴凉通风处。对易燃品应限量贮存，严格管理。剧毒试剂应严格审批，完备领用手续，随用随领，严格控制领用量，按要求严格执行“五双制”(双人管理、双锁、双人运输、双人领发、双人使用)，两人共同称量，登记用量。使用剩余部分要立即退回或放入上锁橱柜，严禁私自存放或携出室外。

取用化学试剂时，器皿应洗涤干净，分开使用。倒出的化学试剂不准倒回，以免玷污。挥发性强的试剂必须在通风橱内取用，避免明火，绝不可用明火加热。使用有毒试剂(如氰化物、铅盐、钡盐、六价铬盐、汞的化合物和砷的化合物等)时，严禁进入口内或接触伤口。

配制试液和标准溶液时，严格遵守操作规程，配完后立即贴上标签，以免拿错用错，不得使用过期试剂。有机溶剂配制的贮备标准溶液不宜长期大量存放在冰箱内(乙醚、石油醚等挥发性极强的有机溶剂不能用冰箱保存，以免引起火灾)，避免相互污染或发生危险。高浓度剧毒或有毒物质的贮备标准溶液应按有毒试剂使用管理规定妥善保管，不得随意放置。

灼烧、蒸发时，分析人员不能擅自离开。烘箱不能作蒸发之用，产生腐蚀性气体的物质或易燃烧的物质均不得放入烘箱内。

2.3.1.3 常用的易燃易爆化学试剂

实验室常用的易燃易爆化学试剂见表2.3。

表2.3 常用的易燃易爆化学物质

类别	主要特性	示例
爆炸物品	爆炸威力大，速度快，爆炸时释放大量热能并伴随大量气体	金属钾、金属钠、硝酸钾、氯酸钾、苦味酸、硝酸甘油
强氧化剂	遇热分解，经摩擦、撞击易爆炸，大多数遇酸、有机物、易燃物能发生激烈反应	氯酸盐、硝酸盐、有机过氧化物、过氧化钠、高氯酸钾、高锰酸钾、过硫酸钾、重铬酸钾、溴酸钠
自燃物品	燃点低，易氧化生热，在潮湿、高温影响下分解发热自燃	黄磷、氧化钠
遇水燃烧物品	遇水、酸或受潮可燃烧	钾、钠、钠汞齐、碳化钙、锌粉、保险粉
易燃固体	燃点低，与强氧化剂、氧化性酸发生反应燃烧，对火种、热源、摩擦或撞击较敏感	红磷、萘、H发泡剂、二硝基甲苯、硫黄、镁、铝粉

续表 2.3

类别	主要特性	示例
易燃液体	在常温下容易燃烧的液态物质，闪点低，挥发性大，着火能量小，易爆炸，是实验室内常用的有机试剂	烃、胺、醇、烯、腈、醚、酮、脂、醛类，苯、氯苯、甲苯、二硫化碳、氯仿、正己烷、石油醚等
压缩气体和液化气体	处于钢瓶内，有些呈液态，有的仍为气态，压力较高，在受热、撞击下易爆炸	氢、乙炔、一氧化碳、氧、压缩空气等

对于具有挥发性的试剂，存放时，应放在带排气装置的阴凉房间内并安装报警装置，不得存放于冰箱内，易燃易爆物品应远离火源，避免高温。开启瓶子时，最好在通风橱内进行，瓶口不要对着自己和他人的脸部。需要加热时，必须在水浴或沙浴上进行，严禁用火焰或电炉直接加热。如需往热的蒸馏器里添加物料，要先停火，待稍冷后再进行。

对于易爆炸品（如高氯酸、过氧化氢、苦味酸、高压气瓶等），应放在低温处保存，不得与其他易燃品混放在一起。在移动或启用这类物品时，不得激烈震动。开启高压气瓶时应缓慢，出口不能对着人。

严禁把氧化剂与可燃性物品一起研磨，不要在纸上称量过氧化物。

2.3.2 实验室化学安全的基本原则和预防处理

2.3.2.1 安全制度

(1)着装规定

进入实验室，必须按规定穿戴必要的工作服，将长发及松散衣服妥善固定。

进行实验中，严禁戴隐形眼镜，在处理样品的所有过程中必须穿鞋（不得穿拖鞋）。进行危险物质、挥发性有机化学溶剂、特定化学试剂、易燃易爆危险品及剧毒化学品操作实验时，应戴防护工具。

(2)饮食规定

食品禁止贮藏在有化学药品的冰箱或贮藏柜。避免在实验室饮食，严禁在实验室内吃口香糖，使用化学药品及试剂后需先洗净双手方能进餐。

(3)药品领用、存储及操作相关规定

领取或使用药品时，应确认标示的名称为实验用药品，看清药品危害标示和图样，确认是否有危害。有机溶剂、固体化学试剂、强酸性或强碱性化合物均需分开存放，挥发性较强的化学试剂应放置于具有排风装置的药品柜内。使用挥发性有机溶剂或强酸性、强碱性、高腐蚀性、有毒性的药品时，一定要在通风橱中进行操作。操作危险性化学药品时，必须遵守安全规则和操作流程，切勿自行更换实验流程。

做危险性实验时，必须经实验室相关领导批准，避免独自一人在实验室做危险实验，有 2 人以上在场方可进行，节日和夜间严禁做危险性实验。

(4)环境卫生规定

保持所有走廊、楼梯畅通无阻，及时清理垃圾废物，不得堆积在操作场所或办公室内。注重环境卫生，要保持整洁，窗明几净，实验场所清洁应有序、安静。化学试剂溢出在工作台或地面时，应立即擦干，冲洗干净。

2.3.2.2 人员培训

实验室工作人员必须有岗前培训，考核合格后才能上岗。在岗人员也应定期培训，通过安全知识的普及和持续教育，使工作人员充分认识到安全的重要性和掌握必要的安全知识，培训应请有经验的专业技术人员进行、培训内容包括以下五个方面：安全的相关法律法规，掌握相关法律体系和标准体系；化学品安全储存、使用、管理基础知识；化学品废物的安全处置；实验室设备的安全技术与管理；危害识别、安全评价及事故应急救援，案例分析等。

2.3.2.3 事故预防及防护

(1)基本安全常识和防护措施

实验人员必须充分了解实验反应和所用化学试剂的特性。在未了解实验反应前，试料用量应从最小量开始试验。对有危险的实验要准备应有的防护措施和发生事故时的处理方法。在实验过程中要严格遵守操作规程，杜绝一切违章操作，发现异常情况立即停止工作并及时登记报告。在进行加热、加压、蒸馏等操作时，操作人员不得随意离开现场，若因故须暂时离开，必须委托他人照看或关闭电源。

严禁使用无标签试剂。使用易挥发的液体试剂如浓氨水时，不可把瓶口对着面部打开瓶塞，以避免气液冲出，特别当夏季室温较高时，最好把盛放这类试剂的试剂瓶先放在冷水里浸置一段时间后再打开瓶塞，取用试剂后应立即把瓶塞塞紧。不许任意混合各种化学物质。

实验区的标识管理应规范，应设置如无烟区、严禁吸烟、实验重地、非请勿入等醒目标识，避免无关人员进入。配备洗眼系统、喷淋系统和急救药品，当化学试剂喷溅到操作人员服装、面部、眼部或手臂等部位时，可立即使用洗眼系统或喷淋系统进行紧急救护等。

(2)个人防护设备

实验人员进入实验室时要穿白大褂，以保护身体，同时应注意勤洗涤。并配备安全眼镜、面罩及手套等防护物品。安全眼镜主要用于防御有刺激性或腐蚀性的溶液对眼睛的化学损伤。面罩主要用于阻断经呼吸道可吸入的毒气，防止面部受到溅出物质或感浮微粒的伤害。手套一般而言使用天然乳胶手套，对于酸、碱水溶液具有较好的防护作用。

(3)化学通风橱的注意事项

化学通风橱分为竖式窗框通风橱、水平窗框通风橱。使用化学通风橱需要遵守的原则如下：

①通风橱用于保护操作人员，以免人员接触到化学品释放的有毒烟雾并防止烟雾在实验室内扩散。

②保持罩、框、玻璃清洁。

③通风橱不应用作存放化学品的仓库。

④凡涉及有毒化学品的实验，应尽可能在通风橱内进行并且戴上防护镜和保护手套. 每次使用完毕，必须彻底清理实验台和仪器。

⑤涉及有机溶剂的蒸馏或消解过程的操作程序，必须在通风橱内进行。蒸馏过程不得在无人看管下进行。

⑥定期检查通风橱的性能、抽风系统和其他功能是否运作正常。

(4)建立化学安全卡

为了更有效地对化学试剂进行系统的安全管理，可根据单位实际，建立实验室化学试剂安全卡名录，不仅对化学有毒物品做到有序清晰管理，而且方便实验人员熟悉物品的各种参数、性质、标准、预防措施。

2.3.3 化学试剂中毒的预防及处理

2.3.3.1 化学中毒

化学毒物通常是指由较小剂量的化学物质在一定条件下作用于机体，能使细胞和组织发生生物化学或生物物理变化而引起机体产生功能性或器质性病变，使之受到暂时性或永久性损害，甚至造成生命危险的物质。化学毒物的种类很多。按化学组成可分为无机毒物和有机毒物，按毒性大小可分为剧毒和有毒物质(包括高毒、中毒、低毒和基本无毒)，按毒理作用可分为神经系统、呼吸系统、血液、肝、肾、心脏等毒物，按我国现行有毒危险品的分类原则将其分为无机剧毒品、有机剧毒品、无机高毒品和有机高毒品 4 类。

由化学毒物引起的中毒，称化学中毒。化学中毒分急性中毒、亚急性中毒、慢性中毒和三致性(致畸、致癌、致突变)中毒。

实验室中毒物通常由呼吸道、消化道及皮肤侵入人体。呼吸系统是毒物进入人体的常见途径。引起呼吸系统中毒的毒物主要是刺激性气体，如氯气、光气、二氧化硫、甲醛、丙酮、甲苯、硫酸二甲酯、氮氧化合物等，急性中毒症状常有咽痛、咳嗽、胸闷、胸痛、气急乏力、恶心、呕吐等。四乙基铅、有机汞、有机锡、一氧化碳、甲醇、磷化氢、二硫化碳、环氧乙烷、三氯乙烯和部分有机磷农药、汽油、无机砷化合物等，对中枢神经和周围神经都有中毒作用。毒物从消化系统进入人体后，能引起血液、肝脏和肾脏系统病变。苯、砷中毒能引起血细胞减少症。四氯化碳、六六六中毒能严重损伤骨髓造血功能。铅中毒能抑制卟啉代谢，导致血红素合成障碍。砷和锑的氢化物中毒能引起溶血性贫血。经常接触汞、砷、铅、镉、四氯化碳、三氯乙烯及黄磷，易产生中毒性肾病。通过皮肤侵入人体的中毒也是很常见的，如腐蚀性物质造成化学灼伤，某些脂溶性化合物，金属有机物，汞剂、苯胺类、硝基苯等可通过皮肤黏膜吸收而中毒。此外，氮氧化物、二氧化硫、挥发性酸类、氨水等对皮肤黏膜和眼、鼻、喉黏膜刺激性都很大。

能对人体呼吸器官、皮肤和黏膜等造成严重腐蚀性损伤的化学物质称为腐蚀性化学毒物。常见的腐蚀性化学毒物主要有：强氧化性腐蚀性化学试剂如硝酸、硫酸、高氯酸等；无机碱腐蚀性化学试剂如氢氧化钠、氢氧化钾、氢氧化钙、氢氧化铵等能严重损伤机体组织、皮肤和毛织物品，还有如硫化钠等具高毒；有机酸腐蚀物如甲酸、乙酸、三氯乙醛、苯磺酰氯等具有很强的腐蚀性。腐蚀性化学毒物对人体有腐蚀作用，易产生化学灼伤，可使局部组织坏死，有些还有强烈刺激性和致敏性等，不可轻视。

2.3.3.2 安全防护及应急处理

(1)安全防护措施

在日常管理中,应严格管理试剂,所有的试剂瓶、药品瓶都必须贴有标签。检验物品的气味时,只能拂气轻嗅,不得向容器口上猛吸。严禁在实验室饮食和吸烟,不准用实验器皿做饮食用具。装有煤气管道的实验室,需安装防爆灯和防爆开关,应注意经常检查管道和开关的严密性,入室工作应先打开门窗通风换气。

实验过程中,有毒物质实验要在通风橱内操作并保持室内有良好的通风,室内散逸大量有毒气体时,应立即打开门窗加强换气,室内不应滞留未佩戴防护衣帽的人员。有机溶剂多属于有毒物品,只要实验允许,应尽力选用毒性弱的溶剂。使用能经皮肤和黏膜入体的有毒物质或某些脂溶性毒物时,应戴橡皮手套,穿长袖衣衫。凡在实验过程中出现头昏、无力、呼吸困难等体征时,表示有中毒可能,应立即离开实验室,必要时送医院检查。

不准随意倾倒有毒物品及有毒废液,避免手和有机试剂直接接触,实验后、进食前,必须充分洗手,不要用热水洗涤。

(2)应急处理措施

一旦发生化学中毒事件,要根据化学毒性特点及中毒程度采取相应措施并及时送医院治疗。

吸入有毒气体时,如果中毒很轻,通常只要把中毒者移到空气新鲜的地方,松开衣领纽扣(注意保温),使其安静休息,必要时给中毒者吸入氧气,但切勿随便使用人工呼吸。待呼吸好转后,送医院治疗。

试剂进入眼中,不可用手揉眼,用洗眼器或用大量水冲洗。

试剂接触皮肤时,如果灼伤皮肤,一般情况下用大量水冲洗或用喷淋器冲洗,用毛巾擦净伤处后及时去医院就诊。此外,由于脂溶性物质可通过角质细胞之间的间隙渗透到皮肤内部,对于一些脂溶性强致癌物接触到皮肤的处置,除了用大量水冲洗外,还应注意饮食保健、医疗等措施。

试剂溅入口中尚未下咽时,应立即吐出并用大量清水漱口。若已吞食药品,则可采用以下急救方法:

①稀释法:为延缓毒物被人体吸收速度,缓和刺激和保护胃黏膜,可饮食牛奶、鸡蛋清、面粉、淀粉、药用炭及水等。

②催吐法:用手指、筷子等刺激咽喉后壁催吐。

③解毒法:根据毒物性质服解毒剂并立即送医院治疗。

2.3.4 环境监测中化学试剂使用的注意事项

《水和废水监测分析方法(第四版增补版)》《空气和废气监测分析方法(第四版增补版)》以及标准方法注意事项或警告等内容对环境监测各项目分析使用的许多化学试剂和反应过程中产物的安全性进行了叙述。

2.3.4.1 酸碱类

浓酸、浓碱、铬酸洗液等不要放在高位试剂架上,以防碰翻造成灼伤事故。在使用浓盐酸、浓硫酸、浓硝酸、氢氧化钠、氢氧化钾时应注意酸雾的挥发和强腐蚀性，尽量在通风橱内取用。在加入这些试剂作为保存剂时，也应注意其安全性。

稀释硫酸时应在烧杯等耐热容器内进行，而且必须在玻璃棒不断搅拌下，缓慢地将浓硫酸加入水中，绝不能将水加注到硫酸中去。溶解氢氧化钠、氢氧化钾等时，会大量放热，也应在耐热容器内操作。

2.3.4.2 氰化物

氰化物属于剧毒物质，从标准液的使用到采样和分析过程，各个环节都需特别小心，避免玷污皮肤和眼睛，吸取溶液时一定要用安全移液管或用洗耳球吸溶液，切勿吸入口中。其中，氰化氢易挥发，需特别注意。

异烟酸-吡唑啉酮比色法和吡啶-巴比妥酸比色法在蒸馏过程、标准曲线和样品比色测定过程中都需严格按标准规范操作：

(1)馏出液导管下端应插入接收瓶的吸收液中，上端接冷凝管的出口，检查连接各部位是否严密。

(2)在对吸收液及标准使用液中加入磷酸盐缓冲溶液后，每一步骤都要迅速操作并随时盖严塞子。

(3)样品使用后应妥善安全处理。

2.3.4.3 汞

汞及其化合物均属于剧毒物质，汞的监测分析中应严格防止汞污染和汞蒸气对环境的影响。

重铬酸钾法测定化学需氧量中使用的硫酸汞(氯离子掩蔽剂)为剧毒试剂，应按络合氯离子的量的比例添加，不宜加入过量硫酸汞，重铬酸钾和浓硫酸具有强氧化性和腐蚀性，操作过程中也必须做好防护工作，避免接触皮肤和吸入有毒物质，同时残液也应做好妥善的安全处理。

纳氏试剂光度法测定氨氮含量中用到的纳氏试剂中含有的汞盐是由氯化汞或碘化汞试剂配制成的。原子荧光法和原子吸收法测定中会产生汞的废气，应做好安全排放。

2.3.4.4 砷

在原子荧光法及DDC-Ag光度法中使用到砷标准剂产生砷化氢，其中砷化氢为剧毒气体，故在硼氢化钾加入溶液之前，必须检查管路是否连接好，以防漏气或反应瓶盖被崩开。另外，硼氢化钾是强还原剂，对皮肤有强腐蚀性，不可用手触摸。

2.3.4.5 高氯酸

在硝酸-高氯酸消解时，必须在通风橱中进行。为防止高氯酸和有机物的混合物经加热后可能产生的爆炸，含有有机物水样的消解应先用硝酸处理，而后使用高氯酸完成消解过程，不要往可能含有有机物的热溶液中加入高氯酸。绝对不可将消解液蒸干。

底质、土壤或固体废弃物等样品消解中，使用硝酸-氢氟酸-高氯酸，王水-氢氟酸-高氯酸等操作，同样应熟悉原理，严格按步骤安全操作。

由于高氯酸盐常积聚在通风橱或排气系统中，积聚的高氯酸盐与有机物相遇会发生爆炸，所以应定期进行清洗。

2.3.4.6 有机物

二氯甲烷、三氯甲烷、四氯化碳，提取溶剂甲苯、甲醇、丙酮、己烷等，三氯甲烷、四氯化碳等为常用的萃取剂。有机溶剂大都易燃易爆或对人体有一定的毒害作用，因此进行萃取操作时，应有良好的通风条件或在通风橱内进行。应远离明火，更不能以直火加热。所用玻璃器皿应检查有无裂痕，磨口是否密合，随时防范可能出现的意外情况。

有机物分析实验过程中，如使用甲醇溶液、有机卤化物、有机氯农药、多氯联苯等，由于具有毒性，操作时必须极其小心，必须在通风橱中进行。有些多环芳烃是强致癌物，人体不可与多环芳烃固体物质、溶剂萃取物、多环芳烃标准品接触，其标准溶液应在有设备（如合适的毒气橱、防护衣服、防尘面罩等）的实验室中配制。在没有合适的安全设备及尚未正确掌握使用技术之前，不能进行。

2.3.4.7 其他

(1)元素磷（黄磷）为剧毒物质。

(2)浊度标准溶液中使用到的硫酸肼毒性较强，属致癌物质。

(3)N-(1-萘基)-乙二胺光度法测定亚硝酸盐氮中使用的显色剂N-(1-萘基)-乙二胺二盐酸盐为有毒试剂。

(4)亚硝酸钠标准试剂有毒。

(5)铍和砷为剧毒致癌元素，铍化合物为剧毒物。

上述试剂配制标准溶液及测定时，均需避免与皮肤接触或摄入体内，在测定时仪器上的抽风装置都应开足。

2.4 常见事故应急处理常识

环境监测过程中，工作流程多且环境较为复杂，存在潜在的火灾、爆炸、中毒、触电、机械伤害、环境污染等危险因素。因此，操作人员应掌握常见的事故类型及预防和应急处理与急救的措施，把可能发生的伤害降到最低。

2.4.1 起火紧急处理措施

火灾在实验室事故中具有普遍性。事故的直接原因一般为违反操作规程、在易燃易爆物附近使用明火、电路老化、人员脱岗等。如若发生实验室起火，根据具体情况可采取以下措施：

(1)容器中发生局部小火，可用石棉网、表面皿或木块等盖灭。有机溶剂在桌面或地面上燃烧时，可撒上细沙或用灭火毯扑灭，不得用水冲。衣服着火，切勿慌张奔跑以免风助火势，一般小火可用湿抹布、灭火毯等包裹使火熄灭，也可就近用水龙头浇灭，必要时可就地卧倒打滚使其熄灭。

(2)火势蔓延时首先切断电源，熄灭所有加热设备，快速移去附近的可燃物，关闭通风装置，减少空气流通。

(3)灭火时要根据燃烧物的性质和情况采取不同的灭火方法：

①金属钾、金属钠等物质能与水发生猛烈作用，这些物质的小面积燃烧可用防火沙覆盖，严禁用水和四氯化碳灭火器，否则会导致猛烈的爆炸，也不能用二氧化碳灭火器。

②比水轻、不溶于水的易燃与可燃液体，如石油烃类化合物和苯等芳香族化合物失火时，禁止用水扑灭，须用泡沫灭火剂，如火势不大也可用二氧化碳、化学干粉灭火器。

③溶于水或稍溶于水的易燃与可燃液体，如醇类、酮类等失火时，如数量不多可用二氧化碳和化学干粉灭火剂。

④不溶于水、相对密度大于水的易燃与可燃液体，如二硫化碳等引起的燃烧，因水能浮在液面上将空气隔绝，可用水扑救，或用防火沙、泡沫式二氧化碳灭火剂，但绝对禁止使用四氯化碳灭火剂。

⑤电气设备或带电系统着火，可用二氧化碳灭火器或四氯化碳灭火器。

⑥发生火灾时立即拨打 119 报警，以免延误最佳灭火时机。

2.4.2 触电紧急处理措施

触电事故是由电流通过人体所引起的，严重时可致人死亡，引起触电事故的原因一般为线头裸露、漏电保护失灵、接地不良、未检查绝缘层、湿手误触电源、环境潮湿等。如若发生触电事故，根据具体情况可采取以下措施：

(1)当发现有人触电时，首先要尽快切断电源，注意救护人千万不要用手直接去拉触电的人，防止发生救护人触电事故。如果来不及切断电源，应迅速用干木棒等绝缘物把导线从触电者身上拨开，使其迅速脱离电源，绝对不可用手接触触电者的身体。

(2)将脱离电源的触电者迅速移至通风干燥处仰卧，松开上衣和裤带，如触电者只是失去知觉，仍有呼吸，应使其舒适地平躺在空气流通的室内，并可用棉球蘸少许氨水，使触电者吸入少量氨气并尽快送往医院救治。如触电者已失去知觉，停止呼吸，应立即施行人工呼吸并送往医院进行抢救，否则延误了时间会导致触电者死亡。

2.4.3 溺水紧急处理措施

如若发生溺水事故，根据具体情况可采取以下措施：

(1)落水后不要心慌意乱，一定要保持头脑清醒，头顶向后，口向上方，将口鼻露出水面，尽可能使身体浮于水面以等待他人抢救，切记千万不能将手上举或拼命挣扎，这样反而容易使人下沉。

(2)发现有人溺水时，可将救生圈、竹竿、木板等物抛给溺水者，再将其拖至岸边，若没有救护器材，可入水直接救护。水性不熟者不能贸然下水营救，应立即大声呼救或利用救生器材施救。

(3)岸上急救溺水者应迅速清除其口、鼻中的污泥、杂草及分泌物，保持呼吸道通畅，必要时进行人工呼吸，情况严重的要尽快联系急救中心或送溺水者去医院。

2.4.4 割伤、碰伤、烧(灼)伤紧急处理措施

(1)外伤简单处理:割伤、碰伤用蒸馏水冲洗伤口,涂上碘酒,用创可贴或绷带包好,受伤严重的应送医就诊。

(2)烧(灼)伤:以冷水冲洗 15～30 min 至散热止痛,以生理盐水擦拭(勿以药膏、牙膏、酱油涂抹或以纱布包扎),如发现皮肤起泡,不可自行刺破,烧(灼)伤严重的应急送医院治疗。

(3)化学药物灼伤时应以大量清水冲洗,用消毒纱布或消毒的布块覆盖伤口,紧急送至医院处理。

2.4.5 中毒紧急处理措施

急性中毒的症状有恶心、呕吐、心跳加速、眩晕、口吐白沫、嘴唇发紫、痉挛抽搐、昏迷等,遇到以上症状应采取现场急救措施:

(1)尽快切断毒物来源。

(2)吸入刺激性毒物中毒者,应立即转移出中毒现场施救。

(3)口服毒物中毒者,应立即引吐,洗胃及导泄。

(4)中毒较轻者应做观察,不可粗心大意,防止病情恶化。中毒严重者应注意其意识状态,如瞳孔、血压、呼吸及脉搏,初步掌握中毒的严重程度,若发现有呼吸循环障碍,应立即进行心肺复苏急救并及时送医院救治。

2.5 环境监测实验室废物处理与处置

实验室废物按形态来分主要有废气、废液、固体废物。环境监测实验室污染物成分复杂、处理难度大,处置不当将会造成严重的环境污染。为加强实验室类污染的环境监管,防止实验室类污染危害环境、损害人体健康,2004 年原国家环境保护总局发布了《关于加强实验室类污染环境监管的通知》(环办〔2004〕15 号)文件,明确实验室按照污染源进行管理,其污染将纳入环境监管范围。

2.5.1 环境监测实验室废物的分类

实验室废物按形态来分主要有废气、废液、固体废物。

2.5.1.1 废气

实验室产生的废气主要来源有试剂和样品的挥发物、分析过程中间产物、泄漏和排空的标准气和载气等。

根据对人体的危害不同，实验室的废气主要有两类：

(1)刺激性气体。对眼和呼吸道黏膜有刺激作用的气体。刺激性气体的种类甚多，最常见的有氯、氨、氮氧化物、氟化氯、二氧化硫和三氧化硫等。

(2)窒息性气体。能造成机体缺氧的有毒气体，如氮气、甲烷、乙烷、乙烯、一氧化碳、氰化氢、硫化氢等。

2.5.1.2 废液

实验室产生的废液主要来源有一般废水以及多余的样品、分析残液、失效的贮藏液和洗液等化学性实验废液。

一般废水来源于冷却水、清扫用水、一般实验用水和 3 次以上的清洗废水。根据化学性实验废液中所含主要污染物性质，可分为两大类：

(1)有机废液。主要包括含卤素有机溶剂类(含有脂肪族卤素类化合物如氯仿、二氯甲烷、氯甲烷、四氯化碳等或含芳香族卤素类化合物，如氯苯、氯甲苯等)、不含卤素有机溶剂类。

(2)无机废液。主要包括重金属废液、含氰废液、含汞废液、含氟废液及其他各种酸性废液、碱性废液。

2.5.1.3 固体废物

实验室产生的固体废物包括多余样品、分析产物、消耗或破损的实验用品(玻璃器皿、器材)、残留或失效的化学试剂等。

实验室固体废物分为一般固体废物和危险废物，按照《国家危险废物名录》和《危险废物鉴别标准 通则》(GB 5085.7—2019)，主要对毒性、腐蚀性、易燃性、反应性和放射性等内容进行鉴别分类。危险废物必须按《中华人民共和国固体废物污染环境防治法》和《废弃危险化学品污染环境防治办法》中的相关规定处理或委托有危险废物处置资质的单位进行处理。

2.5.2 环境监测实验室废物的储存

2.5.2.1 储存原则

实验室废物应根据其物理和化学性质分类保存。例如：有机固体废弃物、无机固体废弃物、有机废液、无机废液、酸、碱、盐、烃类、醇(酚)类、醚类、醛(酮)类、羧酸类等。值得注意的是：存放酸时，应远离活泼金属(如：钠、钾、镁等)、氧化性的酸或易燃有机物、相碰后会产生有毒气体的物质(如：氰化物、硫化物等)；存放碱时，应远离酸及一些性质活泼的物质；易燃物应避光保存，并远离一切有氧化作用的酸，或能产生火花、火焰的物质，且贮存量不可太多，需及时处理。

一个容器内，一般不得存放不同化学反应产生的相同溶剂，不得存放不同溶剂(即使理论上它们之间不会发生化学反应)。下列废液尤其不能相互混合：过氧化物与有机物，氰化物、硫化物、次氯酸盐与酸，盐酸、氢氟酸等挥发性酸与不挥发性酸，浓硫酸、磺酸、羟基酸、聚磷酸等酸类与其他的酸，铵盐、挥发性胺与碱。

搬运时，小心轻放。含有过氧化物、硝酸甘油之类爆炸性物质的废液，要更加谨慎。

2.5.2.2　容器及场所

固体废物可以用塑料瓶或塑料袋密封保存，废液可以用棕色玻璃瓶密封保存。如用旧试剂瓶做液体废弃物容器，应注意旧试剂瓶原有的试剂不得与废弃物发生化学反应。废弃物容器应有外包装箱，装有液体废弃物的玻璃容器之间应有隔挡，避免相互之间碰撞而造成破损。

无论采用何种容器收集废物，均应在容器表面粘贴标签，标签上应注明内容物的名称及含量、产生时间、贮存时间和产生该物的实验者姓名，实验者有责任对其制造的废弃物进行分析，提供明确的信息。对于腐蚀性较强的废弃物，标签还要具有耐腐蚀性，避免在保存过程中出现字迹模糊或标签脱落。不具兼容性的废液应分别贮存，不兼容的废液容器不可混贮。废液兼容表应悬挂于实验室明显的处所，并公告周知。

废弃物不得存放在通风柜、试剂柜、实验室、走廊，不得随意弃置于垃圾站。储存废弃物的地点不得对周围环境有影响，不得对周围的安全有危害。废物贮存场所应有专人管理及泄漏防护设施，以避免遭他人取用或意外泄漏造成危害。废弃物不宜在实验室存放时间过长，一般在一周内转移至专门房间或场所，危险废物储存不得超过 1 年，特殊的废弃物要立即处理。特别是毒性大的废液尤其要十分注意，例如：硫醇、胺等能发出臭味的废液，能产生氰、磷化氢等有毒气体的废液，燃烧性强的二硫化碳、乙醇之类的废液。

部分实验室废物化学成分复杂，一定要保存在避光、低温、通风、干燥的专门的房间或场所，勿堆高及放于近火源处。

2.5.3　环境监测实验室废物的处理方法

实验过程中，尽量减少废物的产生量和危害性，在做好实验室收集分类的同时，委托有资质的单位进行集中处置。废气、废液、固体废物需进行分类处理，具体方法如下。

2.5.3.1　废气的处置

废气净化的方法有很多，有冷凝法、燃烧法、吸收法、吸附法、催化剂法等。实际应用中要根据废气的性质，选择适当的净化方法。

少量的有毒气体可通过通风橱或通风管道直接接出室外，通风管道应高于周围建筑 5 m，使排出的气体易被空气稀释。

大量的有毒气体应在废气排放口采取相应的净化措施，如氮氧化物、二氧化硫等酸性气体用碱液吸收。可燃性有机废气可于燃烧炉中通氧气完全燃烧。

2.5.3.2　废液的处置

(1)一般废水。冷却水、清扫用水、一般实验用水、三次以上的清洗废水等一般废水以及地表水等样品，没有太大污染性，可直接排放，降低处理成本。

(2)化学性实验废液。高浓度样品、分析残液和产物、失效的贮藏液和洗液等化学性实验废液，特别是含有危险化学物质的废液，须经过净化处理，达到标准后排放。净化方法可分为物理法、物理化学法、化学法、生物化学法等多种方法。酸、碱性废液一般采用中和法处理，重金属废液一般采用硫化法或转化法进行沉淀处理，有机溶剂类废液一般采用蒸馏法处理。

在实际废液处理中，往往要通过实验试验、比较，确定出有效、经济合理的处理方法，对于成分复杂、数量较多的实验室废水，多是选用几种方法组成的处理系统，使废液达到排放标准。

(3)几种环境监测实验室常见废液。

①常见无机废液的处理

a. 含氰废液的处理。含氰化物的废液切勿随意乱倒或误与酸混合，否则发生化学反应，生成挥发性的氰化氢气体逸出，会造成中毒事故。

低浓度的氰化物废液，可直接加入氢氧化钠调节 pH 值为 10 以上，再加入高锰酸钾粉末(约 3%)，使氰化物氧化分解。

高浓度氰化物废液，可用氯碱法氧化分解处理。先用氢氧化钠将废液 pH 值调至 10 以上，加入次氯酸钠(或液氯、漂白粉、二氧化氯)，经充分搅拌调 pH 值呈弱碱性(pH 值约为 8)，氰化物被氧化分解为二氧化碳和氮气，放置 24 h，经分析达标即可排放。

b. 含铬废液的处理。

铬酸洗液废液：洗液经多次使用后，Cr^{6+} 逐渐被还原为 Cr^{3+}，同时洗液被稀释，酸度降低，氧化能力逐渐降低至不能使用。此废液可在 110～130 ℃下不断搅拌，加热浓缩，冷却至室温，边搅拌边缓缓加入高锰酸钾粉末，直至溶液呈深褐色或微紫色(1 L 加入约 10 g 左右高锰酸钾)，加热至有二氧化锰沉淀出现，冷却后用玻璃砂芯漏斗过滤，除去二氧化锰沉淀后即可排放。

含铬废液：采用还原剂(如铁粉、锌粉、亚硫酸钠、硫酸亚铁、二氧化硫或水合肼等)，在酸性条件下将 Cr^{6+} 还原为 Cr^{3+}，然后加入碱(如氢氧化钠、氢氧化钙、碳酸钠、石灰等)，调节废液 pH 值，生成低毒的 $Cr(OH)_3$ 沉淀，然后分离沉淀，清液则可排放。沉淀经脱水干燥后可综合利用或用焙烧法处理，使其与煤渣和煤粉一起焙烧，处理后的铬渣可填埋。一般认为，将废水中的铬离子形成铁氧体(使铬镶嵌在铁氧体中)，则不会有二次污染。

c. 含汞废液的处理。废液中汞的最高允许排放浓度是 0.05 mg/L(以 Hg 计)。

沉淀法：先将含有汞盐的废液 pH 值调至 8～10，然后加入过量的 Na_2S，使其生成 HgS 沉淀，再加入 $FeSO_4$(共沉淀剂)，与过量 S^{2-} 的生成 FeS 沉淀，将悬浮在水中难以沉淀的 HgS 微粒吸附共沉淀。最后静置、分离，再经离心、过滤，滤液的含汞量可降至 0.05 mg/L 以下。

还原法：用铜屑、铁屑、锌粒、硼氢化钠等作还原剂，可以直接回收金属汞。

收集法：由于操作不慎将压力计、温度计打碎或极谱分析中将汞洒落在实验台、水池、地面上，容易造成单质汞中毒。汞的蒸气压较大，生成的汞蒸气具有较大的毒性。此时，要注意实验室的通风并注意及时用滴管、毛刷等尽可能地将其收集起来，并置于盛有水的烧杯中，对于洒落在地面难以收集的微小汞珠应立即撒上硫粉，小心清扫地面，使这些汞珠与硫粉尽可能接触，硫粉将被吸附在汞珠的表面并生成毒性较小的硫化汞。

d. 含铅、镉废液的处理。镉在 pH 值高的溶液中能沉淀下来，对含铅废液的处理通常采用混凝沉淀法、中和沉淀法。可用碱或石灰乳将废液 pH 值调至 11 左右，使废液中的 Pb^{2+}、Cd^{2+} 生成 $Pb(OH)_2$ 和 $Cd(OH)_2$ 沉淀，加入硫酸亚铁作为共沉淀剂，沉淀物可与其他无机物混合进行烧结处理，清液可排放。

e. 含砷废液的处理。在含砷废液中加入 $FeCl_3$，使 Fe/As 达到 50，然后用消石灰将废液的 pH 值控制在 8～10。利用新生氢氧化物和砷的化合物共沉淀的吸附作用，除去废液中的砷。放置一夜后分离沉淀，达标后排放废液。

f. 含氟废液的处理。在废液中加入消化石灰乳至废液呈碱性，充分搅拌，放置一夜后过滤。滤液按含碱废液处理。若要进一步降低氟的浓度，需用阴离子交换树脂进行处理。

g. 无机酸、碱类废液的处理。用酸、碱调节废液 pH 值为 3～4，加入铁粉搅 3 min，然后用碱调节 pH 值为 9 左右。继续搅拌 10 min，加入硫酸铝或碱式氯化铝混凝剂，进行混凝沉淀，上清液可直接排放，沉淀以固体废物方式处理。

②常见有机废液的处理

常见的二氯甲烷、三氯甲烷、四氯化碳、苯、甲苯、二硫化碳、丙酮、正己烷等有机废液，毒性大、难处理，应分类回收并送有资质的单位统一处理。在有条件的情况下，应采取积极措施进行回收利用。

a. 三氯甲烷的回收。将三氯甲烷废液依顺序用蒸馏水、浓硫酸（三氯甲烷量的 1/10）、蒸馏水、盐酸羟胺溶液（0.5%、AR）洗涤。用重蒸馏水洗涤 2 次，将洗好的三氯甲烷用无水氯化钙脱水干燥，放置几天后过滤、蒸馏。蒸馏速度为每秒 1～2 滴，收集沸点为 60～62 ℃的蒸馏液，保存于棕色带磨口塞子的试剂瓶中待用。如果三氯甲烷中杂质较多，可用自来水洗涤后预蒸馏一次，除去大部分杂质，然后再按上法处理。对蒸馏法仍不能除去的有机杂质可用活性炭吸附纯化。

b. 四氯化碳的回收。含双硫腙的四氯化碳，先用硫酸洗涤一次，再用蒸馏水洗涤 2 次除去水层，加入无水氯化钙干燥、过滤、蒸馏，水浴温度控制在 90～95 ℃，收集 76～78 ℃的馏出液。含铜试剂的四氯化碳，只需用蒸馏水洗涤 2 次后，经无水氯化钙干燥后过滤、蒸馏。含碘的四氯化碳，在四氯化碳废液中滴加三氯化钛至溶液呈无色，用纯水洗涤 2 次，弃去水层，用无水氯化钙脱水，过滤、蒸馏。

其他含有机物的废液如石油醚、乙醚等均可用相应的方法纯化回收。

2.5.3.3 固体废物的处置

实验室产生的固体废物，集中妥善包装后，送固体废物无害化处置单位进行处置，属于危险废物的须由环境保护行政主管部门认可、持有危险废物经营许可证的单位处置。

危险废物的暂存、交换、运送和处置，应严格执行转移联单制度，接触危险物品的实验室器皿、包装物等，必须完全消除危害后，才能改为他用或废弃。

3 水和废水监测

本章提要

【知识点】

- ◆ 水和废水监测的对象和内容
- ◆ 采样点的布设原则和方法
- ◆ 水和废水监测项目的采样和分析方法

【技能点】

- ◆ 能正确制订水和废水监测的方案
- ◆ 能够按照监测方案开展采样工作
- ◆ 熟悉水样的采集、保存和运输方法以及水样预处理方法
- ◆ 能完成常见的水和废水监测指标的采样和测定
- ◆ 能进行水质监测报告的编写

水和废水监测是环境监测课程的重点章节之一。本章介绍了水和废水监测的基本知识，并根据我国颁布的新标准，按照水质监测的一般工作程序重点介绍了水质监测项目的分析方法、基本原理和操作技术，还介绍了我国地表水水质监测网络等内容。学习过程中要求了解水质监测的对象、目的、项目，掌握如何制订水质监测方案，掌握水样的采集和保存方法，掌握物理性质的检验，掌握水样中金属化合物的测定，掌握非金属无机物的测定，掌握水样中有机化合物的测定，掌握水质污染的监测、底质监测。

3.1 概　述

3.1.1 水资源与水污染

3.1.1.1 水资源现状

水是人类社会的宝贵资源，分布于由海洋、江、河、湖和地下水、大气水分及冰川共同构成的地球水圈中。水体是河流、湖泊、沼泽、冰川、海洋及地下水的总称，它不仅包括水，也包括水中的悬浮物、底泥及水生生物。从自然地理的角度看，水体是指地表被水覆

盖的自然综合体。

我们所居住的巨大地球，其表面大部分被蓝色的海洋所覆盖。据估计，地球上存在的总水量大约为 $1.37\times10^{9}\ km^{3}$，其中，海水约占 97.4%，淡水约占 2.6%。淡水不但占的比例小，而且大部分存在于地球南北极的冰川、冰盖中，可利用的淡水资源只有河流、淡水湖和地下水的一部分，总计不到总量的 1%。水量分布情况如图 3.1 所示。

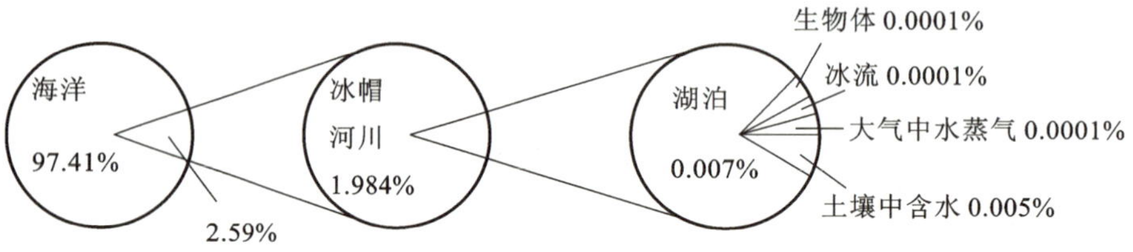

图 3.1　地球上水量分布情况

水是人类维系生命、赖以生存的主要物质之一，除供饮用外，更大量用于生活、工农业生产和城市发展。随着世界人口的增长及工农业生产的发展，用水量也在日益增加。工业发达国家的用水量几乎每十年翻一番。我国属于贫水国家，人均占有量约 2500 m^{3}/年，只相当于世界人均占有量的 1/4，低于世界上多数国家。另一方面，未经处理的废水、废物排入水体造成人为污染，又使可用水量急剧减少。目前世界上一些用水集中的城市已经面临或进入了水源危机阶段。因此，水已经不是“取之不尽，用之不竭”的，而是一种十分珍贵的自然资源。

不仅如此，我国的水资源还存在着严重的时空分布不均衡性。在空间（地区）分布上，总的说来是东南多西北少。南方长江流域和珠江流域水量丰富，而北方少雨干旱。根据多年降水量和径流量的多少，可将全国分为丰水、多水、过度、少水和缺水五带。在时间分布上，由于我国大部分地区的降水量和径流量主要受季风气候的影响，南方各省汛期四个月的降水占该地区全年降水量的一半，北方及西南各省汛期降水占该地区全年降水量的 70%～80%。这就导致年内分配不均，年际变化很大。总的来说是冬春少雨，夏秋多雨，有时还连续出现枯水年和丰水年的现象，更给水资源的利用增加了困难。

综上所述，根据我国水资源的分布情况，合理、节约用水，控制水体污染，保护水资源已是迫在眉睫的问题。

3.1.1.2　水体污染

当进入水体中的污染物含量超过了水体的自净能力，就会导致水体的物理、化学及生物特性发生改变和水质恶化，从而影响水的有效利用，危害人类健康，这种现象被称为水体污染。与自然过程相比，人类活动是造成水体污染的主要原因。按排放形式不同，可将水体污染源分为两大类：点污染源和面污染源。引起水体污染的主要污染源有工业废水、矿山废水和生活污水等，这些废水常通过排水管道集中排出，故被称为点污染源。农田排水及地表径流是分散地、成片地排入水体的，其中往往含有化肥、农药、石油及其他杂质，形成所谓的面污染源。

根据污染物质及其形成污染的性质，水体污染可分为化学型污染、物理型污染和生物型污染 3 种主要类型。

化学型污染指随废水及其他废弃物排入水体的酸、碱、有机和无机污染物造成的水体污染。

物理型污染包括色度和浊度物质污染、悬浮固体污染、热污染和放射性污染。色度和浊度物质污染来源于植物的叶、根、腐殖质、可溶性矿物质、泥沙及有色废水等,悬浮固体污染是由生活污水、垃圾和一些工农业生产排放的废物泄入水体或农田水土流失引起的,热污染是由于将高于常温的废水、冷却水排入水体而造成的,放射性污染是由于开采、使用放射性物质及核试验的过程中产生的废水、沉降物进入水体而造成的。

生物型污染是由于将生活污水、医院污水等排入水体,随之引入某些病原微生物而造成的。

当污染物进入水体后,首先被大量水稀释,随后进行一系列复杂的物理、化学变化和生物转化。这些变化包括挥发、絮凝、水解、络合、氧化还原及被微生物降解等,其结果使污染物浓度降低,并发生质的变化,该过程称为水体自净。但是,当污染物不断地排入,超过水体的自净能力时,就会造成污染物积累,导致水质日趋恶化。

3.1.2 水质监测的对象和目的

水质监测可分为环境水体监测和水污染源监测。环境水体包括地表水(江、河、湖、库、海水)和地下水。

进行监测的目的可概括为以下几个方面:

① 对进入江、河、湖泊、水库、海洋等地表水体污染物质及渗透到地下水中污染物质进行经常性的监测,以掌握水质现状及其发展趋势。

② 对生产过程、生活设施及其他排放源排放的各类废水进行监视性监测,为污染源管理和排污收费提供依据。

③ 对水环境污染事故进行应急监测,为分析判断事故原因、危害及采取对策提供依据。

④ 为国家政府部门制定环境保护法规、标准和规划,全面开展环境保护管理工作提供有关数据和资料。

⑤ 为开展水环境质量评价、预测、预报及进行环境科学研究提供基础数据和手段。

3.1.3 水质监测项目

监测项目依据水体功能和污染源的类型不同而异,水质监测的项目包括物理、化学和生物三个方面的监测项目,其数量繁多,但受人力、物力、经费等各种条件的限制,不可能也没有必要一一监测,而应根据实际情况,选择环境标准中要求控制的危害大、影响范围广,并已建立可靠分析测定方法的项目进行监测。

地表水和废水规定的监测项目如下:

① 生活污水:化学需氧量、生化需氧量、悬浮物、氨氮、总氮、总磷、阴离子洗涤剂、细菌总数、大肠菌群等;

② 医院废水：包括pH值、色度、浊度、悬浮物、余氯、化学需氧量、生化需氧量、致病菌、细菌总数、大肠菌群等；

③ 地表水监测项目见表3.1；

④ 工业废水监测项目见表3.2；

⑤ 生活饮用水监测项目见表3.3；

⑥ 地下水常规监测项目见表3.4。

表3.1　地表水监测项目

	必测项目	选测项目
河流	水温、pH值、悬浮物、总硬度、电导率、溶解氧、高锰酸盐指数、五日生化需氧量(BOD_5)、氨氮、硝酸盐氮、亚硝酸盐氮、挥发酚、氰化物、氟化物、硫酸盐、氯化物、六价铬、总汞、总砷、镉、铅、铜、大肠菌群	硫化物、矿化度、非离子氨、凯氏氮、总磷、化学需氧量(COD)、溶解性铁、总锰、总锌、硒、石油类、阴离子表面活性剂、有机氯农药、苯并[a]芘、丙烯醛、苯类、总有机碳等
饮用水源地	水温、pH值、悬浮物、总硬度、电导率、溶解氧、高锰酸盐指数、BOD_5、氨氮、硝酸盐氮、亚硝酸盐氮、挥发酚、氰化物、氟化物、硫酸盐、氯化物、六价铬、总汞、总砷、镉、铅、铜、大肠菌群、细菌总数	铁、锰、铜、锌、硒、银、浑浊度、COD、阴离子表面活性剂、六六六、滴滴涕、苯并[a]芘、总α放射性、总β放射性等
湖库水体	水温、pH值、悬浮物、总硬度、透明度、总磷、总氮、溶解氧、高锰酸盐指数、BOD_5、氨氮、硝酸盐氮、亚硝酸盐氮、挥发酚、氰化物、氟化物、六价铬、总汞、总砷、镉、铅、铜、叶绿素a	钾、钠、锌、硫酸盐、氯化物、电导率、溶解性总固体、侵蚀性二氧化碳、游离二氧化碳、总碱度、碳酸盐、重碳酸盐、大肠菌群等

表3.2　工业废水监测项目

类型	必测项目	选测项目
黑色金属矿山(包括磷铁矿、赤铁矿、锰矿等)	pH值、悬浮物、重金属	硫化物、锑、铋、锡、氯化物
钢铁工业(包括选矿、烧结、炼焦、炼铁、炼钢、连铸、轧钢等)	pH值、悬浮物、COD、挥发酚、氰化物、油类、六价铬、锌、氨氮	硫化物、氟化物、BOD、铬
选矿药剂	COD、BOD、悬浮物、硫化物、重金属	
有色金属矿山及冶炼(包括选矿、烧结、电解、精炼等)	pH值、COD、悬浮物、氰化物、重金属	硫化物、铍、铝、钒、钴、锑、铋
非金属矿物制品业	pH值、悬浮物、COD、BOD、重金属	油类
煤气生产和供应业	pH值、悬浮物、COD、BOD、油类、重金属、挥发酚、硫化物	多环芳烃、苯并[a]芘、挥发性卤代烃

续表 3.2

类型		必测项目	选测项目
火力发电(热电)		pH值、悬浮物、硫化物、COD	BOD
电力、蒸汽、热水生产和供应业		pH值、悬浮物、硫化物、COD、挥发酚、油类	BOD
煤炭采选业		pH值、悬浮物、硫化物	砷、油类、汞、挥发酚、COD、BOD
焦化		COD、悬浮物、挥发酚、氨氮、氰化物、油类、苯并[a]芘	总有机碳
石油开采		COD、BOD、悬浮物、油类、硫化物、挥发性卤代烃、总有机碳	挥发酚、总铬
石油加工及炼焦业		COD、BOD、悬浮物、油类、硫化物、挥发酚、总有机碳、多环芳烃	苯并[a]芘、苯系物、铝、氯化物
化学矿开采	硫铁矿	pH值、COD、BOD、硫化物、悬浮物、砷	
	磷矿	pH值、氟化物、悬浮物、磷酸盐(P)、黄磷、总磷	
	汞矿	pH值、悬浮物、汞	硫化物、砷
无机原料	硫酸	酸度(或pH值)、硫化物、重金属、悬浮物	砷、氟化物、氯化物、铝
	氯碱	碱度(或酸度,或pH值)、COD、悬浮物	汞
	铬盐	酸度(或碱度,或pH值)、六价铬、总铬、悬浮物	汞
有机原料		COD、挥发酚、氰化物、悬浮物、总有机碳	苯系物、硝基苯类、总有机碳、有机氯类、邻苯二甲酸酯等
塑料		COD、BOD、油类、总有机碳、硫化物、悬浮物	氯化物、铝
化学纤维		pH值、COD、BOD、悬浮物、总有机碳、油类、色度	氯化物、铝
橡胶		COD、BOD、油类、总有机碳、硫化物、六价铬	苯系物、苯并[a]芘、重金属、邻苯二甲酸酯、氯化物等
医药生产		pH值、COD、BOD、油类、总有机碳、悬浮物、挥发酚	苯胺类、硝基苯类、氯化物、铝
染料		COD、苯胺类、挥发酚、总有机碳、色度、悬浮物	硝基苯类、硫化物、氯化物
颜料		COD、硫化物、悬浮物、总有机碳、汞、六价铬	色度、重金属

续表 3.2

类型		必测项目	选测项目
油漆		COD、挥发酚、油类、总有机碳、六价铬、铅	苯系物、硝基苯类
合成洗涤剂		COD、阴离子合成洗涤剂、油类、总磷、黄磷、总有机碳	苯系物、氯化物、铝
合成脂肪酸		pH 值、COD、悬浮物、总有机碳	油类
聚氯乙烯		pH 值、COD、BOD、总有机碳、悬浮物、硫化物、总汞、氯乙烯	挥发酚
感光材料，广播电影电视业		COD、悬浮物、挥发酚、总有机碳、硫化物、银、氰化物	显影剂及其氧化物
其他有机化工		COD、BOD、悬浮物、油类、挥发酚、氰化物、总有机碳	pH 值、硝基苯类、氯化物
化肥	磷肥	pH 值、COD、BOD、悬浮物、磷酸盐、氟化物、总磷	砷、油类
	氮肥	COD、BOD、悬浮物、氨氮、挥发酚、总氨、总磷	砷、铜、氰化物、油类
合成氨工业		pH 值、COD、悬浮物、氨氮、总有机碳、挥发酚、硫化物、氰化物、石油类、总氮	镍
农药	有机磷	COD、BOD、悬浮物、挥发酚、硫化物、有机磷、总磷	总有机碳、油类
	有机氯	COD、BOD、悬浮物、硫化物、挥发酚、有机氯	总有机碳、油类
除草剂工业		pH 值、COD、悬浮物、总有机碳、百草枯、阿特拉津、吡啶	除草醚、五氯酚、五氯酚钠、2,4-D、丁草胺、绿麦隆、氯化物、铝、苯、二甲苯、氨、氯甲烷、联吡啶
电镀		pH 值、碱度、重金属、氰化物	钴、铝、氯化物、油类
烧碱		pH 值、悬浮物、汞、石棉、活性氯	COD、油类
电气机械及器材制造业		pH 值、COD、BOD、悬浮物、油类、重金属	总氮、总磷
普通机械制造		COD、BOD、悬浮物、油类、重金属	氰化物
电子仪器、仪表		pH 值、COD、BOD、氰化物、重金属	氟化物、油类
造纸及纸制品业		酸度(或碱度)、COD、BOD、可吸附有机卤化物(AOX)、pH 值、挥发酚、悬浮物、色度、硫化物	木质素、油类

续表 3.2

类型	必测项目	选测项目
纺织染整业	pH值、色度、COD、BOD、悬浮物、总有机碳、苯胺类、硫化物、六价铬、铜、氨氮	总有机碳、氯化物、油类、二氧化氯
皮革、毛皮、羽绒服及其制品	pH值、COD、BOD、悬浮物、硫化物、总铬、六价铬、油类	总氮、总磷
水泥	pH值、悬浮物	油类
油毡	COD、BOD、悬浮物、油类、挥发酚	硫化物、苯并[a]芘
玻璃、玻璃纤维	COD、BOD、悬浮物、氰化物、挥发酚、氟化物	铅、油类
陶瓷制造	pH值、COD、BOD、悬浮物、重金属	
石棉(开采与加工)	pH值、石棉、悬浮物	挥发酚、油类
木材加工	COD、BOD、悬浮物、挥发酚、pH值、甲醛	硫化物
食品加工	pH值、COD、BOD、悬浮物、氨氮、硝酸盐氮、动植物油	总有机碳、铝、氯化物、挥发酚、铅、锌、油类、总氮、总磷
屠宰及肉类加工	pH值、COD、BOD、悬浮物、动植物油、氨氮、大肠菌群	石油类、细菌总数、总有机碳
饮料制造业	pH值、COD、BOD、悬浮物、氨氮、粪大肠菌群	细菌总数、挥发酚、油类、总氮、总磷

表 3.3 生活饮用水监测项目

分析项目	饮用水标准	分析项目	饮用水标准
色度/度	不超过 15	砷/(mg/L)	不超过 0.05
浑浊度/度	不超过 1	镉/(mg/L)	不超过 0.005
臭和味	不得有异臭、异味	六价铬/(mg/L)	不超过 0.05
肉眼可见物	不得含有	氰化物/(mg/L)	不超过 0.05
pH值	6.5～8.5	氟化物/(mg/L)	不超过 1.0
总硬度(以碳酸钙计)/(mg/L)	不超过 450	铅/(mg/L)	不超过 0.01
铝/(mg/L)	不超过 0.2	汞/(mg/L)	不超过 0.001
铁/(mg/L)	不超过 0.3	硝酸盐(以氮计)/(mg/L)	不超过 20
锰/(mg/L)	不超过 0.1	硒/(mg/L)	不超过 0.01
铜/(mg/L)	不超过 1.0	细菌总数/(CFU/mL)	不超过 100

续表 3.3

分析项目	饮用水标准	分析项目	饮用水标准
锌/(mg/L)	不超过 1.0	总大肠菌群/(个/L)	不超过 3
挥发酚/(mg/L)	不超过 0.002	粪大肠菌群	每 100 mL 水样中不得检出
洗涤剂/(mg/L)	不超过 0.3	游离余氯/(mg/L)	水源不低于 0.3
硫酸盐/(mg/L)	不超过 250	亚硝酸盐氮/(mg/L)	—
氯化物/(mg/L)	不超过 250	氨氮/(mg/L)	—
溶解性总固体/(mg/L)	不超过 1000	总 α 放射性/(Bq/L)	—
耗氧量(O_2 计)/(mg/L)	不超过 3	总 β 放射性/(Bq/L)	—

表 3.4 地下水常规监测项目

必测项目	选测项目
pH 值、总硬度、溶解性总固体、氨氮、硝酸盐氮、亚硝酸盐氮、挥发性酚、总氰化物、高锰酸盐指数、氟化物、砷、汞、镉、六价铬、铁、锰、大肠菌群	色、嗅和味、浑浊度、氯化物、硫酸盐、碳酸氢盐、石油类、细菌总数、硒、铍、钡、镍、六六六、滴滴涕、总 α 放射性、总 β 放射性、铅、铜、锌、阴离子表面活性剂

3.1.4 水质监测分析方法

正确选择监测分析方法，是获得准确结果的关键因素之一。选择分析方法应遵循的原则是：灵敏度能满足定量要求；方法成熟、准确；操作简便，易于普及；抗干扰能力好。根据上述原则，为使监测数据具有可比性，各国在大量实践的基础上，对各类水体中的不同污染物质都编制了相应的分析方法。这些方法有以下三个层次，它们相互补充，构成完整的监测分析方法体系。

(1)标准分析方法

国家、地方和行业已制定发布多项标准分析方法，这些方法属于适应性较强、准确度较高的方法，可作为环境污染纠纷法定的仲裁方法，也是用于评价其他分析方法的基准方法。

(2)统一分析方法

有些项目的监测方法尚不够成熟，但这些项目又急需测定，因此经过研究作为统一方法予以推广，在使用中积累经验，不断完善，为上升为国家标准方法创造条件。

(3)等效方法

与(1)、(2)类方法的灵敏度、准确度具有可比性的分析方法称为等效方法。这类方法可能采用新的技术，应鼓励有条件的单位先采用，以推动监测技术的进步。但是，新方法必须经过方法验证和对比实验，证明其与标准分析方法或统一分析方法是等效的才能使用。

按照监测方法所依据的原理，水质监测常用的方法有化学法、电化学法、原子吸收分光光度法、离子色谱法、气相色谱法、等离子体发射光谱(ICP-AES)法等，其中，化学法

［包括重量法、容量(滴定)法和分光光度法］目前在国内外水质常规监测中被普遍采用，占各项目测定方法总数的50%以上(见表3.5各类分析方法在水质监测中所占比例)。各种常用水质监测方法测定项目见表3.6。

表3.5 各类分析方法在水质监测中所占比例

方法	我国水和废水监测分析方法		美国水和废水标准检验法(15版)	
	测定项目数	比例(%)	测定项目数	比例(%)
重量法	7	3.9	13	7.0
容量(滴定)法	35	19.4	41	21.9
分光光度法	63	35.0	70	37.4
荧光光度法	3	1.7		
原子吸收法	24	13.3	23	12.3
火焰光度法	2	1.1	4	2.1
原子荧光法	3	1.7		
电极法	5	2.8	8	4.3
极谱法	9	5.0		
离子色谱法	6	3.3		
气相色谱法	11	6.1	6	3.2
液相色谱法	1	0.5		
其他	11	6.2	22	11.8
合计	180	100	187	100

表3.6 常用水质监测方法测定项目

方法	测定项目
重量法	SS、过滤残渣、矿化度、油类、SO_4^{2-}、Cl^-、Ca^{2+}
容量(滴定)法	酸度、碱度、CO_2、总硬度、Ca^{2+}、Mg^{2+}、氨氮、Cl^-、F^-、CN^-、S^{2-}、Cl_2、COD、BOD_5、挥发酚等
分光光度法	Ag、Al、As、Be、Bi、Ba、Cd、Co、Cr、Cu、Hg、Mn、Ni、Pb、Sb、Se、Th、U、Zn、NH_3、As、氨氮、NO_2^--N、NO_3^--N、凯氏氮、PO_4^{3-}、F^-、Cl^-、C、S^{2-}、SO_4^{2-}、BO_3^{2-}、SiO_3^{2-}、Cl_2、挥发酚、甲醛、三氯乙醛、苯胺类、硝基苯类、阴离子洗涤剂等
荧光法光度法	Se、Be、U、油类、BaP等
原子吸收法	Ag、Al、Ba、Be、Bi、Ca、Cd、Co、Cr、Cu、Fe、Hg、K、Na、Mg、Mn、Ni、Pb、Sb、Se、Sn、Te、Tl、Zn等
氢化物及冷原子吸收法	As、Sb、Bi、Ge、Sn、Pb、Se、Te、Hg
原子荧光法	As、Sb、Bi、Se、Hg等

续表 3.6

方法	测定项目
火焰光度法	Li、Na、K、Sr、Ba 等
电极法	Eh、pH 值、DO、F^-、Cl^-、CN^-、S^{2-}、NO_3^-、K^+、Na^+、NH_3 等
离子色谱法	F^-、Cl^-、Br^-、NO_2^-、NO_3^-、SO_3^{2-}、SO_4^{2-}、$H_2PO_4^-$、K^+、Na^+、NH_4^+ 等
气相色谱法	Be、Se、苯系物、挥发性卤代烃、氯苯类、六六六、DDT、有机磷农药类、三氯乙醛、硝基苯类、PCB 等
液相色谱法	多环芳烃类
ICP-AES	用于水中基体金属元素、污染重金属以及底质中多种元素的同时测定

3.1.5 排污总量测量方法

污水(废水)排放总量是指通过排污口排出的污水量,通常以每日或每年排出的数量表示,利用测定流量×排污时间来计算。如果需要某一类污染物的排放总量,则需要测定污染物的浓度,然后利用浓度×污水排放量来计算。所以,排污总量测量的核心是进行流量测定。

(1)流量测量原则

①污染源的污水排放渠道,在已知其“流量-时间”排放曲线波动较小,用瞬时流量代表平均流量所引起的误差被允许(小于 10%)时,则在某一时段内的任意时间测得的瞬时流量乘以该时段的时间即为该时段的流量。

②如排放污水的“流量-时间”排放曲线虽有明显波动,但其波动有固定的规律,可以用该时段中几个等时间间隔的瞬时流量来计算出平均流量,则可定时进行瞬时流量测定,在计算出平均流量后再乘以时间得到流量。

③如排放污水的“流量-时间”排放曲线,既有明显波动又无规律可循,则必须连续测定流量,流量对时间的积分即为总流量。

(2)流量测量方法

①污水流量计法:污水流量计的性能指标必须满足污水流量计法的技术要求。

②其他测流量的方法。

a. 容积法:将污水纳入已知容量的容器中,测定其充满容器所需要的时间,从而计算污水量的方法。本法简单易行,测量精度较高,适用于计量污水量较小的连续或间歇排放的污水,但要求溢流口与受纳水体应有适当落差或能用导水管形成落差。

b. 流速仪法:通过测量排污渠道的过水截面积,以流速仪测量污水流速,计算污水量。多数用于渠道较宽的污水量测量。测量时需要根据渠道深度和宽度确定点位垂直测点数和水平测点数。该方法简单,但易受污水水质影响,难用于污水量的连续测定。排污截面底部需硬质平滑,截面形状为规则几何形,排污口处须有 3~5 m 的平直过流水段,且水位高度不小于 0.1 m。

c. 溢流堰法:在固定形状的渠道上安装特定形状的开口堰板,过堰水头与流量有固定关系，据此测量污水流量。根据污水量大小可选择三角堰、矩形堰、梯形堰等。溢流堰法精度较高，在安装液位计后可实行连续自动测量。为连续自动测量液位，已有的传感器有浮子式、电容式、超声波式和压力式等。利用堰板测流，应考虑到由于堰板的安装所造成一定的水头损失。另外，固体沉积物在堰前堆积或藻类等物质在堰板上黏附均会影响测量精度。在排放口处修建的明渠式测流段要符合流量堰(槽)法的技术要求。

d. 量水槽法：在明渠或涵管内安装量水槽，测量其上游水位可以计量污水量。常用的有巴氏槽。用量水槽测量流量与溢流堰法相比，同样可以获得较高的精度(±2%～±5%)和进行连续自动测量。其特点为：水头损失小、壅水高度小、底部冲刷力大，不易沉积杂物，但造价较高，施工要求也较高。

以上方法均可选用，但在选定方法时，应注意各自的测量范围和所需条件。

在以上方法无法使用时，可用统计法。

③如污水为管道排放，所使用的电磁式或其他类型的流量计应定期进行计量检定。

3.1.6 水质监测方案的制订

水质监测时，不可能也没必要对全部水体进行测定，只需取水体中的很少一部分进行分析，这种用来反映水体水质状况的水就是水样。将水样从水体中分离出来的过程就是采样，采集的水样必须具有代表性，否则，以后的任何操作都是徒劳的。为了正确反映水体的水质状况，必须控制以下几个步骤：采样前的现场调查研究和资料收集、采样断面和采样点的设置、采样频率的确定、水样容器的洗涤、采样设备和采样方法、水样的保存方法、水样的运输和管理等。

采样地点的选择和监测网点的建立称为布点。只有合理地布点，并根据实际需要按一定的时间间隔准确而及时地采样，迅速送往实验室分析测定(对于易发生变化的项目，在实验室又不能及时测定的情况下，采取一定的保护措施，以防止污染物的存在状态和含量发生变化)，利用实验室正确的分析结果，才能如实地反映水质情况。

水质监测的一般流程

为了顺利地达到上述目的，在监测之前，必须根据具体情况制订监测方案，并按方案的内容有条不紊地实施，才能保证合格完成任务。监测方案的内容如下：

①明确地、具体地规定监测目的；

②确定监测介质和监测项目，以此选择分析方法，前后统一，使监测数据具有可比性；

③规定采样地点、方法、时间和频次，并具体责任到人；

④明确排放特点、自然环境条件、居民分布情况等，据此确定采样设备、交通工具及运行路线；

⑤对监测结果尽可能提出定量要求，如监测项目结果的表示方法、有效数字的位数及可疑数据的取舍等。

3.1.6.1 地表水质监测方案的制订

流过或汇集在地球表面上的水，如海洋、河流、湖泊、水库、沟渠中的水，统称为地表水。

(1)基础资料的收集

样品的代表性首先取决于采样断面和采样点的代表性。为了合理地确定采样断面和采样点,必须做好调查研究和资料收集工作,内容如下:

①水体的水文、气候、地质、地貌特征。

②水体沿岸城市分布和工业布局、污染源分布与排污情况、城市的给排水情况等。

③水体沿岸的资源(包括森林、矿产、土壤、耕地、水资源)现状,特别是植被破坏和水土流失情况。

④水资源的用途、饮用水源分布和重点水源保护区。

⑤实地勘查现场的交通情况、河宽、河库结构、岸边标志等。对于湖泊,还需了解生物、沉积物特点,间温层分布、容积、平均深度、等深线和水更新时间等。

⑥收集原有的水质分析资料或在需要设置断面的河段上设若干调查断面进行采样分析。

(2)监测断面和采样点的设置

监测断面和采样点根据监测目的、监测项目和样品类型,并按上述调查研究和对有关资料的综合分析结果来确定。

①监测断面的设置原则

在水域的下列位置应设置监测断面:

a. 有大量废水排入河流的主要居民区、工业区的上游和下游;

b. 湖泊、水库、河口的主要入口和出口;

c. 饮用水源区、水资源集中的水域、主要风景游览区、水上娱乐区及重大水力设施所在地等功能区;

d. 较大支流汇合口上游和汇合后与干流充分混合处,入海河流的河口处,受潮汐影响的河段和严重水土流失区;

e. 国际河流出入国境线的出入口处;

f. 应尽可能与水文测量断面重合,并要求交通方便,有明显岸边标志。

②河流监测断面的设置(图 3.2)

对于江、河水系或某一河段,要求设置三种断面,即对照断面、控制断面和消减断面。

a. 对照断面:这种断面应设在河流进入城市或工业区以前的地方,避开各种废水、污水流入或回流处。一个河段一般只设一个对照断面。有主要支流时可酌情增加。

b. 控制断面:断面的位置与废水排放口的距离应根据主要污染物的迁移、转化规律,河水流量和河道水力学特征确定,一般设在排污口下游 500～1000 m 处。因为在排污口下游 500 m 横断面上的 1/2 宽度处重金属浓度一般出现高峰值。对特殊要求的地区,如水产资源区、风景游览区、自然保护区、与水源有关的地方病发病区、严重水土流失区及地球化学异常区等的河段上也应设置控制断面。

c. 消减断面:是指河流受纳废水和污水后,经稀释扩散和自净作用,使污染物浓度显著下降,其左、中、右三点浓度差异较小的断面,通常设在城市或工业区最后一个排污口下游 1500 m 以外的河段上。水量小的小河流应视具体情况而定。

有时为了取得水系和河流的背景监测值,还应设置背景断面。这种断面上的水质要求基本上未受人类活动的影响,应设在清洁河段上。

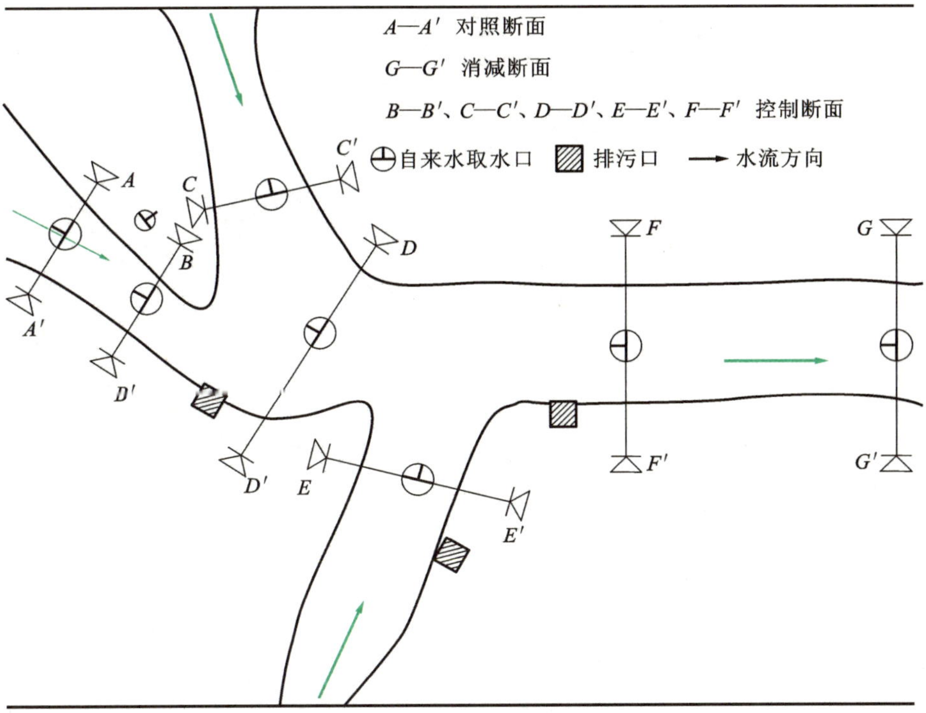

图 3.2 河流监测断面设置示意图

③ 潮汐河流监测断面的布设

a. 潮汐河流监测断面的布设原则与其他河流相同，设有防潮桥闸的潮汐河流，根据需要在桥闸的上、下游分别设置断面。

河流监测断面设置示意图

b. 根据潮汐河流的水文特征，潮汐河流的对照断面一般设在潮区界面以上。若感潮河段潮区界面在该城市管辖的区域之外，则在城市河段的上游设置一个对照断面。

c. 潮汐河流的削减断面，一般应设在近入海口处。若入海口处于城市管辖区域外，则设在城市河段的下游。

d. 潮汐河流的断面位置，应尽可能与水文断面一致或靠近，以便取得有关的水文数据。

④ 湖泊、水库监测断面的设置(图 3.3)

a. 在进出湖泊、水库的河流汇合处分别设置监测断面；

b. 以功能区为中心，在其辐射线上设置弧形监测断面；

c. 在湖库中心，深、浅水区，滞流区，不同鱼类的洄游产卵区，水生生物经济区等设置监测断面。

⑤采样点位的确定

设置监测断面后，应根据水面的宽度确定断面上的采样垂线，再根据采样垂线的深度确定采样点位置和数目。

采样点位确定

对每个监测断面，水面宽小于 50 m，设 1 条中垂线；水面宽 50～100 m，在左右近岸有明显水流处各设 1 条垂线；水面宽 100～1000 m，设左、中、右 3 条垂线；水面宽大于

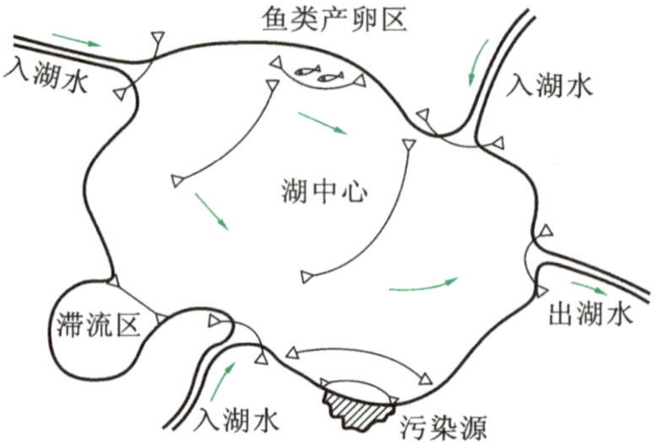

△——△ 为监测断面

图 3.3　湖、库监测断面设置示意图

1500 m，至少设置 5 条等距离垂线。

在一条垂线上，水深小于或等于 5 m，水面下 0.3～0.5 m 处，设一个采样点；水深 5～10 m，水面下 0.3～0.5 m 处和河底以上 0.5 m 处各设一个点；水深 10～50 m，设三个点，水面下 0.3～0.5 m 处和河底以上 0.5 m 处各设一个点，1/2 水深处一个点；水深大于 50 m 酌情增加点数。

湖、库监测断面上采样点位置和数目的确定方法与河流相同。监测断面和采样点的位置确定后，其所在位置应该有固定而明显的岸边天然标志。如果没有天然标志物，则应设置人工标志物，如竖石柱、打木桩等。每次采样要严格以标志物为准，使采集的样品取自同一位置上，以保证样品的代表性和可比性。

(3)采样时间和采样频率的确定

采样时间指每次采样从开始到结束所经历的时间，也称采样时段。采样频次指在一定时间范围内的采样次数。

依据不同的水体功能、水文要素污染源、污染物排放等实际储况，力求以最低的采样频次，取得最有时间代表性的样品，既要满足能反映水质状况的要求，又要切实可行。

为使采集的水样具有代表性，能够反映水质在时间和空间上的变化规律，必须确定合理的采样时间和采样频率，一般原则如下：

饮用水源地、省(自治区、直辖市)交界断面中需要重点控制的监测断面每月至少采样 1 次。

国控水系、河流、湖、库上的监测断面，逢单面采样 1 次，全年 6 次。

国控监测断面(或垂线)每月采样 1 次，在每月 5 日至 10 日内进行采样。

受潮汐影响的监测断面，分别在大潮期和小潮期进行采样，每次采集涨、退潮水样分别测定。涨潮水样应在断面处水面涨平时采样，退潮水样应在水面退平时采样。

水系的背景断面每年采样 1 次。

如某个必测项目连续 3 年均未检出，且在断面附近确定无新增排放源，而现有污染源排污量没有增加，每年可采样 1 次进行测定。一旦检出，或在断面附近有新的排放源或现有污染有新增排污量时，即恢复正常采样。

遇有特殊自然情况或发生污染事故时，要随时增加采样频次。

在流域污染源限期治理、限期达标排放的计划中和流域受纳污染物的总量削减规划中，要进行同步监测。

为配合局部水流域的河道整治，及时反映整治的效果，应在一定时期内增加采样频次，具体由整治工程所在地生态环境行政主管部门制定。

(4)采样及监测技术的选择

要根据监测对象的性质、含量范围及测定要求等因素选择适宜的采样、监测方法和技术，其详细内容将在本章以下各节中分别介绍。

(5)结果表达，质量保证及实施计划

水质监测所测得的众多化学、物理以及生物学的监测数据，是描述和评价水环境质量，进行环境管理的基本依据，必须进行科学的计算和处理，并按照要求的形式在监测报告中表达出来。

质量保证概括了保证水质监测数据正确可靠的全部活动和措施。质量保证贯穿监测工作的全过程。

实施计划是实施监测方案的具体安排，要切实可行，使各环节工作有序、协调地进行。

3.1.6.2 地下水质监测方案的制订

储存在土壤和岩石空隙(孔隙、裂隙、溶隙)中的水，统称为地下水。地下水是水体的组成部分，具备水体的特征，与人民生活息息相关。地下水采样与监测，对于地下水源保护和开发、地下水污染的综合防治及其水质评价等都有重要意义。

(1)地下水的特征

地下水的形成主要取决于地质条件和自然地理条件。此外，人类活动对地下水也有一定影响。地质因素对地下水形成的影响，主要表现在岩石性质和结构方面；岩石和土壤空隙是地下水储存与运动的先决条件。自然地理条件中主要是气候、水文和地貌的影响最为显著。地下水的物理、化学性质随空间和时间而变化，地下水的化学成分和理化特性在循环运动过程中受气候、岩性和生物作用的影响，受补给条件和水运动强弱的约束。地下水化学成分的形成过程，实际上是一个不断变化的过程。

地下水按埋藏条件不同可分为潜水、承压水和自流水三类，也有分为上层滞水、潜水和自流水三类的；按含水层性质的差别，又分为孔隙水、裂隙水、岩溶水三类。欲采集有代表性的水样，应运用地理、地质、气象、水文、生态、环境等综合性的知识，并应首先考虑地下水的类型和下列因素：

①地下水流动较慢，所以水质参数的变化慢，一旦污染很难恢复，甚至无法恢复。

②地下水埋藏深度不同，温度变化规律也不同。近地表的地下水的温度受气温的影响，具有周期性变化，较深的常温层中地下水温度比较稳定，水温变化不超过0.1℃；但水样一经取出，其温度即可能有较大的变化。这种变化能改变化学反应速度，从而改变原来的化学平衡，也能改变微生物的生长速度。

③地下水所受压力较大，面对的环境条件与地面水不同，一旦取出，可溶性气体的溶入和逃逸，会带来一系列的化学变化，改变水质状况。例如，地下水富含 H_2S 但溶解氧较低，取出后 H_2S 的逃逸，大气中 O_2 的溶入，会发生一系列的氧化还原变化；水样吸收或放

出 CO_2 可引起 pH 值变化。

④由于采水器的吸附或沾污及某些组分的损失，水样的真实性将受到影响。

(2)调查研究和收集资料

地下水的特性决定了地下水布点的复杂性，因此布点前的调查研究和资料收集尤其重要。

(3)监测采样点的设置

由于地质结构复杂，地下水采样点的设置也变得复杂。自监测井采集的水样只代表含水层平行和垂直的一小部分，所以，必须合理地选择采样点。目前，地下水监测以浅层地下水(又称潜水)为主，应尽可能利用各水文地质单元中原有的水井(包括机井)。还可对深层地下水(也称承压水)的各层水质进行监测。孔隙水以第四纪为主；基岩裂隙水以监测泉水为主。

①背景值采样监测点的设置

背景值采样监测点应设在污染区的外围不受或少受污染的地方。对于新开发区，应在引入污染源之前设置背景值采样监测点。

②监测井(点)的布设

布设监测井(点)时，应考虑环境水文地质条件、地下水开采情况、污染物的分布和扩散形式，以及区域水化学特征等因素。对于工业区和重点污染源所在地的监测井(点)布设，主要根据污染物在地下水中的扩散形式确定。例如，渗坑、渗井和堆渣区的污染物在含水层渗透性较大的地区易造成条带状污染；污灌区、污养区及缺乏卫生设施的居民区的污水渗透到地下易造成块状污染，此时监测井(点)应设在地下水流向的平行和垂直方向上，以监测污染物在两个方向上的扩散程度。渗坑、渗井和堆渣区的污染物在含水层渗透小的地区易造成点状污染，其监测井(点)应设在距污染源最近的地方。沿河、渠排放的工业废水和生活污水因渗漏可能造成带状污染，此时宜用网状布点法设置监测井。一般监测井在液面下 0.3～0.5m 处采样。若有间温层或多含水层分布，可按具体情况分层采样。

(4)采样时间和采样频率的确定

①每年应在丰水期和枯水期分别采样测定；有条件的地方按地区特点分四季采样；已建立长期观测点的地方可按月采样监测。

②通常每一采样期至少采样监测 1 次；对饮用水源监测点，要求每一采样期采样监测两次，其间隔至少 10 d，对有异常情况的井点，应适当增加采样监测次数。

3.1.6.3 水污染源监测方案的制订

水污染源包括工业废水源、生活污水源、医院污水源等。在制订监测方案时，首先进行调查研究，收集有关资料，查清用水情况、废水或污水的类型，主要污染物及排污走向和排放量，车间、工厂或地区的排污口数量及位置，废水处理情况，是否排入江、河、湖、海，流经区域是否有渗坑等。然后进行综合分析，确定监测项目、监测点位，选定采样时间和频率、采样和监测方法及技术，制订质量保证程序、措施和实施计划等。

(1)采样点的设置

水污染源一般经管道或渠、沟排放，截面积比较小，不需设置断面，而直接确定采样点位。

①工业废水

a. 在车间或车间设备出口处应布点采样测定一类污染物。这些污染物主要包括汞、镉、砷、铅和它们的无机化合物，六价铬的无机化合物，有机氯和强致癌物质等。

b. 在工厂总排污口处应布点采样测定二类污染物。这些污染物有：悬浮物、硫化物、挥发酚、氰化物、有机磷、石油类、铜、锌、氟及它们的无机化合物、硝基苯类、苯胺类。

c. 有处理设施的工厂应在处理设施的排出口处布点。为了解对废水的处理效果，可在进水口和出水口同时布点采样。

d. 在排污渠道上，采样点应设在渠道较直、水量稳定、上游没有污水汇入处。

e. 某些二类污染物的监测方法尚不成熟，在总排污口处布点采样监测因干扰物质多而会影响监测结果。这时，应将采样点移至车间排污口，按废水排放量的比例折算成总排污口废水中的浓度。

②生活污水和医院污水

对城市污水处理厂，采样点布设在污水进口和处理后排放进入受纳水体的总排放口处；为评价污水处理的效果，可在污水处理厂进水、各处理单元出水，以及总排放口处布设采样点。

医院污水监测采样点设在污水总排放口。

(2)采样时间和频率

工业废水的污染物含量和排放量常随工艺条件及开工率的不同而有很大差异，故采样时间、周期和频率的选择是一个较复杂的问题。一般情况下，可在一个生产周期内每隔 0.5 h 或 1 h 采样 1 次，将其混合后测定污染物的平均值。如果取 n 个生产周期(如 3～5个周期)的废水样监测，可每隔 2 h 采样 1 次。对于排污情况复杂、浓度变化大的废水，采样时间间隔要缩短，有时需要 5～10 min 采样 1 次。这种情况最好使用连续自动采样装置。对于水质和水量比较稳定或排放规律性较好的废水，待找出污染物浓度在生产周期内的变化规律后，采样频率可大大降低，如每月采样 2 次。

城市排污管道大多数受纳多个工厂排放的废水，由于在管道内废水已进行了混合，故在管道出水口，可每隔 1 h 采样 1 次，连续采集 8 h，也可连续采集 24 h，然后将其混合制成混合样，测定各污染组合的平均浓度。

3.2 水样的采集、保存和预处理

3.2.1 地表水样的采集

3.2.1.1 采样前的准备

(1)容器的准备

容器的材质对于水样在贮存期间的稳定性影响很大。容器材质与水样的相互作用有三个方面：

①容器材质可溶于水样，如从塑料容器溶解下来的有机质和从玻璃容器溶解下来的钠、硅和硼等；

②容器材质可吸附水样中某些组分，如玻璃吸附痕量金属，塑料吸附有机质和痕量金属等；

③水样与容器直接发生化学反应，如水样中的氟化物与玻璃容器间的反应等。

为此，对水样容器及其材质的要求如下：

a. 容器材质的化学稳定性好，可保证水样的各组成成分在贮存期间不发生变化；

b. 抗极端温度，抗震性能好，容器大小、形状和质量适宜；

c. 能严密封口，且容易打开；

d. 材料易得，成本较低；

e. 容易清洗并可反复使用。

高压低密度聚乙烯塑料和硬质玻璃可满足上述要求。通常塑料容器用于测定金属和其他无机物的监测项目，玻璃容器用于测定有机物和生物等的监测项目。对特殊监测项目用的容器，可选用其他高级化学惰性材料制作。

(2)采样器的准备

采样前，选择合适的采样器，先用自来水冲去灰尘和其他杂物，再用酸或其他溶剂洗涤，最后用蒸馏水冲洗干净；如果是铁质采样器，要用洗涤剂彻底消除油污，再用自来水漂洗干净，晾干待用。

(3)交通工具的准备

最好有专用的监测船和采样船，如果没有，根据水体和气候选用适当吨位的船只。根据交通条件选用陆上交通工具。

3.2.1.2 采样方法和采样器(或采水器)

(1)采样方法

①船只采样：利用船只到指定的地点，按深度要求，把采水器浸入水面下采样。船只采样比较灵活，适用于一般河流和水库的采样，但不容易固定采样地点，往往使数据不具有可比性。同时一定要注意采样人员的安全。

②桥梁采样：确定采样断面应考虑交通方便，并应尽量利用现有的桥梁采样。在桥上采样安全、可靠、方便，不受天气和洪水的影响，适合于频繁采样，并能在横向和纵向准确控制采样点位置。

③涉水采样：较浅的小河和靠近岸边水浅的采样点可涉水采样，但要避免搅动沉积物而使水样受污染。涉水采样时，采样者应站在下游，向上游方向采集水样。

④索道采样：在地形复杂、险要，地处偏僻处的小河流，可架索道采样。

(2)采样器

①水桶：水桶是塑料的，适于采集表层水。应注意不能混入漂浮于水面上的物质。正式采样前要用水样冲洗水桶 2～3 次。

②单层采水瓶：一个装在金属框内用绳索吊起的玻璃瓶，框底装有铅块，以增加重量，瓶口配塞，以绳索系牢，绳上标有高度，将样瓶降落到预定的深度，然后将细绳上提，

把瓶塞打开，水样便充满样瓶。如图 3.4 所示。

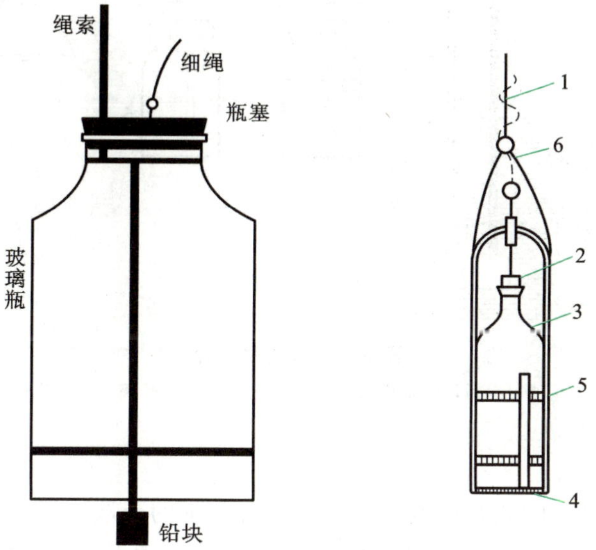

图 3.4　常用采水器

1—绳索；2—带有细绳的瓶塞；3—玻璃瓶；4—铅块；5—金属框；6—挂钩

③急流采水器：采集水样时，打开铁框的铁栏，将样瓶用橡皮塞塞紧，再把铁栏扣紧，然后沿船身垂直方向伸入水深处，打开钢管上部橡皮管的夹子，水样便从橡皮塞的长玻璃管流入样瓶中，瓶内空气由短玻璃管沿橡皮管排出。如图 3.5 所示。

④双层溶解气体采样瓶：将采样器沉入要求水深处后，打开上部的橡胶管夹子，水样进入小瓶并将空气驱入大瓶，从连接大瓶短玻璃管的橡胶管排出，直到大瓶中充满水样，提出水面后迅速密封。如图 3.6 所示。

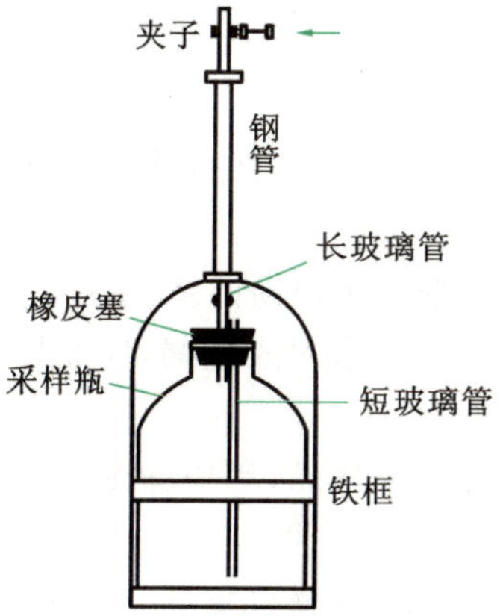

图 3.5　急流采水器

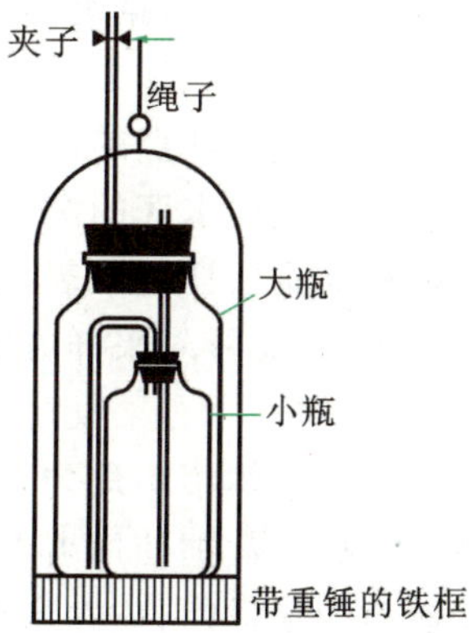

图 3.6　双层溶解气体采样瓶

⑤其他采水器：如塑料手摇泵采水器、电动泵采水器等。泵式采水器结构如图 3.7 所示。

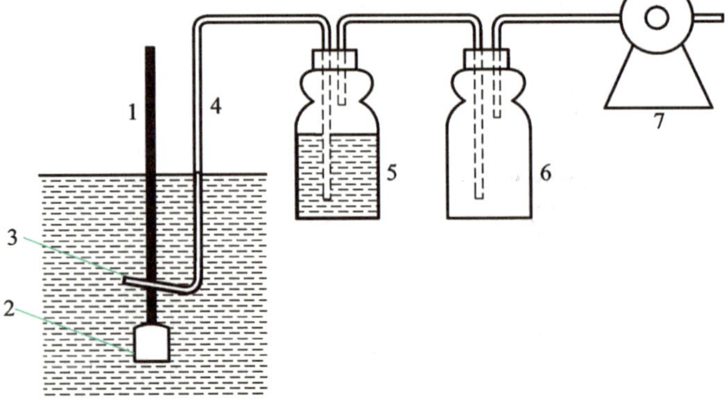

图 3.7　泵式采水器

1—细绳；2—重锤；3—采样头；4—采样管；5—采样瓶；6—安全瓶；7—泵

3.2.1.3　水样的类型

(1)瞬时水样

瞬时水样指在某一时间和地点从水体中随机采集的分散水样。当水体水质稳定，或其组分在相当长的时间或相当大的空间范围内变化不大时，瞬时水样具有很好的代表性；当水体组分及含量随时间和空间变化时，就应隔时、多点采集瞬时水样，分别进行分析，摸清水质的变化规律。

(2)混合水样

在同一采样点于不同时间所采集的瞬时水样的混合水样，有时称"时间混合水样"。这种水样在观察平均浓度时非常有用，但不适用于被测组分在贮存过程中发生明显变化的水样。

(3)综合水样

把不同采样点同时采集的各个瞬时水样混合后所得到的样品称综合水样。这种水样在某些情况下更具有实际意义。例如，当为几条废水河、渠建立综合处理厂时，以综合水样水质参数作为设计的依据更为合理。

3.2.1.4　地表水采样注意事项

(1)采样时应保证采样点的位置准确，必要时可使用全球定位系统(GPS)定位。

(2)采样时不可搅动水底的沉积物。

(3)认真填写水质采样记录表，用签字笔或硬质铅笔在现场记录，字迹应端正、清晰。

(4)采样结束前，应核对采样方案、记录与水样，如有错误或遗漏，应立即补采或重新采样。

(5)如采样现场水体很不均匀，无法采到有代表性的样品，则应详细记录不均匀的情况和实际采样情况，供数据使用者参考。

(6)测定油类的水样时，应在水面至水面下 300 mm 单独采集柱状水样，并全部用于测定。采样瓶(容器)不能用采集的水样冲洗。

(7)测溶解氧、生化需氧量和有机污染物等项目的水样，必须注满容器，不留空间，并用水封口。

(8)如果水样中含沉降性固体(如泥沙等)，应分离除去。分离方法：将所采水样摇匀后倒入筒形玻璃容器，静置 30 min，再将已不含沉降性固体但含有悬浮性固体的水样移入盛样容器并加入保存剂。测定总悬浮物和油类的水样时除外。

(9)测定湖库水 COD、高锰酸盐指数、叶绿素、总氮、总磷时，应使水样静置 30 min，用吸管一次或几次移取水样，吸管进水尖嘴应插至水样表层 50 mm 以下位置，再加保存剂保存。

(10)测定油类、BOD、DO、硫化物、余氯、粪大肠菌群、悬浮物、放射性等项目时要单独采样。

3.2.2 废水样品的采集

3.2.2.1 采样方法

(1)浅水采样

以沟渠形式向水体排放废(污)水时，应设适当的围堰，可用聚乙烯塑料长柄采水勺从堰溢流中直接采样。在排污管道或渠道中采样时，应在液体流动的部位采集水样。

(2)深层水采样

可使用专用的深层采水器采集，也可将聚乙烯筒固定在重架上，沉入要求深度采集。

(3)自动采样

自动采样器有瞬时自动混合采样器和定时自动分配混合采样器之分。前者可在一个生产周期内，将按时间间隔采集的多个水样混合，也可将按流量比采集的水样混合，结果以平均值形式表达；后者则可连续自动定时采集水样，并分配于不同的容器中，可获得监测指标浓度与时间关系，为研究水质随时间变化趋势提供保证。

3.2.2.2 废水样类型

废水自动采水器

(1)瞬时废水样

对于生产工艺连续、稳定的工厂，所排放废水中的污染组分及浓度变化不大，瞬时废水样具有较好的代表性。对于某些特殊情况，如废水中污染物质的平均浓度合格，而高峰排放浓度超标，这时也可间隔适当时间采集瞬时废水样，并分别测定，将结果绘制成浓度-时间关系曲线，以得知高峰排放时污染物质的浓度，同时也可计算出平均浓度。

(2)平均废水样

由于工业废水的排放量和污染组分的浓度往往随时间起伏较大，为使监测结果具有代表性，需要增大采样和测定频率。

①平均混合水样：每隔相同时间采集等量废水样混合而成的水样，适于废水流量比较稳定的情况。

②平均比例混合水样：指在废水流量不稳定情况下，在不同时间依照流量大小按比例采集的混合水样。

有时需要同时采集几个排污口的废水样，并按比例混合，其监测结果代表采样时的综合排放浓度。

3.2.2.3 采样的安全防护

在下水道、污水池、污水处理厂和污水泵站等部位采样时，必须注意下述危险：

①污水管道系统中爆炸性气体混合可能引起爆炸的危险；

②由毒性气体如硫化氢、一氧化碳等引起的中毒危险；

③由缺氧引起的窒息危险；

④致病生物引起的染病危险；

⑤在采样现场攀爬等所造成的摔伤危险；

⑥溺水的危险；

⑦掉落物砸伤的危险。

另外，污水采样时还应注意以下事项：

①用样品容器直接采样时，必须用水样冲洗 3 次后再进行采样。但当水面有浮油时，采油的容器不可用水样冲洗。

②采样时应注意除去水面的杂物、垃圾等漂浮物。

③采样时应认真填写污水采样记录表，表中应有以下内容：污染源名称、监测目的、监测项目、采样点位、采样时间、样品编号、污水性质、污水流量、采样人姓名及其他有关事项等。

④凡需现场监测的项目，应进行现场监测。其他注意事项可参见地表水质监测的采样部分。

3.2.3 地下水样的采用

地下水的水质比较稳定，一般采集瞬时水样即能有较好的代表性。

①从监测井中采集水样常利用抽水机设备。

②对于自喷泉水，可在涌水口处直接采样。

③对于自来水，也要先将水龙头完全打开，放水数分钟，排出管道中积存的死水后再采样。

3.2.4 底质(沉积物)样品的采集

底质样品的采集监测是水环境监测的重要组成部分。底质对水质、水生生物有着明显的影响。底质监测数据是判断天然水是否被污染及污染程度的重要标志。

底质监测断面的设置原则与水质监测断面相同，其位置应尽可能与水质监测断面相重合。由于底质比较稳定，受水文、气象条件影响较小，故采样频率远较水样低，可在枯水期采样 1 次，必要时在丰水期增采 1 次，采集量视监测项目、目的而定，一般为 1～2 kg。采集表层底质样品一般采用挖式(抓式)采样器或锥式采样器。前者适用于采样量较大的情况，后者适用于采样量少的情况。管式泥芯采样器用于采集柱状样品，以供监测底质中污染物质的垂直分布情况。

3.2.5 流量的测定

在采集水样的同时，还需要测量水体的水位(m)、流速(m/s)、流量(m^3/s)等水文参数。对于较大的河流，水文部门一般设有水文监测断面，应尽量利用其所测参数。下面介绍小河流、明渠的废水、污水流量的测量方法。

3.2.5.1 流速仪法

对于水深大于 0.05 m，流速大于 0.015 m/s 的河、渠，可用流速仪（图 3.8）测定水流速度，然后按下式计算流量。

$$Q=\bar{v}\cdot S \tag{3.1}$$

式中 Q——水流量（m^3/s）；

$\bar{v}$——水流断面平均流速（m/s）；

S——水流平均横断面面积（m^2）。

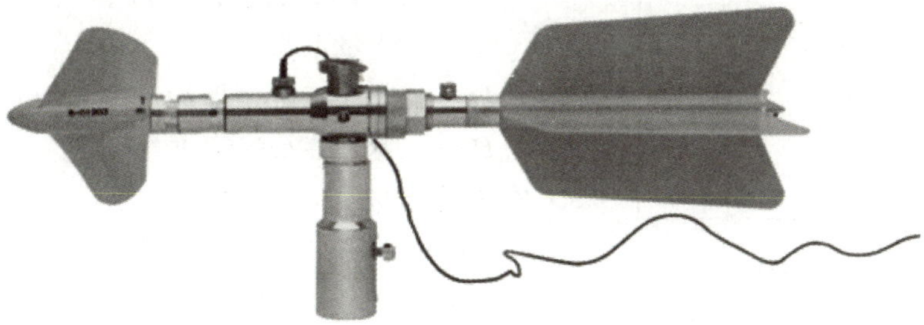

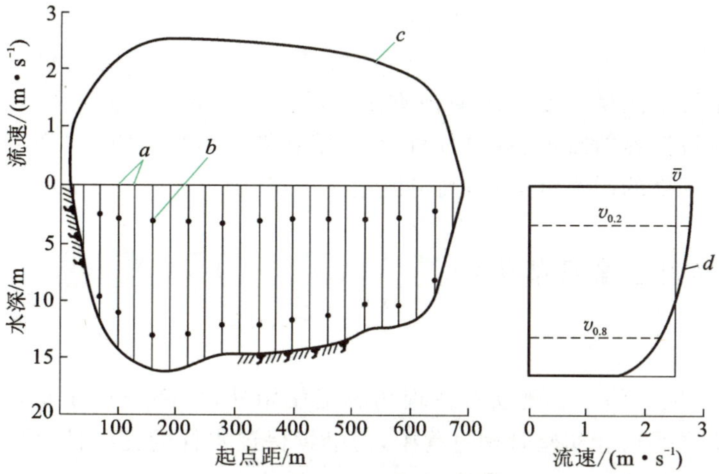

图 3.8 流速仪测流示意图

a—垂线；b—流速测点；c—流速沿断面的分布；d—流速沿垂线的分布

3.2.5.2 浮标法

浮标法是一种粗略测量流速的简易方法。测量时，选择一平直河段，测量该河段2 m间距内水流横断面的面积，求出平均横断面面积。在上游投入浮标，测量浮标流经确定河段（L）所需时间，重复测量几次，求出所需时间的平均值，即可计算出流速（L/t），再按下式计算流量：

$$Q=60\,\bar{v}\cdot S \tag{3.2}$$

式中 Q——水流量（m^3/min）；

$\bar{v}$——水流平均流速（m/s），其值一般取 $0.7L/t$；

S——水流平均横断面面积(m^2)。

3.2.5.3 堰板法

这种方法适用于不规则的污水沟、污水渠中水流量的测量。该方法是用三角形或矩形、梯形堰板拦住水流,形成溢流堰,测量堰板前后水头和水位,计算流量。图3.9为用直角三角堰法测量流量的示意图,流量计算见式(3.3)、式(3.4)。

$$Q = Kh^{5/2} \tag{3.3}$$

$$K = 1.354 + \frac{0.004}{h} + \left(0.14 + \frac{0.2}{\sqrt{D}}\right)\left(\frac{h}{B} - 0.09\right)^2 \tag{3.4}$$

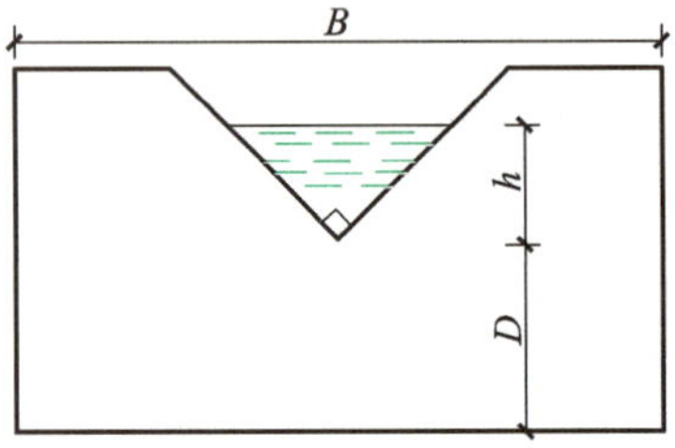

图 3.9 直角三角堰图

式中 Q——水流量(m^3/s);

h——过堰水头高度(m);

K——流量系数;

D——从水流底至堰缘的高度(m);

B——堰上游水流宽度(m)。

在下述条件下,上式误差小于±1.4%:

$0.5\ m \leqslant B \leqslant 1.2\ m$;

$0.1\ m \leqslant D \leqslant 0.75\ m$;

$0.07\ m \leqslant h \leqslant 0.26\ m$;

$h \leqslant B/3$。

3.2.5.4 其他方法

用容积法测定污水流量也是一种简便方法。即将污水导入已知容积的容器或污水池、污水箱中,测量流满容器或池、箱的时间,然后用其除受纳容器的体积便可求知流量。

现已生产多种规格的污水流量计,测定流量简便、准确。

3.2.6 水样的运输和保存

3.2.6.1 水样的运输管理

采集的水样,除供一部分监测项目在现场测定使用外,大部分水样要运到实验室进行分析测试。在水样运输和实验管理过程中,为继续保证水样的完整性、代表性,使之不受污染、损坏和丢失,必须遵守各项保证措施。

(1)采样记录和样品登记

采样时填写好采样记录,采样完成,加好保存剂后要填写样品标签。标签内容如下:

样品编号______采样断面______

采样点______添加保存剂种类和数量______

监测项目______采样者______登记者______

采样时间______年______月______日

在样品瓶壁贴上已填好的标签,与采样记录核对后,应即刻填写样品登记表一式三份,登记表的内容与上面相同。水质采样记录表见表3.7,水样送检表见表3.8,水监测项目和分析方法表见表3.9,污水采样记录见表3.10。

表 3.7　水质采样记录表

编号								
河流(湖、库)名称								
采样时间(月、日)								
断面名称								
采样位置	断面号							
	垂线号							
	点位号							
	水深/m							
气象参数	气温/℃							
	气压/kPa							
	风向							
	风速/(m/s)							
	相对湿度(%)							
流速/(m/s)								
流量/(m^3/s)								
现场测定记录	水温/℃							
	pH 值							
	溶解氧/(mg/L)							
	透明度/cm							
	电导率/(μS/cm)							
	感官指标描述							
备注								

采样人员：　　　　　　　　　　　　记录人员：

表 3.8　水样送检表

样品编号	采样河流(湖、库)	采样断面及采样点	采样时间(月、日)	添加剂种类	数量	分析项目	备注

送样人员：　　　　　接样人员：　　　　　送检时间：

表 3.9 水监测项目和分析方法表

监测站名　　　　　　　　　　　　年度

监测项目名称	分析方法名称	使用仪器名称及型号	最低检出限

注：此表只填写本站水质监测项目及分析方法、使用仪器、最低检出限(注明单位)。

填表人员：　　　　　　复核人员：

填表日期　　年　　月　　日

表 3.10 污水采样记录表

监测站名　　　　　　　　　　　　年度

序号	企业名称	行业名称	采样口	采样口位置(车间或出厂口)	采样口流量/(m^3/s)	采样时间(月、日)	颜色	气味	备注

(2)水样运输注意事项

①根据采样记录和样品登记表清点样品，防止搞错。

②塑料容器要塞紧内塞，旋紧外盖。

③玻璃瓶要塞紧磨口塞，然后用细绳将瓶塞与瓶颈拴紧；或用封口胶、石蜡封口(测油类水样除外)。

④为防止样品在运输过程中因震动、碰撞而导致损失或沾污，最好将样品装箱运送。装运箱和盖要用聚合泡沫塑料或瓦楞纸板作衬里和隔板。样品按顺序装入箱内，加盖前要垫一层塑料膜，再在上面放泡沫塑料或干净的纸条使盖能压住样品瓶。

⑤需冷藏的样品应配备专门的隔热容器，放入制冷剂，样品瓶置于其中保存。

⑥冬季应采取保温措施，以免冻裂样品瓶。

样品运输时必须由专人押运。样品交实验室分析时，接收者与送样者双方应在样品登记表上签名，以示负责。送样单和采样记录应由双方各保存一份待查。

3.2.6.2 水样的保存

一般常规监测中广泛使用聚乙烯和硼硅玻璃材质的容器来贮存水样。

不能及时运输或尽快分析的水样，则应根据不同监测项目的要求，采取适宜的保存方法。水样的运输时间不得超过 24 h。

最大贮存时间一般是:清洁水样为 72 h,轻污染水样为 48 h,严重污染水样为 12 h。

保存水样的方法有以下几种:

(1)冷藏

水样冷藏温度一般要低于采样时的温度。水样采集后,应立即投入冰箱或冰水浴中并置于暗处。冷藏温度一般是 2～5 ℃。冷藏保存不能超过规定的保存期限。

(2)冷冻

为了延长保存期限,抑制微生物活动,减缓物理挥发和化学反应速率,可采用冷冻保存。冷冻温度在－20 ℃。但要特别注意冷冻过程和解冻过程中,不同状态的变化会引起水质的变化。为防止冷冻过程中水的膨胀,无论使用玻璃容器还是塑料容器都不能将水样充满整个容器。

(3)加入保存剂

①加入生物抑制剂:如在测定氨氮、硝酸盐氮、化学需氧量的水样中加入 $HgCl_2$,可抑制生物的氧化还原作用。

②调节 pH 值:如用 HNO_3 将测定金属离子的水样酸化至 pH 值为 1～2,既可防止重金属离子水解沉淀,又可避免金属被器壁吸附。

③加入氧化剂或还原剂:如测定汞的水样需加入 HNO_3(至 pH 值小于 1)和 $K_2Cr_2O_7$(0.05%),使汞保持高价态;测定溶解氧的水样则需加入少量硫酸锰和碘化钾固定溶解氧等。

应当注意,加入的保存剂不能干扰以后的测定;保存剂的纯度最好是优级纯度;还应做相应的空白试验,对测定结果进行校正。

常用保存剂的作用及应用范围见表 3.11。

表 3.11　常用保存剂的作用和应用范围

保存剂	作用	适用范围
$HgCl_2$(氯化汞)	抑制微生物生长	各种形式的氮和磷
H_2SO_4(硫酸)	抑制微生物生长	有机物水样(COD、TOC、油和油脂)及胺类
HNO_3(硝酸)	防止金属沉淀	多种金属
NaOH(氢氧化钠)	防止化合物的挥发	氰化物、有机酸
抗坏血酸	防止被测物被氧化	农药、挥发性有机物、酚类

表 3.12 列出了水样保存方法。

表 3.12　常用样品保存技术表

项目	采样容器	保存剂及用量	保存期	采样量①/mL	容器洗涤
浊度*	G,P		12 h	250	Ⅰ
色度*	G,P		12 h	250	Ⅰ
pH 值*	G,P		12 h	250	Ⅰ

续表 3.12

项目	采样容器	保存剂及用量	保存期	采样量[①]/mL	容器洗涤
电导*	G,P		12 h	250	Ⅰ
悬浮物**	G,P		14 d	500	Ⅰ
碱度**	G,P		12 h	500	Ⅰ
酸度**	G,P		30 d	500	Ⅰ
COD	G	加 H_2SO_4,pH 值≤2	2 d	500	Ⅰ
高锰酸盐指数**	G		2 d	500	Ⅰ
DO*	溶解氧瓶	加入硫酸锰,碱性KI,叠氮化钠溶液,现场固定	24 h	250	Ⅰ
BOD_5**	溶解氧瓶		12 h	250	Ⅰ
TOC	G	加 H_2SO_4,pH 值≤2	7 d	250	Ⅰ
F^-**	P		14 d	250	Ⅰ
Cl^-**	G,P		30 d	250	Ⅰ
Br^-**	G,P		14 h	250	Ⅰ
I	G,P	NaOH,pH 值=12	14 h	250	Ⅰ
SO_4^{2-}**	G,P		30 d	250	Ⅰ
PO_4^{3-}**	G,P	NaOH,H_2SO_4 调至pH 值=7,$CHCl_3$ 0.5%	7 d	250	Ⅳ
总磷	G,P	HCl,H_2SO_4,pH 值≤2	24 h	250	Ⅳ
氨氮	G,P	H_2SO_4,pH 值≤2	24 h	250	Ⅰ
NO_2^--N**	G,P		24 h	250	Ⅰ
NO_3^--N**	G,P		24 h	250	Ⅰ
总氮	G,P	H_2SO_4,pH 值≤2	7 d	250	Ⅰ
硫化物	G,P	1 L 水样加 NaOH 至 pH=9,加入 5%抗坏血酸 5 mL,饱和 EDTA 3 mL,滴加饱和 $Zn(Ac)_2$ 至胶体产生,常温避光	24 h	250	Ⅰ
总氰	G,P	NaOH,pH 值≥9	12 h	250	Ⅰ
Be	G,P	HNO_3,1 L 水样中加浓 HNO_3 10 mL	14 d	250	Ⅲ
B	P	HNO_3,1 L 水样中加浓 HNO_3 10 mL	14 d	250	Ⅰ

续表 3.12

项目	采样容器	保存剂及用量	保存期	采样量[①]/mL	容器洗涤
Na	P	HNO_3，1 L 水样中加浓 HNO_3 10 mL	14 d	250	Ⅱ
Mg	G，P	HNO_3，1 L 水样中加浓 HNO_3 10 mL	14 d	250	Ⅱ
K	P	HNO_3，1 L 水样中加浓 HNO_3 10 mL	14 d	250	Ⅱ
Ca	G，P	HNO_3，1 L 水样中加浓 HNO_3 10 mL	14 d	250	Ⅱ
Cr(Ⅵ)	G，P	NaOH，pH 值＝8～9	14 d	250	Ⅲ
Mn	G，P	HNO_3，1 L 水样中加浓 HNO_3 10 mL	14 d	250	Ⅲ
Fe	G，P	HNO_3，1 L 水样中加浓 HNO_3 10 mL	14 d	250	Ⅲ
Ni	G，P	HNO_3，1 L 水样中加浓 HNO_3 10 mL	14 d	250	Ⅲ
Cu	P	HNO_3，1 L 水样中加浓 HNO_3 10 mL	14 d	250	Ⅲ
Zn	P	HNO_3，1 L 水样中加浓 HNO_3 10 mL	14 d	250	Ⅲ
As	G，P	HNO_3，1 L 水样中加浓 HNO_3 10 mL，DDTC 法，HCl 2 mL	14 d	250	Ⅰ
Se	G，P	HCl，1 L 水样中加浓 HCl 2 mL	14 d	250	Ⅲ
Ag	G，P	HNO_3，1 L 水样中加浓 HNO_3 2 mL	14 d	250	Ⅲ
Cd	G，P	HNO_3，1 L 水样中加浓 HNO_3 10 mL[②]	14 d	250	Ⅲ
Sb	G，P	HCl，0.2%(氢化物法)	14 d	250	Ⅲ
Hg	G，P	HCl，1%，如水样为中性，1 L 水样中加浓 HCl 10 mL	14 d	250	Ⅲ
Pb	G，P	HNO_3，1%，如水样为中性，1 L 水样中加浓 HNO_3 10 mL[②]	14 d	250	Ⅲ

续表 3.12

项目	采样容器	保存剂及用量	保存期	采样量①/mL	容器洗涤
油类	G	加入 HCl 至 pH 值≤2	7 d	250	Ⅱ
农药类**	G	加入抗坏血酸 0.01～0.02 g 除去残余氯	24 h	1000	Ⅰ
除草剂类**	G	同上	24 h	1000	Ⅰ
邻苯二甲酸酯类**	G	同上	24 h	1000	Ⅰ
挥发性有机物**	G	用 1＋10HCl 调至 pH 值＝2，加入 0.01～0.02 g 抗坏血酸除去残余氯	12 h	1000	Ⅰ
甲醛**	G	加入 0.2～0.5 g/L 硫代硫酸钠除去残余氯	24 h	250	Ⅰ
酚类**	G	用 H_3PO_4 调至 pH 值＝2，用 0.01～0.02 g 抗坏血酸除去残余氯	24 h	1000	Ⅰ
阴离子表面活性剂	G，P		24 h	250	Ⅳ
微生物**	G	加入 0.2～0.5 g/L 硫代硫酸钠除去残余物，4 ℃保存	12 h	250	Ⅰ
生物**	G，P	不能现场测定时用甲醛固定	12 h	250	Ⅰ

注：(1)* 表示应尽量做现场测定；** 表示低温(0～4 ℃)避光保存。
(2)G 为硬质玻璃瓶；P 为聚乙烯瓶(桶)。
(3)①为单项样品的最少采样量；②如用溶出伏安法测定，可改用 1 L 水样中加 19 mL 浓 $HClO_4$。
(4)Ⅰ、Ⅱ、Ⅲ、Ⅳ表示四种洗涤方法，如下：
Ⅰ：洗涤剂洗一次，自来水洗三次，蒸馏水洗一次；
Ⅱ：洗涤剂洗一次，自来水洗两次，1＋3 HNO_3 荡洗一次，自来水洗三次，蒸馏水洗一次；
Ⅲ：洗涤剂洗一次，自来水洗两次，1＋3 HNO_3 荡洗一次，自来水洗三次，去离子水洗一次；
Ⅳ：铬酸洗液洗一次，自来水洗三次，蒸馏水洗一次。
如果采集污水样品可省去用蒸馏水、去离子水清洗的步骤。
(5)经 160 ℃干热灭菌 2 h 的微生物、生物采样容器，必须在两周内使用，否则应重新灭菌；经 121 ℃高压蒸汽灭菌 15 min 的采样容器，如不立即使用，应于 60 ℃将瓶内冷凝水烘干，两周内使用。细菌监测项目采样时不能用水样冲洗采样容器，不能采混合水样，应单独采样后 2 h 内送实验室分析。

3.2.6.3 水样的过滤或离心分离

如果要测定组分的全量，采样后立即加入保护剂，分析测定时应充分摇匀后取样。用适当孔径的滤器可以有效地除去藻类和细菌，滤后的样品稳定性更好。一般地说，可用澄清、离心、过滤等措施来分离悬浮物。国内外已采用以水样是否能够通过孔径为 0.45 μm滤膜作为区分可过滤态与不可过滤态的条件，能够通过 0.45 μm 微孔滤膜的部分称为“可过滤态”部分，通不过的称为“不可过滤态”部分。采用澄清后取上清液及用中速定量滤纸、砂芯漏斗、离心等方式处理样品，相互间可比性不大，它们阻留悬浮物颗粒的能力大体为滤膜>离心>滤纸>砂芯漏斗。要测定可过滤态部分，就应在采样后立即用 0.45 μm 的微孔滤膜过滤。在暂时没有 0.45 μm 微孔滤膜的情况下，泥沙型水样可用离心等方法处理，含有机质多的水样可用滤纸（或砂芯漏斗）过滤，采用自然沉降取上清液测定可过滤态则是不恰当的。

3.2.7 水样的预处理

环境水样的组成是相当复杂的，并且多数污染组分含量低、存在形态各异，所以在分析测定之前，需要进行适当的预处理，以得到欲测组分适于测定方法要求的形态、浓度和消除共存组分干扰的试样体系。下面介绍主要预处理方法。

3.2.7.1 水样的消解

当测定含有机物水样中的无机元素时，需进行消解处理。消解处理的目的是破坏有机物，溶解悬浮性固体，将各种价态的欲测元素氧化成单一高价态或转变成易于分离的无机化合物。

消解后的水样应清澈、透明、无沉淀。消解水样的方法有湿式消解法和干式分解法（干灰化法）。

（1）湿式消解法

①硝酸消解法。对于较清洁的水样，可用硝酸消解。其方法要点是：取混匀的水样 50～200 mL 于烧杯中，加入 5～10 mL 浓硝酸，在电热板上加热煮沸，蒸发至小体积，试液应清澈透明，呈浅色或无色；否则，应补加硝酸继续消解。蒸至近干，取下烧杯，稍冷后加 2% HNO_3（或 HCl）20 mL，温热溶解可溶盐。若有沉淀，应过滤，滤液冷至室温后于 50 mL 容量瓶中定容，备用。

②硝酸-高氯酸消解法。这两种酸都是强氧化性酸，联合使用可消解含难氧化有机物的水样。方法要点是：取适量水样于烧杯或锥形瓶中，加 5～10 mL 硝酸，在电热板上加热，消解至大部分有机物被分解。取下烧杯，稍冷，加 2～5 mL 高氯酸，继续加热至开始冒白烟，如试液呈深色，再补加硝酸，继续加热至浓厚白烟将尽（不可蒸至干涸）。取下烧杯冷却，用 2% HNO_3 溶解，如有沉淀，应过滤，滤液冷至室温定容备用。因为高氯酸能与羟基化合物反应生成不稳定的高氯酸酯，有发生爆炸的危险，故先加入硝酸，氧化水样中的羟基化合物，稍冷后再加高氯酸处理。

③硝酸-硫酸消解法。这两种酸都有较强的氧化能力，其中硝酸沸点低，而硫酸沸点高，二者结合使用，可提高消解温度和消解效果。常用的硝酸与硫酸的比例为 5∶2。消解时，先将硝酸加入水样中，加热蒸发至小体积，稍冷，再加入硫酸、硝酸，继续加热蒸发至冒大量白烟，冷却，加适量水，温热溶解可溶盐，若有沉淀，应过滤。为提高消解效果，常加入少量过氧化氢。该方法不适用于处理测定易生成难溶硫酸盐组分（如铅、钡、锶）的水样。

④硫酸-磷酸消解法。这两种酸的沸点都比较高，其中，硫酸氧化性较强，磷酸能与一些金属离子如 Fe^{3+} 等络合，故二者结合消解水样，有利于测定时消除 Fe^{3+} 等离子的干扰。

⑤硫酸-高锰酸钾消解法。该方法常用于消解测定汞的水样。高锰酸钾是强氧化剂，在中性、碱性、酸性条件下都可以氧化有机物，其氧化产物多为草酸根，但在酸性介质中还可继续氧化。消解要点是：取适量水样，加适量硫酸和5%高锰酸钾，混匀后加热煮沸，冷却，滴加盐酸羟胺溶液破坏过量的高锰酸钾。

⑥多元消解方法。为提高消解效果，在某些情况下需要采用三元以上酸或氧化剂消解体系。例如，处理测定总铬的水样时，用硫酸、磷酸和高锰酸钾消解。

⑦碱分解法。当用酸体系消解水样造成易挥发组分损失时，可改用碱分解法，即在水样中加入氢氧化钠和过氧化氢溶液，或者氨水和过氧化氢溶液，加热煮沸至近干，用水或稀碱溶液温热溶解。

(2)干灰化法

干灰化法又称高温分解法。其处理过程是：取适量水样于白瓷或石英蒸发皿中，置于水浴上蒸干，移入马弗炉内，于450～550 ℃灼烧至残渣呈灰白色，使有机物完全分解除去。取出蒸发皿，冷却，用适量2% HNO_3(或 HCl)溶解样品灰分，过滤，滤液定容后供测定。本方法不适用于处理测定易挥发组分(如砷、汞、镉、硒、锡等)的水样。

(3)水样进行消解操作注意事项

①消解过程所用试剂的纯度必须能满足分析方法的要求，至少应为分析纯试剂。

②选用的消解体系和手段应能有效地分解试样，而且不使待测组分受到损失。

③消解过程中不得引入待测组分或任何其他干扰物质，以免给后续操作引入干扰和困难。

④消解过程应平稳，升温不宜过猛，以免反应过于激烈造成样品损失或人身伤害。

⑤使用高氯酸进行消解时，不得直接向含有有机物的热溶液中加入高氯酸。

⑥消解后的水样应清澈、透明、无沉淀。

⑦消解必须在通风橱内进行。

(4)微波消解法

微波消解是将高压消解和微波快速加热相结合的一项消解新技术。其原理是以水样和消解酸的混合液为发热体，从内部对样品进行激烈搅拌、充分混合和快速加热，显著提升了样品的分解速率，缩短了消解时间，提高了热氧化效率。在微波消解过程中，水样处于密闭容器中，也避免了待测元素的损失和可能造成的污染。在我国发布的《水质 金属总量的消解 微波消解法》(HJ 678—2013)中，消解步骤分为三步：

①取25 mL水样于消解罐中，先加入适量过氧化氢，再根据待测元素加入适量消解液1(5 mL浓硝酸)或消解液2(4 mL浓硝酸-1 mL浓盐酸混合液)，置于通风橱中观察溶液，待氧化反应平稳后加盖旋紧；

②将消解罐放在微波消解仪中，按推荐的升温程序(即10 min升温至180 ℃并保持15 min)进行消解；

③微波程序运行结束后，将消解罐取出并置于通风橱内冷却至室温，放气开盖，转移消解液至50 mL容量瓶中，定容备用。

3.2.7.2 富集与分离

当水样中的欲测组分含量低于分析方法的检测限时，就必须进行富集或浓缩；当有共存干扰组分时，就必须采取分离或掩蔽措施。富集和分离往往是不可分割、同时进行的。常用的方法有过滤、挥发、蒸馏、溶剂萃取、离子交换、吸附、共沉淀、层析、低温浓缩等，要结合具体情况选择使用。

(1)挥发分离法和蒸发浓缩法

挥发分离法是利用某些污染组分挥发度大，或者将欲测组分转变成易挥发物质，然后用惰性气体带出而达到分离的目的。例如，用冷原子荧光法测定水样中的汞时，先将汞离子用氯化亚锡还原为原子态汞，再利用汞易挥发的性质，通入惰性气体将其带出并送入仪器测定；用分光光度法测定水中的硫化物时，先使之在磷酸介质中生成硫化氢，再用惰性气体载入乙酸锌-乙酸钠溶液吸收，从而达到与母液分离的目的。

蒸发浓缩是指在电热板上或水浴中加热水样，使水分缓慢蒸发，达到缩小水样体积，浓缩欲测组分的目的。该方法无须化学处理，简便易行，尽管存在缓慢、易吸附损失等缺点，但在无更适宜的富集方法时仍可采用。据有关资料介绍，用这种方法浓缩饮用水样，可使铬、锂、钴、铜、锰、铅、铁和钡的浓度提高 30 倍。

(2)蒸馏法

蒸馏法是利用水样中各污染组分具有不同的沸点而使其彼此分离的方法。测定水样中的挥发酚、氰化物、氟化物时，均需先在酸性介质中进行预蒸馏分离。在此，蒸馏具有消解、富集和分离三种作用。

测定硫化物的吹气分离装置

氟化物可用直接蒸馏装置，也可用水蒸气蒸馏装置。后者虽然对控温要求较严格，但排除干扰效果好，不易发生暴沸，使用较安全。测定水中的氨氮时，需在微碱性介质中进行预蒸馏分离，图 3.10、图 3.11 为蒸馏装置的示意图。

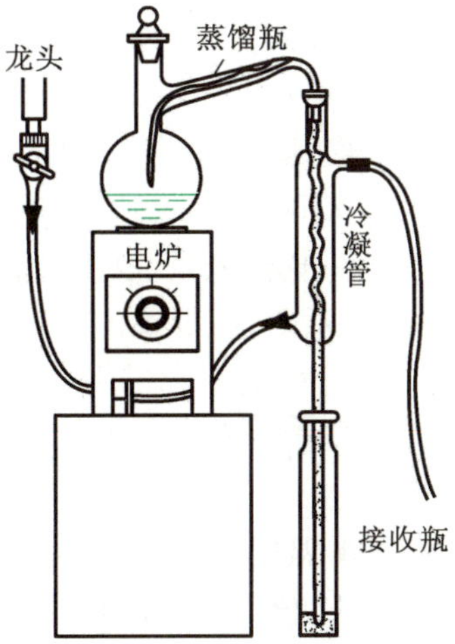

图 3.10 挥发酚、氰化物的蒸馏装置

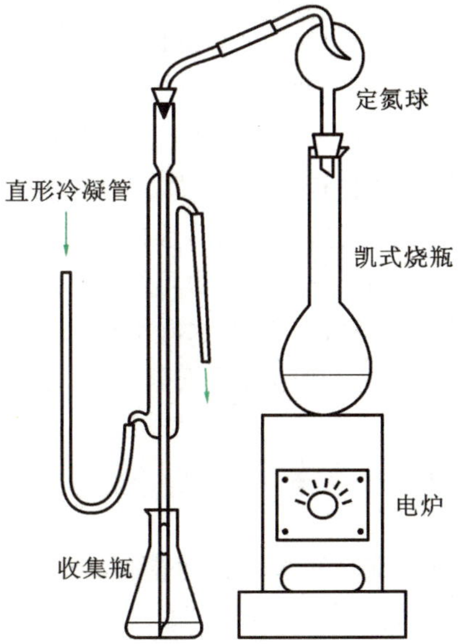

图 3.11 氨氮蒸馏装置

(3)溶剂萃取法

有机化合物的测定多采用此法进行预处理。溶剂萃取法是基于物质在不同的溶剂相中分配系数不同，从而达到组分的富集与分离目的。萃取有以下两种类型：

①有机物质的萃取。分散在水相中的有机物质易被有机溶剂萃取，利用此原理可以富集分散在水样中的有机污染物质。例如，用4-氨基安替比林分光光度法测定水样中的挥发酚时，当酚含量低于0.05 mg/L，则水样经蒸馏分离后需再用三氯甲烷进行萃取浓缩；用紫外光度法测定水中的油和用气相色谱法测定有机农药（六六六、DDT）时，需先用石油醚萃取等。

②无机物的萃取。由于有机溶剂只能萃取水相中以非离子状态存在的物质（主要是有机物质），而多数无机物质在水相中以水合离子状态存在，故无法用有机溶剂直接萃取。为实现用有机溶剂萃取，需先加入一种试剂，使其与水相中的离子态组分相结合，生成一种不带电、易溶于有机溶剂的物质，即将无机物质由亲水性物质变成疏水性物质。该试剂与有机相、水相共同构成萃取体系。根据生成可萃取物类型的不同，可分为螯合物萃取体系、离子缔合物萃取体系、三元配合物萃取体系和协同萃取体系等。水质监测中，双硫腙比色法测定水样中的Cd^{2+}、Hg^{2+}、Pb^{2+}、Zn^{2+}等用的就是螯合物萃取体系；氟试剂比色法测定氟化物时，用的就是三元配合物萃取体系。

此外，实验室常用的离子交换、共沉淀分离、活性炭吸附、干灰化等分离、浓缩样品处理技术也广泛应用于样品的预处理中。

3.3　物理性指标的检验

通常采用水质指标来衡量水质的好坏和水体被污染的程度。水质指标可以分为三大类：物理性水质指标、化学性水质指标和生物性水质指标。

物理性水质指标包括感官物理性状指标（如温度、色度、臭味、浑浊度、透明度等）和其他物理性状指标（如总固体、悬浮固体、可见固体、电导率等）。

化学性水质指标包括一般的化学性水质指标（如pH、碱度、硬度、各种阳离子、各种阴离子、总含盐量、一般有机物质等）、有毒的化学性水质指标（如重金属、氰化物、多环芳烃、各种农药等）、有关氧平衡的水质指标（如溶解氧、化学需氧量、生化需氧量、总需氧量等）。

生物性水质指标包括细菌总数、总大肠菌群数、各种病原菌、病毒等。

3.3.1　水温

水温是重要的水质物理指标，水的物理、化学性质与水温密切相关。水中的溶解性气体（溶解氧、CO_2）的溶解度、微生物的活动，甚至盐度、pH值等，都受水温的影响。水温主要受气温和来源等因素的影响，一般来说地下水温比较稳定，地表水表层水温随气温变化而变化，深层水温比较稳定，工业废水，尤其是冷却水会造成水体热污染。水温为现场观测项目，常用的测量仪有水温计和颠倒温度计，前者用于浅层水温的测量，后者用于深层水温的测量。测量方法选用《水质　水温的测定　温度计或颠倒温度计测定法》

(GB/T 13195—1991)。

3.3.1.1　水温计法

水温计为安装于金属半圆槽壳内的水银温度计，下端连接一金属贮水杯，使温度计球部悬于杯中，温度计顶端的壳带——圆环，拴以一定长度的绳子。通常测量范围为 −6～+41 ℃，分度为 0.2 ℃。将水温计沉入一定深度的水中，放置 5 min 后，迅速提出水面并读取温度值。必要时，重复沉入水中，再一次读数。

3.3.1.2　颠倒温度计法

颠倒温度计由主温表和辅温表构成。主温表是双端式水银温度计，用于观测水温；辅温表为普通水银温度计，用于观测读取水温时的气温，以校正因环境温度改变而引起的主温表读数的变化。测量时，将其共同沉入预定深度水层，感温 7min，提出水面后立即读数，根据主、辅温度表的读数，分别查主、辅温度表的器差表，得出相应的校正值。

水温计、深水温度计、颠倒温度计

3.3.2　色度

纯净的不受污染的水是无色而透明的，天然水经常显示各种不同的颜色。这些颜色主要来源于植物的叶、皮、根、腐殖质以及泥沙、矿物质等。工业废水的污染常使水色变得十分复杂。水色的存在，使饮用水外观有不洁之感，且会使工业产品质量降低，尤其对一些轻工业品如食品、造纸、纺织、饮料工业等影响较大，故需对此进行测定。水色可分"真色"和"表色"，水中悬浮物质完全移去后的颜色称为"真色"，没有除去悬浮物时所呈现的颜色，称为"表色"，水质分析中所表示的颜色，是指水的"真色"。故在测定前需先用澄清或离心沉降的方法除去水中的悬浮物，但不能用滤纸过滤，因滤纸能吸收部分颜色。有些水样含有颗粒较细的有机物或无机物质，不易用离心分离，只能测定水样的"表色"，这时需要在结果报告上注明。在清洁的或混浊度很低的水样中，水的"表色"与"真色"几乎完全相同。

3.3.2.1　铂、钴比色法

该方法适用于较清洁的、带有黄色色调的天然水和饮用水的测定。用氯铂酸钾(K_2PtCl_6)与氯化钴($CoCl_2 \cdot 6H_2O$)的混合溶液作为标准溶液，称为铂钴标准。每升水中含有 1 mg 铂和 0.5 mg 钴所具有的颜色，称为 1 度。测定时用目视比较水样和铂钴标准，直接记录水样的色度。

3.3.2.2　稀释倍数法

该方法适用于受工业废水污染的地表水和工业废水颜色的测定。测定时，首先用文字描述水样颜色的性质，如蓝色、黄色、灰色等。然后将废水水样用无色水稀释至将近无色，装入比色管中，水柱高 10 cm，在白色背景上与同样高的蒸馏水比较，一直稀释至不能觉察出颜色为止。这个刚能觉察有色的最大稀释倍数，即为该水样的稀释倍数。用稀释倍数表示水样颜色的深浅，单位为倍。

3.3.3　浊度

浊度是表现水中悬浮物对光线透过所发生的阻碍程度。水中含有的泥土、粉砂、有机物、无机物、浮游生物和其他微生物等悬浮物和胶体物质都可以使水体呈现浊度。水的浊度大小不仅和水中颗粒物质含量有关，而且和其粒径大小、形状及颗粒表面对光散射特性等有密切关系。我国采用 1 L 蒸馏水中含有 1 mg 二氧化硅为一个浊度单位。

3.3.3.1 目视比浊法

将水样与用硅藻土配制的标准浊度溶液进行比较，以确定水样的浊度。测定时配制一系列浊度的标准溶液，其范围视水样浊度而定，取与浊度标准溶液等体积的水样摇匀，目视比较水样的浊度。

3.3.3.2 分光光度法

该方法适用于天然水、饮用水浊度的测定。将一定量的硫酸肼与六次甲基四胺聚合，生成白色高分子聚合物，以此作为浊度标准溶液，配制浊度标准系列，在 680 nm 波长处分别测其吸光度，绘制吸光度-浊度标准曲线，再测水样的吸光度，从工作曲线上查得水样的浊度。如果水样经过稀释，要换算成原水样的浊度。此外还有浊度计测定法，一般用于水体浊度的连续自动测定。

3.3.4 透明度

透明度是指水样的澄清程度，洁净的水是透明的。水中存在悬浮物和胶体时，透明度便降低，水中悬浮物越多，其透明度就越低。透明度与浊度相反。透明度的测定方法有铅字法、塞氏盘法、十字法等。

3.3.4.1 铅字法

本法适用于天然水或处理后的水。检验人员从透明度计的上方垂直向下观察，刚好能清楚地辨认出其底部的标准铅字印刷符号时的水柱高度（以 cm 计）为该水的透明度。透明度计，是一种长 33 cm、内径 2.5 cm 的玻璃筒，上面有以厘米为单位的刻度，筒底有一磨光的玻璃片。筒与玻璃片之间有一个胶皮圈，用金属夹固定。距玻璃底部 1～2 cm 处有一放水侧管。测定时将振荡均匀的水样立即倒入筒内至 30 cm 处，从筒口垂直向下观察，如不能清楚地看见印刷符号，缓慢地放出水样，直到刚好能辨认出符号为止。记录此时水柱高度的厘米数，估计至 0.5 cm。

本法受检验人员的主观影响较大，照明等条件应尽可能一致，最好取多次或数人测定结果的平均值。

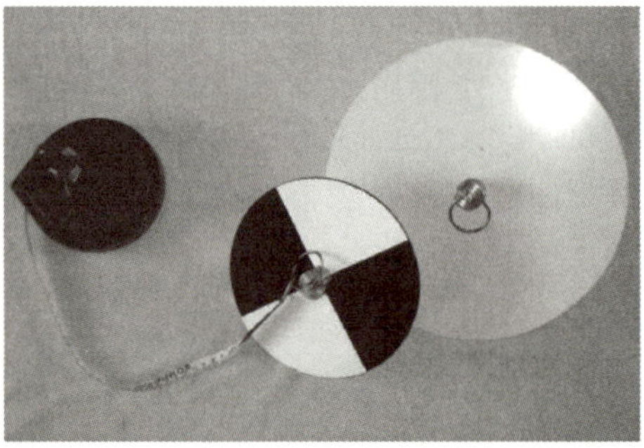

图 3.12 塞氏盘

3.3.4.2 塞氏盘法

这是一种现场测定透明度的方法。塞氏盘为直径 200 mm、黑白各半的圆盘，将其沉入水中，以刚好看不到它时的水深（cm）表示透明度。塞氏盘如图 3.12 所示。

3.3.4.3 十字法

在内径为 30 mm、长度为 0.5 m 或 1.0 m 的具有刻度的玻璃筒底部放一白瓷片，片中部有宽度为 1 mm 的黑色十字和 4 个直径为1 mm

的黑点。将混匀的水样倒入筒内，从筒下部徐徐放水，直至明显地看到十字，而看不到4个黑点为止，以此时的水柱高度(cm)表示透明度。当高度达1 m以上时即算透明。

3.3.5 臭

臭是检验原水和处理水水质的必测项目之一。水中臭主要来源于生活污水和工业废水中的污染物、天然物质的分解或与之有关的微生物活动。由于大多数臭太复杂，可检出浓度又太低，故难以分离和鉴定产臭物质。无臭无味的水虽然不能保证是安全的，但有利于饮用者对水质的信任。检验臭也是评价水处理效果和追踪污染源的一种手段，测定臭的方法一般用定性描述法。测定要点：取100 mL水样于250 mL锥形瓶中，检验人员依靠自己的嗅觉，分别在20 ℃和煮沸稍冷后闻其臭，用适当的词语描述其臭的特征，并按表3.13划分的等级报告臭强度。

表3.13 臭强度等级

等级	强度	说明
0	无	无任何气味
1	微弱	一般饮用者难于察觉，嗅觉敏感者可以察觉
2	弱	一般饮用者刚能察觉
3	明显	已能明显察觉，不加处理，不能饮用
4	强	有很明显的臭味
5	很强	有强烈的恶臭

3.3.6 残渣

残渣分为总残渣、总可滤残渣和总不可滤残渣三种。总残渣是水或废水在一定温度下蒸发、烘干后残留在器皿中的物质。总可滤残渣也称溶解性总固体，是指通过过滤器并在103～105 ℃烘干至恒重的固体。总不可滤残渣指水样经过滤后留在过滤器上的固体物质，于103～105 ℃烘干至恒重得到的固体。它们是表征水中溶解性物质、不溶性物质含量的指标。一般用称量法直接求出，三者的关系是：

总残渣＝总可滤残渣＋总不可滤残渣

3.3.6.1 总残渣

其测定方法是取适量(如50 mL)振荡均匀的水样于称至恒重的蒸发皿中，在蒸汽浴或水浴上蒸干，移入103～105 ℃烘箱内烘至恒重，增加的质量即为总残渣质量，计算如式(3.5)。

$$\text{总残渣(mg/L)} = [(A - B) \times 1000 \times 1000]/V \quad (3.5)$$

式中 A——总残渣和蒸发皿质量(g)；

B——蒸发皿质量(g)；

V——水样体积(mL)。

3.3.6.2 总不可滤残渣(悬浮物,SS)

总不可滤残渣又称悬浮物(SS)。它是决定工业废水和生活污水能否直接排入公共水域或必须处理到何种程度才能排入水体的重要条件之一。主要包括不溶于水的泥沙、各种污染物、微生物及难溶无机物等。直接测量法是:选择一定型号的滤纸烘干至恒重,取一定量的(50 mL)水样过滤,再将滤纸及残渣烘干至恒重,二者质量之差即为悬浮物质量,再除以水样的体积,单位为mg/L。需要注意的是:

(1)慎重选择烘干温度、烘干时间。

(2)注意选择滤纸型号,前后测定滤纸要一致。

(3)树叶、棍棒等不均匀物质应从水样中除去。

(4)水样不宜保存,应尽快分析。

(5)如水样较清澈,可多取水样,最好使悬浮物质质量为50~100 mg。

3.3.7 电导率

水的电导率与其所含无机酸、碱、盐的量有一定的关系。当它们的浓度较低时,电导率随浓度的增大而增加,因此,该指标常用于推测水中离子的总浓度或含盐量。如新鲜蒸馏水的电导率为0.5~2 μS/cm,但放置一段时间后,因吸收了CO_2,增加到2~4 μS/cm。金属导体的导电能力通常用电阻表示,电阻(R)与导电的性能(电阻率ρ)、导体的长度(L)和横截面面积(A)之间的关系,可用电阻定律表示:

$$R = \rho \cdot (L/A) \tag{3.6}$$

电解质溶液的导电能力通常用电导来表示。电导(G)实际上是电阻的倒数:$G=1/R$,单位为西门子(S)。

水溶液的电阻随着离子数量的增加而减少。电阻减少,其倒数——电导将增加。相距1 cm、截面积1 cm^2的两极间所测得的电导,称为电导率。它实际上是电阻率的倒数,单位为西门子/厘米(S/cm),通常用K表示。电导率与溶液中离子含量大致呈比例地变化,因此,根据测定的电导率可间接地推测离解物质总浓度,其数值与阴离子、阳离子的含量有关。电导率K可按式(3.7)计算:

$$K = 1/\rho = (L/A)/R = Q/R \tag{3.7}$$

式中 $Q=L/A$——电导池常数,单位为cm^{-1}。

由式(3.7)可知,当已知电导池常数(Q),并测出溶液电阻(R)时,即可求出电导率(K)。

水样的电导率用电导仪或电导率仪测定。首先选用已知电导率(K)的标准氯化钾溶液,测出该溶液的电阻(R),求出电导仪的电导池常数(Q)。然后,测定水样的电阻,即可求出水样的电导率。若测定时水样温度不足25℃,应用式(3.8)换算成25℃时的电导率:

$$K_x^{25} = \frac{K_x^t}{1+\alpha(t-25)} \tag{3.8}$$

式中 K_x^{25}——水样 25℃时的电导率(μS/cm)；

K_x^t——水样测定温度下的电导率(μS/cm)；

α——各种离子电导率的平均温度系数，取值 0.022(1/1℃)；

t——测定时的水样温度(℃)。

电阻分压式
电导仪原理

3.3.8 矿化度

矿化度是水中所含无机矿物成分的总量，经常饮用低矿化度的水会破坏人体内碱金属和碱土金属离子的平衡，产生病变，饮水中矿化度过高会导致结石症。矿化度是水化学成分测定的重要指标，用于评价水中总含盐量，是农田灌溉用水适用性评价的主要指标之一。常用于天然水分析中主要被测离子总和的质量表示。对于严重污染的水样，由于其组成复杂，从本项测定中不易明确其含义，因此矿化度一般只用于天然水的测定。对于无污染的水样，测得的矿化度与该水样在 10～105 ℃时烘干的可滤残渣量相同。天然水按矿化度的分类见表 3.14。

表 3.14 天然水按矿化度的分类

分类	矿化度/(g/L)
淡水	0.000～1.000
微咸水	1.000～3.000
咸水	3.000～10.000
盐水	10.000～50.000
卤水	>50.000

矿化度的测定方法依目的的不同大致有：重量法、电导法、阴阳离子加和法、离子交换法及比重计法等。重量法含义较明确，是较简单通用的方法。

水样经过滤去除漂浮物及沉降性固体物，放在称至恒重的蒸发皿内蒸干，并用过氧化氢去除有机物，然后在 105～110 ℃下烘干至恒重，将称得重量减去蒸发皿重量即为矿化度。

$$矿化度 = (W - W_0) \times 10^6 / V \tag{3.9}$$

式中 W——蒸发皿及残渣的总重量(g)；

W_0——蒸发皿重量(g)；

V——水样体积(mL)。

本方法适用于河水(黄河、淮河等)、水库水、自来水、湖水、地下水、矿泉水等 15 种样品的分析，其浓度范围为 103～1589 mg/L；加标回收率为 94.4%～105.6%。5 个实验室配制矿化度为 1000 mg/L 的标准样品，测得室内相对标准偏差 2.85%；室间相对标准偏差为 14.7%；相对误差为 0.16%。

测定时应注意：

(1)对于高矿化度含有大量钙、镁、氯化物或硝酸盐的水样，可加入 10 mL 2%～4%的碳酸钠溶液，使钙、镁的氯化物及硫酸盐转变为碳酸盐及钠盐，在水浴上蒸干后，在

150～180 ℃下烘干 2～3 h 即可称至恒重。所加入的碳酸钠量应从盐分总量中减去。

(2)用过氧化氢去除有机物应少量多次，每次使残渣润湿即可，以防有机物与过氧化氢作用分解时泡沫过多，发生盐分溅失。一般情况下应处理到残渣完全变白，但当铁存在时，残渣呈现黄色，若多次处理仍不褪色，即可停止处理。

(3)清亮水样不必过滤，浑浊及有漂浮物时必须过滤。如水样中有腐蚀性物质存在，应使用砂芯玻璃坩埚抽滤。

3.4 无机污染物的测定

3.4.1 金属及其化合物的测定

水体中的金属元素有些是人体健康必需的常量元素和微量元素，有些是有害于人体健康的，如汞、镉、铅、铜、锌、镍、钡、钒、砷等。受"三废"污染的地表水和工业废水中有害金属化合物的含量往往较多。

有害金属侵入人体的肌体后，将会使某些酶失去活性而出现不同程度的中毒症状。其毒性大小与金属种类、理化性质、浓度及存在的价态有关。例如，汞、铅、镉、铬(Ⅵ)及其化合物是对人体健康产生长远影响的有害金属，汞、铅、砷、锡等金属的有机化合物比相应的无机化合物毒性要强得多，可溶性金属要比颗粒态金属毒性大，六价铬比三价铬毒性大等。

由于金属以不同形态存在时其毒性大小不同，所以可以分别测定可过滤金属、不可过滤金属和金属总量。可过滤态指能通过孔径 0.45 μm 微孔滤膜的部分；不可过滤态指不能通过 0.45 μm 微孔滤膜的部分，金属总量是不经过滤的水样经消解后测得的金属含量，应是可过滤金属与不可过滤金属之和。

分光光度计基本组成

测定水体中金属元素广泛采用的方法有分光光度法、原子吸收分光光度法、阳极溶出伏安法及容量法，尤以前两种方法用得较多。容量法用于常量金属的测定。

下面介绍几种有代表性的有害金属的测定方法。

3.4.1.1 汞的测定

汞及其化合物都有毒，无机盐中以氯化汞毒性最大，有机汞中以甲基汞、乙基汞毒性最大。汞是唯一一个常温下呈液态的金属，具有较高的蒸气压而容易挥发，汞蒸气可由呼吸道进入人体，液体汞亦可为皮肤吸收，汞盐可以粉尘状态经呼吸道或消化道进入人体，食用被汞污染的食物，可造成危险的慢性汞中毒。水中微量汞可经食物链作用而成百万倍地富集，工业废水的无机汞可与其他无机离子反应，形成沉积物沉于江河湖泊的底部，与有机分子形成可溶性有机配合物，结果使汞能够在这些水体中迅速扩散，通过水中的厌氧微生物作用，使汞转化为甲基汞，从而增强了汞的脂溶性，且非常容易在鱼、虾、贝类等体内蓄积，人们食用它们从而引起“水俣病”。该病消化道症状不明显，主要为神经系统症状，重者可有刺痛异样感，动作失调、语言障碍、耳聋、视力模糊，以致精神紊乱、痴呆，死亡率可达 40%，且可造成幼儿先天性汞中毒。

天然水含汞极少，水中汞本底浓度一般不超过 0.1 ppb。由于沉积作用，底泥中的汞含量会大一些，本底汞的高低与环境地理地质条件有关。我国规定生活饮用水的含汞量不得高于 0.001 mg/L，工业废水中汞的最高允许排放浓度为 0.05 mg/L，这是所有排放标准中最严的。地表水汞污染的主要来源是贵金属冶炼、食盐电解制钠、仪表制造、农药、军工、造纸、氯碱工业、电池生产、医院等工业排放的废水。测定方法见表 3.15。

表 3.15　汞的测定方法

测定方法	适用范围
《水质 总汞的测定 高锰酸钾-过硫酸钾消解法 双硫腙分光光度法》(GB 7469—1987)	适用于生活污水、工业废水和受汞污染的地面水中汞的测定。取 250 mL 水样测定，最低检出浓度为 2 μg/L，测定上限为 40 μg/L
《水质 汞的测定 冷原子荧光法(试行)》(HJ/T 341—2007)	适用于地表水、地下水和含氯离子较高水样中汞的测定。最低检出浓度为 0.0015 μg/L，测定下限为 0.0060 μg/L，测定上限为 1.0 μg/L

(1)冷原子吸收法

①方法原理

汞蒸气对波长为 253.7 nm 的紫外光有选择性地吸收，在一定的浓度范围内，吸光度与汞浓度成正比。

测汞仪构造示意

水样经消解后，将各种形态的汞转变成二价汞，再用氯化亚锡将二价汞还原成为单质汞，用载气将产生的汞蒸气带入测汞仪的吸收管测定吸光度，与汞标准溶液吸光度进行比较定量。

非火焰(冷)原子吸收专用汞分析仪器，主要由光源、吸收管、试样系统、光电检测系统、指示系统等主要部件组成。国内外一些不同类型的测汞仪差别主要在于吸收管和试样系统的不同。

②测定要点

a. 水样的氧化

取一定体积水样于锥形瓶中，加硫酸、硝酸和高锰酸钾溶液、过硫酸钾溶液，置沸水浴中使水样在近沸状态下保温 1 h，维持红色不褪，取下冷却。临近测定时滴加盐酸羟胺溶液，直至刚好使过剩的高锰酸钾褪色及二氧化锰全部溶解为止。

b. 标准曲线绘制

依照水样介质条件，用 $HgCl_2$ 配制系列汞标准溶液。分别吸取适量汞标准溶液于还原瓶内，加入氯化亚锡溶液，迅速通入载气，记录表头的指示值。以经过空白校正的各测量值(吸光度)为纵坐标，相应标准溶液的汞浓度为横坐标，绘制出标准曲线。

c. 水样测定

取适量氧化处理好的水样于还原瓶中，与标准溶液进行同样的操作，测定其吸光度，扣除空白值，从标准曲线上查得汞浓度，如果水样经过稀释，要换算成原水样中汞的含量。

该方法适用于各种水体中汞的测定，其最低检测浓度为 0.1～0.5 μg/L。

(2)双硫腙分光光度法

冷原子吸收汞仪工作原理

水样于 95 ℃，在酸性介质中用高锰酸钾和过硫酸钾消解，将无机汞和有机汞转化为二价汞。

用盐酸羟胺将过剩的氧化剂还原，在酸性条件下，汞离子与双硫腙生成橙色螯合物，用有机溶剂萃取，再用碱液洗去过剩的双硫腙，在 485 nm波长处测定吸光度，以标准曲线法求水样中汞的含量。

汞的最低检出浓度(取 250 mL 水样)为 0.001 mg/L，测定上限为 0.04 mg/L。此方法适用于工业废水和受汞污染的地表水的监测。

3.4.1.2 镉的测定

镉是毒性较大的金属之一。镉在天然水中的含量通常小于 0.01 mg/L，低于饮用水的水质标准；天然海水中更低，因为镉主要在悬浮颗粒和底部沉积物中；水中镉的浓度很低，欲了解镉的污染情况，需对底泥进行测定。

镉污染不易分解和自然消化，在自然界中是积累的。废水中的可溶性镉被土壤吸收，形成土壤污染，土壤中可溶性镉又容易被植物吸收，造成食物中镉量增加，人们食用这些食品后，镉也随之进入人体，分布到全身各器官，主要贮积在肝、肾、胰和甲状腺中；镉也随尿排出，但持续时间长。

镉污染会产生协同作用，加剧其他污染物的毒性。我国规定，镉及其无机化合物，工厂最高允许排放浓度为 0.1 mg/L，并不得用稀释的方法代替必要的处理。

测定方法见表 3.16。

表 3.16　镉的测定方法

测定方法	适用范围
《水质 镉的测定 双硫腙分光光度法》(GB 7471—1987)	适用于天然水、废水中镉的测定。取 250 mL 水样测定，最低检出浓度为 2 μg/L，测定上限为 40 μg/L
《水质 铜、锌、铅、镉的测定 原子吸收分光光度法》(GB 7475—1987)	直接火焰法适用于地表水、地下水和废水中镉的测定，测定浓度范围为 0.01～1 mg/L；螯合萃取法适用于清洁地表水、地下水低浓度镉的测定，测定浓度范围为 1～50 μg/L；石墨炉法适用于清洁地表水、地下水低浓度镉的测定，测定浓度范围为 0.1～2 μg/L

(1)原子吸收分光光度法

①方法原理

原子吸收分光光度法，又称原子吸收光谱分析，简称原子吸收分析(以 AAS 表示)。它是根据某元素的基态原子对该元素的特征谱线的选择性吸收这一特性来进行测定的分析方法。将待测试样喷入原子化器，被测元素的化合物在原子化器中离解形成原子蒸气，对锐线光源(空心阴极灯)发射的某元素的特征谱线产生选择性吸收，在一定条件下，特征谱线光强的变化与试样中被测元素的浓度成比例，通过对自由基态原子吸光度的测量，确定试样中该元素的浓度。在原子吸收分光光度法中通常把从基态激发后，复又跃回基态时辐射出来的那些谱线，称为共振线，亦称分析线或特征谱线。只有共振线才能被基态原子所吸收，锐线光源发出的应该是共振线。共振线被吸收的程度与火焰的长度和原子蒸气浓度的关系，同样是根据朗伯-比尔定律：原子蒸气对共振线辐射的吸收程度和其中的基态原子数成正比，和原子蒸气的厚度成正比。

$$A = \log \frac{I_0}{I_t} = K'N_0L \tag{3.10}$$

式中 A——待测元素的吸光度；

K'——常数；

I_t——透射光强度；

I_0——平行光强度；

L——总角量子数；

N_0——基态原子数。

假如喷雾的速度保持不变，火焰长度不变，则吸光度与溶液中待测离子的浓度 C 成正比：$A=K'C$。

这正是原子吸收分光光度法的基础。原子吸收分析过程见图 3.13。

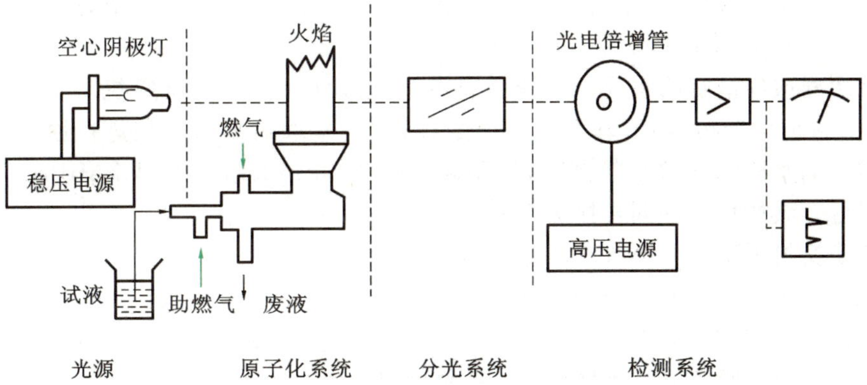

图 3.13 原子吸收分析过程示意图

②方法应用

a. 标准曲线法

配制一系列含待测离子且具有不同浓度的溶液，在原子吸收分光光度计上分别测定其吸光度。以吸光度对浓度作图，在一定浓度范围内得到一直线——标准曲线。同样，测定水样的吸光度，根据吸光度从标准曲线上查得待测离子的浓度。使用该方法时应注意：配制的标准溶液浓度应在吸光度与浓度呈线性关系的范围内，整个分析过程中操作条件应保持不变。

b. 标准加入法

当待测元素在标准溶液和在天然水样中存在很大差异的时候，利用标准曲线法就会带来很大的误差；有时为了消除电离干扰和化学干扰，可选用标准加入法。实际应用时将试样溶液等分成几份（比如 4 份），从第二份开始按比例加进不同体积的标准溶液，然后稀释到刻度，此时溶液浓度分别为 C_x、C_x+C_0、C_x+2C_0、C_x+4C_0，喷雾这四份溶液，测

得相应的吸光度 A_x、A_1、A_2、A_3，然后以吸光度对加入的标准浓度作图，会得到一条直线，如图 3.14 所示。直线与浓度轴交点 C_x，即为样品元素浓度。

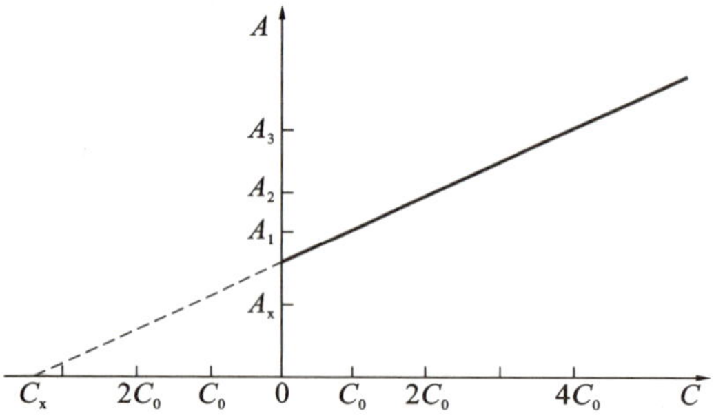

图 3.14　标准加入法

使用时应注意标准加入法只适用于浓度和吸光度有线性关系的区域。为了得到较为准确的外推结果，最好用 4 个点以上制作外推直线；该方法只能消除基体效应的影响，而不能消除背景吸收的影响，故应扣除背景值。

③直接吸入火焰原子吸收法测定镉(铜、铅、锌)

清洁水样可不经预处理直接测定；污染的地表水和废水需用硝酸或硝酸-高氯酸消解，并进行过滤、定容。将试样溶液直接吸入喷雾于火焰中原子化，测量各元素对其特征光产生的吸收，用标准曲线法或标准加入法定量。

④萃取火焰原子吸收法测定微量镉(铜、铅)

本方法适用于含量较低，需进行富集后测定的水样。对一般仪器的适用浓度范围为：镉、铜 1～50 μg/L；铅 10～200 μg/L。

清洁水样或经消解的水样中待测金属离子在酸性介质中与吡咯烷二硫代氨基甲酸铵(APDC)生成配合物，用甲基异丁基甲酮(MIBK)萃取后吸入火焰进行原子吸收分光光度测定。当水样的含铁量较高时，采用碘化钾-甲基异丁基甲酮(KI-MIBK)萃取体系的效果更好。其操作条件同直接吸入原子吸收法。

⑤离子交换火焰原子吸收法测定微量镉(铜、铅)

用强酸型阳离子交换树脂吸附富集水样中的铜、铅、镉，再用酸洗脱后吸入火焰进行原子吸收测定。该方法的最低检出浓度为：铜 0.93 μg/L，铅 1.4 μg/L，镉 0.1 μg/L。

⑥石墨炉原子吸收分光光度法测定痕量镉(铜、铅)

将清洁水样和标准溶液直接注入石墨炉内进行测定。每次进样量 10～20 μg/L(视元素含量而定)。测定时，石墨炉分三阶段加热升温。首先以低温(小电流)干燥试样，使溶剂完全挥发，但以不发生剧烈沸腾为宜，称为干燥阶段；然后用中等电流加热，使试样灰化或炭化(灰化阶段)，在此阶段应有足够长的灰化时间和足够高的灰化温度，使试样基本完全蒸发，但又不使被测元素损失；最后用大电流加热，使待测元素迅速原子化(原子化阶段)通常选择最低原子化温度。测定结束后，将温度升至最大允许值并维持一定时间，以除去残留物，消除记忆效应，做好下一次进样的准备。

对组成简单的水样可用直接比较法，每测定 10～20 个试样应用标准溶液检查仪器读数 1～2 次。对组成复杂的水样，则宜用标准加入法。

(2)双硫腙分光光度法

在强碱性介质中，镉离子与双硫腙生成红色螯合物，用三氯甲烷萃取分离后，于 518 nm处测其吸光度，与标准溶液比较定量。反应式如下：

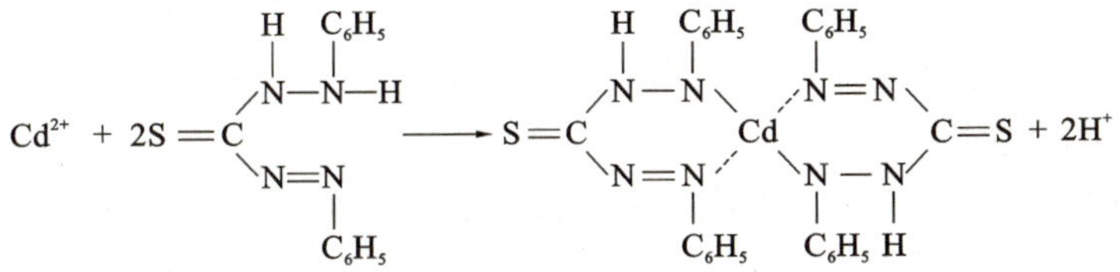

水样中含铅 20 mg/L、锌 30 mg/L、铜 40 mg/L、锰和铁 4 mg/L，不干扰测定，镁离子浓度达 20 mg/L 时，需多加酒石酸钾钠掩蔽。

本方法适用于受镉污染的天然水和废水中镉的测定，测定前需对水样进行消解处理。

(3)阳极溶出伏安法测定镉(铜、铅、锌)

溶出伏安法也称反向溶出极谱法。因为测定金属离子是用阳极溶出反应，故称为阳极溶出伏安法。这种方法是先使待测离子于适宜的条件下在微电极上进行富集，然后再利用改变电极电位的方法将富集的金属氧化溶出，并记录其氧化波。根据溶出峰电位进行定性，根据峰电流大小进行定量分析。

因为电解还原富集缓慢(1～10 min)，而溶出却在瞬间完成(以 50～200 mV/s 的电压扫描速度进行)，故使溶出电流大为增加，从而使方法的灵敏度大为提高，其检测下限可达 10^{-12} mol/L。该方法适用于测定饮用水、地表水和地下水中镉、铜、铅、锌，适宜测定范围为 1～1000 μg/L；当富集 5 min 时，检测下限可达 0.5 μg/L。测定要点如下：

①将水样调节至近中性，比较清洁的水可直接取样测定，含有机质较多的地表水用硝酸-高氯酸消解。

②标准曲线绘制。分别取一定体积的镉、铜、铅、锌标准溶液于 10 mL 比色管中，加 1 mL 0.1 mol/L 高氯酸(支持电解质)，用水稀释至标线，混匀，倾入电解池中。将扫描电压范围选择在－1.30～＋0.05 V。通氮气除氧，在－1.30 V 极化电压下于悬汞电极上富集 3 min，则试液中部分上述离子被还原富集并结合成汞齐。静置 30 s，使富集在悬汞电极表面的金属均匀化。将极化电压均匀地由负方向向正方向扫描(速度视浓度水平选择)，记录伏安曲线(图 3.15)。以同法配制并测定其系列浓度标准液的溶出伏安曲线，对峰高分别作空白校正后，绘出标准曲线。

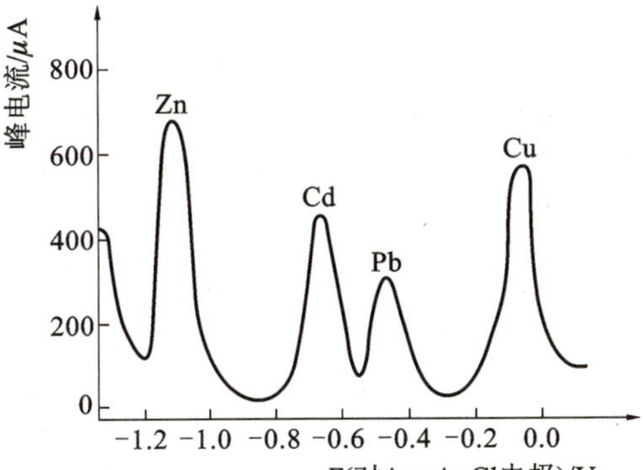

图 3.15 阳极溶出伏安曲线

③样品测定。取一定体积水样，加 1 mL 同种电解质，用水稀释到 10 mL，按与标准溶液相同操作程序测定伏安曲线。根据经空白校正后的峰电流高度（简称峰高），从标准曲线上查知并计算其浓度。

④当样品成分比较复杂时，可采用标准加入法。其操作如下：准确吸取一定体积水样于电解池中，加 1 mL 支持电解质，用水稀释至 10 mL，按测定标准溶液的方法测出各组分的峰高电流，然后再加入与样品含量相近的标准溶液，依同法再次进行峰高测定。用式(3.11)计算水样浓度(C_x)：

$$C_x = \frac{hC_sV_s}{(V+V_s)H - Vh} \tag{3.11}$$

式中 h——水样峰高(mm)；

H——水样加标准溶液后的峰高(mm)；

C_s——加入标准溶液的浓度(μg/L)；

V_s——加入标准溶液的体积(mL)；

V——测定所取水样的体积(mL)。

由于阳极溶出伏安法测定的浓度比较低，应十分注意可能来自环境、器皿、水或试剂的污染。对汞的纯度要求在 99.99%以上。

3.4.1.3 铅的测定

铅的污染主要来自铅矿的开采、含铅金属冶炼、橡胶生产，含铅油漆颜料的生产和使用，蓄电池厂的熔铅和制粉，印刷业的铅版、铅字的浇铸，电缆及铅管的制造，陶瓷的配釉，铅质玻璃的配料以及焊锡等工业排放的废水。汽车尾气排出的铅随降水进入地表水中，亦造成铅的污染。

铅通过消化道进入人体后，即积蓄于骨髓、肝、肾、脾、大脑等处，形成所谓“贮存库”，以后慢慢从中放出，通过血液扩散到全身并进入骨骼，引起严重的累积性中毒。世界上地表水中，天然铅的平均值大约是 0.5 μg/L，地下水中铅的浓度在 1～60 μg/L 之间。当铅浓度达到 0.1 mg/L 时，可抑制水体的自净作用。铅进入水体中与其他重金属一样，一部分被水生生物浓集于体内，另一部分则随悬浮物絮凝沉淀于底质中，甚至在微生物的参与下可能转化为四甲基铅。铅不能被生物代谢所分解，在环境中属于持久性的污染物。

测定铅的方法有双硫腙比色法、原子吸收分光光度法、示波极谱法等。下面主要介绍《水质 铅的测定 双硫腙分光光度法》(GB 7470—1987)。在 pH 值为 8.5～9.5 的氨性柠檬酸盐-氰化物的还原性介质中，铅与双硫腙形成可被三氯甲烷萃取的淡红色的双硫腙铅螯合物，其反应式为：

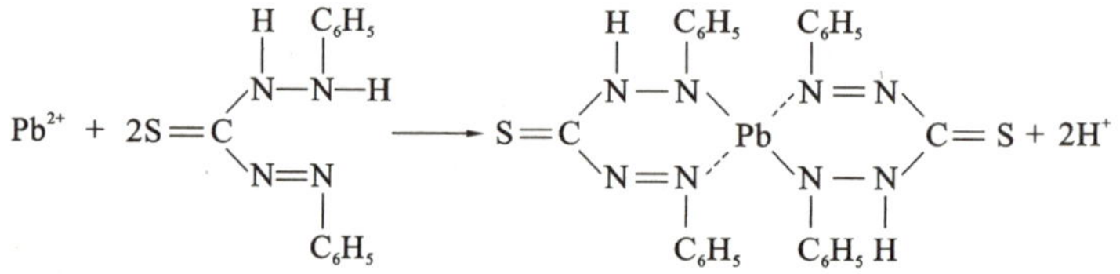

有机相可于最大吸收波长 510 nm 处测量，利用工作曲线法求得水样中铅的含量，本

方法的测定范围为 0.01～0.30 mg/L。

测定时，要特别注意器皿、试剂及去离子水是否含痕量铅，这是能否获得准确结果的关键。所用氰化物毒性极大，在操作中一定要在碱性溶液中进行，严防接触手上破皮之处。Bi^{3+}、Sn^{2+} 等干扰测定，可预先在 pH 值为 2～3 时用双硫腙三氯甲烷溶液萃取分离。为防止双硫腙被一些氧化物质如 Fe^{3+} 等氧化，应在氨性介质中加入盐酸羟胺和亚硫酸钠。

3.4.1.4 铜的测定

铜是人体所必需的微量元素，缺铜会发生贫血、腹泻等病症，但过量摄入铜亦会产生危害。铜对水生生物的危害较大，有人认为铜对鱼类的毒性浓度始于 0.002 mg/L，但一般认为水体含铜 0.01 mg/L 对鱼类是安全的。铜对水生生物的毒性与其形态有关，游离铜离子的毒性比配合态铜大得多。

世界范围内，淡水平均含铜 3 μg/L，海水平均含铜 0.25 μg/L。铜的主要污染源是电镀、冶炼、五金加工、矿山开采、石油化工和化学工业等部门排放的废水。

测定水中铜的方法主要有原子吸收分光光度法、二乙基二硫代氨基甲酸钠分光光度法和新亚铜灵萃取分光光度法，还可以用阳极溶出伏安法等。

(1)二乙基二硫代氨基甲酸钠分光光度法

二乙基二硫代氨基甲酸钠分光光度法是在 pH 值为 9～10 的氨性溶液中，铜离子与二乙基二硫代氨基甲酸钠(铜试剂，简写为 DDTC)作用，生成摩尔比为 1∶2 的黄棕色胶体配合物，即：

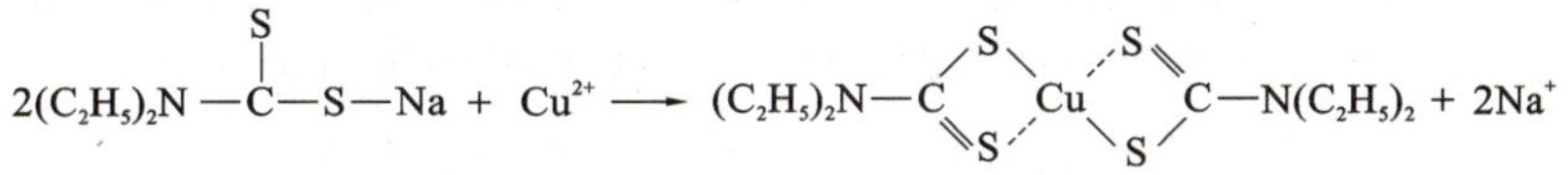

该配合物可被四氯化碳或三氯甲烷萃取，其最大吸收波长为 440 nm。在测定条件下，有色配合物可以稳定 1 h，但当水样中含铁、锰、镍、钴和铋等离子时，也与 DDTC 生成有色配合物，干扰铜的测定。除铋外，均可用 EDTA 和柠檬酸铵掩蔽消除。铋干扰可以通过加入氰化钠予以消除。

当水样中含铜量较高时，可加入明胶、阿拉伯胶等胶体保护剂，在水相中直接进行分光光度测定。该方法最低检测浓度为 0.01 mg/L，测定上限可达 2.0 mg/L。该法已用于地表水和工业废水中铜的测定，详见《水质 铜的测定 二乙基二硫代氨基甲酸钠分光光度法》(HJ 485—2009)。

(2)新亚铜灵萃取分光光度法

新亚铜灵的化学名称是 2,9-二甲基-1,10-菲啰啉，其结构式为：

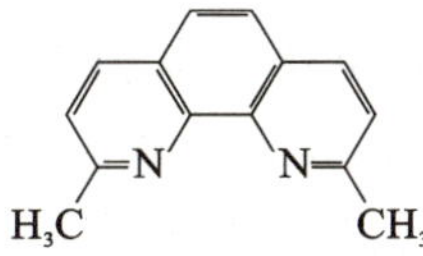

将水样中的二价铜离子用盐酸羟胺还原为亚铜离子。在中性或微酸性介质中，亚铜离子与新亚铜灵反应，生成摩尔比为 1∶2 的黄色配合物，用三氯甲烷-甲醇混合溶剂萃

取，于 457 nm 波长处测定吸光度，用标准曲线法进行定量测定。当 25 mL 有机相中含铜不超过 0.15 mg 时，符合比尔定律。在三氯甲烷-甲醇溶液中，黄色配合物的颜色可稳定数日。

用新亚铜灵测定铜，具有灵敏度高、选择性好等优点。经试验表明，只有铍、大量铬(Ⅵ)、锡(Ⅳ)等氧化性离子及氰化物、硫化物、有机物对测定有干扰。若在水样中和之前加入盐酸羟胺和枸橼酸钠，则可消除铍的干扰。大量铬(Ⅵ)可用亚硫酸盐还原，锡(Ⅳ)等氧化性离子可用盐酸羟胺还原。样品通过消解可除去氰化物、硫化物和有机化合物的干扰。用 10 mm 比色皿时，该方法最低检出浓度为 0.06 mg/L，测定上限为 3 mg/L。该法适用于地表水、生活污水和工业废水中铜的测定，详见《水质 铜的测定 2,9-二甲基-1,10-菲啰啉分光光度法》(HJ 486—2009)。

3.4.1.5 锌的测定

锌也是人体必不可少的有益元素，每升水含数毫克锌对人体和温血动物无害，但对鱼类和其他水生生物影响较大。锌对鱼类的安全浓度为 0.1 mg/L。此外，锌对水体的自净过程有一定抑制作用。锌的主要污染源是电镀、冶金、颜料及化工等部门排放的废水。原子吸收分光光度法测定锌，灵敏度较高，干扰少，适用于各种水体。此外，还可选用双硫腙分光光度法、阳极溶出伏安法等。下面简单介绍双硫腙分光光度法。

在 pH 值为 4.0～5.5 的乙酸缓冲介质中，锌离子与双硫腙反应生成红色螯合物，用四氯化碳或三氯甲烷萃取后，于其最大吸收波长 535 nm 处，以四氯化碳作参比，测其经空白校正后的吸光度，用标准曲线法定量。水中存在的少量铋、镉、钴、汞、镍、亚锡等离子均产生干扰，采用硫代硫酸钠掩蔽和控制 pH 值来消除。这种方法称为混色测定法。如果上述干扰离子含量较大，混色法测定误差大，就需要使用单色法测定。单色法与混色法不同之处在于：将萃取有色螯合物后的有机相先用硫代硫酸钠-乙酸钠-硝酸混合液洗涤除去部分干扰离子，再用新配制的 0.04%硫化钠洗去过量的双硫腙。

使用该方法时应确保样品不被污损。为此，必须使用无锌玻璃器皿并充分洗净，对试剂进行提纯和使用无锌水。

使用 20 mm 比色皿，混色法的最低检测浓度为 0.005 mg/L。适用于天然水和轻度污染的地表水中锌的测定。

3.4.1.6 铬的测定

铬存在于电镀、冶炼、制革、纺织、制药、炼油、化工等工业废水污染的水体中。富铬地区地表水径流中也含铬。自然形成的铬常以单质或三价状态存在，铬是人体必需的微量元素之一，金属铬对人体是无毒的，缺乏铬反而还可引起动脉粥样硬化，所以天然的铬给人体造成的危害并不大。污染的水中铬有三价、六价两种价态，一般认为六价铬的毒性比三价铬高约 100 倍，即使是六价铬，不同的化合物其毒性也不一样，三价铬也是如此。三价铬是一种蛋白质凝固剂。六价铬更易为人体吸收，对消化道和皮肤具刺激性，而且可在体内蓄积，产生致癌作用。铬抑制水体的自净，累积于鱼体内，也可使水生生物致死。用含铬的水灌溉农作物，铬可富集于果实中。

水中铬的测定方法见表 3.17。

表 3.17　铬的测定方法

测定方法	适用范围
二苯碳酰二肼分光 光度法（六价铬）——《水质 总铬的测定》（GB 7466—1987）	适用于地表水、工业废水中六价铬的测定。取 50 mL 水样测定，使用 30 mm 比色皿，最低检出浓度为 0.004 mg/L；使用 10 mm比色皿，测定上限为 1 mg/L
高锰酸钾氧化-二苯碳酰二肼分光光度法（总铬）——《水质 总铬的测定》（GB 7466—1987）	适用于地表水、工业废水中总铬的测定。取 50 mL 水样测定，使用 30 mm 比色皿，最低检出量为 0.2 μg，最低检出浓度为 0.004 mg/L；使用 10 mm 比色皿，测定上限为 1.0 mg/L
硫酸亚铁铵 滴定法——《水质 总铬的测定》（GB 7466—1987）	适用于废水中高浓度（>1 mg/L）总铬的测定
《水质 铬的测定 火焰原子吸收分光光度法》（HJ 757—2015）	适用于水和废水中高浓度可溶性铬和总铬的测定。当取样体积与试样制备后定容体积相同时，该方法测定铬的检出限为 0.03 mg/L，测定下限为 0. 12 mg/L

（1）二苯碳酰二肼分光光度法

①六价铬的测定

在酸性介质中，六价铬与二苯碳酰二肼（DPC）反应，生成紫红色配合物，于 540 nm 波长处进行比色测定。其反应为：

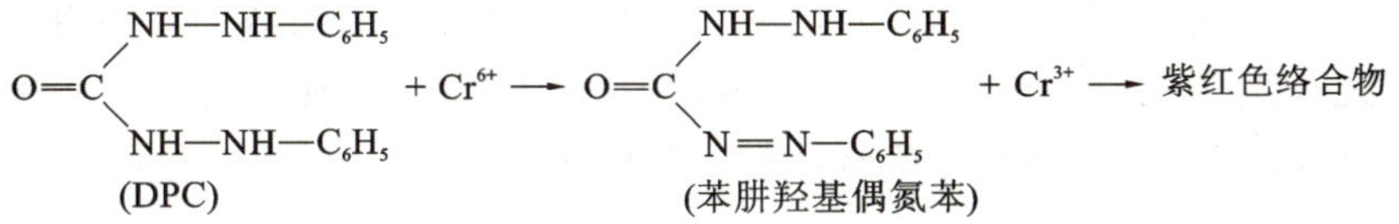

本方法最低检出浓度为 0.004 mg/L，使用 100 mm 比色皿，测定上限为 1 mg/L。其测定要点如下：

a. 对于清洁水样可直接测定；对于色度不大的水样，可用以丙酮代替显色剂的空白水样作参比测定；对于浑浊、色度较深的水样，以氢氧化锌做共沉淀剂，调节溶液 pH 值至 8～9，此时 Cr^{3+}、Fe^{3+}、Cu^{2+} 均形成氢氧化物沉淀，可被过滤除去，与水样中的 Cr^{6+} 分离；存在亚硫酸盐、二价铁等还原性物质和次氯酸盐等氧化性物质时，也应采取相应消除干扰措施。

b. 取适量清洁水样或经过预处理的水样，加酸、显色、定容，以水作参比测其吸光度并作空白校正，从标准曲线上查得并计算水样中六价铬含量。

c. 配制系列铬标准溶液，按照水样测定步骤操作。将测得的吸光度经空白校正后，绘制吸光度对六价铬含量的标准曲线。

②总铬的测定

在酸性溶液中，首先，将水样中的三价铬用高锰酸钾氧化成六价铬，过量的高锰酸钾用亚硝酸钠分解，过量的亚硝酸钠用尿素分解；然后，加入二苯碳酰二肼显色，于540 nm 处进行分光光度测定。其最低检测浓度同六价铬。清洁地表水可直接用高锰酸钾氧化后测定；水样中含大量有机物时，用硝酸-硫酸消解。

（2）硫酸亚铁铵滴定法

本法适用于总铬浓度大于 1 mg/L 的废水。其原理为在酸性介质中，以银盐作催化剂，用过硫酸铵将三价铬氧化成六价铬。加少量氯化钠并煮沸，除去过量的过硫酸铵和反应中产生的氯气。以苯基代邻氨基苯甲酸作指示剂，用硫酸亚铁铵标准溶液滴定，至溶液呈亮绿色。根据硫酸亚铁铵溶液的浓度和进行试剂空白校正后的用量，可计算出水样中总铬的含量。

3.4.1.7 砷的测定

砷不溶于水，可溶于酸和王水。砷的可溶性化合物都极具毒性，三价砷化合物比五价砷化合物毒性更强。砷在饮用水中的最高允许浓度为 0.01 ppm，口服 As_2O_3（俗称砒霜）5～10 mg 可造成急性中毒，致死量为 60～200 mg。砷的浓度为 1～2 mg/L 时对鱼有毒。

地表水中砷的污染主要来源于硬质合金、染料、涂料、皮革、玻璃脱色、制药、农药、防腐剂等的工业废水，化学工业、矿业工业的副产品会含有气体砷化物。含砷废水进入水体中，一部分随悬浮物、铁锰胶体物沉积于水底沉积物中，另一部分存在于水中。

近年来砷被认为是体内微量元素之一，它是细胞质中的成分，是细胞代谢过程中的一种触酶。用砷化物制造的农药，可用以控制植物的生长和淘汰湖泊中不需要的鱼种。砷的监测方法有分光光度法、阳极溶出伏安法及原子吸收法等。

（1）新银盐分光光度法

硼氢化钾或硼氢化钠（KBH_4 或 $NaBH_4$）在酸性溶液中，产生新生态的氢，将水中无机砷还原成砷化氢气体，以硝酸-硝酸银-聚乙烯醇-乙醇溶液为吸收液。砷化氢将吸收液中的银离子还原成单质胶态银，使溶液呈黄色，颜色强度与生成氢化物的量成正比。黄色溶液在 400 nm 处有最大吸收，峰形对称。颜色在 2 h 内无明显变化（20 ℃以下）。化学反应如下：

$$KBH_4 + 3H_2O + H^+ \longrightarrow H_3BO_3 + K^+ + 8[H]$$

$$[H] + As^{3+}(As^{5+}) \longrightarrow AsH_3\uparrow$$

$$AsH_3 + 6AgNO_3 + 2H_2O \longrightarrow 6Ag(\text{黄色胶态银}) + HAsO_2 + 6HNO_3$$

取最大水样体积 250 mL，本方法的检出限为 0.0004 mg/L，测定上限为 0.012 mg/L。本方法适用于地表水和地下水痕量砷的测定。

图 3.16 为砷化氢发生及吸收装置示意图。图中 1 为反应管，水样中的砷化物在此被转变成 AsH_3（砷化氢）；2 为 U 形管，装有二甲苯甲酰胺、乙醇胺、三乙醇胺混合溶剂浸渍的脱脂棉，用以消除锑、锡、铋等元素的干扰；3 为脱胺管，内装吸有无水硫酸钠和硫酸

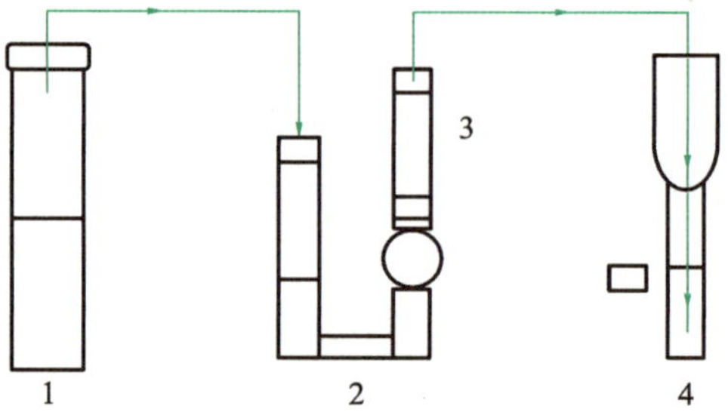

图 3.16　砷化氢发生与吸收装置

氢钾混合粉的脱脂棉，用于除去有机胺的细沫或蒸气；4 为吸收管，装有吸收液，吸收 AsH_3 并显色。吸收液中的聚乙烯醇是胶态银的良好分散剂，但通入气体时，会产生大量的泡沫，在此加入乙醇作消泡剂。吸收液中加入硝酸，有利于胶态银的稳定。

(2)二乙基二硫代氨基甲酸银分光光度法

锌与酸作用，产生新生态氢。在碘化钾和氯化亚锡存在下，五价砷被还原为三价，三价砷被新生态氢还原成气态砷化氢。用二乙基二硫代氨基甲酸银-三乙醇胺的三氯甲烷溶液吸收砷，生成红色胶体银，在波长 510 nm 处测其吸光度。以空白校正后的吸光度用标准曲线法定量。详见表 3.18。

表 3.18 砷的测定方法——分光光度法

测定方法	适用范围
《水质 总砷的测定 二乙基二硫代氨基甲酸银分光光度法》(GB 7485—1987)	适用于地表水和废水中砷的测定。取 50 mL 水样测定，最低检出浓度为 0.007 mg/L，测定上限为 0.50 mg/L
《水质 痕量砷的测定 硼氢化钾——硝酸银分光光度法》(GB 11900—1989)	适用于地表水、地下水中痕量砷的测定。取 250 mL 水样测定，最低检出浓度为 0.0004 mg/L，测定上限为 0.012 mg/L

3.4.1.8 其他金属化合物的测定

根据水与废水污染类型和对用水水质的要求不同，有时还需要监测其他金属元素。表 3.19 列出某些元素的测定方法，详细内容可查阅《水和废水监测分析方法》和其他水质监测资料。

表 3.19 其他金属化合物分析方法

元素	危害	分析方法	测定浓度范围
铍	单质及其化合物毒性都极强	(1)石墨炉原子吸收法 (2)活性炭吸附-铬天菁 S 分光光度法	0.04～4 μg/L 最低 0.1 μg/L
镍	具有致癌性，对水生生物有明显危害，镍盐引起过敏性皮炎	(1)火焰原子吸收法 (2)丁二酮肟分光光度法 (3)示波极谱法	0.01～8 mg/L 0.1～4 mg/L 最低 0.06 mg/L
硒	生物必需微量元素，但过量能引起中毒，二价毒性最大，单质态毒性最小	(1)2,3-二氨基萘荧光法 (2)3,3-二氨基联苯分光光度法 (3)原子荧光法 (4)气相色谱法	0.15～25 μg/L 2.5～50 μg/L 0.2～10 μg/L 最低 0.2 μg/L
锑	单质态毒性低，氢化物毒性大	(1)火焰 5-Br-PADAP 分光光度法 (2)火焰原子吸收法	0.15～1.2 mg/L 0.2～40 mg/L
钍	既有化学毒性，又有放射性辐射损伤，危害大	铀试剂Ⅲ分光光度法	0.008～3.0 mg/L
铀	有放射性损伤，引起急性或慢性中毒	TRPO-5-Br-PADAP 分光光度法	0.0013～1.6 mg/L

续表 3.19

元素	危害	分析方法	测定浓度范围
铁	具有低毒性。工业用水含量高时,产品上形成黄斑	(1)原子吸收法 (2)邻菲啰啉分光光度法	0.03～5.0 mg/L 5～20 mg/L
锰	具有低毒性。工业用水含量高时,产品上形成斑痕	(1)原子吸收法 (2)高碘酸钾氧化分光光度法 (3)甲醛肟分光光度法	0.01～3.0 mg/L 最低 0.05 mg/L 0.01～4.0 mg/L
钙	人体必需元素,但过高引起肠胃不适。可能导致血管或器官内结垢	(1)EDTA 滴定法 (2)火焰原子吸收法	2～100 mg/L 0.02～5.0 mg/L
镁	人体必需元素,过量有导泻和利尿作用。可能导致血管或器官内结垢	(1)EDTA 滴定法 (2)火焰原子吸收法	2～100 mg/L 0.02～5.0 mg/L

3.4.2 非金属无机物的测定

pH 值测定

3.4.2.1 pH 值的测定

pH 值是溶液中氢离子活度的负对数,即 pH 值为$-\lg[H^+]$。

pH 值是最常用的水质指标之一。天然水的 pH 值多在 6～9 范围内;饮用水 pH 值要求在 6.5～8.5;某些工业用水的 pH 值必须保持在 7.0～8.5,以防止金属设备和管道被腐蚀。此外,pH 值在废水生化处理、评价有毒物质的毒性等方面也具有指导意义。

水体的酸污染主要来自冶金、搪瓷、电镀、轧钢、金属加工等工业的酸洗工序和人造纤维、酸法造纸排出的废水等。碱污染主要来源于碱法造纸、化学纤维、制碱、制革、炼油等工业废水。

测定水的 pH 值的方法有玻璃电极法和比色法。

比色法基于各种酸碱指示剂在不同 pH 值的水溶液显示不同的颜色,而每种指示剂都有一定的变色范围。该方法不适用于有色、浑浊或含较高游离氯、氧化剂、还原剂的水样。如果粗略地测定水样 pH 值,可使用 pH 试纸。

玻璃电极法测定 pH 值是以 pH 玻璃电极为指示电极,饱和甘汞电极为参比电极,并将二者与被测溶液组成原电池,其电动势为:

$$E_{电池} = \varphi_{甘汞} - \varphi_{玻璃} = K + 0.059\text{pH} \tag{3.12}$$

设 pH 标准溶液和被测溶液的 pH 值分别为 pH_s 和 pH_x,其相应原电池的电动势分别为 E_s 和 E_x,则 25℃时:

$$E_s = K + 0.059\text{pH}_s \tag{3.13}$$

$$E_x = K + 0.059\text{pH}_x \tag{3.14}$$

两式相减并移项得:

$$\text{pH}_x = \text{pH}_s + \frac{E_x - E_s}{0.059} \tag{3.15}$$

玻璃电极法测量 pH 原理

pH 值的测量方式和方法虽多，但都是依据上述原理来测定。

玻璃电极测定法准确、快速，且受水体色变、浊度、胶体物质、氧化剂、还原剂及盐度等因素的干扰程度小。

3.4.2.2 溶解氧的测定

溶解氧就是指溶解于水中分子状态的氧，即水中的 O_2，以 DO 表示。溶解氧是水生生物生存不可缺少的条件。溶解氧的一个来源是水中溶解氧未饱和时，大气中的氧气向水体渗入，另一个来源是水中植物通过光合作用释放出的氧。溶解氧随着温度、气压、盐分的变化而变化，一般说来，温度越高，溶解的盐分越大，水中的溶解氧越低；气压越高，水中的溶解氧越高。溶解氧除了被水中硫化物、亚硝酸根、亚铁离子等还原性物质所消耗外，也被水中微生物的呼吸作用以及水中有机物质被好氧微生物氧化分解所消耗。所以说溶解氧是水体自净能力的指标。

天然水中溶解氧近于饱和值(9 ppm)，藻类繁殖旺盛时，溶解氧呈过饱和。水体受有机物及还原性物质污染可使溶解氧降低，当 DO 值小于 4.5 ppm 时，鱼类生活困难。当溶解氧消耗速率大于氧气向水体中溶入的速率时，DO 值可趋近于 0，厌氧菌得以繁殖使水体恶化。所以溶解氧的高低，反映出水体受到污染，特别是有机物污染的程度，它是水体污染程度的重要指标，也是衡量水质的综合指标。

测定方法见表 3.20。

表 3.20 溶解氧的测定方法

测定方法	适用范围	方法特点
碘量法——《水质 溶解氧的测定 碘量法》(GB 7489—1987)	适用于清洁水中溶解氧的测定	基准方法，在现场采样需要固定溶解氧
碘量法的修正法——《水质 溶解氧的测定 碘量法》(GB 7489—1987)	适用于受污染的地表水或工业废水中溶解氧的测定	含有氧化性物质、还原性物质时测定受到干扰，需要采用相应的修正法
《水质 溶解氧的测定 电化学探头法》(HJ 506—2009)	适用于地表水、地下水、生活污水、工业废水和盐水中溶解氧的测定	方法简便、快速、干扰少，可用于现场测定，薄膜易堵塞或损坏，应及时更换

(1)碘量法

①方法原理

向水样中加入 $MnSO_4$ 和碱性 KI 溶液，反应式为：

$$MnSO_4 + 2NaOH = Na_2SO_4 + Mn(OH)_2 \downarrow$$

$$2Mn(OH)_2 + O_2 = 2MnO(OH)_2 \downarrow \text{(水合二氧化锰，棕色沉淀)}$$

以上为水样的固定，应在取样现场操作。

运到实验室后，向水样中加浓 H_2SO_4 和 KI 溶液，反应式为：

$$MnO(OH)_2 + 2H_2SO_4 = Mn(SO_4)_2 + 3H_2O$$

$$Mn(SO_4)_2 + 2KI = MnSO_4 + K_2SO_4 + I_2$$

所析出的碘以淀粉为指示剂，用 $Na_2S_2O_3$ 标准溶液滴定至终点，反应式为：

$$2Na_2S_2O_3+I_2 \xlongequal{} Na_2S_4O_6(\text{连四硫酸钠})+2NaI$$

设 V 为 $Na_2S_2O_3$ 溶液的用量(mL),M 为 $Na_2S_2O_3$ 的浓度(mol/L),$V_{水}$ 为滴定时所取水样体积(mL),DO 值可按下式计算:

$$DO(mg/L)=\frac{V\cdot M\times 8}{V_{水}}\times 1000 \tag{3.16}$$

式中 DO——水中溶解氧的浓度(mg/L);

M——硫代硫酸钠标准溶液浓度(mol/L);

V——滴定消耗硫代硫酸钠标准溶液体积(mL);

$V_{水}$——取水样体积(mL);

8——氧($\frac{1}{4}O_2$)的摩尔质量(g/mol)。

②干扰消除措施

a. 用 $Na_2S_2O_3$ 滴定水样时,如到达终点后溶液蓝色在 30s 内没有返回,这是正常现象;如到达终点后蓝色立即返回,说明水中可能含有亚硝酸盐:

$$2I^-+2NO_2^-+4H^+ \longrightarrow 2H_2O+2NO+I_2$$

这时可利用叠氮化钠来消除 NO_2^- 的干扰:

$$2NaN_3+H_2SO_4 \longrightarrow 2NH_3+Na_2SO_4$$

$$HNO_2+HN_3 \longrightarrow H_2O+N_2+N_2O$$

以上称为叠氮化钠修正法。具体做法是在加硫酸锰和碱性碘化钾溶液固定水样的时候,加入 NaN_3 溶液,或配成碱性碘化钾-叠氮化钠溶液加入水样中,Fe^{3+} 含量较高时,加入 KF 掩蔽。

应当注意,NaN_3 是剧毒、易爆试剂,不能将碱性碘化钾-叠氮化钠溶液直接酸化,以免产生有毒的叠氮酸雾(HN_3)。

b. 铁离子对本法测定有干扰,若单有大量的 Fe^{2+} 存在而无其他还原剂及有机物时,可用 $KMnO_4$ 修正法进行“掩蔽”,以 $KMnO_4$ 将 Fe^{2+} 氧化为 Fe^{3+},Fe^{3+} 用 KF 掩蔽,过量的 $KMnO_4$ 以 $Na_2C_2O_4$ 除去。

c. 水样中含有游离氯(Cl_2)大于 0.1 mg/L 时,应预先加 $Na_2S_2O_3$ 去除,可先用两个溶解氧瓶,各取一瓶水样,对其中一瓶加入 5 mL(1+5)硫酸和 KI 摇匀,此时游离出碘。用 $Na_2S_2O_3$ 标准液以 0.5%淀粉作指示剂滴定,记下用量,然后向另一瓶水样中加入上述测得的 $Na_2S_2O_3$ 标准溶液量,摇匀,再进行固定和测定。

(2)膜电极法

极谱型膜电极的阴极由黄金组成,阳极由银-氯化银组成。电极顶端覆有一层高分子薄膜,如聚乙烯或聚四氟乙烯等。这层薄膜将电解液和被测水样分开,只允许溶解氧渗过,当在两个电极上外加一个固定极化电压时,水中溶解氧渗过薄膜在阴极上还原,产生与氧浓度成比例的稳定扩散电流,其反应式如下:

阴极:$O_2+2H_2O+4e \longrightarrow 4OH^-$

阳极:$4Ag+4Cl^- \longrightarrow 4AgCl\downarrow+4e$

极谱型氧电极结构

扩散电流的大小可用下式表示:

$$i = K \cdot n \cdot F \cdot A \cdot C_s \cdot \frac{P_m}{L} \tag{3.17}$$

式中 i——稳定状态扩散电流；

F——法拉第常数；

n——电极反应中得失电子数；

L——薄膜的厚度；

A——阴极面积；

P_m——薄膜的渗透系数；

C_s——试样中氧分压或浓度；

K——常数。

电极间所加电压的大小，视电极种类不同而有差异，常在0.5～0.8 V之间。利用标准曲线法或已知氧浓度的水样，就可测水样的DO值。

各种溶解氧测定仪就是依据这一原理工作的。测定时，首先用无氧水样校正零点，再用化学法所测溶解氧的浓度，校准仪器刻度值，最后测定水样，便可直接显示其溶解氧浓度。仪器有温度补偿装置，补偿由温度变化造成的测量误差。该法不受水样色度、浊度及化学滴定法中干扰物质的影响，快速简便，适用于现场测定；易于实现自动连续测量。但水样中含藻类、硫化物、碳酸盐、油等物质时，薄膜会堵塞或损坏，应及时更换薄膜。

3.4.2.3 氟化物的测定

氟在自然界广泛存在，是人体所必需的微量元素之一。饮用水中氟浓度在1 mg/L左右时，既能防止龋齿，又对人体健康无害。氟化物对人体的危害，主要是使骨骼受害，表现有上下肢长骨的疼痛，重者骨质疏松、增殖或变形，并易于发生自然性骨折，即所谓氟骨症；还可损害皮肤，表现有发痒、病痛、湿疹及各种皮炎等。

炼铝、玻璃、陶瓷、钢铁、磷肥、搪瓷等厂，都有含氟气体排出，煤炭燃烧时也有少量的氟排出，此外，还有不可忽视的粉尘，这些都给水体带来氟的污染。水中氟常见的测定方法有氟试剂分光光度法和离子选择电极法等。

(1)氟试剂分光光度法

氟试剂也称茜素氨羧络合剂，化学名称为1,2-二羟基蒽醌-3-甲胺-N,N-二乙酸。在pH值为4.1的醋酸盐缓冲介质中，它与F^-和硝酸镧反应，生成蓝色的三元配合物，在一定浓度范围内颜色深度与F^-浓度成正比，于620 nm波长处比色定量。

由于三元配合物在水中溶解度较低，以有机溶剂提取后，可直接进行比色测定，称为萃取比色法，其灵敏度大为提高。亦可将氟试剂磺酸化，称为氟蓝磺酸盐，由于在氟试剂上引进了一个新的亲水基团，改变了三元配合物在水中的溶解度，在水相中测定时亦能达到相似的灵敏度。在标准分析方法上是采用混合显色剂，该混合显色剂是由氟试剂溶液、缓冲液、硝酸镧溶液和丙酮按一定比例配制而成的。

(2)离子选择电极法

①方法原理

以氟化镧(LaF_3)沉淀膜电极为指示电极，饱和甘汞电极为参比电极，在水中有F^-时就会在氟电极上产生电位响应，当控制水中总离子强度为定值时，电池的电动势E随待

测溶液中 F^- 浓度变化而改变。

$$E = K - \frac{2.303RT}{F} \qquad E = E_0 - \frac{2.303RT}{F}\log C_{F^-} \tag{3.18}$$

式(3.18)表明，在一定条件下，电动势 E 与溶液中的 F^- 活度的对数呈直线关系。与氟离子形成络合物的多价阳离子，如 Al^{3+}、Fe^{3+}、Si^{4+} 等干扰测定，其他常见离子无影响，测量溶液的 pH 值为 5～9，用总离子强度缓冲液(TISAB)来排除干扰，TISAB 的作用是调节溶液的 pH 值，消除多价阳离子的干扰，控制溶液的总离子强度。常用的TISAB是 0.2 mol/L 枸橼酸钠-1 mol/L 硝酸钠溶液。

本法的最低检出浓度为 0.05 mg/L，测定上限为 1900 mg/L。

F^-选择电极原理

②水样测量

通常采用标准曲线法。用无分度吸管分别取 1.00 mL、3.00 mL、5.00 mL、10.00 mL、20.00 mL 氟化物标准溶液，置于 50 mL 容量瓶中，加入 10 mL TISAB，用水稀释至标线，摇匀。分别移入 100 mL 聚乙烯杯中，各放入一只塑料搅拌子，以浓度由低到高为顺序，分别依次插入电极，连续搅拌溶液，待电位稳定后，在继续搅拌下读取电位值(E)。在每一次测量之前，都要用水将电极冲洗干净，并用滤纸吸取水分。在半对数坐标纸上绘制 E(mV)-C_{F^-}(mg/L)标准曲线，浓度标于对数分格上，最低浓度标于横坐标的起点线上。同样方法测定水样的电位值(E_x)，从标准曲线上查出测定液中 F^- 浓度，再换算成原水样的浓度。

当样品组成复杂或成分不明时，宜采用一次标准加入法，以便减少基体的影响。

3.4.2.4 氰化物的测定

氰化物主要包括氢氰酸(HCN)及盐类(如 KCN、NaCN)。氰化物是一种剧毒物质，也是一种广泛应用的重要工业原料，在天然物质如苦杏仁、枇杷仁、桃仁、木薯及白果中，均含有少量 KCN。一般在自然水体中不会出现氰化物，水体受到氰化物的污染，往往是由工厂排放废水以及使用含有氰化物的杀虫剂所引起。

氰化物测定方法有容量法和分光光度法。测定之前，通常先将水样在酸性介质中进行蒸馏，把能形成氰化氢的氰化物蒸出，使之与干扰组分分离。常用的蒸馏方法有酒石酸-硝酸锌预蒸馏和磷酸-EDTA 预蒸馏两种。

(1)容量滴定法

经蒸馏得到的碱性馏出液含氰量在 1 mg/L 以上时，用 $AgNO_3$ 溶液滴定，形成可溶性的银氰配合物，$Ag^+ + 2CN^- \rightarrow Ag(CN)_2^-$，用试银灵作指示剂，当有过量 Ag^+ 存在时，溶液很快由黄色变成橙色。根据消耗硝酸银($AgNO_3$)标准溶液体积，按下式计算水样中氰化物浓度：

$$\text{氰化物}(CN^-, mg/L) = \frac{(V_A - V_B) \cdot C \times 52.04}{V_1} \times \frac{V_2}{V_3} \times 1000 \tag{3.19}$$

式中 V_A——滴定水样消耗硝酸银标准溶液量(mL)；

V_B——空白消耗硝酸银标准溶液量(mL)；

C——硝酸银标准溶液浓度(mol/L)；

V_1——水样体积(mL)；

V_2——馏出液总体积(mL);

V_3——测定时所取馏出液体积(mL);

52.04——氰离子($2CN^-$)的摩尔质量(g/mol)。

(2)分光光度法

①异烟酸-吡唑啉酮比色法

在pH值为6.8～7.5近中性的混合磷酸盐缓冲液条件下,氰化物被氯胺T氧化生成氯化氰(CNCl),然后与异烟酸作用,并经水解生成戊烯二醛,此化合物再与吡唑啉酮进行缩合作用生成稳定的蓝色化合物。在一定浓度范围内,化合物的颜色强度与氰的含量呈线性关系,利用标准曲线法求水样中CN^-的浓度。本法的检出下限为0.004 mg/L,上限为0.25 mg/L。

②吡啶-巴比妥酸比色法

水样经过预处理后,溶液中的CN^-在中性条件下和氯胺T反应生成的氯化氰,使吡啶环开裂,生成戊烯二醛,戊烯二醛与巴比妥酸作用,生成红紫色聚亚甲基染料,在580 nm处有最大吸收,其染料色度和水样中氰含量成正比,利用标准曲线法求CN^-的含量,方法的测量范围为0.002～0.45 mg/L。

3.4.2.5 含氮化合物的测定

在污水中除了大部分是含碳的有机物外,另一类是含氮的有机物。自然界的氮循环是平衡的,但由于人类的生产活动,大量含氮有机物和无机物被引入水体,这样由于量的变化而引起质的变化,破坏了氮的自然循环和平衡,影响了人类的环境。

含氮有机物(称为有机氮)最初进入水体时,具有很复杂的组成,但由于水中某些微生物的作用,能逐渐被分解,变成简单的化合物,例如,蛋白质分解成氨基酸及氨等。蛋白质$\longrightarrow$氨基酸$\longrightarrow$氨$\xrightarrow{2\sim10\ d}$亚硝酸盐$\xrightarrow{2\sim4\ d}$硝酸盐。分解过程中,氮的有机化合物不断减少,而氮的无机化合物不断增加。在缺氧的情况下,氨就是有机氮分解的最后产物。但如水中有氧存在,在硝化细菌作用下,先将氨氧化成亚硝酸根,进而氧化成硝酸根。

这样,复杂的有机氮化合物就变成无机的硝酸盐,硝酸根是含氮有机物分解的最后产物。因此,通过测定水体中氮的存在形式可判断水体受有机物污染的阶段,见表3.21。

表3.21 水体受氮化物污染的判定方法

NH_4^+	NO_2^-	NO_3^-	三氮检出的环境化学意义
−	−	−	清洁水
+	−	−	表示水体受到新近污染
+	+	−	水体受到污染不久,且正在分解中
−	+	−	污染物正在分解,但未完全自净
−	+	+	污染物已基本分解完全,但未自净
−	−	+	污染物已无机化,水体已基本自净
+	−	+	有新的污染,此前的污染已基本自净
+	+	+	以前受到污染,正在自净过程,且又有新的污染

注:"+"代表检出;"−"代表检不出。

水体中的NH_4^+、NO_2^-、NO_3^-等氮化合物是水生植物生长所必需的养分，可是当养分供应过量时，水体中植物与藻类迅速繁殖，产生绿色浮垢或“红湖”，发生富营养化现象，破坏了水域的景色，一些藻类会产生令人厌恶的臭气和味道，破坏了水质。一些藻类的代谢产物具有强烈的毒性，能毒害鱼、贝类，人们食用后会引起麻痹性中毒。大量水生植物和藻类腐殖质被需氧菌分解时，水体中溶解氧大量消耗，使水体呈现厌氧状态，而厌氧菌代谢的结果是可能产生H_2S、NH_3等气体，毒化环境。

(1)氨氮的测定

水中的氨氮是指以游离氨(NH_3)和离子铵(NH_4^+)形式存在的氮，两者的组成比取决于水的pH值。氨氮主要来源于石油化工厂、畜牧场及它的废水处理厂、食品厂、化肥厂、生活污水处理厂及炼焦厂等排放的废水，粪便是生活污水中氮的主要来源。以下主要介绍纳氏试剂分光光度法。

在水样中加入碘化汞和碘化钾的强碱溶液(纳氏试剂)，则与氨反应生成黄棕色胶态化合物，此颜色在较宽的波长范围内具有强烈吸收，通常使用410～425 nm范围波长光比色定量。反应式如下：

$$2K_2[HgI_4]+3KOH+NH_3 \longrightarrow NH_2Hg_2IO(\text{黄棕色})+7KI+2H_2O$$

本法最低检出浓度为0.025 mg/L，测定上限为2 mg/L。采用目视比色法，最低检出浓度为0.02 mg/L。

(2)亚硝酸盐氮的测定

亚硝酸盐是含氮化合物分解过程的中间产物，极不稳定，可被氧化成硝酸盐，也易被还原成氨，所以取样后立即测定，才能检出NO_2^-。亚硝酸盐实际是亚铁血红蛋白症的病原体，它可与仲胺类物质(RR′NH)反应生成亚硝胺类物质(RR′N-NO)，已知它们之中许多具有强烈的致癌性，所以NO_2^-是一种潜在的污染物，列为水质必测项目之一。亚硝酸盐氮的测定方法主要有N-(1-萘基)-乙二胺分光光度法和气相分子吸收光谱法。以下主要介绍N-(1-萘基)-乙二胺分光光度法，该方法的测定的原理是：在pH值为1.8±0.3的磷酸介质中，亚硝酸盐与对氨基苯磺酰胺反应，生成重氮盐，再与N-(1-萘基)-乙二胺偶联生成红色染料，于540 nm处进行比色测定。

该方法适用于饮用水、地表水、地下水、生活污水和工业废水中亚硝酸盐的测定。最低检出浓度为0.003 mg/L，测定上限为0.20 mg/L。

(3)硝酸盐氮的测定

硝酸盐是在有氧环境中最稳定的含氮化合物，也是含氮有机化合物经无机化作用最终阶段的分解产物。清洁的地表水硝酸盐氮含量较低，受污水体和一些深层地下水中含量较高。制革、酸洗废水、某些生化处理设施的出水及农田排水中常含大量硝酸盐。人体摄入硝酸盐后，经肠道中微生物作用转变成亚硝酸盐而呈现毒性作用。

水中硝酸盐的测定方法有酚二磺酸分光光度法、镉柱还原法、戴氏合金还原法、紫外分光光度法和离子选择电极法等。

①酚二磺酸分光光度法

硝酸盐在无水存在情况下与酚二磺酸反应，生成硝基二磺酸酚，于碱性溶液中又生成黄色的硝基酚二磺酸三钾盐，其反应式为：

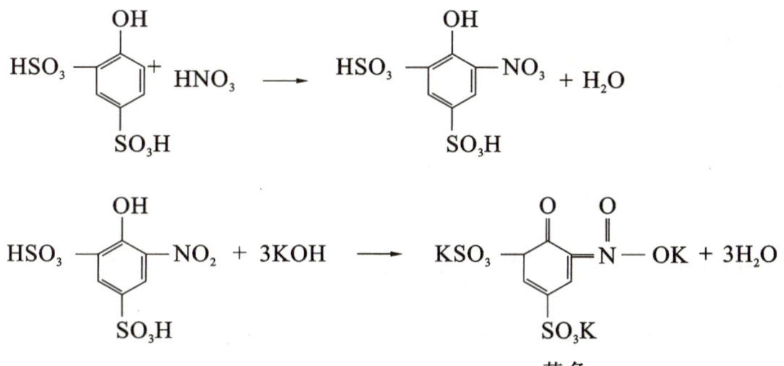

于 410 nm 处测其吸光度，并与标准溶液比色定量。

本法适用于测定饮用水、地下水和清洁地表水中的硝酸盐氮。最低检出浓度为 0.02 mg/L；测定上限为 2.0 mg/L。

②紫外分光光度法

紫外分光光度法多用于硝酸盐氮含量高、有机物含量低的地表水测定。该方法的基本原理是采用絮凝共沉淀和大孔型中性吸附树脂进行预处理，以排除天然水中大部分常见有机物、浑浊度和 Fe^{3+}、Cr^{6+} 对本法测定的干扰。利用 NO_3^- 对 220 nm 波长处紫外光选择性吸收来定量测定硝酸盐氮。溶解的有机物在 220 nm 处也会有吸收，而硝酸根离子在 275 nm 处没有吸收。因此，在 275 nm 处做另一次测量，以校正硝酸盐氮值。按下式计算硝酸盐氮的吸光度：

$$A = A_{220} - 2A_{275} \tag{3.20}$$

本法适用于清洁地表水和未受明显污染的地下水中硝酸盐氮的测定，其最低检出浓度为 0.08 mg/L；测定上限为 4 mg/L。

(4)凯氏氮的测定

凯氏氮是指以基耶达(Kjeldahl)法测得的含氮量。它包括氨氮和在此条件下能转化为铵盐而被测定的有机氮化合物。此类有机氮化合物主要有蛋白质、氨基酸、肽、胨、核酸、尿素以及合成的氮为负三价形态的有机氮化合物，但不包括叠氮化合物、硝基化合物等。由于一般水中存在的有机氮化合物多为前者，故可用凯氏氮与氨氮的差值表示有机氮含量。

凯氏氮的测定要点是取适量水样于凯氏烧瓶中，加入浓硫酸和催化剂(K_2SO_4)，加热消解，将有机氮转变为氨氮，然后在碱性介质中蒸馏出氨，用硼酸溶液吸收，以分光光度法或滴定法测定氨氮含量，即为水样中的凯氏氮。

(5)总氮的测定

水中有机氮、氨氮、亚硝酸盐氮和硝酸盐氮的总和称为总氮。

大量生活污水或含氮的工业废水排入水体后会使水中总氮量增加，特别是湖泊、水库、港湾等水体将导致微生物和藻类等水生生物大量繁殖，出现富营养化状态，消耗水中溶解氧，使水质恶化。因此，总氮是衡量水质的重要指标之一。

总氮的测定方法一般用加和法，即：

总氮＝有机物＋氨氮＋亚硝酸盐氮＋硝酸盐氮＝凯氏氮＋亚硝酸盐氮＋硝酸盐氮

式中各项均以 N mg/L 计。

或

$$总氮=有机氮+0.78(NH_4^+)+0.30(NO_2^-)+0.23(NO_3^-)$$

式中除总氮和有机氮以 N mg/L 计外，其余几项均以各自离子的 mg/L 计，表 3.22 是各种形式含氮量的转换因子。

另外，也可以用过硫酸钾氧化-紫外分光光度法测定。该法的原理是在水样中加入碱性过硫酸钾溶液，于过热水蒸气中将大部分有机氮化合物及氨氮、亚硝酸盐氧化成硝酸盐，用前面介绍的紫外分光光度法测定硝酸盐氮含量，即为总氮含量。

表 3.22　含氮量转换因子　（单位：mg/L）

	N	NH_4^+	NO_2^-	NO_3^-
N 相当于	1.00	1.29	3.28	4.43
NH_4^+ 相当于	0.78	1.00	2.55	3.44
NO_2^- 相当于	0.30	0.39	1.00	1.35
NO_3^- 相当于	0.23	0.29	0.74	1.00

3.4.2.6　磷的测定

在天然水和废水中，磷几乎都以各种磷酸盐的形式存在，它们分为正磷酸盐、缩合磷酸盐（焦磷酸盐、偏磷酸盐和多磷酸盐）和有机结合的磷酸盐，它们存在于溶液中、腐殖质粒子中或水生生物中。

天然水中磷酸盐含量较少。化肥、冶炼、合成洗涤剂等行业的工业废水及生活污水中常含有较大量磷。磷是生物生长的必需的元素之一，但水体中磷含量过高（如超过 0.2 mg/L），可造成藻类的过度繁殖，直至数量上达到有害的程度（称为富营养化），造成湖泊、河流透明度降低，水质变坏。

水环境中磷的循环

（1）方法的选择

水中磷的测定，通常按其存在的形式，分别测定总磷、溶解性正磷酸盐和总溶解性磷。正磷酸盐的测定，可采用钼锑抗分光光度法、氯化亚锡还原钼蓝法、离子色谱法等。

（2）水样的消解

采集的水样立即用 0.45 μm 微孔滤膜过滤，其滤液供可溶性正磷酸盐的测定。滤液经过消解，测得可溶性总磷含量。如取混合水样（包括悬浮物）直接消解，则可测得水中总磷的含量。

水样的消解方法主要有过硫酸钾消解法、硝酸-硫酸消解法、硝酸-高氯酸消解法等。

（3）钼锑抗分光光度法

在酸性条件下，正磷酸盐与钼酸铵、酒石酸锑氧钾反应，生成磷钼杂多酸，被还原剂抗坏血酸还原，生成蓝色配合物，通常称为丙磷钼蓝，于 700 nm 波长处进行比色分析。

本方法最低检出浓度为 0.01 mg/L（吸光度 $A=0.01$ 时所对应的浓度），测定上限为 0.6 mg/L。适用于测定地表水、生活污水及日化、磷肥、机加工金属表面磷化处理、农药、钢铁、焦化等行业的工业废水中的正磷酸盐分析。

测定水中各种磷的流程

（4）氯化亚锡还原光度法

在酸性条件下，正磷酸盐与钼酸铵反应，生成磷钼杂多酸。当加入还原剂氯化亚锡后，则转变成蓝色配合物，通常称为磷钼蓝，于700 nm波长处进行比色分析。

本方法最低检出浓度为0.025 mg/L，测定上限为0.6 mg/L。适用于地表水中正磷酸盐的测定。

3.4.2.7 硫化物的测定

地下水(特别是温泉水)及生活污水常含有硫化物，其中一部分是在厌氧条件下，由于微生物的作用，使硫酸盐还原或含硫有机物分解而产生的。焦化、造气、选矿、造纸、印染、制革等工业废水中亦含有硫化物。

水中硫化物包括溶解性的 H_2S、HS^- 和 S^{2-}，酸溶性的金属硫化物，以及不溶性的硫化物和有机硫化物。通常所测定的硫化物指溶解性的及酸溶性的硫化物。硫化氢毒性很大，可危害细胞色素、氧化酶，造成细胞组织缺氧，甚至危及生命，它还腐蚀金属设备和管道，并可被微生物氧化成硫酸，加剧腐蚀性，因此，是水体污染的重要指标。

测定水中硫化物的方法有对氨基二甲基苯胺分光光度法、碘量法、电位滴定法、离子色谱法、极谱法、库仑滴定法(恒电流库仑法)、比浊法等，下面介绍前两种方法。

(1)对氨基二甲基苯胺分光光度法

在含铁离子的酸性溶液中，硫离子与对氨基二甲基苯胺反应，生成蓝色的亚甲蓝染料，颜色深度与水样中硫离子浓度成正比，于665 nm波长处比色定量。反应式如下：

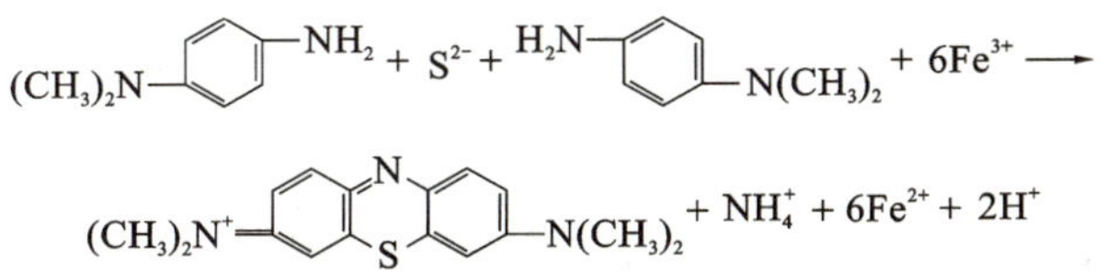

方法最低检出浓度为0.02 mg/L(S^{2-})，测定上限为0.8 mg/L。

(2)碘量法

适用于测定硫化物含量大于1 mg/L的水样。其原理基于水样中的硫化物与乙酸锌生成白色硫化锌沉淀，将其用酸溶解后，加入过量碘溶液，则碘与硫化物反应析出硫，用硫代硫酸钠标准溶液滴定剩余的碘，根据硫代硫酸钠溶液消耗量，间接计算硫化物的含量。反应式如下：

$$Zn^{2+} + S^{2-} \longrightarrow ZnS\downarrow(\text{白})$$

$$ZnS + 2HCl \longrightarrow H_2S + ZnCl_2$$

$$H_2S + I_2 \longrightarrow 2HI + S\downarrow$$

$$I_2 + 2Na_2S_2O_3 \longrightarrow Na_2S_4O_6 + 2NaI$$

$$\text{硫化物}(S^{2-}, \text{mg/L}) = \frac{(V_0 - V_1)M \times 16.03 \times 1000}{V} \tag{3.21}$$

式中 V_0,V_1——滴定空白和待标液所消耗的 $Na_2S_2O_3$ 标准溶液量(mL)；

M——$Na_2S_2O_3$ 标准溶液浓度(mol/L)；

V——水样体积(mL)；

16.03——硫离子($\frac{1}{2}S^{2-}$)的摩尔质量(g/mol)。

3.4.2.8 其他非金属无机物的测定

根据水体类型和对水质要求不同，还可能要求测定其他非金属无机物，如氯化物、碘化物、硫酸盐、二氧化碳、余氯、硼等。关于它们的监测分析方法，可参阅有关水质分析参考书。

3.5 有机污染综合指标的测定

3.5.1 化学需氧量(COD)的测定

化学需氧量是指水样在一定条件下，氧化 1 L 水样中还原性物质所消耗的氧化剂的量，以氧的 mg/L 表示。水中还原性物质包括有机物和亚硝酸盐、硫化物、亚铁盐等无机物。化学需氧量反映了水中受还原性物质污染的程度。基于水体被有机物污染是很普遍的现象，该指标也作为评价有机物相对含量的综合指标之一。

化学需氧量的测量方法有重铬酸钾法和库仑滴定法。

3.5.1.1 重铬酸钾法(COD_{Cr})

在强酸性溶液中，用重铬酸钾氧化水样中的还原性物质，过量的重铬酸钾以试亚铁灵作指示剂，用硫酸亚铁标准溶液回滴，根据其用量计算水样中还原性物质所消耗氧的量。反应过程如下：

$$Cr_2O_7^{2-}+14H^+ +6e \longrightarrow 2Cr^{3+}+7H_2O$$

$$Cr_2O_7^{2-}+14H^+ +6Fe^{2+} \longrightarrow 6Fe^{3+}+2Cr^{3+}+7H_2O$$

$$Fe^{2+}+\text{试亚铁灵} \longrightarrow \text{红褐色}$$

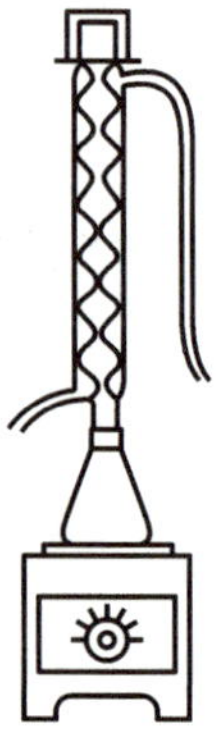

图 3.17 重铬酸钾法测 COD 冷凝回流装置

重铬酸钾滴定

回流装置如图 3.17 所示。酸钾法测定过程如下：

水样 20mL(原样或经稀释)于锥形瓶中

↓ ← $HgSO_4$ 0.4 g(消除 Cl^- 的干扰)

混匀

↓ ← 0.250 mol/L($\frac{1}{6}K_2Cr_2O_7$) 10.0 mL

↓ ← 沸石数粒

混匀，连接回流装置

↓ ← 自冷凝管上口加入 Ag_2SO_4-H_2SO_4 溶液 30 mL(催化剂)

混匀

↓

加热回流 2 h(保持溶液的黄色，沸腾时开始计时)

↓

冷却

↓ ← 自冷凝管上口加入 80 mL 水于反应液中

取下锥形瓶

↓ ← 加试亚铁灵指示剂数滴

用 0.1 mol/L$(NH_4)_2Fe(SO_4)_2$ 标准溶液滴定，终点由蓝绿色变成红棕色。

重铬酸钾氧化性很强，可将大部分有机物氧化，但吡啶不被氧化，芳香族有机物不易被氧化；挥发性直链脂肪族化合物、苯等存在于蒸气相，不能与氧化剂液体接触，氧化不明显。氯离子能被重铬酸钾氧化，并与硫酸银作用生成沉淀，可加入适量 $HgSO_4$ 消除。

测定结果按下式计算：

$$COD(O_2, mg/L) = \frac{(V_0 - V_1)M \times 8 \times 1000}{V} \tag{3.22}$$

式中 V_0——滴定空白时消耗$(NH_4)_2Fe(SO_4)_2$ 标准溶液体积(mL)；

V_1——滴定水样消耗$(NH_4)_2Fe(SO_4)_2$ 标准溶液体积(mL)；

V——回流时所取水样体积(mL)；

M——$(NH_4)_2Fe(SO_4)_2$ 标准溶液浓度(mol/L)；

8——氧($\frac{1}{2}$O)的摩尔质量(g/mol)。

用 0.250mol/L 的重铬酸钾溶液可测定大于 50 mg/L 的 COD 值，用 0.025 mol/L 重铬酸钾溶液可测定 5～50mg/L 的 COD 值，但精确度较差。详见《水质 化学需氧量的测定 重铬酸钾法》(HJ 828—2017)。

3.5.1.2 库仑滴定法

库仑滴定法采用 $K_2Cr_2O_7$ 为氧化剂，在 10.2 mol/L H_2SO_4 介质中回流 15 min 消化水解，消化后，剩余的 $K_2Cr_2O_7$ 用电解产生的 Fe^{2+} 作为库仑滴定剂，进行库仑滴定。根据电解产生亚铁离子所消耗的电量，按照法拉第定律计算：

$$COD(O_2, mg/L) = \frac{Q_s - Q_m}{96487} \times \frac{8 \times 1000}{V} \tag{3.23}$$

式中 Q_s——标定 $K_2Cr_2O_7$ 所消耗的电量(空白滴定)；

Q_m——测定剩余 $K_2Cr_2O_7$ 所消耗的电量；

V——水样体积(mL)；

96487——法拉第常数。

库仑滴定式 COD 测定仪具有简单的数据处理装置，最后显示的数值为 COD 值。此法简便、快速、试剂用量少，简化了用标准溶液进行标定的手续，缩短了消解时间，氧化率与重铬酸钾法基本一致，应用范围比较广泛，可用于地表水和污水 COD 值的测定。

库仑滴定式 COD 测定仪工作原理

3.5.2 高锰酸盐指数的测定

高锰酸盐指数是指在一定条件下，以高锰酸钾为氧化剂，氧化水样中的还原性物质，所消耗的量以氧的 mg/L 来表示。国际标准化组织(ISO)建议高锰酸盐指数仅限于测定地表水、饮用水和生活污水。测定方法见《水质 高锰酸盐指数的测定》(GB/T 11892—1989)。

高锰酸盐指数的测定，操作简便，所需时间短，在一定程度上可以说明水体受有机物污染的情况，常被用于测定污染较轻的水样。按测定溶液的介质不同，分为酸性高锰酸钾法和碱性高锰酸钾法。当 Cl^- 含量高于 300 mg/L 时，应采用碱性高锰酸钾法，因为在碱性条件下高锰酸钾的氧化能力比较弱，此时不能氧化水中的 Cl^-，故常用于测定含 Cl^- 浓度的水样。对于清洁的地表水和被污染的水体中 Cl^- 含量不高的水样，通常采用酸性高锰酸钾法，当高锰酸盐指数超过 5 mg/L 时，应少取水样并经稀释后再测定，其测定过程如下：

取水样 100 mL(原样或经稀释)于锥形瓶中

↓ ←(1+3) H_2SO_4 5 mL

混匀

↓ ←0.01 mol/L 高锰酸钾标准溶液($\frac{1}{5}KMnO_4$) 10.0 mL

沸水浴 30 min

↓ ←0.01 mol/L $Na_2C_2O_4$ 标准溶液($\frac{1}{2}Na_2C_2O_4$) 10.0 mL

褪色

↓ ←0.01 mol/L $KMnO_4$ 标准溶液回滴

终点(微红色)

测定结果按下式计算：

(1)水样不经稀释

$$\text{高锰酸盐指数}(O_2, mg/L) = \frac{[(10+V_1)K-10]M \times 8 \times 1000}{100} \qquad (3.24)$$

式中 V_1——滴定水样消耗 $KMnO_4$ 标准溶液量(mL)；

K——校正系数(每毫升 $KMnO_4$ 标准溶液相当于 $Na_2C_2O_4$ 标准溶液的毫升数)；

M——$Na_2C_2O_4$ 标准溶液浓度(mol/L，$\frac{1}{2}Na_2C_2O_4$)；

8——氧($\frac{1}{2}O$)的摩尔质量(g/mol)；

100——取水样体积(mL)。

(2)水样经过稀释

$$\text{高锰酸盐指数}(O_2, mg/L) = \frac{\{[(10+V_1)K-10]-[(10+V_0)K-10]f\}M \times 8 \times 1000}{V_2} \qquad (3.25)$$

式中 V_0——空白试验中高锰酸钾标准溶液消耗量(mL)；

V_2——所取水样体积(mL)；

f——稀释后水样中含稀释水的比值(如 10 mL 水样稀释至 100 mL，则 $f=0.90$)。

其他物理量意义同前。

碱性高锰酸钾法的原理是：在碱性溶液中，加一定量高锰酸钾溶液于水样中，加热一定时间以氧化水中的还原性无机物和部分有机物。加酸酸化后，用过量草酸钠溶液还原剩余的高锰酸钾，再以高锰酸钾溶液滴定至微红色。

化学需氧量和高锰酸盐指数是采用不同的氧化剂在各自的氧化条件下测定的，难以找出明显的相关关系。一般来说，重铬酸钾法的氧化率可达 90%，而高锰酸钾法的氧化率为50%左右，两者均未完全氧化，因而都只是一个相对参考数据。

3.5.3 生化需氧量(BOD)的测定

生化需氧量是指在有溶解氧的条件下，好氧微生物在分解水中有机物的生物化学氧化过程中所消耗的溶解氧量。同时亦包括如硫化物、亚铁等还原性无机物质氧化所消耗的氧量，但这部分通常占很小比例。

从以上定义可以看到，水体要发生生物化学过程必须具备三个条件：①好氧微生物；②足够的溶解氧；③能被微生物利用的营养物质。

大量研究表明，有机物在好氧微生物的作用下分解大致分成两个阶段进行：第一阶段主要氧化分解碳水化合物及脂肪等一些易被氧化分解的有机物，氧化产物为二氧化碳和水，此阶段称碳化阶段。在20 ℃时，碳化阶段可进行16 d左右。第二阶段中被氧化的对象为含氮的有机化合物，氧化产物为硝酸盐和亚硝酸盐，此阶段称为硝化阶段。虽然这两个阶段并不能截然分开，但是人们所关心的是第一阶段。目前资料或书籍中所遇到的BOD值，一般不是指硝化阶段BOD值，而是指碳化阶段BOD值。

用BOD值作为水质有机污染指标，是从英国开始的，以后逐渐被世界各国所采用。目前采用20 ℃培养5 d进行测定，亦是从英国习惯沿袭下来的。当时考虑到英国河流夏天最高温度不超过18.3 ℃，5 d是英国国内河流从发源地至入海口所需最长时间，同时考虑到5 d内有更多有机物被氧化(生活污水氧化70%，工业废水氧化25%～90%)，测定结果重复性好，测量误差也较小，同时又不致把硝化过程也包括在内。

工业废水及城市排放的生活污水中，含有许多有机物。它们未经处理排入水体时，水体受到有机物污染，有机物质被好氧微生物分解时，消耗水中的溶解氧。有机物含量高，溶解氧消耗的BOD值愈高，水质愈差。根据BOD值对河流清洁程度进行分类，列于表3.23中。

表3.23 清洁程度分类

类别	BOD/(mg/L)
非常清洁	1
清洁	2
尚清洁	3
稍微清洁	5
污染	10

从表3.23可以看出，当水质BOD值达到10 mg/L时，水质很差，此时溶解氧极少，甚至没有，需氧有机物会腐败发臭，并放出氨、甲烷、硫化氢等臭气，使水变臭。

3.5.3.1 五日培养法

(1)方法原理

像测DO值一样，使用碘量法。对于污染轻的水样，取两份，一份测其当时的DO值；另一份在(20±1) ℃下培养5 d再测DO值，两者之差即为BOD_5值。

对于大多数污水来说，为保证水体生物化学过程所必需的三个条件，测定时就需按估计的污染程度适当地加特制的水稀释，然后取稀释后的水样两份，一份测其当时的DO值，另一份在(20±1) ℃下培养5 d再测DO值，同时测特制水培养前后的DO值，按公式计算BOD_5值。

(2)稀释水

上述特制的、用于稀释水样的水，统称为稀释水。它是专门为满足水体生物化学过程的三个条件而配制的。配制时，取一定体积的蒸馏水，加$CaCl_2$、$FeCl_3$、$MgSO_4$等用于微生物繁殖的营养物，用磷酸盐缓冲液调pH值至7.2，充分曝气，使溶解氧近饱和，达8 mg/L以上。水样中必须含有微生物，否则应在稀释水中加些生活污水或天然河水，以便为微生物接种，对于某些含有不易被一般微生物所分解的有机物的工业废水，需要进行微生物的驯化。

这种驯化的微生物种群最好从接受该种废水的水体中取得。为此可以在排水口以下3～8 km处取得水样，经培养接种到稀释水中；也可用人工方法驯化，采用一定量的生活污水，每天加入一定量的待测废水，连续曝气培养，直至培养成含有可分解废水中有机物种群为止。稀释水的BOD_5值必须小于0.2 mg/L，稀释水可在20 ℃左右保存。

为检查稀释水和微生物是否适宜，以及化验人员的操作水平，将每升含葡萄糖和谷氨酸各150 mg的标准溶液以1∶50稀释比稀释后，与水样同步测定BOD_5值，测得值应在180～230 mg/L之间；否则，应检查原因，予以纠正。

(3)水样的稀释

水样若非中性，则应先进行中和，再进行稀释培养。根据水样中有机物含量来选择适当的稀释倍数。对于清洁天然水和地表水，其溶解氧接近饱和，无须稀释。工业废水的稀释倍数由COD值分别乘以系数0.075、0.15、0.25获得。由高锰酸盐指数估算稀释倍数乘以的系数，由表3.24列出。

表3.24 由高锰酸盐指数估算稀释倍数乘以的系数

高锰酸钾指数/(mg/L)	系数
＜5	—
5～10	0.2、0.3
10～20	0.4、0.6
＞20	0.5、0.7、1.0

在实践中，分析人员往往根据实践经验(样品的颜色、气味、来源及原来的监测资料)确定适当的稀释倍数。为了得到正确的BOD_5值，一般以经过稀释后的混合液在20 ℃培养5 d后的溶解氧残留量在1 mg/L以上，耗氧量在2 mg/L以上，这种稀释倍数最合适。如果各稀释倍数均能满足上述要求，则取其测定结果的平均值为BOD_5值；如果三个稀释倍数培养的水样均在上述范围以外，则应调整稀释倍数后重做。

(4)测定结果计算

对不经稀释直接培养的水样：

$$BOD_5 = D_1 - D_2 \tag{3.26}$$

式中 D_1——水样在培养前溶解氧浓度；

D_2——水样培养后剩余溶解氧浓度。

对于稀释后培养的水样：

$$BOD_5(mg/L)=\frac{(D_1-D_2)-(B_1-B_2)f_1}{f_2} \tag{3.27}$$

其中：

$$f_1=\frac{V_1}{V_1+V_2} \tag{3.28}$$

$$f_2=\frac{V_2}{V_1+V_2} \tag{3.29}$$

式中 B_1,B_2——稀释水在培养前后的溶解氧浓度(mg/L)；

V_1,V_2——稀释水和水样的体积(mL)；

f_1,f_2——稀释水和水样在培养液中所占比例。

(5)特殊水样的处理

如果遇到某些工业废水，含有毒物质浓度极高，而有机物含量不高，虽然经过接种稀释，因稀释的倍数受到有机物含量的限制不能过分稀释，测定 BOD_5 值仍有困难时，可在污水中加入有机质(葡萄糖)，人为提高稀释倍数，使稀释水样中有毒物质浓度稀释到不能抑制生化过程，在测定已加葡萄糖废水的稀释水样 BOD_5 值的同时，测定葡萄糖的 BOD_5 值，并在计算中减去此值。

水样中如含少量氯，一般放置 1～2 h 可自行消失；对游离氯短时间不能消散的水样，可加入亚硫酸钠除去，加入量由实验确定。培养时，应严格控制温度，保证在(20±1) ℃之内，同时注意水封，每隔两小时检查一次。

本方法适用于测定 BOD_5 值大于或等于 2 mg/L，最大不超过 6000 mg/L 的水样；大于 6000 mg/L，会因稀释带来更大误差。

3.5.3.2 测定 BOD 值的其他方法

五日培养法(碘量法)作为测定 BOD 值的标准方法，存在操作复杂、重现性不好等缺点，而利用 BOD 测定仪就可克服这些缺点。目前，BOD 测定仪大致利用下列原理制成：

(1)测定密封系统中由于氧气量的减少而引起的气压变化，来测定 BOD 值。

(2)在密封系统中由于氧气量的减少用电解来补给，从电解所需的电量来求得氧的消耗量。

(3)用薄膜式溶解氧电极来求得生化过程中氧的消耗量。

(4)利用亚甲基蓝脱色来推定 BOD 值。

3.5.4 总需氧量(TOD)的测定

总需氧量是指水中能被氧化的物质，主要是有机物质在燃烧中变成稳定的氧化物时所需要的氧量，结果以 O_2 的 mg/L 表示。

用 TOD 测定仪测定 TOD 的原理是将一定量水样注入装有铂催化剂的石英燃烧管，通入含已知氧浓度的载气(氮气)作为原料气，则水样中的还原性物质在 900 ℃下被瞬间燃烧氧化。测定燃烧前后原料气中氧浓度的减少量，便可求得水样的总需氧量值。

TOD 值能反映几乎全部有机物质经燃烧后变成 CO_2、H_2O、NO、SO_2 等所需要的氧量。它比 BOD、COD 和高锰酸盐指数更接近于理论需氧量值。但它们之间没有固定的相关关系。有的研究者指出，BOD/TOD 值为 0.1～0.6；COD/TOD 值为 0.5～0.9；具体比值取决于废水的性质。

TOD 和 TOC 的比例关系可粗略判断有机物的种类。对于含碳化合物，因为一个碳原子消耗两个氧原子，即 O_2/C 等于 2.67，因此，从理论上说，TOD 等于 2.67TOC。若某水样的 TOD/TOC 为 2.67 左右，可认为主要是含碳有机物；若 TOD/TOC 大于 4.0，则应考虑水中有较大量含 S、P 的有机物存在；若 TOD/TOC 小于 2.6，就应考虑水样中硝酸盐和亚硝酸盐可能含量较大，它们在高温和催化条件下分解放出氧，使 TOD 测定呈现负误差。

3.5.5 挥发酚的测定

根据酚类能否与水蒸气一起蒸出，分为挥发酚与不挥发酚。通常认为沸点在230 ℃以下的为挥发酚(属一元酚)，而沸点在 230 ℃以上的为不挥发酚。

酚属高毒物质，人体摄入一定量会出现急性中毒症状；长期饮用被酚污染的水，可引起头痛、出疹、瘙痒、贫血及神经系统障碍。当水中含酚大于 5 mg/L 时，就会使鱼中毒死亡。酚的主要污染源是炼油、焦化、煤气发生站，木材防腐及某些化工(如酚醛树脂)等工业废水。

挥发酚的测定方法有 4-氨基安替比林分光光度法和溴化容量法等。目前，普遍采用的是 4-氨基安替比林分光光度法，测定高浓度含酚废水可采用溴化容量法。无论是溴化容量法还是分光光度法，当水样存在氧化剂、还原剂、油类及某些金属离子时，均应设法消除并进行预蒸馏。如对游离氯加入硫酸亚铁还原；对硫化物加入硫酸铜使之沉淀，或者在酸性条件下使其以硫化氢形式逸出；对油类有机溶剂萃取除去等。蒸馏的作用有两个：一是分离出挥发酚；二是消除颜色、浑浊和金属离子等的干扰。

3.5.5.1 4-氨基安替比林分光光度法

酚类化合物于 pH 值为 10.0±0.2 的介质中，在铁氰化钾的存在下，与 4-氨基安替比林(4-AAP)反应，生成橙红色的吲哚酚安替比林染料，在 510 nm 波长处有最大吸收，用比色法定量。显色反应受酚环上取代基的种类、位置、数目等影响，如对位被烷基、芳香基、酯、硝基、苯酰、亚硝基或醛基取代，而邻位未被取代的酚类，与 4-氨基安替比林不产生显色反应。这是因为上述基团阻止酚类氧化成醌型结构所致，但对位被卤素、磺酸、羟基或甲氧基所取代的酚类与 4-氨基安替比林发生显色反应。邻位硝基酚和间位硝基酚与4-氨基安替比林发生的反应又不相同，前者反应无色，后者反应有点颜色。所以本法测定的酚类不是总酚，而仅仅是与 4-氨基安替比林显色的酚，并以苯酚为标准，结果以苯酚计算含量。

用 20 mm 比色皿测定，最低检出浓度为 0.1 mg/L。如果显色后用三氯甲烷萃取，于460 nm波长处测定，其最低检出浓度可达 0.002 mg/L；测定上限为 0.12 mg/L。此外，在直接光度法中，有色配合物不够稳定，应立即测定；氯仿萃取法中有色配合物可稳定3 h。

3.5.5.2 溴化容量

在含过量溴（由溴酸钾和溴化钾产生）的溶液中，酚与溴反应生成三溴酚，并进一步生成溴代三溴酚，剩余的溴与碘化钾作用释放出游离碘。与此同时，溴代三溴酚也与碘化钾反应置换出游离碘。用硫代硫酸钠标准溶液滴定释放出的游离碘，并根据其消耗量，计算出以苯酚计的挥发酚含量。反应式如下：

$$KBrO_3+5KBr+6HCl \longrightarrow 3Br_2+6KCl+3H_2O$$

$$C_6H_5OH+3Br_2 \longrightarrow C_6H_2Br_3OH+3HBr$$

$$C_6H_2Br_3OH+Br_2 \longrightarrow C_6H_2Br_3OBr+HBr$$

$$Br_2+2KI \longrightarrow 2KBr+I_2$$

$$C_6H_2Br_3OBr+2KI+2HCl \longrightarrow C_6H_2Br_3OH+2KCl+HBr+I_2$$

$$2Na_2S_2O_3+I_2 \longrightarrow 2NaI+Na_2S_4O_6$$

结果按式（3.30）计算：

$$\text{挥发酚（以苯酚计，mg/L）} = \frac{(V_1-V_2)C\times 15.68\times 1000}{V} \tag{3.30}$$

式中 V_1——空白（以蒸馏水代替水样，加同体积溴酸钾-溴化钾溶液）试验滴定时硫代硫酸钠标液用量（mL）；

V_2——水样滴定时硫代硫酸钠标液用量（mL）；

C——硫代硫酸钠标液的浓度（mol/L）；

V——水样体积（mL）；

15.68——苯酚（$\frac{1}{6}C_6H_5OH$）摩尔质量（g/mol）。

3.5.6 油类的测定

水中的矿物油来自工业废水和生活污水。工业废水中石油类（各种烃类的混合物）污染物主要来自原油开采、加工及各种炼制油的使用部门。矿物油漂浮在水体表面，影响空气与水体界面间的氧交换；分散于水中的油可被微生物氧化分解，消耗水中的溶解氧，使水质恶化。矿物油中还含有毒性大的芳烃类。

测定矿物油的方法有重量法、非色散红外法、紫外分光光度法、荧光法、比浊法等。

3.5.6.1 重量法

重量法测定原理是以硫酸酸化水样，用石油醚萃取矿物油，然后蒸发除去石油醚，称量残渣质重，计算矿物油含量。

此法测定的是酸化样品中可被石油醚萃取的，且在试验过程中不挥发的物质总量。溶剂去除时，使得轻质油有明显的损失。由于石油醚对油有选择地溶解，因此石油中较重成分可能不为溶剂萃取，当然也无从测得。重量法是最常用的方法，它不受油品种的限制，但操作烦琐，受分析天平和烧杯质量的限制，灵敏度较低，只适合于测含油量较大的水样。

3.5.6.2 非分散红外法

本法系利用石油类物质的甲基($—CH_3$)、亚甲基($—CH_2—$)在近红外区(3.4 μm)有特征吸收，作为测定水样中油含量的基础。标准油可采用受污染地点水中石油醚萃取物。根据我国原油组分特点，也可采用混合石油烃作为标准油，其组成为十六烷∶异辛烷∶苯＝65∶25∶10(体积分数)。

测定时，先用硫酸将水样酸化，加氯化钠破乳化，再用三氯三氟乙烷萃取，萃取液经无水硫酸钠层过滤，定容，注入红外分析仪测定其含量。测量前按仪器说明书规定调整和校准仪器。

所有含甲基、亚甲基的有机物质都将产生干扰。如水样中有动、植物油脂以及脂肪酸物质，应预先将其分离。此外，石油中有些较重的组分不溶于三氯三氟乙烷，致使测定结果偏低。

3.5.6.3 紫外分光光度法

石油及其产品在紫外区有特征吸收。带有苯环的芳香族化合物的主要吸收波长为250～260 nm；带有共轭双键的化合物主要吸收波长为215～230 nm。一般原油的两个吸收峰波长为225 nm和254 nm，轻质油及炼油厂的油品可选225 nm。

水样用H_2SO_4酸化，加NaCl破乳化，然后用石油醚萃取，脱水，定容后测定。标准油用受污染地点水样石油醚萃取物。不同油品特征吸收峰不同，如难以确定测定波长，可用标准油在波长215～300 nm之间的吸收光谱，采用其最大吸收峰的波长。

3.5.7 其他有机污染物的测定

根据水体污染的不同情况，常常还需要测定阴离子洗涤剂、有机磷农药、有机氯农药、苯系物、氯苯类化合物、苯并[a]芘、多环芳烃、甲醛、三氯乙醛、苯胺类、硝基苯类等。这些物质除阴离子洗涤剂外，其他均为主要环境优先污染物，其监测方法多用气相色谱法和分光光度法。对于大分子量的多环芳烃、苯并[a]芘等要用液相色谱法或荧光分光光度法。其详细内容参阅有关水质分析方面的文献。

3.6 水质污染生物监测

水环境(河流、湖泊)是由栖息生物和水共同组成的复杂的动态平衡的生态系统。污染物进入水环境，必然引起生物相和量的变化，并达到新的平衡。所以，不同污染状态的水质，有着不同种类和数量的生物。对某一特定环境条件特别敏感的生物，叫作指示生物。例如，河川、海洋等水体有着许多生物——细菌、原生动物、浮游动物、水生昆虫和鱼类等，而这些水生生物需要在一定条件下生存。因此，可根据水中生存的生物种类，判断水的污染程度。据此，调查不同水域生物的种类和数量，可以评价水质污染状况，这就是生物学水质监测方法的工作原理。

有机污染物和毒性污染物进入水体后，对水质、生物种类和数量，以及指示生物群落演替等方面的影响均有一定的规律性。在正常情况下，河流、湖泊存在着不同种类和数量的生物，其基本情况是种类多，但每种生物数量少。当河流受到污染时，随着污染物在河流中的变化，生物的相和量相应地发生下列一系列规律性变化：

①在污染最严重的河段，生物几乎绝迹，甚至微生物的数量都受到影响。

②随河流污染程度的降低和污染物性质的变化，最耐污染的生物，如杂菌、污水丝状菌首先富集，此后，耐污染的藻类、原生动物以及寡毛类、疟蚊幼虫相继形成数量高峰。

③当水体自净到一定程度，耐污染种类形成的优势现象逐渐消失，取而代之的是种类繁多的生物。

④当各种清水性生物出现后，则说明水质已恢复到正常状态。

总体来看，生物监测方法简便，而且在反映水体污染状况和污染物毒性方面又具有其独到之处。若将物理化学指标、细菌学指标和生物指标三者结合起来，就会对给定水域做出综合性的较全面的科学评价。

3.6.1 生物群落法

水生生物监测断面和采样点的布设，也应在对监测区域的自然环境和社会环境进行调查研究的基础上，遵循断面要有代表性，尽可能与化学监测断面相一致，并考虑水环境的整体性、监测工作的连续性和经济性等原则。对于河流，应根据其流经区域的长度，至少设上（对照）、中（污染）、下（观察）三个断面，采样点数视水面宽、水深、生物分布特点等确定。对于湖泊、水库，一般应在入湖（库）区、中心区、出口区、最深水区、清洁区等处设监测断面。监测方法有微型生物群落监测（PFU）法等。

在我国水环境生物监测技术规范中，对水体的生物监测的采样断面的布设、监测方法等做出了相关的规定。对河流、湖泊、水库等淡水环境的生物监测指标、监测项目及频次见表 3.25。

表 3.25 生物监测指标、监测项目及频次

水体	监测指标	监测项目	频次	备注
河流	底栖动物	种类、数量	2 次/年	必测
	大肠菌群	数量	6 次/年	必测
	着生生物	种类、数量	2 次/年	选测
	浮游植物	种类、数量	2 次/年	选测
湖泊水库	叶绿素 a	含量	2 次以上/年	必测
	浮游植物	种类和密度	2 次以上/年	必测
	大肠菌群	数量	6 次/年	必测
	底栖动物	种类、数量	2 次/年	选测

续表 3.25

水体	监测指标	监测项目	频次	备注
城市水体	下列5种方法任选一种： 鱼类急性毒性试验 蚤类急性毒性试验 藻类急性毒性试验 发光细菌急性毒性试验 微型生物群落级毒性试验	96 h 死亡率 48 h LC50 96 h EC50 抑光率		选测

按照规定的采样、检验和计数方法获得各生物类群的种类和数量的数据后，可根据下面介绍的方法评价水污染状况。

3.6.1.1　污水生物系统法

该方法将受有机物污染的河流按其污染程度和自净过程划分为几个互相连续的污染带，每一带生存着各自独特的生物（指示生物），据此评价水质状况。根据河流的污染程度，通常将其划分为四个污染带，即多污带、α-中污带、β-中污带和寡污带。各污染带水体内存在特有的生物种群，其生物学、化学特征列于表3.26中。

表 3.26　污水系统生物学、化学特征

项目	多污带	α-中污带	β-中污带	寡污带
化学过程	因还原和分解显著而产生腐败现象	水和底泥里出现氧化过程	氧化过程更强烈	因氧化使无机化达到矿化阶段
溶解氧	没有或极微量	少量	较多	很多
BOD	很高	高	较低	低
硫化氢的生成	具有强烈的硫化氢臭味	没有强烈硫化氢臭味	无	无
水中有机物	蛋白质、多肽等高分子物质大量存在	高分子化合物分解产生氨基酸、氨等	大部分有机物已完成无机化过程	有机物全分解
底泥	常有黑色硫化铁存在，显黑色	有硫化铁、氧化氢、氧化铁存在，底泥不呈黑色	有氧化铁存在	大部分氧化
水中细菌	大量存在，每毫升可达100万个以上	细菌较多，每毫升在10万个以上	数量较少，每毫升在10万个以下	数量少，每毫升在100个以下
栖息生物的生态学特征	动物都是细菌摄食者且耐受pH值强烈变化，有耐嫌气性生物，对硫化氢、氮等有强烈的抗性	摄食细菌动物占优势，肉食性动物增加，对溶解氧和pH值变化表现出高度适应性，对氢大体上有抗性，对硫化氢耐性较弱	对溶解氧和pH值变化耐性较差，并且不能长时间耐腐败性事物	对pH值和溶解氧变化耐性很弱，特别是对腐败性毒物加硫化氢等耐性很差
植物	硅藻、绿藻、接合藻及高等植物没有出现	出现蓝藻、绿藻、接合藻、硅藻等	出现多种类的硅藻、绿藻、接合藻，是鼓藻的主要分布区	水中菌类少，但着生藻类较多

续表 3.26

项目	多污带	α-中污带	β-中污带	寡污带
动物	以微型动物为主，原生动物居优势	仍以微型动物占大多数	多种多样	多种多样
原生动物	有变形虫、纤毛虫，但无太阳虫、双鞭毛虫、吸管虫等出现	仍然没有双鞭毛虫，但逐渐出现太阳虫、吸管虫等	太阳虫、吸管虫中耐污性能的种类出现，双鞭毛虫也出现	鞭毛虫、纤毛虫少量出现
后生动物	有轮虫、蠕形动物、昆虫幼虫出现，水螅、淡水海绵、苔藓动物、小型甲壳、鱼类没有出现	没有淡水海绵、苔藓、动物，有贝类、甲壳类、昆虫出现	淡水海绵、苔藓、水螅、贝类、小型甲壳类、两栖类、鱼类均有出现	昆虫动虫很多，其他各种动物逐渐出现

污水生物系统法注重用某些生物种群评价水体污染状况，需要熟知生物学分类知识，工作量大，耗时多，并且有指示生物出现异常情况的现象，故给准确判断带来一定困难。环境生物学者根据生物种群结构变化与水体污染关系的研究成果，提出了生物指数法。

3.6.1.2 生物指数法

生物指数法是指运用数学公式反映生物种群或群落结构的变化，以评价环境质量的数值的方法。贝克(Beek)1995 年首先提出一个简易的计算生物指数的方法。他将调查发现的底栖动物分成 A 和 B 两大类，A 为敏感种类，在污染状况下从未发现；B 为耐污种类，是在污染状况下才出现的动物。在此基础上，按式(3.31)计算生物指数：

$$生物指数(BI) = 2n \cdot A + n \cdot B \tag{3.31}$$

式中 n——底栖大型无脊椎动物的种类。

当 BI 值为 0 时，属严重污染区域；BI 值为 1～6 时，为中等有机物污染区域；BI 值为 10～40 时为清洁水区。

1974 年，津田松苗在对贝克指数进行多次修改的基础上，提出不限于在采集点采集，而是在拟评价或监测的河段把各种底栖大型无脊椎动物尽量采到，再用贝克公式计算，所得数值的关系为：BI 值大于 30 时为清洁水区，BI 值为 15～29 时为较清洁水区，BI 值为6～14 时为不清洁水区，BI 值为 0～5 时为极不清洁水区。

沙农-威尔姆(Shannon-Wilhm)根据对底栖大型无脊椎动物的调查结果，提出用种类多样性指数评价水质。该指数的特点是能定量反映生物群落结构的种类、数量及群落中种类组成比例变化的信息。在清洁的环境中，通常生物种类极其多样，但由于竞争，各种生物又仅以有限的数量存在，且相互制约而维持着生态平衡。当水体受到污染后，不能适应的生物或者死亡淘汰，或者逃离；能够适应的生物生存下来。由于竞争生物的减少，生存下来的少数生物种类的个体数大大增加。这种清洁水域中生物种类多，每一种的个体数少，而污染水域中生物种类少，每一种的个体数大大增加的规律是建立种类多样性指数式的基础。沙农提出的种类多样性指数计算式如下：

$$\bar{d} = -\sum_{i=1}^{S} \frac{n_i}{N}\log_2 \frac{n_i}{N} \tag{3.32}$$

式中　$\bar{d}$——种类多样性指数；

N——单位面积样品中收集到的各类动物的总个数；

n_i——单位面积样品中第 i 种动物的个数；

S——收集到的动物种类数。

式(3.32)表明动物种类越多，值越大，水质越好；反之，种类越少，值越小，水体污染越严重。沙农对美国十几条河流进行了调查，总结出 $\bar{d}$ 值与水样污染程度的关系如表 3.27所示。

表 3.27　$\bar{d}$ 值与污染程度的关系

$\bar{d}$ 值	污染程度
＜1.0	严重污染
1.0～3.0	中等污染
＞3.0	清洁

我国曾对天津蓟运河中底栖大型无脊椎动物进行调查，结果表明基本上与沙农公式的计算相符。

3.6.2　水质的细菌学测定

细菌能在各种不同的自然环境中生长。地表水、地下水，甚至雨水和雪水都含有多种细菌。当水体受到人畜粪便、生活污水或某些工业废水污染时，细菌大量增加。因此，水的细菌学检验，特别是肠道细菌的检验，在卫生学上具有重要的意义。但是，直接检验水中各种病原菌，方法较复杂，有的难度大，且结果也不能保证绝对安全。所以，在实际工作中，经常以检验细菌总数，特别是检验作为粪便污染的指示细菌，来间接判断水的卫生学质量。

3.6.2.1　水样的采集

细菌学检验用水样，必须严格按照无菌操作要求进行采集；防止在运输过程中被污染，并应迅速进行检验。一般从采样到检验不宜超过 2 h；在 10 ℃以下冷藏保存不得超过 6 h。采样方法如下：

(1)采集自来水样，首先用酒精灯灼烧水龙头灭菌或用 70％的酒精消毒，然后放水 3 min，再采集约为采样瓶容积的 80％的水量。

(2)采集江、河、湖、库等水样，可将采样瓶沉入水面下 10～15 cm 处，瓶口朝水流上游方向，使水样灌入瓶内。需要采集一定深度的水样时，用采水器采集。

3.6.2.2　细菌总数的测定

细菌总数是指 1 mL 水样在营养琼脂培养基中，于 37 ℃经 24 h 培养后，所生长的细菌菌落的总数。它是判断饮用水、水源水、地表水等污染程度的标志。其主要测定程序如下：

①用作细菌检验的器皿、培养基等需按方法要求进行灭菌，以保证所检出的细菌皆

属被测水样所有。

②营养琼脂培养基的制备。

③以无菌操作方法用 1 mL 灭菌吸管吸取混合均匀的水样(或稀释水样)注入灭菌平皿中,倾注约 15 mL 已融化并冷却到 45 ℃左右的营养琼脂培养基,并旋摇平皿使其混合均匀。每个水样应做两份,还应另用一个平皿只倾注营养琼脂培养基作空白对照。待琼脂培养基冷却凝固后,翻转平皿,置于 37 ℃恒温箱内培养 24 h,然后进行菌落计数。

④用肉眼或借助放大镜观察,对平皿中的菌落进行计算,求出 1 mL 水样中的平均菌落数。报告菌落计数时,若在 100 以内,按实有数字报告;若大于 100,采用两位有效数字,用 10 的指数表示。例如,菌落总数为 2680 个/mL,应记为 2.7×10^3 个/mL。

3.6.2.3 总大肠菌群的测定

粪便中存在大量的大肠菌群细菌,其在水体中存活时间和对氯的抵抗力等与肠道致病菌,如沙门氏菌、志贺氏菌等相似,因此,将总大肠菌群作为粪便污染的指示菌是合适的。但在某些水质条件下,大肠菌群细菌在水中能自行繁殖。

总大肠菌群是指那些能在 35 ℃、48 h 之内使乳糖发酵产酸、产气、需氧及兼性厌氧的革兰氏阴性的无芽孢杆菌,以每升水样中所含有的大肠菌群的数目表示。总大肠菌群的检验方法有发酵法和滤膜法。发酵法可用各种水样,但操作烦琐、费时间。滤膜法操作简便、快速,但不适用于浑浊水样。因为这种水样常会把滤膜堵塞,异物也可能干扰菌种生长。滤膜法操作程序如下:

将水样注入已灭菌、放有微孔滤膜(孔径 0.45 μm)的滤器中,经抽滤,细菌被截留在膜上,将该滤膜贴于品红亚硫酸钠培养基上,37 ℃恒温培养 24 h,对符合特征的菌落进行涂片、革兰氏染色和镜检。凡属革兰氏阴性无芽孢杆菌者,再接种于乳糖蛋白胨培养液或乳糖蛋白胨半固体培养基中,在 37 ℃恒温条件下,前者经 24 h 培养产酸产气者,或后者经 6~8 h 培养产气者,则判定为总大肠菌群阳性。

由滤膜上生长的大肠菌群菌落总数和所取过滤水样量,按下式计算,1 L 水中总大肠菌群数:

$$\text{总大肠菌群数(个/L)} = \frac{\text{所计数的大肠杆菌菌落数} \times 1000}{\text{过滤水样(mL)}} \tag{3.33}$$

大肠菌群在品红亚硫酸钠培养基上的特征是:紫红色,具有金属光泽的菌落;深红色,不带或略带金属光泽的菌落;淡红色,中心色较深的菌落。发酵法测定可参阅有关文献。

3.6.2.4 其他细菌的测定

为区别存在于自然环境中的大肠菌群细菌和存在于温血动物肠道内的大肠菌群细菌,可将培养温度提高到 44.5 ℃,在此条件下仍能生长并发酵乳糖产酸产气者,称为粪大肠菌群。粪大肠菌群用多管发酵法或滤膜法测定。

沙门氏菌属是常常存在于污水中的病原微生物,也是引起水传播疾病的重要来源。由于其含量很低,测定时需先用滤膜法浓缩水样,然后进行培养和平板分离,最后,再进行生物化学和血清学鉴定,确定一定体积水样中是否存在沙门氏细菌。

链球菌(通称粪链球菌)也是粪便污染的指示菌。这种菌进入水体后,在水中不再自行繁殖，这是它作为粪便污染指示菌的优点。此外，由于人粪便中大肠菌群数多于粪链球菌，而动物粪便中粪链球菌多于粪大肠菌群，因此，在水质检验时，根据这两种菌菌数的比值不同，可以推测粪便污染的来源。当该比值大于 4 时，则认为污染主要来自人粪；如该比值小于或等于 0.7，则认为污染主要来自温血动物；如比值小于 4 而大于 2，则为混合污染，但以人粪为主；如比值小于或等于 2，且大于或等于 1，则难以判定污染来源。粪链球菌数的测定也采用多管发酵法或滤膜法。

3.6.3 急性生物毒性测定及评价

进行水生生物毒性试验可用鱼类、溞类、藻类等，其中以鱼类毒性试验应用较广泛。

鱼类对水环境的变化反应十分灵敏，当水体中的污染物达到一定浓度或强度时，就会引起一系列中毒反应。例如，行为异常、生理功能紊乱、组织细胞病变，直至死亡。鱼类毒性试验的主要目的是寻找某种毒物或工业废水对鱼类的半致死浓度与安全浓度，为制定水质标准和废水排放标准提供科学依据；测试水体的污染程度；检查废水处理效果和水质标准的执行情况。有时鱼类毒性试验也用于一些特殊目的，如比较不同化学物质毒性的高低，测试不同种类鱼对毒物的相对敏感性，测试环境因素对废水毒性的影响等。这种试验可以在实验室内进行，也可以在现场进行。

根据试验水所含毒物浓度的高低和暴露时间的长短，毒性试验可分为急性试验和慢性试验。急性试验是一种使受试鱼种在短时间内显示中毒反应或死亡的毒性试验。所用毒物浓度高，持续时间短，一般是 4 d 或 7～10 d。其目的是在短时间内获得毒物或废水对鱼类的致死浓度范围，为进一步进行试验研究提供必要的资料。慢性试验是指在实验室中进行的低毒物浓度、长时间的毒性试验，以观察毒物与生物反应之间的关系，验证急性毒性试验结果，估算安全浓度或最大容许浓度。慢性试验更接近于自然环境的真实情况。

3.7 底质监测

底质是矿物、岩石、土壤的自然侵蚀产物，生物活动及降解有机质等过程的产物，污水排出物和河(湖)床母质等随水流迁移而沉积在水体底部的堆积物质的统称。一般不包括工厂废水沉积物及废水处理厂污泥。底质是水体的重要组成部分。

水、底质和水生生物组成了一个完整的水环境系统。底质的污染，是由于工厂、矿山等排放的废弃物，以及大气中污染物的沉降和蓄积而引起的，这些污染物质通过农作物和底栖生物对人体健康产生有害影响。

水质监测所得的数据只能代表采样时那一短暂期内的水质状况，而对一些间隔的时间较长、不连续排放的污染物质，取样时不一定能够采集到，因此有必要进行水体底部沉积底泥的测定。

底质的分析有助于了解水体在过去较长的一段时间内都有哪些污染物质，它们被富集的程度怎样，这些污染物对水体将会发生怎样的危害。所以，测定底质，是了解水体的一种有效手段。

水体沉积过程，也就是污染物的运动过程，有着一定的规律。在同一条河，不同的河段有不同的沉积过程，上游以冲刷为主，平缓的下游以沉积为主，在不同的季节亦然，丰水期沉淀的物质粗，枯水期物质细，沉积物分层，越靠下面的层年代越久，色越深，因此监测下部的沉积物有哪些物质，就可以知道过去污染的情况。水体的底质一年形成一层，可以采集各层沉积物，进行分层化验，了解污染的历史，这不仅有助于评价水质污染程度，而且可以根据水文学等特点，预测未来发展趋势。

3.7.1 底质监测的目的与任务

底质监测是水环境监测的一部分，作为水环境监测的补充，在水环境监测中占据着特别重要的地位。底质监测的目的和任务有：

(1)通过对底质的监测，不仅可以了解水系污染现状，还可以追溯水系的污染历史，研究污染物的沉积规律、污染物质归宿及其变化规律。

(2)根据各水文因素，能研究并预测水质变化趋势及沉积污染物质对水体的潜在危害。

(3)从底质中可检测出因浓度过低而在水中不易被检测出的污染物质，特别是能检测出因形态、价态及微生物转化而生成的某些新的污染物质，为发现、解释和研究某些特殊的污染现象提供科学依据。

因此，底质监测对于研究水系中各种污染物的沉积转化规律，确定水系的纳污能力，研究水体污染对水生生物特别是底栖生物的影响，制定污染物排放标准及环境预测等均具有重要价值。

3.7.2 底质采样方法

见 3.2.4 节“底质(沉积物)样品的采集”。

3.7.3 底质样品的预处理

底质样品送交实验室后，应尽快处理和分析，如放置时间较长，应放于－20～－40 ℃的冷冻柜中保存。在处理过程中应尽量避免沾污和污染物损失。

3.7.3.1 制备

(1)脱水

底质中含有大量水分，必须用适当的方法除去，不可直接在日光下曝晒或高温烘干。常用脱水方法有：在阴凉通风处自然风干(适于待测组分较稳定的样品)，离心分离(适于待测组分易挥发或易发生变化的样品)，真空冷冻干燥(适用于各种类型物品，特别是待测组分对光、热、空气不稳定的样品），无水硫酸钠脱水（适于测定油类等有机污染物的样品）。

（2）筛分

将脱水干燥后的底质样品平铺于硬质白纸板上，用玻璃棒等压散（勿破坏自然颗粒）。剔除砾石及动植物残体等杂物，使其通过 20 目筛。筛下样品用四分法缩分至所需量。用玛瑙研钵（或玛瑙碎样机）研磨至全部通过 80～200 目筛，装入棕色广口瓶中，贴上标签备用。但测定汞、砷等易挥发元素及低价铁、硫化物等时，不能用碎样机粉碎，且仅通过 80 目筛。测定金属元素的试样，使用尼龙材质网筛；测定有机物的试样，使用铜材质网筛。

对于用管式泥芯采集的柱状样品，尽量不要使分层状态破坏，经干燥后，用不锈钢小刀刮去样柱表层，然后按上述表层底质方法处理。如欲了解各沉积阶段污染物质的成分和含量变化，可沿横断面截取不同部位样品分别处理和测定。

3.7.3.2 分解

底质样品分解方法随监测目的和监测项目不同而异，常用的分解方法有硝酸-氢氟酸-高氯酸分解法、硝酸分解法、水浸取法、有机溶剂提取法等。

3.7.4 底质污染物质的测定

底质中需测定的污染物质视水体污染来源而定。一般测定总汞、有机汞、铜、铅、锌、镉、镍、铬、砷化物、硫化物、有机氯农药、有机质等。

总汞常用冷原子吸收法或冷原子荧光法测定。铜、铅、锌、镉、镍、铬常用原子吸收分光光度法测定。砷化物一般用二乙氨基二硫代甲酸银（Ag-DDC）或新银盐分光光度法测定。硫化物多用对氨基二甲基苯胺分光光度法测定，当含量大于 1 mg/L 时，用碘量法测定。

底质中有机氯农药（六六六、DDT）一般用气相色谱法（电子捕获检测器）测定。底质中有机质含量用重铬酸钾容量法测定。其测定原理为在加热的条件下，以过量 $K_2Cr_2O_7$-H_2SO_4 溶液氧化底质中的有机碳，过量的 $K_2Cr_2O_7$ 用 $FeSO_4$ 标准溶液滴定。根据 $K_2Cr_2O_7$ 消耗量计算有机碳含量，再乘上一个经验系数，即为有机质含量。如果有机碳的氧化效率达不到 100%，还要乘上一个校正系数。计算式如下：

$$\text{有机质}(\%)=\frac{(V_0-V)\cdot C\times 0.003\times 1.724\times 1.08}{W}\times 100 \tag{3.34}$$

式中 V_0——用灼烧过的土壤代替底质样品进行空白试验消耗的 $FeSO_4$ 标准溶液体积（mL）；

V——滴定底质样品溶液消耗 $FeSO_4$ 标准溶液体积（mL）；

C——$FeSO_4$ 标准溶液浓度（mol/L）；

0.003——$\frac{1}{4}$C 的摩尔质量（g/mol）；

1.724——将有机碳换算为有机质的经验系数；

1.08——有机碳氧化率（90%）校正系数；

W——风干底质样品重（g）。

测定底质中其他污染物质时，均以(105±2)℃烘干样品为基准表示测定结果，故底质脱水后，需测定含水量。

思考题与习题

一、填空题

1. 污染源污水监测中，第一类污染物采样点位一律设在(　　　　)，第二类污染物采样点位一律设在(　　　　)。

2. 残渣分为(　　　　)、(　　　　)和(　　　　)。

3. 水样消解的目的是(　　　　)、(　　　　)和(　　　　)三种。

4. 铬的毒性与其价态有关，(　　　　)价铬具有强毒性，为致癌物质，并易被人体吸收而在体内蓄积。

5. 测总酸度时用(　　　　)作指示剂，测总碱度时用(　　　　)作指示剂。

6. 水中最重要的致硬金属离子是(　　　　)和(　　　　)。

7. 水质监测采样断面的布设，在污染源对水体水质有影响的河段，一般须设(　　　　)断面、(　　　　)断面和(　　　　)断面，其中具有判断水体污染程度的参比作用或提供本底的断面是(　　　　)断面。

8. 为测定痕量金属而采集水样时，应选用(　　　　)材料制的容器。

9. 标准法测定 COD 时添加 $HgSO_4$ 的作用是(　　　　)。

10. 河流水质监测时，如河宽 850 m，则每个监测断面应布设(　　　　)条采样垂线。

二、简答题

1. 何谓水体污染？包括哪些类型？

2. 水质的监测目的是什么？确定监测项目的原则是什么？

3. 怎样制订地表水体水质的监测方案？以河流为例，说明如何设置监测断面和采样点。

4. 对于工业废水排放源，怎样布设采样点和采集代表性的水样？

5. 水样有哪几种保存方法？试举几个实例说明怎样根据被测物质的性质选用不同的保存方法。

6. 试列出用火焰原子吸收分光光度法测定水样中铜、铅、锌、镉的要点。它们之间是否会相互干扰？为什么？

7. 怎样用分光光度法测定水样中的六价铬和总铬？

8. 怎样采集测定溶解氧的水样？说明碘量法测定溶解氧的原理。

9. 水体中各种含氮化合物是怎样相互转化的？测定各种形态的含氮化合物对评价水体污染和自净状况有何意义？

10. 高锰酸盐指数和化学需氧量在应用上和测定方法上有何区别？二者在数量上有何关系？为什么？

11. 说明测定水样 BOD_5 值的原理。怎样估算水样的稀释倍数？怎样应用和配制稀释水和接种稀释水？

12. 若配制理论 COD 值为 500 mg/L 的葡萄糖和苯二甲酸氢钾溶液各 1 L，需分别称取多少克？

13. 对水体进行细菌学检验有何意义？对饮用水、水源水、地表水常检验哪些细菌？

14. 测定底质有何意义？采样后怎样进行制备？常用哪些分解样品的方法？

15. 用稀释法测 BOD_5 值。取原水样 100 mL，加水稀释至 1000 mL，取其中一部分测其 DO 值为 7.4 mg/L，另一份培养 5 天后再测 DO 值为 3.8 mg/L，已知稀释水空白值为 0.2 mg/L，求水样的 BOD_5 值。

16. 用标准加入法测定某水样中的镉，取四份等量水样，分别加入不同量镉标准溶液，稀释至 50 mL，依次用火焰原子吸收法测定，测得吸光度列于下表，求该水样中镉的含量。

编号	水样量/mL	加入 Cd^{2+} 标准溶液/(10 μg/mL)	吸光度
1	20	0	0.042
2	20	1	0.080
3	20	2	0.116
4	20	3	0.190

4 空气和废气监测

本章提要

【知识点】

◆ 空气和废气监测的对象和内容

◆ 采样点的布设原则和方法

◆ 空气和废气监测项目的采样和分析方法

【技能点】

◆能制订空气和废气监测方案

◆能进行常见的空气和废气污染物的采样和测定

◆会记录空气和废气监测数据

◆会使用常用的监测仪器

4.1 概 述

4.1.1 空气污染物及其存在状态

4.1.1.1 大气与空气

大气是指包围在地球周围的气体，其厚度达 1000～1400 km，世界气象组织按大气温度的垂直分布将大气分为对流层、平流层、中间层、热成层、逸散层。而空气则是指对人类及生物生存起重要作用的近地面约 10 km 内的气体层(对流层)，占大气总质量的 95% 左右。一般来说，空气范围比大气范围要小得多。但在环境污染领域，“大气”与“空气”一般不予区分，常作为同义词使用。

自然状态下，大气是由混合气体、水汽和杂质组成。根据其组成特点可分为恒定组分、可变组分、不定组分。氮气、氧气、氩气占空气总量的 99.97%，在近地层大气中上述气体组分的含量几乎认为是不变的，称为恒定组分。可变的组分包括二氧化碳、水蒸气、臭氧等，这些气体受地区、季节、气象以及人们生活和生产活动的影响，随时间、地点、气象条件等的不同而变化。不定组分是由自然因素和人为因素形成的气态物质和悬浮颗粒，如尘埃、硫、硫氧化物、硫化氢、氮氧化物等。

4.1.1.2 空气污染物及其存在状态

空气污染物系指由于人类活动或自然过程而排入空气的并对人或环境产生有害影响的物质。空气污染物种类繁多，是由气态物质、挥发性物质、半挥发性物质和颗粒物质（PM）的混合物组成的，其组成成分形态多样，性质复杂。目前已发现有害且被人们注意到的有 100 多种。

(1)空气污染物的分类

依据空气污染物的形成过程，通常将空气污染物分为一次污染物和二次污染物。

一次污染物是直接从各种污染源排放到大气中的有害物质，常见的主要有二氧化硫、氮氧化物、一氧化碳、碳氢化合物、颗粒性物质等。颗粒性物质中包含苯并[a]芘等强致癌物质、有毒重金属、多种有机物和无机物等。

二次污染物是一次污染物在大气中相互作用或它们与大气中的正常组分发生反应所产生的新污染物。常见的二次污染物有硫酸盐、硝酸盐、臭氧、醛类（乙醛和丙烯醛等）、过氧乙酰硝酸酯（PAN）等。二次污染物的毒性一般比一次污染物的毒性大。

(2)空气中污染物的存在状态

由于各种污染物的物理、化学性质不同，形成的过程和气象条件也不同，因此，污染物在大气中存在的状态也不尽相同。一般按其存在状态分为分子状态污染物和粒子状态污染物两类。分子状态污染物也称气体状态污染物，粒子状态污染物也称气溶胶状态污染物或颗粒污染物。

①气体状态污染物

气体状态污染物指常温常压下以气体或蒸气形式分散在空气中的污染物质。

气体分子是指常温常压下以气体形式分散到空气当中的污染物质，常见的如二氧化硫、氮氧化物、一氧化碳、氯化氢、氯气、臭氧等；蒸气分子是指常温常压下的液体或者固体，由于沸点或熔点低，挥发性大，而能以蒸气态挥发到空气中的物质，如苯、苯酚、汞等。

该类污染物，无论是气体分子还是蒸气分子，都具有运动速度较大、扩散快、在空气中分布比较均匀的特点。其扩散情况与自身的相对密度有关，相对密度大者向下沉降，如汞蒸气等；相对密度小者向上飘浮，并受气象条件的影响，可随气流扩散到很远的地方。

②颗粒污染物

在空气污染中，颗粒污染物是分散在空气中的微小液体和固体颗粒。可根据大气中的粉尘（或烟尘）颗粒的大小，将其分为飘尘、降尘和总悬浮微粒。

a. 飘尘：飘尘指大气中粒径小于 10 μm 的固体颗粒。它能较长期地在大气中飘浮，有时也称浮游粉尘。飘尘能长驱直入人体，侵蚀人体肺泡，以碰撞、扩散、沉积等方式滞留在呼吸道不同的部位，粒径小于 5 μm 的多滞留在上呼吸道，对人体健康危害大，因此也称为可吸入颗粒物（IP 或 PM_{10}、$PM_{2.5}$）。可吸入颗粒物具有胶体性质，故又称气溶胶。

通常所说的烟（其粒径在 0.01～1 μm）、雾（粒径在 10 μm 以下）、灰尘也是用来描述可吸入颗粒物存在形式的。烟是某些固体物质在高温下由于蒸发或升华作用而变成气体逸散于空气中，遇冷后又凝聚成微小的固体颗粒悬浮于空气中形成的。雾是由悬浮在空气中微小液滴构成的气溶胶。通常所说的烟雾是烟和雾同时构成的固、液混合态气溶胶，如硫酸烟雾、光化学烟雾等。尘是分散在空气中的固体微粒，如交通车辆行驶时所带起的扬尘等。

b.降尘：指大气中粒径大于10 μm的固体颗粒。在重力作用下它可在较短时间内沉降到地面。

c.总悬浮微粒(TSP)：总悬浮微粒系指大气中粒径小于100 μm的所有固体颗粒。

4.1.1.3 空气中污染物的时空分布特征

在环境空气中，污染物的时空分布及其浓度与污染物排放源的分布、排放量，以及地形、地貌、气象等条件密切相关，因而大气污染物质含量及分布随着时间、空间的变化而明显改变。了解大气中污染物的时空分布特点，对于获得正确反映大气污染实况的监测结果有重要意义。

(1)污染物在空气中时空分布受气象条件变化的影响显著

气象条件改变会显著影响空气中污染物的稀释与扩散情况，进而影响其时空分布特征。风向、风速、大气湍流、大气稳定度等气象条件总在不停地改变，因而，同一污染源对同一地点在不同时间所造成的地面空气污染浓度往往相差数倍至数十倍，同一时间不同地点也相差甚大。二氧化氮等一次污染物因受逆温层及气温、气压等限制，清晨和黄昏浓度较高，中午较低；光化学烟雾等二次污染物，因在阳光照射下才能形成，故中午浓度较高，清晨和夜晚浓度低。风速大，大气不稳定，则污染物稀释扩散速度快，浓度变化也快；反之，稀释扩散慢，浓度变化也慢。

(2)污染物在空气中时空分布因污染源类型和污染物性质不同而不同

污染源的类型、排放规律及污染物的性质不同，其时空分布特点也不同。点污染源或线污染源排放的污染物浓度变化较快，涉及范围较小；大量地面小污染源(如分散供热锅炉等)构成的面污染源排放的污染浓度分布比较均匀，并随气象条件变化有较强的变化规律。质量轻的分子态或气溶胶态污染物高度分散在空气中，易扩散和稀释，随时空变化快；质量较重的尘、汞蒸气等，扩散能力差，影响范围较小。

(3)污染物在空气中时空分布因地形地貌的改变而变化

地形地貌影响风向、风速和大气稳定度，进而影响空气污染物的时空分布特征。相同排放强度的同一类污染源在平原地区与在山谷地区、在郊区农村与在城镇市区所造成的污染情况不同。同一空气污染事故，发生在不同地形地貌的区域，其空气中污染物含量的分布也不同。

4.1.2 空气污染监测分类

空气污染监测一般可分为以下三类：

(1)污染源的监测

如对烟囱、机动车排气口的检测。目的是了解这些污染源所排出的有害物质是否达到现行排放标准的规定；对现有的净化装置的性能进行评价；通过对长期监测数据的分析，为进一步修订和充实排放标准及制定环境保护法规提供科学依据。

(2)环境污染监测

监测对象不是污染源而是整个空气。目的是了解和掌握环境污染的情况,进行空气污染质量评价,并提出警戒限度;研究有害物质在空气中的变化规律,二次污染物的形成条件;通过长期监测,为修订或制定国家卫生标准及其他环境保护法规积累资料,为预测预报创造条件。

(3)特定目的的监测

选定一种或多种污染物进行特定目的的监测。例如,研究燃煤火力发电厂排出的污染物对周围居民呼吸道的危害,首先应选定对上呼吸道有刺激作用的污染物 SO_2、H_2SO_4、雾、飘尘等做监测指标,再选定一定数量的人群进行监测。由于目的是监测污染物对人体健康的影响,所以测定每人每日对污染物的接受量,以及污染物在一天或一段时间内的浓度变化,就是这种监测的特点。

4.1.3 空气污染监测技术的发展

随着技术的发展,空气监测中现场和便携式仪器的品种和数量越来越多,其检测限越来越低,灵敏度越来越高,应用的范围从最初的劳动保护和安全报警开始向环境监测扩展。这类仪器从应用持续时间上可分为在线自动监测系统、便携式现场监测仪器和遥感遥测技术三种。

4.1.3.1 在线自动监测系统

环境中污染物质的浓度和分布是随时间、空间、气象条件及污染源排放情况等因素的变化而不断变化的。由于定时、定点人工采样测定结果不能确切反映污染物质的动态变化规律,20 世纪 70 年代初,一些国家或地区相继建立起了常年连续工作的大气污染自动监测系统和水质污染连续监测系统,使环境监测工作向连续自动化方向发展。

空气自动监测系统(APMS)就是在一个工厂、一个城市、一个地区甚至一个国家设置若干装有连续监测仪器的自动监测站,由一个中心站控制若干个子站和信息传输的系统。

空气污染自动监测系统的采样装置比较简单,一般用适当的探头在监测位置直接抽取气样。

空气污染自动监测系统的检测仪器分为两类:一类是测定气象参数的仪器,如气温、气压、风向、风速、湿度及日照等检测仪器;另一类是测定大气污染物浓度的仪器。污染物监测项目是由监测系统的设置任务而决定的。通常情况下,污染物浓度的监测项目有二氧化硫、氮氧化物、一氧化碳、臭氧、总烃及飘尘等。

4.1.3.2 便携式现场监测仪器

我国地域辽阔,各类企业分布很广,突发性环境空气污染事故不断发生。因此,简易便携式现场监测仪器有很大的应用前景。这类仪器的使用不仅可以减少环境试样在传输过程中的污染,减少固定和保存的繁杂手续,还可以大大减少分析人员的工作量,便于实时掌握环境空气污染的动态变化趋势。但从目前的便携式现场监测仪器来看,无机污染物的监测分析仪器较多,开发有机污染物的监测分析仪器是该领域的发展方向。

便携式仪器具有防尘、防水、质轻和耐腐蚀等特性，再加上配有手提工作箱，所有附件一应俱全，便于野外操作。仪器可以自动多点校正，自动温度补偿，可自动完成查找方法、调试波长、测试、显示结果等过程，并可储存数据。

按测试项目仪器可分为单项分析型和多项分析型。单项分析型只能测试单一参数，而多项分析型可同时测定两个以上的参数。各测试探头均使用不锈钢制造，电极端再外加塑料保护套，确保坚固耐用。测试时根据监测任务的要求，利用各部件均可独立更换的特性，自由选配不同的电极组成一个测试系统，再用特定的校准溶液校正后，将电极浸入水中，即可得到测定结果。

(1)便携式烟气二氧化硫分析仪

便携式烟气二氧化硫分析仪采用定电位电解法进行测定，仪器主要由两部分组成，即气路系统和电路系统。气路系统实现烟气的采样、处理、传送等功能，电路系统实现气电转换、信号放大、数据处理、数据的显示打印和仪器的工作状态控制等功能。

仪器预热后，烟气通过烟尘过滤器去除粗烟尘。过滤后的烟气经过来样枪进入气水分离器，在气水分离器内水分和细烟尘首先烟气分离，从而使基本洁净的干烟气经过薄膜泵进入传感器气室，在气室内扩散后，采集的烟气再从气室出口排出仪器。在气室里扩散的烟气与传感器产生氧化还原反应，使传感器输出微安级的电流信号。该信号进入前置放大器后，经过电流/电压的变换和信号的放大，模拟量信号经数模转换器转换成计算机可识别的数字信号，经数据处理后可将测试结果显示出来。

(2)便携式气相色谱仪

便携式气相色谱仪(PGC)与一般的气相色谱仪(GC)相比，在性能方面已无明显差别，具有体积小、轻便、适于现场监测的特征。这类仪器主要使用光离子化检测器(PID)。PID 可以监测离子电位不大于 12 eV 的任何化合物，如烷烃、芳香烃、多环芳烃、醛类、酮类、胺类、有机磷、有机氯等化合物以及一些有机金属化合物，还可检测 H_2S、Cl_2、NH_3、NO 等无机化合物。

4.1.3.3 遥感遥测技术

遥感监测技术是通过收集环境的电磁波信息对一段距离以外的环境目标的环境质量状况进行监测识别的技术。它是一种先进的环境信息获取技术，其在获取大面积同步和动态环境信息方面的“快”且“全”，是其他环境监测手段无法比拟和完成的，因此得到日益广泛的应用。

遥感遥测技术无须采样，可以直接监测到环境空气中污染物的种类、分布及运动情况。从工作原理上来分，遥感遥测技术可分为感应遥测和激发遥测两大类。

感应遥测是通过接收监测目标反射的太阳光或发射的能量进行测量的。激发遥测是将电磁波或激光光束射入空气，由于反射波或反射光随空气的化学组成的不同而变化，通过对反射波或反射光进行分析，测量出污染物的分布情况。激发遥测一般指的是激光雷达遥测。

“3S”技术是遥感 RS(remote sensing)、全球定位系统 GPS(global position system)和地理信息系统 GIS(geographic information system)。前两个“S”是通过遥感接收、传送，后一个“S”是对地面的计算机图像图形和属性数据的处理。整体“3S”系统要经过地面和卫星遥感通信连成计算机网络。

近几十年来,"3S"技术已发展成为世界范围内研究人类生活的地球环境变迁及进一步探讨人类本身生存与可持续发展问题的强大技术支撑。

4.1.3.4 环境空气监测技术发展趋势

目前,国内外环境监测领域的发展集中在以下几个方面:

①以现场人工采样和实验室分析为主向多参数网络在线、多功能自动化监测方向发展;

②环境空气样品处理技术由手工单样品处理向在线自动化和批量化处理方向发展;

③由较窄领域的局部监测、单纯的地面环境监测向全方位领域监测和与遥感环境监测相结合的方向发展;

④野外和现场环境空气监测仪器将向便携式、小型化方向发展;

⑤环境空气监测仪器向物理、化学、生物、电子、光学等技术综合应用的高技术领域发展,表现出高精度、自动化、集成化和网络化;

⑥环境空气监测方法的综合性、灵敏性和多功能性日益增强,方法检测限越来越低。

4.1.4 空气污染监测方案的制订

制订空气污染监测方案首先需要根据监测目的进行调查研究,收集必要的基础资料,然后经过综合分析,确定监测项目,设计布点网络,选定采样频率、采样方法和监测技术,建立质量保证程序和措施,提出监测结果报告要求及进度计划。

在对空气污染进行监测时,人们不可能对全部空气进行监测,所以只能选择性地采集部分空气的气样。要使气样具有代表性,能准确地反映空气污染的状况,必须控制好以下几个步骤:根据监测目的调查研究,收集必要的基础资料;然后经过综合分析,确定监测项目,布设采样网点;选择采样方法、时间、频率;建立质量保证程序和措施;提出监测报告要求及进度计划等。

4.1.4.1 监测目的

①通过对空气环境中主要污染物进行定期或连续的监测,判断空气质量是否符合国家制定的空气质量标准,并为编写空气环境质量标准状况评价报告提供依据。

②为研究空气质量的变化规律和发展趋势,开展空气污染的预测预报工作提供依据。

③为政府部门执行有关环境保护法规,开展环境质量管理及修订空气环境质量标准提供基础资料和依据。

4.1.4.2 基础资料的收集

(1)污染源分布及排放情况

将污染源类型、数量、位置及排放的主要污染种类、排放量和所用的原料、燃料及消耗量等调查清楚。另外,要注意将高烟囱排放的较大污染源与低烟囱排放的小污染源区别开来;将一次污染物和由光化学反应产生的二次污染物区别开来。

(2)气象资料

污染物在大气中的扩散、输送和一系列的物理、化学变化在很大程度上取决于当时的气象条件。因此，要收集监测区域的风向、风速、气温、气压、降水量、日照时间、相对湿度、温度的垂直梯度和逆温层底部高度等资料。了解本地常年主导风向，大致估计出污染物的可能扩散概况。

(3)地形资料

地形对当地的风向、风速和大气稳定情况等有影响，因此是设置监测网点时应考虑的重要因素。

(4)土地利用和功能分区情况

工业区、商业区、混合区、居民区等不同功能区，其空气污染状况及空气质量要求各不相同，因而在设置监测网点时，必须分别予以考虑。因此，在制订空气污染监测方案时应当收集监测区域的土地利用情况及功能区划分方面的资料。

(5)人口分布及人群健康情况

开展空气质量监测是为了了解空气质量状况，保护人群健康。因此收集掌握监测区域的人口分布、居民和动植物受空气污染危害情况以及流行性疾病等资料，对制订监测方案、分析判断监测结果是非常有用的。

(6)监测区域以往的大气监测资料

可以利用已有的监测资料推断分析应设监测点的数量和位置。

4.1.4.3 监测项目确定

空气中的污染物质多种多样，应根据优先监测的原则，选择那些危害大、涉及范围广、测定方法成熟，并有标准可比的项目进行监测。

(1)必测项目与选测项目

必测项目：SO_2、氮氧化物、TSP、硫酸盐化速率、灰尘、自然降尘量。

选测项目：CO、飘尘、光化学氧化剂、氟化物、铅、Hg、苯并[a]芘、总烃及非甲烷烃。

(2)连续采样实验室分析项目

必测项目：SO_2、氮氧化物、总悬浮颗粒物、硫酸盐化速率、灰尘、自然降尘量。

选测项目：CO、可吸入颗粒物(PM_{10}、$PM_{2.5}$)、光化学氧化剂、氟化物、铅、苯并[a]芘、总烃及非甲烷烃。

(3)空气环境自动监测系统监测项目

必测项目：SO_2、NO_2、总悬浮颗粒物或可吸入颗粒物(PM_{10}、$PM_{2.5}$)、CO。

选测项目：臭氧、总碳氢化合物。

4.1.4.4 监测网点的布设

(1)采样点布设原则和要求

①采样点应设在整个监测区域的高、中、低三种不同污染物浓度的地方。

②采样点应选择在有代表性的区域内，按工业和人口密集的程度以及城市、郊区和农村的状况，可酌情增加或减少采样点。

③采样点要选择在开阔地带，应在风向的上风口，采样口水平线与周围建筑物高度的夹角应不大于 300°。测点周围无局部污染源，并应避开树木及吸附能力较强的建筑物。交通密集区的采样点应设在距人行道边缘至少 1.5m 远处。

④各采样点的设置条件要尽可能一致或标准化，使获得的监测数据具有可比性。

⑤采样高度应根据监测目的而定。研究大气污染对人体的危害，采样口应在离地面1.5～2 m处；研究大气污染对植物或器物的影响，采样点高度应与植物或器物的高度相近。连续采样例行监测采样高度为距地面3～15 m，以5～10 m为宜；降尘的采样高度为距地面5～15 m，以8～12 m为宜。TSP、降尘、硫酸盐化速率的采样口应与基础面有1.5 m以上的相对高度，以减少扬尘的影响。

(2)采样点数目

在一个监测区内，采样点的数目设置是一个与精度要求和经济投资相关的效益函数，应根据监测范围大小、污染物的空间分布特征、人口分布密度、气象、地形、经济条件等因素综合考虑确定。表4.1列出中国对大气环境污染例行监测采样点规定的设置数目。

表4.1　中国对大气环境污染例行监测采样点规定的设置数目

市区人口/万人	SO_2、NO_x、TSP	灰尘自然沉降量	硫酸盐化速率
50	3	≥3	≥6
50～100	4	4～8	6～12
100～200	5	8～11	12～18
200～400	6	12～20	18～30
400	7	20～30	30～40

(3)采样点布设方法

①功能区布点法。功能区布点法多用于区域性常规监测。布点时先将监测地区按环境空气质量标准划分成若干“功能区”，如工业区、商业区、居民区、居住与中小工业混合区、市区背景区等(表4.2为典型城市功能分区表)，再按具体污染情况和人力、物力条件在各区域内设置一定数目的采样点。各功能区的采样点数不要求平均，一般在污染较集中的工业区和人口较密集的居民区多设采样点。

表4.2　典型城市功能分区表

功能区类别	名称	功能区划分
A	居住区	居民稠密，区内没有中小工业，100 m内没有主要交通干线，不受远距离高架源的影响或影响很微，居民主要暴露在本区或临近同类地区的污染源中
B	居住区	居民稠密，区内没有中小工业，100 m内没有主要交通干线，不受远距离高架源的影响或影响很小。区内具有现代化设施，使用清洁能源
C	商业区	商业繁华、交通拥挤、行人稠密、建筑物被交通干线环绕
D	居住与中小工业混合区	人口稠密，中小工业密度高，工业建筑房屋与居民居住房屋相互交错
E	工业区	人口稠密，区内有大型工业企业，生活居住与工业企业之间有密切关系

续表 4.2

功能区类别	名称	功能区划分
F	市区背景区	绿化较好，有水面镶嵌，直径 100 m 内没有商业、工业、交通干线、居住设施的城市中心地带
G	非市区背景区	距城市较远，周围没有工厂、交通干线、居住设施，地处城市主导风向的上风方位

②网格布点法。对于多个污染源，且在污染源分布较均匀的情况下，通常采用网格布点法。此法是将监测区域地面划分成若干均匀网状方格，采样点设在两条直线的交点处或方格中心(图 4.1)。网格大小视污染强度、人口分布及人力、物力条件等确定。若主导风向明显，下风向设点要多一些，一般约占采样点总数的 60%。

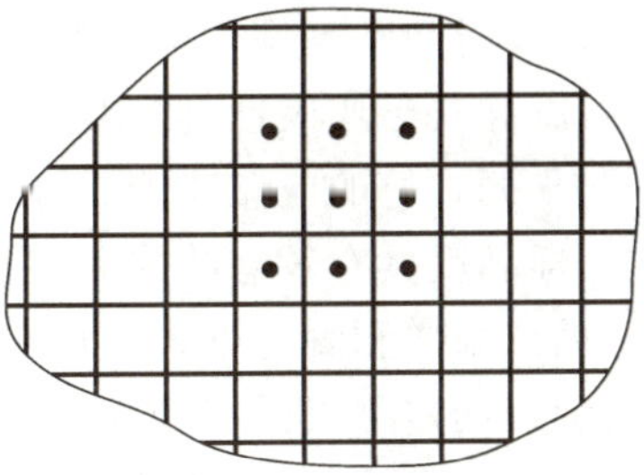

图 4.1 网格布点

③同心圆布点法。同心圆布点法主要用于多个污染源构成的污染群，且重大污染源较集中的地区。先找出污染源的中心，以此为圆心在地面上画若干个同心圆，再从圆心作若干条放射线，将放射线与圆周的交点作为采样点(图 4.2)。圆周上的采样点数目不一定相等或均匀分布，常年主导风向的下风向应多设采样点。例如，同心圆半径分别取 5 km、10 km、15 km、20 km，从里向外各圆周上分别设 4、8、8、4 个采样点。

④扇形布点法。扇形布点法适用于孤立的高架点源，且主导风向明显的地区。以点源为顶点，成 45°扇形展开，夹角可大些，但不能超过 90°，采样点设在扇形平面内距点源不同距离的若干弧线上。每条弧线上设 3 或 4 个采样点，相邻两点与顶点的夹角一般取 10°～20°(图 4.3)。在上风向应设对照点。

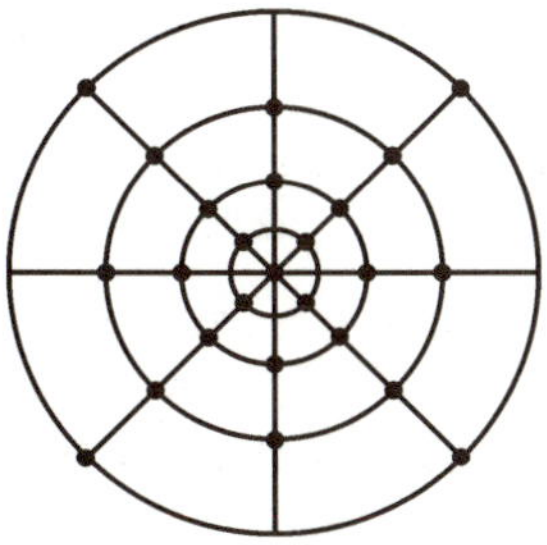

图 4.2 同心圆布点

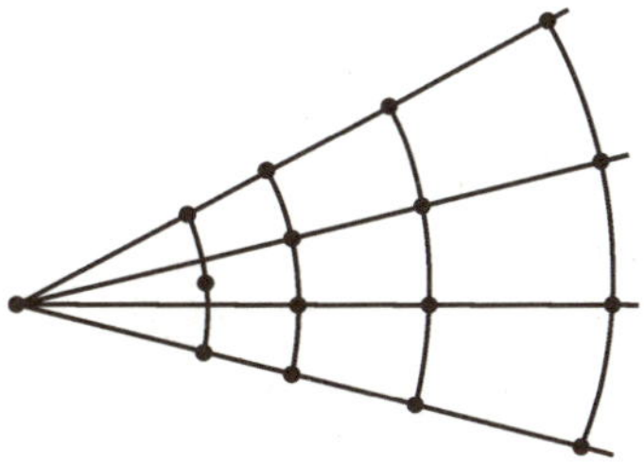

图 4.3 扇形布点

⑤平行布点法。平行布点法适用于线性污染源。线性污染源如公路等，在距公路两侧 1 m 左右布设监测网点，然后在距公路 100 m 左右的距离布设与前面监测点对应的监测点，目的是了解污染物经过扩散后对环境产生的影响。在前后两点对比采样的时候注意污染物组分的变化。

在采用同心圆布点法和扇形布点法时，应考虑高架点源排放污染物的扩散特点，在不计污染物本底浓度时，点源脚下的污染物浓度为零，随着距离增加，很快出现浓度最大值，然后按指数规律下降。因此，同心圆或弧线不宜等距离划分，而是靠近最大浓度值的地方密一些，以免漏测最大浓度的位置。

以上几种采样布点的方法，可以单独使用，也可以综合使用，目的就是要有代表性的反映污染物浓度，为大气环境监测提供可靠的样品。

4.1.4.5 采样时间和采样频率

采样时间指每次从开始到结束所经历的时间，也称采样时段。采样频率指一定时间范围内的采样次数。

采样时间和频率要根据监测目的、污染物分布特征及人力物力等因素决定。短时间采样，试样缺乏代表性，监测结果不能反映污染物浓度随时间的变化，仅适用于事故性污染、初步调查等的应急监测。增加采样频率，也就相应地增加了采样时间，积累足够多的数据，样品就具有较好的代表性。

最佳采样和测定方式是使用自动采样仪器进行连续自动采样，再配以污染组分连续或间歇自动监测仪器，其监测结果能很好地反映污染物浓度的变化，能取得任意一段时间（一天、一月或一季）的代表值（平均值）。

监测项目不同，其采样频率和采样时间也不同。国家环保部对我国城镇空气质量监测的采样频率和时间规定见表 4.3，对污染物浓度数据有效性的最低要求见表 4.4。

表 4.3 采样时间和采样频率

检测项目	采样时间和频率
二氧化硫	隔日采样，每天连续采（24±0.5）小时，每月 14～16 天，每年 12 个月
氮氧化物	同二氧化硫
总悬浮颗粒物	隔双日采样，每天连续采（24±0.5）小时，每月 5～6 天，每年 12 个月
灰尘自然降尘量	每月采样（30±2）天，每年 12 个月
硫酸盐化速率	每月采样（30±2）天，每年 12 个月

表 4.4 污染物浓度数据有效性的最低要求

污染物项目	平均时间	数据有效规定
二氧化硫（SO_2）、二氧化氮（NO_2）、颗粒物（粒径小于或等于 10 μm）、颗粒物（粒径小于或等于 2.5 μm）、氮氧化物（NO_x）	年平均	每年至少有 324 个日平均浓度值 每月至少有 27 个日平均浓度值（2 月至少有 25 个日平均浓度值）
二氧化硫（SO_2）、二氧化氮（NO_2）、一氧化碳（CO）、颗粒物（粒径小于或等于 10 μm）、颗粒物（粒径小于或等于 2.5 μm）、氮氧化物（NO_x）	24 小时平均	每日至少有 20 个小时平均浓度值或采样时间
臭氧（O_3）	8 小时平均	每 8 个小时至少有 6 个小时平均浓度值
二氧化硫（SO_2）、二氧化氮（NO_2）、一氧化碳（CO）、臭氧（O_3）、氮氧化物（NO_x）	1 小时平均	每小时至少有 45 min 的采样时间

续表 4.4

污染物项目	平均时间	数据有效规定
总悬浮颗粒物(TSP)、苯并[a]芘(BaP)、铅(Pb)	年平均	每年至少有分布均匀的 60 个日平均浓度值 每月至少有分布均匀的 5 个日平均浓度值
铅(Pb)	季平均	每季至少有分布均匀的 15 个日平均浓度值 每月至少有分布均匀的 5 个日平均浓度值
总悬浮颗粒物(TSP)、苯并[a]芘(BaP)、铅(Pb)	24 小时平均	每日应有 24 个小时的采样时间

4.2 布点与采样

4.2.1 监测网络的设计与布点

4.2.1.1 设计监测网络的目的

国家根据环境管理的需要，为开展环境空气质量监测活动，设置国家环境空气质量监测网，其监测目的为：

①确定全国城市区域环境空气质量变化趋势，反映城市区域环境空气质量总体水平；

②确定全国环境空气质量的背景水平以及区域空气质量状况；

③判定全国及各地方的环境空气质量是否满足环境空气质量标准的要求；

④为制定全国大气污染防治规划和对策提供依据。

各地方应根据环境管理的需要，按本规范规定的原则，设置省(自治区、直辖市)级或市(地)级环境空气质量监测网(以下称"地方环境空气质量监测网")，其监测目的为：

①确定监测网覆盖区域内空气污染物可能出现的高浓度值；

②确定监测网覆盖区域内各环境质量功能区空气污染物的代表浓度，判定其环境空气质量是否满足环境空气质量标准的要求；

③确定监测网覆盖区域内重要污染源对环境空气质量的影响；

④确定监测网覆盖区域内环境空气质量的背景水平；

⑤确定监测网覆盖区域内环境空气质量的变化趋势；

⑥为制定地方大气污染防治规划和对策提供依据。

4.2.1.2 监测网络设计原则

空气污染物的时空分布特点，决定了空气质量监测时不仅要考虑时间因素，还要考虑污染物的空间分布特征，同时要考虑监测的目的。

环境空气质量监测网的设计，要能客观反映环境空气污染对人类生活环境的影响，并以本地区多年的环境空气质量状况及变化趋势、产业和能源结构特点、人口分布情况、地形和气象条件等因素为依据，充分考虑监测数据的代表性，按照监测目的确定监测网的布点。

4.2.1.3 设计监测网络的基本方法

监测网的设计应考虑所设监测点位的代表性，常规环境空气质量监测点可分为污染监控点、空气质量评价点、空气质量对照点和空气质量背景点四类。

(1)污染监控点

污染监控点是为监测管辖地区空气污染物的最高浓度，或主要污染源对当地环境空气质量的影响而设置的监测点。为监测固定工业污染源对环境空气质量影响而设置的污染监控点，其代表范围一般为半径100～500 m的区域，当考虑较高的点源对地面污染物浓度的影响时需扩大到半径500 m～4 km区域；为监测道路交通污染源对环境空气质量影响而设置的污染监控点，其代表范围为人们日常生活和活动场所中受道路交通污染源排放影响的道路两旁及其附近区域。

(2)空气质量评价点

空气质量评价点是以获得监测地区的空气质量变化趋势或各环境质量功能区的代表性浓度为目的而设置的监测点。空气质量评价监测点代表范围一般为半径500 m～4 km的区域，当某一地区空气中污染物的浓度较低或空间变化较小时可扩大到半径4 km至几十千米的区域。

(3)空气质量对照点

空气质量对照点是以监测不受当地污染影响的城市地区空气质量状况为目的而设置的监测点，其代表范围一般为半径几十千米的区域。

(4)空气质量背景点

空气质量背景点是以监测国家或大区域范围的空气质量背景值为目的而设置的监测点，该类监测点的代表范围一般为半径100 km以上的区域。

国家环境空气质量监测网应设置环境空气质量评价(监测)点、空气质量背景(监测)点及空气质量对照(监测)点。地方环境空气质量监测网即各省(自治区、直辖市)级或市(地)级环境空气质量监测网，应设置数量不少于国家在相应城市的设置数量的环境空气质量评价点，并根据需要设置污染监控点和空气质量对照点。

4.2.1.4 监测布点的基本要求

(1)国家环境空气质量监测布点的基本要求

国家环境空气质量监测网应设置环境空气质量评价点、环境空气质量背景点以及区域环境空气质量对照点。

国家环境空气质量评价点可从根据国家环境管理需要确定的地方空气质量评价点中选取。国家环境空气质量评价点的点位设置应符合下列要求：

①位于各城市的建成区内，并相对均匀分布，覆盖全部建成区。

②用全部空气质量评价点的污染物浓度计算出的算术平均值应代表所在城市建成

区污染物浓度的区域总体平均值。区域总体平均值可用该区域加密网格点（单个网格应不大于 2 km×2 km）实测或模拟计算的算术平均值作为其估计值，用全部空气质量评价点在同一时期的污染物浓度计算出的平均值与该估计值的相对误差应在 10%以内。

③用该区域加密网格点（单个网格应不大于 2 km×2 km）实测或模拟计算的算术平均值作为区域总体平均值计算出 30、50、80 和 90 百分位数的估计值；用全部空气质量评价点在同一时期的污染物浓度平均值计算出的 30、50、80 和 90 百分位数与这些估计值比较时，各百分位数的相对误差在 15%以内。

④各城市区域内国家环境空气质量评价点的设置数量应符合《环境空气质量监测点位布设技术规范（试行）》（HJ 664—2013）的要求（具体见表 4.5 国家环境空气质量评价点设置数量要求）。

⑤根据表 4.5，城市人口和按建成区面积确定的最少点位数不同时，取两者中的较大值。

⑥对于必测项目中存在年平均浓度连续 3 年超过国家环境空气质量标准二级标准 20%以上的城市区域，空气质量评价点的最少数量应为表 4.5 规定数量的 1.5 倍以上。

国家环境空气质量背景点和区域环境空气质量对照点应根据我国的大气环流特征，在远离污染源，不受局部地区环境影响的地方设置，也可在符合上述要求的地方环境空气质量监测点中选取。空气质量背景点原则上应离开主要污染源及城市建成区 50 km 以上，区域环境空气质量对照点原则上应离开主要污染源及城市建成区 20 km 以上。

表 4.5 国家环境空气质量评价点设置数量要求

建成区城市人口/万人	建成区面积/km^2	最少监测点数
<25	<20	1
25～50	20～50	2
50～100	50～100	4
100～200	100～200	6
200～300	200～400	8
>300	>400	按每 50～60 km^2 建成区面积设 1 个监测点，并且不少于 10 个点

（2）地方环境空气质量监测布点的基本要求

地方环境空气质量监测网应设置空气质量评价点，并根据需要设置污染监控点和空气质量对照点。

地方环境空气质量评价点的设置数量应不少于国家环境空气质量评价点在相应城市的设置数量，其覆盖范围为城市建成区。在划定环境空气质量功能区的地区，每类功能区至少应有 1 个监测点。应根据本地区的污染源资料、气象资料和地理条件等因素，确定本地区开展环境空气质量状况调查的方式，并根据调查数据筛选出适合的地方环境空气质量评价点。所筛选出的点位应符合下列要求：

①位于各城市建成区内，且相对均匀分布，覆盖全部建成区。

②用全部空气质量评价点的污染物浓度计算出的算术平均值应代表所在城市建成

区污染物浓度的区域总体平均值。区域总体平均值可用该区域加密网格点(单个网格应不大于 2 km×2 km)实测或模拟计算的算术平均值作为其估计值,用全部空气质量评价点在同一时期测得的污染物浓度计算出的平均值与该估计值相对误差应在 10%以内。

③用该区域加密网格点(单个网格应不大于 2 km×2 km)实测或模拟计算的算术平均值作为区域总体计算出 30、50、80 和 90 百分位数的估计值;用全部空气质量评价点在同一时期的污染物浓度计算出的 30、50、80 和 90 百分位数与这些估计值比较时,各百分位数的相对误差在 15%以内。

污染监控点和地方环境空气质量对照点的数量由地方环境保护行政主管部门组织各地环境监测机构根据本地区环境管理的需要设置。其数据可用于分析空气污染来源,并作为环境规划依据,但不参加城市环境空气质量平均值计算。

地方环境空气质量对照点应离开主要污染源、城市居民密集区 20 km 以上,并设置在城市主导风向的上风向。

(3)环境空气质量监测点的其他要求

环境空气质量监测点位的设置除符合上述规定外,还应符合下列要求:

①具有较好的代表性,能客观反映一定空间范围内的环境空气污染水平和变化规律。

②各监测点之间设置条件尽可能一致,使各个监测点获取的数据具有可比性。

③监测点应尽可能均匀分布,同时在布局上应反映城市主要功能区和主要大气污染源的污染现状及变化趋势。

④应结合城市规划考虑监测点的布设,使确定的监测点能兼顾未来城市发展的需要。

⑤为监测道路交通污染源或其他重要污染源对环境空气质量影响而设置的污染监控点,应设在可能对人体健康造成影响的污染物高浓度区域。

4.2.2 空气样品的采集

采集空气样品的方法要综合考虑欲测污染物的状态、浓度、物理化学性质及所用分析方法等因素后进行选择。当空气中被测组分浓度较高或测定方法灵敏度较高时,一般采用直接采样法,如注射器采样法、塑料袋采样法、采气管法和真空瓶法等。如果空气中被测组分浓度较低(10^{-9}~10^{-6}数量级),直接采样不能满足分析方法的测定限要求,应采用富集(浓缩)采样法,如溶液吸收法、填充柱阻留法、滤料阻留法和自然积集法等。

4.2.2.1 直接采样法

直接采样法适用于一氧化碳、挥发性有机物、总烃等污染物的样品采集,常用于空气中被测组分浓度较高或所用分析方法灵敏度较高的情况。根据气态污染物的理化特性及分析方法的检出限,选择相应的采样装置,一般采用注射器、气袋、采气管、真空瓶。

①注射器采样。注射器通常用由玻璃、塑料等材质制成,采样前根据方法要求选择。一般用 50 mL 或 100 mL 带有惰性密封头的注射器。采样前,所用注射器要通过气密性和空白检查,并保证内部无残留气体。采样时,移去注射器的密封头,抽吸现场空气 3~5 次,

然后抽取一定体积的气样，密封后将注射器进口朝下、垂直放置，使注射器的内压略大于大气压。样品保温并避光保存，采样后尽快分析，在监测方法标准规定的时限内测定完毕。

②气袋采样。气袋适用于采集化学性质稳定、不与气袋起化学反应的低沸点气态污染物。气袋常用的材质有聚四氟乙烯、聚乙烯、聚氯乙烯和金属衬里（铝箔）等。根据监测方法标准要求和目标污染物性质等选择合适的气袋。采样前应检查气袋是否密封良好，是否有破裂损坏等情况，并进行气密性检查，确保采样系统不漏气。采样时，用现场空气清洗气袋 3～5 次后再正式采样，采样后迅速将进气口密封。样品存放时间不宜过长，应在最短的时间内送至实验室分析。

③采气管采样。采气管是两端带有活塞的玻璃管，其容积为 100～500 mL，如图 4.4 所示。采样时，采气管的一端接抽气泵，打开两端活塞，抽进比采气管容积大 6～10 倍的欲采气体，使采气管中原有的气体完全被置换出，关上两端活塞，带回实验室分析。

④真空瓶采样。真空瓶一般由硬质玻璃制作，通常配有进气阀门和真空压力表，可重复使用，容积为 500～1000 mL。每批次真空瓶应进行空白测定。采样前，真空瓶应先清洗或加热清洗 3～5 次，再抽真空，真空度应符合相关监测方法标准的要求，如图 4.5 所示。采样时打开瓶口上的旋塞，被采气样即入瓶内，关闭旋塞，带回实验室分析。

如采样瓶（管）内真空达不到 1.3kPa、采样体积应根据剩余压力按式（4.1）进行计算：

$$V = V_0 \times \frac{P - P'}{P} \tag{4.1}$$

式中 V——采样体积（L）；

V_0——真空采样瓶体积（L）；

P——大气压力（kPa）；

P'——瓶中剩余压力（kPa）。

图 4.4 采气管

图 4.5 真空瓶

4.2.2.2 富集（浓缩）采样法

当大气中被测物质浓度很低，或所用分析方法灵敏度不高时，需用富集（浓缩）采样法对大气中的污染物进行浓缩。富集（浓缩）采样的时间一般都比较长，测得的结果是在采样时段内的平均浓度。富集（浓缩）采样法有溶液吸收法、低温冷凝法、填充柱阻留法、滤料阻留法、自然积集法等。

（1）溶液吸收法

溶液吸收法是采集大气中气态、蒸气态及某些气溶胶态污染物质的常用方法。采样时，用抽气装置将待测空气以一定流量抽入装有吸收液的吸收管（或吸收瓶）。采样后，测定吸收液中待测物质的量，根据采样体积计算大气中污染物的浓度。

常用的吸收液有水、水溶液、有机溶剂等。吸收液吸收污染物的原理分为两种：一种是气体分子溶解于溶液中的物理作用，如用水吸收甲醛；另一种是基于发生化学反应的吸收，如用碱性溶液吸收酸性气体。伴有化学反应的吸收速度显然大于只有溶解作用的吸收速度。因此，除溶解度非常大的气体外，一般都选用伴有化学反应的吸收液。

对吸收液的选择原则是：一是对气态污染物质溶解度大，与之发生化学反应的速度快；二是污染物质在吸收液中有足够的稳定时间；三是要便于后续分析测定工作；四是吸收液毒性小、成本低且尽可能回收利用。

根据吸收原理不同，常用吸收管可分为气泡式吸收管、冲击式吸收管、多孔筛板吸收管（瓶）等几种类型。各种吸收管（瓶）结构如图 4.6 所示。

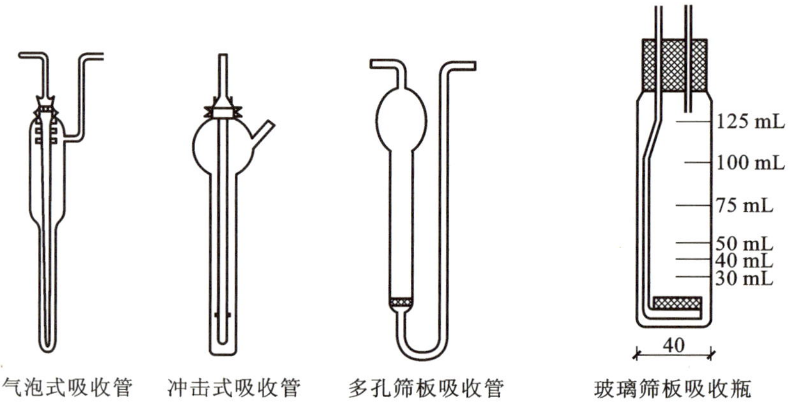

图 4.6　气体吸收管（瓶）

①气泡式吸收管

管内装有 5～10 mL 吸收液，进气管插至吸收管底部，气体在穿过吸收液时，形成气泡，增大了气体与吸收液的界面接触面积，有利于气体中污染物质的吸收。气泡吸收管主要用于吸收气态、蒸气态物质。

②冲击式吸收管

冲击式吸收管适宜采集气溶胶态物质。这种吸收管有小型（装 5～10 mL 吸收液，采样流量为 3.0 L/min）和大型（装 50～100 mL 吸收液，采样流量为 30.0 L/min）两种。该吸收管的进气管喷嘴孔径小，距瓶底又很近，当被采气样快速从喷嘴喷出冲向管底时，气溶胶颗粒因惯性作用冲击到管底被分散，从而易被吸收液吸收。但不适合采集气态和蒸气态物质，因为气体分子的惯性小，在快速抽气的情况下，容易随空气一起逃逸。冲击式吸收管的吸收效率是由喷嘴口径的大小和喷嘴距瓶底的距离决定的。

③多孔筛板吸收管（瓶）

可用于采集气态、蒸气态及雾态气溶胶物质。多孔筛板吸收管可装 5～10 mL 吸收液，采样流量为 0.1～1.0 L/min。吸收瓶有小型（装 10～30 mL 吸收液，采样流量为 0.5～2.0 L/min）和大型（装 50～100 mL 吸收液，采样流量为 30.0 L/min）两种。管（瓶）出气口处熔接一块多孔型的砂芯玻璃板，当气体通过时，被分散成很小的气泡，且阻留时间长，大大增加了气液接触面积，提高了吸收效率。

溶液吸收法的吸收效率主要决定于吸收速度，而吸收速度主要取决于吸收液对待测物质的溶解速度和待测物质与吸收液的接触面积和接触时间。因此，要提高吸收效率，必须根据待测物质的性质和在大气中的存在形式正确地选择吸收溶液和吸收管。

(2)低温冷凝法

低温冷凝法可提高低沸点气态污染物的采集效率。此法是将U形或蛇形采样管插入冷阱中，分别连接采样入口和泵，当大气流经采样管时，被测组分因冷凝而凝结在采样管底部，达到分离和富集的目的，如图4.7所示。收集后，可送实验室移去冷阱进行分析测试，如测定烯烃类、醛类等。

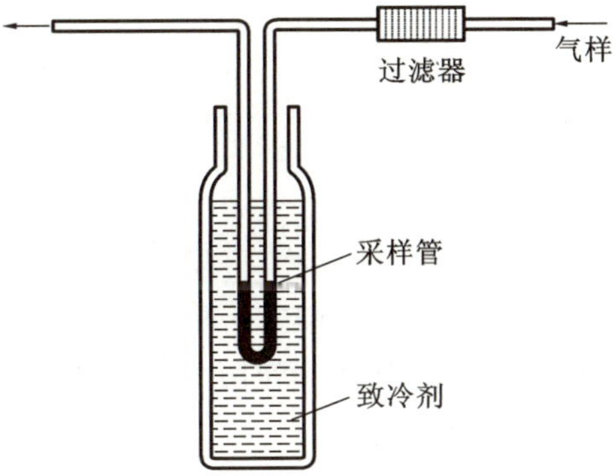

图4.7 低温冷凝采样法

制冷方法有制冷剂法和半导体制冷器法。常用的制冷剂有冰-食盐(−4 ℃)、干冰-乙醇(−72 ℃)、液态空气(−190 ℃)、液氮(−183 ℃)等。

采样过程中，为了防止气样中的微量水、二氧化碳在采样管内产生分析误差，可在采样管的进气端装过滤器(内装石棉、氯化钙、碱石灰、高氯酸镁等)除去水分和二氧化碳。但所用干燥剂和净化剂不能与被测组分发生作用，以免引起被测组分损失。

(3)填充柱阻留法

用一根内径3～5 mm、长6～10 cm的玻璃管或塑料管，内装颗粒状填充剂。采样时，气体以一定流速通过填充柱，被测组分因吸附、溶解或化学反应等作用而被阻留在填充剂上，达到浓缩采集的目的。采样后，通过解吸或溶剂洗脱使被测物从填充剂上分离释放出来，然后进行分析测试。根据填充剂阻留作用原理的不同可将填充柱分为吸附型、分配型、反应型三种。

吸附型填充柱中的填充剂是固体颗粒状吸附剂，如硅胶、活性炭、分子筛、高分子多孔微球等。一般吸附能力越强，采样效率就越高，但解吸就越困难，所以在选择吸附剂时要同时考虑吸附效率和解吸能力。分配型填充柱内的填充剂是表面涂有高沸点的有机溶剂(如异十三烷)的惰性多孔颗粒物(如硅藻土)，采样时，气样通过填充柱，在有机溶剂(固定相)中分配系数大的组分保留在填充剂上而被富集。反应型的填充剂是在一些惰性担体(如石英砂、滤纸、玻璃棉等)表面涂一层能与被测物质起反应的试剂制成，也可用能与被测组分发生化学反应的纯金属(如Cu、Au、Ag、Zn等)微粒或丝毛做填充剂。

(4)滤料阻留法

将滤料(滤纸或滤膜)夹在采样夹上，如图4.8所示。采样时用抽气泵抽气，则空气中颗粒物被阻留在滤料上，称量滤料上富集的颗粒物质量，根据采样体积，即可计算出空气颗粒物浓度。这种方法主要用于大气中的气溶胶、降尘、可吸入颗粒物、烟尘等的测定。

运用滤料直接阻截、惯性碰撞、扩散沉降、静电引力和重力沉降等作用原理，可以采集空气中的气溶胶颗粒物。滤料有单一作用滤料如静电引力滤纸，也有综合作用滤料。滤料的采集效率除与本身性质有关外，还与采集速度、颗粒物大小有关。就速度而论，低

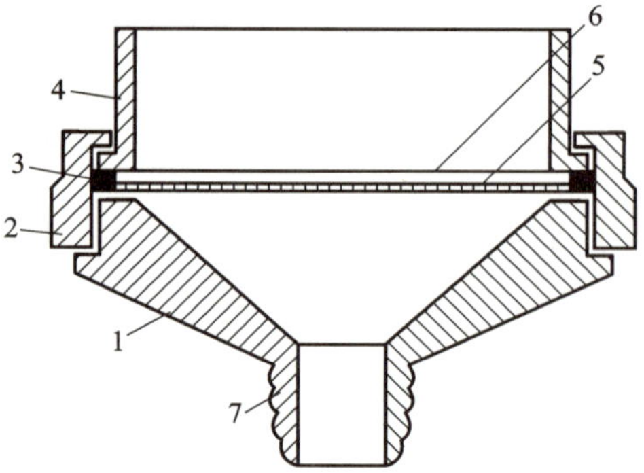

图 4.8 滤膜采样夹示意图

1—底座；2—紧固圈；3—密封圈；4—接座圈；5—支撑网；6—滤膜；7—抽气接口

速采样，以扩散沉降作用为主，采集细颗粒效率高；高速采样，以惯性碰撞作用为主，对大颗粒采样效率高。

(5)自然积集法

自然积集法是利用物质的自然重力、空气动力和浓差扩散作用采集大气中的被测物质，如大气中氟化物、自然降尘量、硫酸盐化速率等样品的采集。此方法不需动力设备，采样时间长，测定结果能较真实地反映空气污染情况。

①降尘样品的采集

采集大气中降尘的方法有湿法和干法两种，其中湿法应用较广泛。

a. 湿法采样。一般使用集尘缸，集尘缸为圆筒形玻璃（或塑料、瓷、不锈钢）缸。采样时在缸中加一定量的水，放置在距地面 5～15 m 处，附近无高大建筑物及局部污染源，采样口距基础面 1.5 m 以上，以避免扬尘的影响。集尘缸内加水 1500～3000 mL，夏季需要加入少量硫酸铜溶液，抑制微生物及藻类的生长，冰冻季节需加入适量的乙醇或乙二醇作为防冻剂。采样时间为(30±2) d，多雨季节注意及时更换集尘缸，防止水满溢出。

b. 干法采样。干法采样一般使用标准集尘器，如图 4.9 所示。我国的干法采样是将集尘缸洗干净，在缸底放入塑料圆环，塑料筛板放在圆环上以防止已沉降的尘粒被风吹出，如图 4.10 所示。采样前缸口用塑料袋罩好，携至采样点后，再取下塑料袋进行采样。在夏季可加入 0.05 mol/L 硫酸铜溶液 2～8 mL，以抑制微生物及藻类的生长。

按月定期取换集尘缸一次，取缸规定为月初的 5 日前进行完毕。取缸时要校对地点、缸号，记录取样时间，然后罩好塑料袋，带回实验室。

②硫酸盐化速率样品的采集

排放到大气中的二氧化硫、硫化氢等含硫化合物，经过一系列氧化反应，最终形成硫酸雾和硫酸盐雾的过程称为硫酸盐化。常用的采样方法有二氧化铅法和碱片法。

a. 二氧化铅采样法是先将二氧化铅糊状物涂在纱布上，然后将纱布绕贴在素瓷管上，制成二氧化铅采样管。将其放置在采样点上，则大气中的二氧化硫、硫酸雾等与二氧化铅反应生成硫酸铅。

b. 碱片法是将用碳酸钾溶液浸渍过的玻璃纤维滤膜置于采样点上，则大气中的二氧化硫、硫酸雾等与碳酸盐反应生成硫酸盐。

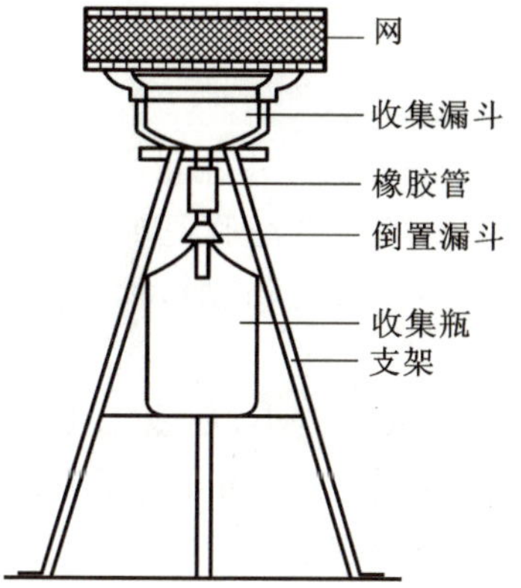

图 4.9 标准集尘器

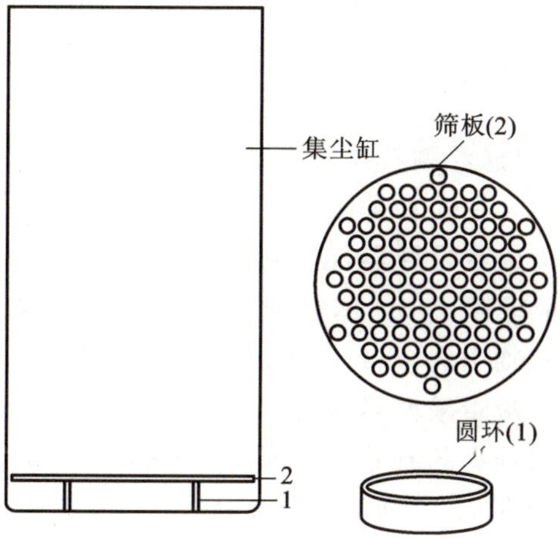

图 4.10 干法采样集尘缸

4.2.2.3 采样仪器

直接采样法采样时用采气管、塑料袋、真空瓶即可。但是富集采样法需使用采样仪器才能够收集到所需的气体样品。采样仪器主要由收集器、流量计和采样动力三部分组成，如图 4.11 所示。如果增加流量调节、自动定时控制等部件就可以组成不同型号的采样器。

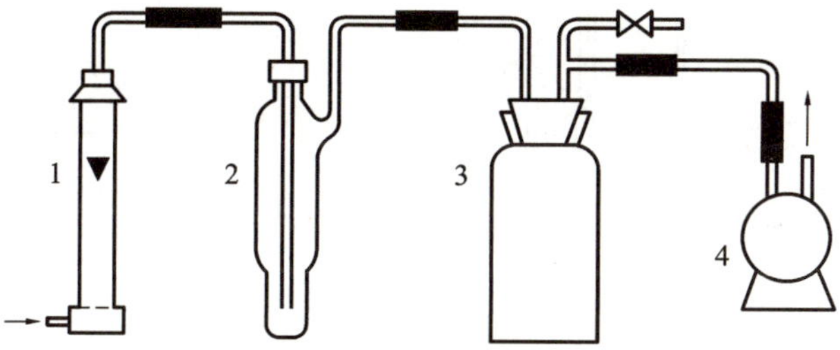

图 4.11 采样器组成

1—流量计；2—收集器；3—缓冲瓶；4—抽气泵

收集器有大气吸收管(瓶)、填充柱、滤料采样夹、低温冷凝采样管等类型。流量计是测量气体流量的仪器，流量是计算采集气样体积必知的参数。当用抽气泵作抽气动力时，通过流量计的读数和采样时间可以计算所采空气的体积。常用的流量计有孔口流量计、转子流量计和限流孔，均需定期校正。采样动力应根据所需采样流量、采样体积、所用收集器及采样点的条件进行选择。一般要求抽气动力的流量范围较大，抽气稳定，造价低，噪声小，便于携带和维修。

大气采样仪器的型号很多，按其用途可分为气态污染物采样器和颗粒物采样器。

(1)气态污染物采样器

环境空气监测的气态污染物采样器，主要基于溶液吸收法，采样流量一般为 0.5～2.0 L/min。分为便携式和固定式(恒温恒流)两种类型，常用的便携式大气采样器有 KB-6A 型、KB-B 型、KB-6C 型、DC-2 型、CH-4 型、TH-110B 型等，常用的固定式恒温恒流采样器有 HZL 型、HZ-2 型、TH-3000 型(恒温、限流孔温度范围 37～43℃,流量误差±5%)等,还有废气采样器,如 YQ-2 型、YQC-Ⅱ型(防湿、全加热采样管、温度控制在±5%)等。

(2)总悬浮颗粒物采样器

总悬浮颗粒物采样器按其采气流量大小分为大流量采样器和中流量采样器。

①大流量采样器,滤料夹可安装 20 cm×25 cm 的玻璃纤维滤膜,以 1.1～1.7 m^3/min 流量采样 8～24 h,如图 4.12 所示。当采气量达 1500～2000 m^3 时,样品滤膜可用于测定颗粒物中的金属、无机盐及有机污染物等组分。

②中流量采样器的采样夹面积和采样流量比大流量采样器小,如图 4.13 所示。我国规定采样夹的有效直径为 80 mm 或 100 mm。当用有效直径 80 mm 滤膜采样时,采气流量控制在 7.2～9.6 m^3/h;用 100 mm 滤膜采样时,流量控制在 11.3～15 m^3/h。

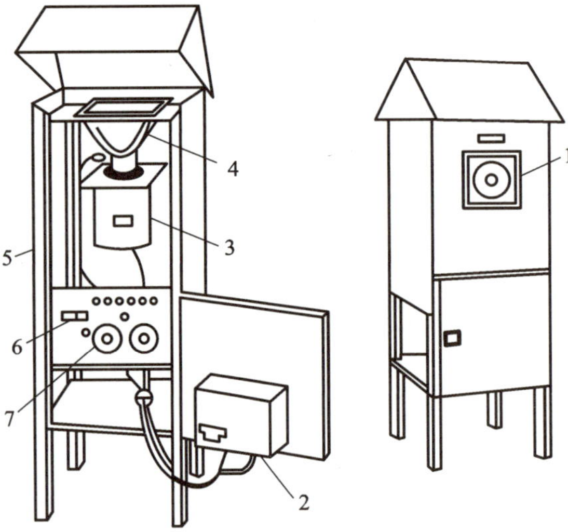

图 4.12 大流量颗粒物采样器

1—流量记录器;2—流量控制器;3—抽气风机;
4—滤膜夹;5—铝壳;6—工作计时器;
7—计时器的程序控制器

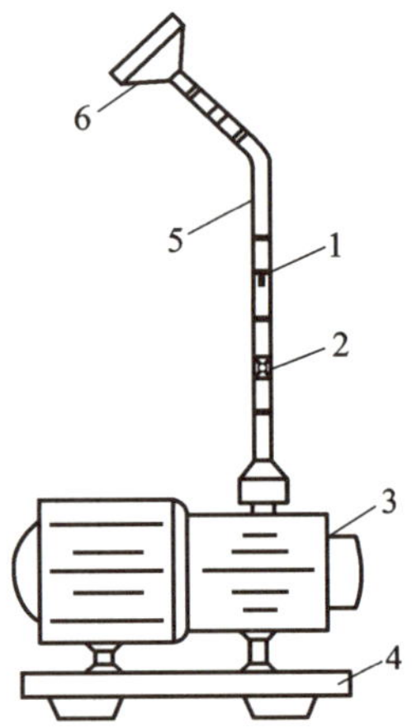

图 4.13 中流量颗粒物采样器

1—流量计;2—调节阀;
3—采样泵;4—消声器;
5—采样管;6—采样头

(3)可吸入颗粒物采样器

采集可吸入颗粒物广泛使用大流量采样器。在连续自动监测仪器中,可采用静电捕集法、β 射线法或光散射法直接测定可吸入颗粒物的浓度,但不论哪种采样器都装有分尘器。分尘器有旋风式、向心式、多层薄板式、撞击式等多种。它们又分为二级式和多级式。二级式用于采集 10 μm 以下的颗粒物,多级式可分级采集不同粒径的颗粒物,用于测定颗粒物的粒度分布。所有的分尘器在使用前,必须用标准粒子发生器制备的标准粒子进行校准。

4.2.2.4 采样记录

采样是分析监测的第一步,采样时测定的许多参数,是分析结果的计算必须使用的重要参数。采样过程获取的第一手资料,对于监测结果分析、环境质量评价、事故原因分析具有重要的参考价值。因此，监测过程中必须规范采样记录管理，认真填写采样记录。例如，空气中气态污染物采样记录见表 4.6。

表 4.6 气态污染物采样记录表

采样地点：________ 污染物名称：________ 采样方法：________ 采样仪器：________

采样日期	样品编号	采样时间/min		气温/℃	气压/kPa	采样流量/(L/min)			采集空气			天气状况
		开始	结束						时长/min	采样体积/L	标准体积/L	

采样者：________ 审核者：________

4.2.3 样品的预处理

对于富集(浓缩)采样法采集的样品一般不能直接利用仪器进行测定，如滤料阻留法采集的样品在测定前，必须将滤料上的待测污染物转入溶液中后才能进行测定。

4.2.3.1 吸收液样品的预处理

用溶液吸收法采集的吸收液样品通常可以直接用于测定，不必做预处理。但是，在某些情况下，如吸收液样品中待测污染物浓度太低或太高，样品中含有干扰的污染物时，需要进行预处理。常用的预处理方法有稀释、浓缩和溶剂萃取法等。

(1)稀释或浓缩

吸收液样品中待测污染物浓度高于测定方法的测定范围时，可用吸收液稀释后测定。如果吸收液样品中待测污染物浓度高是由于采样过程中吸收液的溶剂挥发损失而造成的，则应先补充溶剂，恢复吸收液原本组成后，再用吸收液进行适当稀释。吸收液样品中待测污染物的浓度低于测定方法的测定范围时，可将吸收液样品通过挥发或蒸馏等方法浓缩后测定。

在进行稀释或浓缩时，要注意稀释或浓缩后样品基体的变化对测定结果的影响。

(2)溶剂萃取法

吸收液样品中待测污染物的浓度低于测定方法的测定范围时，或样品中含有干扰的污染物时，为了达到分离干扰物和浓缩待测污染物的目的，可以采用溶剂萃取法。

4.2.3.2 滤料样品的预处理

固体阻留法采集空气样品时，待测污染物首先被采集到相应滤料上，需将滤料上的待测污染物转移到溶液中，然后再利用原子吸收分光光度计、原子荧光及分光光度计、气相色谱仪等仪器进行分析测定。滤料样品中待测污染物不同，采取的处理方法不同，常用的处理方法有洗脱法、消解法、溶剂解吸法和热解吸法。

(1)洗脱法

洗脱法是用溶剂或溶液(称为洗脱液)将滤料上的待测污染物溶液洗下来的方法。

例如，滤膜采集空气中的金属及其化合物后，用硝酸溶液浸泡滤膜，将金属污染物溶液洗入硝酸溶液中，然后利用原子吸收分光光度计或原子荧光及分光光度计进行测定。洗脱过程可以是简单的溶解过程，也可以是经过化学反应生成可溶性化合物的过程，或者是两者兼有。浸渍滤料采集某些气态或蒸气态化合物后也常用洗脱法处理。

洗脱法不使用浓酸，操作简单、省时、安全、经济。在洗脱操作中，滤料基本上不发生变化，滤膜在洗脱液中不会发生纤维脱落，因此，洗脱液一般不必进行过滤或离心等操作，可以直接进行测定，或浓缩后进行测定。滤纸在洗脱液中较易发生纤维脱落，若影响测定，必须进行过滤或离心。洗脱法的使用有一定的局限性，因有些金属及其化合物难溶于水或稀酸溶液，没有合适的洗脱液，难以得到满意的洗脱效率。

(2)消解法

消解法是利用高温和(或)氧化作用将滤料及样品基质破坏，制成便于测定的样品溶液。常用的消解液(氧化剂)有氧化性酸，如硝酸、高氯酸及过氧化氢等。为了提高消解效率和加快消解速率，经常使用混合消解液，如 1 ∶ 9 的高氯酸和硝酸的混合消解液(常用于微孔滤膜样品的消解)。加热是提高消解效率和加快消解的方法，加热温度一般在 300 ℃以下，通常在 200 ℃左右，特别是对于易挥发的待测污染物样品处理，加热温度一般不超过 200 ℃。将样品在消解液中浸泡过夜，可以缩短加热消解的时间。在消解结束时，不要将消解液蒸发干。保留少量消解液，有利于样品的溶解和测定。若将消解液蒸干，再在较高温度下加热，有可能生成难溶的金属氧化物，影响测定。

与洗脱法相比，消解法应用范围广，适用于各种待测污染物样品的处理。但需要使用浓酸并加热，操作时要注意安全，防止烫伤、腐蚀皮肤和衣服，特别在使用高氯酸时，要防止爆炸。

(3)溶剂解吸法

溶剂解吸法是将采样后的固体颗粒状吸附剂放入溶剂解吸瓶内，加入一定量的解吸液，密封溶剂解吸瓶，解吸一定的时间，大量的解吸液分子将吸附在固体颗粒状吸附剂上的待测污染物置换出来，并进入解吸液中，解吸液供测定。为了加快解吸速率和提高解吸效率，可以振摇解吸瓶，或用超声波帮助解吸。

解吸液应根据待测污染物及其所使用的固体颗粒状吸附剂的性质来选择。通常非极性固体吸附剂，对于非极性化合物的吸附能力强，解吸时用非极性解吸液。如用非极性固体吸附剂活性炭管吸附的有机物质，大多数用二硫化碳作为解吸液，而用极性固体吸附剂硅胶采集的醛醇等极性化合物通常用水或醇类化合物解吸。

(4)热解吸法

热解吸法是将热解吸固体颗粒状吸附剂管放在专用的热解吸器中，在一定温度下进行解吸，然后通入氮气等化学惰性气体作为载气，将解吸出来的待测污染物直接通入分析仪器(如气相色谱仪)进行测定，或先收集在容器(如 100 mL 注射器)中，然后取出一定体积样品气进行测定。如果将解吸出来的样品气全部充入分析仪器测定，具有较高的测定灵敏度，但只能测定一次，不能重复测定；使用注射器收集后进行测定，则可根据解吸样品气中待测污染物浓度大小，取不同体积进行测定，以得到满意的结果，但灵敏度相对较低。

热解吸法不使用解吸溶剂，但需要专用的热解吸器，热解吸器的性能优劣对解吸效率的稳定性和测定结果的准确度、精密度影响很大。

4.2.4 采样体积的计算

4.2.4.1 现场状态下采样体积的计算

$$V_t = Q \times t \tag{4.2}$$

式中 V_t——通过一定流量采集一定时间后获得的气体样品体积(L)；

Q——采样流量(L/min)；

t——采样时间(min)。

4.2.4.2 现场状态下的体积换算

气体体积随温度、压力的不同而发生变化。我国空气质量标准是以标准状态下(0 ℃，101.325 kPa)时的气体体积为对比依据。为使计算出的浓度具有可比性，需要将现场状态下的体积换算成标准状态下的体积，根据气体状态方程，换算公式如下：

$$V_0 = V_t \times \frac{273}{273 + t} \times \frac{p}{101.325} \tag{4.3}$$

式中 V_0——标准状态下的采样体积(L 或 m^3)；

V_t——现场状态下的采样体积(L 或 m^3)；

t——采样时的温度(℃)；

p——采样时的大气压力(kPa)。

美国、日本和世界卫生组织开展的全球环境监测系统采用的是参比状态(25 ℃，101.325 kPa)。此状态下的气体摩尔体积为 24.5 L/mol，进行数据比较时应注意。

4.2.5 采样效率及评价

采样方法或采样仪器的采样效率是指在规定的采样条件(如流量、污染物浓度、采样时间等)下，所采集到的污染物量占实际总量的百分数。对于空气中不同存在状态的污染物，其采样效率的评价方法是不相同的。

4.2.5.1 气态和蒸气态污染物采样效率的评价方法

采集气态和蒸气态污染物常用溶液吸收法和填充柱吸附法。评价这些采样方法的效率有绝对比较法和相对比较法。

(1)绝对比较法

精确配制已知浓度为 C_0 的标准气体，用所选用的采样方法采集标准气体，测定其浓度 C_1，则采样效率 K 为 C_1 与 C_0 比值。用这种方法评价采样效率是比较理想的，但由于配制已知浓度的标准气有困难，实际应用时受到限制。

(2)相对比较法

配制一个恒定浓度的气体样品，其浓度不一定要求已知，然后用 2～3 个采样管串联起来采集所配样品，分别测定各采样管中的污染物的含量，计算第一个采样管含量占总量百分数，采样效率 K 按下式计算：

$$K = \frac{C_1}{C_1 + C_2 + C_3} \tag{4.4}$$

式中 C_1，C_2，C_3——第一、第二、第三采样管中测得的浓度。

采样效率评价公式说明，第一采样管浓度所占比例越高，采样效率越高。一般要求 K 值为 90%以上。如果第二、第三采样管的浓度比第一采样管的浓度小得多，可以将三个管的浓度相加近似等于所配气体浓度。当采样效率过低时，应采取更换采样管、吸收剂或降低抽气速度等措施提高采样效率。

4.2.5.2 采集颗粒物（气溶胶颗粒）效率的评价方法

采集颗粒物效率有两种表示方法。一种是颗粒采样效率，即所采集到的气溶胶颗粒数目占总颗粒数目的百分数；另一种是质量采样效率，即所采集到的气溶胶（颗粒）的质量占总质量的百分数。由于衡量尺度不同，用上述两种方法计算出的采样效率值是不相同的。

评价采集颗粒物（气溶胶）效率的方法与评价气态和蒸气态的采样效率有很大的不同。一是由于配制已知浓度标准气溶胶颗粒在技术上比配制气态和蒸气态标准气体要复杂得多，而且气溶胶粒度范围很大，所以很难在实验室模拟现场存在的气溶胶各种状态；二是用滤料采样就像一个滤筛一样，能滑过第一张滤纸或滤膜的细小颗粒，也可能滑过第二、第三张滤纸或滤膜，因此用相对比较法评价颗粒物（气溶胶）采样效率很困难。颗粒物的采样效率需采用另一个更高效率的采样方法进行判定。例如，常用一个灵敏度很高的颗粒计数器测量进入滤料前后的空气中的颗粒数，进而来计算颗粒采样效率。

实际大气监测中，采集颗粒物（气溶胶）的效率，一般用质量采样效率表示，只有在特殊情况下，才用颗粒采样效率表示。

4.3 气态无机污染物的测定

4.3.1 二氧化硫（SO_2）的测定

SO_2 是一种无色、易溶于水、有刺激性气味的气体，是主要空气污染物之一，是例行监测的必测项目。环境空气 SO_2 测定的国标方法是四氯汞盐吸收-副玫瑰苯胺分光光度法和甲醛吸收-副玫瑰苯胺分光光度法。

4.3.1.1 四氯汞盐吸收-副玫瑰苯胺分光光度法

（1）测定原理

空气中的 SO_2 被四氯汞钾溶液吸收后，生成稳定的二氯亚硫酸盐络合物；该络合物再与甲醛及盐酸副玫瑰苯胺作用，生成紫色络合物，其颜色深浅与 SO_2 含量成正比；在 548 nm 或 575 nm 处测定吸光度，比色定量。该方法具有灵敏度高、选择性好等优点，但吸收液毒性较大。

(2)测定要点

首先配制好所需试剂,用空气采样器采样;然后按要求,用亚硫酸钠标准溶液配制标准色列、试剂空白溶液,并将样品吸收液显色、定容;最后,在最大吸收波长处以蒸馏水作参比,用分光光度计测定标准色列、试剂空白和样品试液的吸光度;以标准色列 SO_2 含量为横坐标,相应吸光度为纵坐标,绘制标准曲线,并计算出计算因子(标准曲线斜率的倒数),按下式计算空气中 SO_2 浓度:

$$C = \frac{(A - A_0) \cdot B_s}{V_0} \cdot \frac{V_t}{V_a} \tag{4.5}$$

式中 C——空气中 SO_2 浓度(mg/m^3);

A——样品试液的吸光度;

A_0——试剂空白溶液的吸光度;

B_s——计算因子(μg/吸光度);

V_0——换算成标准状况下的采样体积(L);

V_t——样气吸收液总体积(mL);

V_a——测定时所取样气吸收液体积(L)。

(3)注意事项

①有两种操作方法:一种方法是所用盐酸副玫瑰苯胺显色溶液含磷酸量较少,最终显色溶液 pH 值为 1.6±0.1,呈红紫色,最大吸收波长在 548 nm 处,试剂空白值较高,最低检出限为 0.75 μg/25 mL;当采样体积为 30 L 时,最低检出浓度为 0.025 mg/m^3。另一种方法是所用盐酸副玫瑰苯胺显色溶液含磷酸量较多,最终显色溶液 pH 值为 1.2±0.1,呈蓝紫色,最大吸收波长在 575 nm 处,试剂空白值较低,最低检出限为 0.40 μg/7.5 mL;当采样体积为 10 L 时,最低检出浓度为 0.04 mg/m^3,灵敏度略低。

②温度、酸度、显色时间等因素影响显色反应,标准溶液和试样溶液操作条件应保持一致。

③氮氧化物、臭氧、锰、铁、铬等离子对测定有干扰。采样后放置片刻,臭氧可自行分解;加入磷酸和乙二胺四乙酸二钠盐可消除或减小某些金属离子的干扰。

4.3.1.2 甲醛吸收-副玫瑰苯胺分光光度法

该方法避免了使用毒性大的四氯汞钾吸收液,在灵敏度、准确度诸方面均可与四氯汞钾溶液吸收法相媲美,且样品采集后相当稳定,但操作条件要求较严格。

(1)测定原理

气样中的 SO_2 被甲醛缓冲溶液吸收后,生成稳定的羟基甲磺酸加成化合物,加入氢氧化钠溶液使加成化合物分解,释放出 SO_2 与副玫瑰苯胺、甲醛作用,生成紫红色化合物,用分光光度计在波长 577 nm 处测量吸光度。

当使用 10 mL 吸收液、采样体积为 30 L 时,测定空气中二氧化硫的检出限为 0.007 mg/m^3,测定下限为 0.028 mg/m^3,测定上限为 0.667 mg/m^3。当使用 50 mL 吸收液、采样体积为 288L、试份为 10 mL 时,测定空气中二氧化硫的检出限为 0.004 mg/m^3,测定下限为 0.014 mg/m^3,测定上限为 0.347 mg/m^3。

(2)测定要点

该方法的测定要点除吸收液不同外，其余过程与四氯汞盐吸收-副玫瑰苯胺分光光度法基本相同。即先配试剂，再采样，再配制标准色列和试剂空白溶液，再显色定容，最后测定吸光度、绘制标准曲线和计算空气 SO_2 浓度。

4.3.2 氮氧化物的测定

空气中的氮氧化物(NO_x)以一氧化氮(NO)、二氧化氮(NO_2)、三氧化二氮(N_2O_3)、四氧化二氮(N_2O_4)、五氧化二氮(N_2O_5)等多种形态存在，但其中主要存在形态是 NO_2 和 NO。NO 为无色、无臭、微溶于水的气体，在空气中极易被氧化成 NO_2，而 NO_2 是棕红色具有强刺激性臭味的气体，其毒性比 NO 高四倍，是引起支气管炎、肺损害等疾病的有害物质。因而，环境空气的氮氧化物污染，多通过测定 NO_2 含量来分析。

环境空气 NO_2 含量测定的国标方法是 Saltzman 法，即盐酸萘乙二胺分光光度法。测定环境空气 NO_x，则常用三氧化铬-石英砂氧化盐酸萘乙二胺分光光度法。

4.3.2.1 盐酸萘乙二胺分光光度法测定 NO_2 含量

该方法采样与显色同时进行，操作简便，灵敏度高，是国内外普遍采用的方法。当采样 4～24 L 时，测定空气中 NO_2 的适宜浓度范围为 0.015～2.0 mg/m^3。

(1)测定原理

空气中的二氧化氮被串联的第一支吸收瓶中的吸收液吸收并反应，生成粉红色偶氮染料。空气中的一氧化氮不与吸收液反应，通过氧化管时被酸性高锰酸钾溶液氧化为二氧化氮，被串联的第二支吸收瓶中的吸收液吸收并反应，生成粉红色偶氮染料。生成的偶氮染料在波长 540 nm 处的吸光度与二氧化氮的含量成正比。分别测定第一支和第二支吸收瓶中样品的吸光度，计算两支吸收瓶内二氧化氮和一氧化氮的质量浓度，二者之和即为氮氧化物的质量浓度(以 NO_2 计)。

本标准的方法检出限为 0.12 μg/10 mL 吸收液。当吸收液总体积为 10 mL、采样体积为 24 L 时，空气中氮氧化物的检出限为 0.005 mg/m^3。当吸收液总体积为 50 mL、采样体积 288 L 时，空气中氮氧化物的检出限为 0.003 mg/m^3。当吸收液总体积为 10 mL、采样体积为 12～24 L 时，环境空气中氮氧化物的测定范围为 0.020～2.5 mg/m^3。

(2)计算公式

$$C_{NO_2} = \frac{(A_1 - A_0 - a) \cdot V \cdot D}{b \cdot f \cdot V_0} \tag{4.6}$$

式中 C_{NO_2}——空气中 NO_2 的浓度，以 NO_2 计(mg/m^3)；

A_1——吸收瓶中的吸收液采样后的吸光度；

A_0——空白试剂溶液的吸光度；

b——回归方程式的斜率，吸光度(mL/μg)；

a——回归方程式的截距；

V——采样用吸收液体积(mL)；

V_0——换算为标准状况下的空气样品体积(L)；

D——气样吸收液稀释倍数；

f ——Saltzman 实验系数(0.88)，当空气中 NO_2 浓度高于 0.720 mg/m^3 时为 0.77。

(3)注意事项

①由于吸收液吸收空气中的 NO_2 后，并不是100%生成亚硝酸，还有一部分生成硝酸，因而，计算结果时需要用 Saltzman 实验系数进行换算。该系数是用 NO_2 标准混合气体进行多次吸收实验测定的平均值，表征在采样过程中被吸收液吸收生成偶氮染料的亚硝酸量与通过采样系统的 NO_2 总量的比值。f 值受空气中 NO_2 的浓度、采样流量、吸收瓶类型、采样效率等因素影响，故测定条件应与实际样品保持一致。

②吸收液应为无色，宜密闭避光保存；如显微红色，说明已被污染，应检查试剂和蒸馏水的质量。

4.3.2.2 三氧化铬-石英砂氧化盐酸萘乙二胺分光光度法测定 NO_x 含量

(1)测定原理

在盐酸萘乙二胺分光光度法测定环境空气 NO_2 含量的显色吸收液瓶前，接一内装三氧化铬-石英砂的氧化管。采样时，空气样品中的 NO 在氧化管内被氧化成 NO_2，和气样中的 NO_2 一起进入吸收瓶，与吸收液发生吸收、显色反应，于波长 540～545 nm 处用标准曲线法进行定量测定，其测定结果为空气中 NO 和 NO_2 的总浓度 C_{NO_x}。采样后的测定步骤和结果计算方法与 NO_2 浓度测定相同。

(2)注意事项

①三氧化铬-石英砂氧化管应于相对湿度 30%～70%条件下使用，发现吸湿板结或变成绿色应立即更换。

②空气中 O_3 浓度超过 0.250 mg/m^3 时，会产生正干扰，采样时在吸收瓶入口端串接一段 15～20 cm 长的硅橡胶管，可排除干扰。

4.3.3 臭氧的测定

臭氧(O_3)是高空平流层大气的主要组分成分，在对流层近地面大气中含量极微。近地面空气中的氧气(O_2)在太阳紫外线的照射下或受雷击也能反应生成 O_3。环境空气中 O_3 量大时，会刺激黏膜、损害中枢神经系统，引起人体患支气管炎，并产生头痛等症状。在夏天中午的强紫外线作用下，O_3 与烃类及 NO_x 作用引发光化学烟雾污染。环境空气 O_3 测定的国标方法是紫外光度法和靛蓝二磺酸钠分光光度法。

4.3.3.1 紫外光度法

(1)测定原理

O_3 对 254 nm 附近紫外光有特征吸收，吸光度与气样 O_3 浓度间的关系符合朗伯-比尔定律。空气样和经 O_3 去除器的背景气交变(每 10 s 完成一个循环)地通过气室，分别吸收光源经滤光器射出的特征波长紫外光，由光电检测系统(光电倍增管和放大器)检测透过空气样的光强 I 和透过背景气的光强 I_0，经数据处理器根据 I/I_0 值算出空气样 O_3 浓度，直接显示和记录消除背景干扰后的 O_3 浓度值。为防止背景气中其他成分的干扰，仪器须定期输入标准气进行量程校准。

(2)测定要点

开机接通电源使仪器预热 1 h 以上，待仪器稳定后连接气体采样管，准备现场测定。将臭氧分析仪与数据记录仪(或计算机)连接，以备记录臭氧浓度。仪器准备好后，带到监测现场进行空气臭氧浓度现场测定并及时记录数据。

(3)注意事项

①紫外臭氧分析仪运转期间，至少每周检查一次仪器零点、跨度和各项操作参数。每季度进行一次多点校正。

②本法虽不受常见空气成分的干扰，但 20 $\mu g/m^3$ 以上的苯乙烯、5 $\mu g/m^3$ 以上的苯甲醛、100 $\mu g/m^3$ 以上的硝基苯酚以及 100 $\mu g/m^3$ 以上的反式甲基苯乙烯，都会对紫外臭氧测定仪产生干扰，影响臭氧的测定。

4.3.3.2 靛蓝二磺酸钠分光光度法

(1)测定原理

空气中的臭氧在磷酸盐缓冲溶液存在下，与吸收液中蓝色的靛蓝二磺酸钠等物质的量反应，退色生成靛红二磺酸钠，在 10 nm 处测量吸光度，根据蓝色减退的程度定量空气中臭氧的浓度。

(2)注意事项

①本方法适合于高臭氧含量气样的测定，当采样体积为 5～30 L 时，测定范围为 0.030～1.200 mg/m^3。

②Cl_2、ClO_2、NO_2、SO_2、H_2S、PH_3 和 HF 等对 O_3 测定有干扰，但一般情况下，空气中上述气体的浓度很低，不会造成显著误差。

4.3.4 一氧化碳的测定

CO 是一种无色、无味的有毒气体，是含碳物质不充分燃烧的产物，是环境空气的主要污染物之一。CO 易与血液中的血红蛋白结合形成碳氧血红蛋白，使血液输送氧的能力降低，引发人体缺氧症状，严重时会导致心悸亢进、窒息或死亡。环境空气中 CO 测定的国标方法是非分散红外吸收法，此外也可用汞置换法或气相色谱法测定。

本节以非分散红外吸收法为例介绍测定环境空气 CO 含量的方法。

(1)测定原理

当 CO、CO_2 等气态分子受到红外辐射(1～25 μm)照射时，将吸收各自特征波长的红外光，引起分子振动能级和转动能级的跃迁，产生振动-转动吸收光谱(红外吸收光谱)。在一定气态 CO(或 CO_2 等气态物质)浓度范围内，吸光度(吸收光谱峰值)与 CO 浓度间的关系符合朗伯-比尔定律。因而测空气样品吸光度即可确定气态 CO 浓度。

该方法因具有操作简便、测定快速、不破坏被测物质和能连续自动监测等优点而被广泛使用。此外，该方法还可用于 CH_4、SO_2、NH_3 等气态污染物质的监测。

(2)非分散红外吸收 CO 监测仪

非分散红外吸收 CO 监测仪的工作原理如图 4.14 所示。从红外光源发射出能量相等的两束平行光，被同步电机 M 带动的切光片交替切断。一路参比光束(其 CO 特征吸

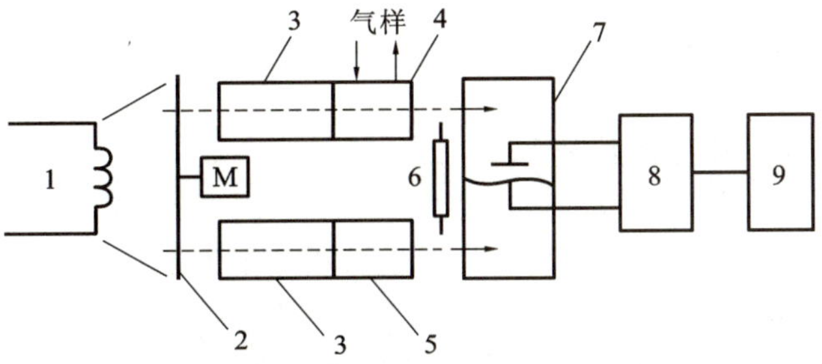

图 4.14 非分散红外吸收 CO 监测仪的工作原理

1—红外光源;2—切光片;3—滤波室;4—测量室;5—参比室;6—调零挡板;
7—检测室;8—放大及信号处理系统;9—指示仪表及记录仪

收波长光强度不变)通过滤波室(内充 CO 和水蒸气,用以消除干扰光)、参比室(内充不吸收红外光的气体,如氮气)射入检测室。另一路测量光束通过滤波室、测量室射入检测室。由于测量室内有气样通过,则气样中的 CO 吸收了部分特征波长的红外光,使射入检测室的光束强度减弱,且 CO 含量越高,光强减弱越多。检测室被一电容检测器(由厚 5～10 μm金属薄膜和一侧距薄膜 0.05～0.08 mm 距离处固定的圆形金属片组成)分隔为上、下两室,均充有等浓度 CO 气体。由于射入检测室的参比光束强度大于测量光束强度,使两室中气体的温度产生差异,导致下室中的气体膨胀压力大于上室,使金属薄膜偏向固定金属片一方,从而改变了电容器两极间的距离,也就改变了电容量,其变化量与气样 CO 浓度成定量关系。将电容量变化信号转变成电流变化信号,再经放大和处理后由指示仪表和记录仪显示记录测量结果。

(3)测定要点

①仪器调零:开机接通电源预热 30 min,启动仪器内装泵抽入 N_2,用流量计控制流量为 0.5 L/min,调节仪器校准零点。

②仪器标定:在仪器进气口通入流量为 0.5 L/min 的 CO 标准气体进行校正,调节仪器灵敏度电位器,使记录器指针在 CO 浓度的相应读数位置。

③样品分析:将样品气体通入仪器进气口,待仪器读数稳定后,直接读取仪表显示的气样 CO 浓度。

④结果计算:将仪器显示的 CO 浓度值代入下式,将其换算成标准状态下的质量浓度 $C(\text{mg/m}^3)$。

$$C(\text{mg/m}^3) = 1.25x \tag{4.7}$$

式中 C——标准状态下 CO 的质量浓度(mg/m^3);

x——仪器显示的 CO 浓度(μL/L);

1.25——标准状态下 CO 气体浓度单位由 μL/L 换算到 mg/m^3 的换算系数。

(4)注意事项

CO 的红外吸收峰在 4.5 μm 附近,CO_2 的在 4.3 μm 附近,H_2O(气)的在 3 μm 和 6 μm附近,因此空气中 CO_2 和水蒸气(H_2O)对 CO 的测定会产生干扰。采用气体滤波室可以消除 CO_2 和水蒸气(H_2O)的干扰。另外,还可用冷却除湿法去除水蒸气的干扰,用窄带光学滤光片将红外光限制在 CO 吸收的窄带范围内以消除 CO_2 的干扰。

4.3.5 硫化氢的测定

硫化氢主要采用气相色谱法。

(1)基本原理

硫化氢等硫化物含量较高的气体样品可直接用注射器取样 1～2 mL,注入安装有火焰光度检测器(FPD)的气相色谱仪分析。当直接进样体积中硫化物绝对量低于仪器检出限时,则需以浓缩管在以液氧为制冷剂的低温条件下对 1 L 气体样品中的硫化物进行浓缩,浓缩后将浓缩管连入色谱仪并加热至 100 ℃,使全部浓缩成分流经色谱柱分离,由 FPD 对各种硫化物进行定量分析。在一定浓度范围内,各种硫化物含量的对数与色谱峰高的对数成正比。

样品气体浓度的计算公式如下:

$$c=\frac{f\times 10^{-3}}{V_{\mathrm{nd}}} \tag{4.8}$$

式中 c——气样中硫化物组分浓度(mg/m^3);

f——硫化物组分绝对量(ng);

V_{nd}——换算成标准状态下进样或浓缩体积(L)。

该方法适用于恶臭污染源排气和环境空气中硫化氢、甲硫醇、甲硫醚和二甲二硫的同时测定。气相色谱仪的火焰光度检测器(GC-FPD)对四种成分的检出限为(0.2×10^{-9})～(1.0×10^{-9}) g,当气体样品中四种成分浓度高于 1.0 mg/m^3 时,可取 1～2 mL 气体样品直接注入气相色谱仪进行分析。对 1 L 气体样品进行浓缩,四种成分的方法检出限分别为(0.2×10^{-3})～(1.0×10^{-3}) mg/m^3。

(2)采样

①采气瓶采样

环境气体样品和无组织排放源臭气样品用经真空处理的采气瓶采集。采样时应选择下风向指定位置恶臭气味最有代表性时采样,同一样品应平行采集 2～3 个。采样时拔出真空瓶一侧的硅橡胶塞,往瓶内充入样品气体至常压,随即以硅橡胶塞塞住入气孔,采样瓶避光运回实验室,在 24 h 内分析。

②采样袋采气

对于排气筒内臭气样品应以采样袋进行采集。在排气筒取样口侧安装采样装置,启动抽气泵,用排气筒内气体将采样袋清洗 3 次后,在 1～3 min 内使样品气体充满采样袋。采样袋避光运回实验室分析。

③样品的浓缩

取采集气体样品 1～2 mL 直接注入色谱仪分析,没有成分峰出现时,则需将气体样品中的被测成分浓缩至浓缩管中。如果需对采样袋中气体样品进行浓缩,可用带流量计量装置、真空度计量装置的采样器代替真空泵,计量浓缩一定体积的气体样品。

4.3.6 氟化物的测定

大气中的气态氟化物主要是氟化氢及少量的氟化硅和氟化碳,颗粒态氟化物主要是冰晶石、氟化钠、氟化铝、氟化钙(萤石)等。氟化物污染主要来源于含氟矿石及以燃煤为能源的工业过程。测定大气中氟化物的方法有滤膜采样-氟离子选择电极法、石灰滤纸采样-氟离子选择电极法、分光光度法等。

4.3.6.1 滤膜采样-氟离子选择电极法

用磷酸氢二钾溶液浸渍的玻璃纤维滤膜或碳酸氢钠-甘油溶液浸渍的玻璃纤维滤膜采样,则大气中的气态氟化物被吸收固定,颗粒态氟化物同时被阻留在滤膜上。采样后的滤膜用水或酸浸取后,用氟离子选择电极法测定。

分别测定气态、颗粒态氟化物时,采样时需用三层膜,第一层采样膜用孔径 0.8 μm 经柠檬酸溶液浸渍的纤维素酯微孔滤膜先阻留颗粒态氟化物,第二、三层用磷酸氢二钾浸渍过的玻璃纤维滤膜采集气态氟化物。用水浸取滤膜,可测定水溶性氟化物;用盐酸溶液浸取,可测定酸溶性氟化物;用水蒸气热解法处理滤膜,可测定总氟化物。采样滤膜应分别处理和测定。另取未采样的浸取吸收液的滤膜 3～4 张,按照采样滤膜的测定方法测定空白值(取平均值)。

按式(4.9)计算氟化物的含量 m。

$$m(\mathrm{F},\mathrm{mg/m^3}) = (m_1 + m_2 - 2m_0)/V_\mathrm{n} \tag{4.9}$$

式中 m_1——上层浸渍膜样品中的氟含量(μg);

m_2——下层浸渍膜样品中的氟含量(μg);

m_0——空白浸渍膜平均氟含量(μg);

V_n——标准状态下的采样体积(L)。

颗粒态氟化物浓度的测定:将第一层采样膜经酸浸取后,用氟离子选择电极即可测得。计算公式如下:

$$\rho(\mathrm{F^-}) = (m_3 - m_0)/V_\mathrm{n} \tag{4.10}$$

式中 $\rho(\mathrm{F^-})$——酸溶性颗粒态氟化物浓度(mg/m³);

m_3——第一层膜样品中的氟含量(μg);

m_0——空白膜中平均氟含量(μg);

V_n——标准状态下的采样体积(L)。

应注意测定样品时的温度与制作标准曲线时温度的温差不得超过±2 ℃;正确配制好氟离子标准溶液;高浓度盐类会干扰并减慢响应时间,可加入大量的钠盐或钾盐(恒量)消除;注意氟离子电极的保管、预处理和使用。

4.3.6.2 石灰滤纸采样-氟离子选择电极法

空气中的氟化物与浸渍在滤纸上的氢氧化钙反应而被固定,用总离子强度调节缓冲液提取后,以氟离子选择电极法测定。该方法不需要抽气动力,操作简便,且采样时间长,得出的石灰滤纸上氟化物的含量,反映了放置期间空气中氟化物的平均污染水平。

不得用手指触摸电极的膜表面,为了保护电极,试样中氟的测定浓度不要大于 40 mg/L。

4.3.7 硫酸盐化速率的测定

硫酸盐化速率是指大气中含硫污染物变为硫酸雾和硫酸盐雾的速度。测定方法有二氧化铅-重量法、碱片-重量法、碱片-铬酸钡分光光度法、碱片-离子色谱法等。下面介绍二氧化铅-重量法和碱片-重量法。

4.3.7.1 二氧化铅-重量法

大气中的二氧化硫、硫酸雾、硫化氢等与二氧化铅反应生成硫酸铅，用碳酸钠溶液反应，使硫酸铅转化为碳酸铅，释放出硫酸根离子，再加入氯化钡溶液，生成硫酸钡沉淀，用重量法测定，结果以每日在 100 cm^2 的二氧化铅面积上所含 SO_3 的质量(mg)表示。反应式如下：

$$SO_2 + PbO_2 \longrightarrow PbSO_4$$

$$H_2S + PbO_2 \longrightarrow PbO + H_2O + S$$

$$PbO_2 + S + O_2 \longrightarrow PbSO_4$$

PbO_2 采样管的制备是在素瓷管上涂一层黄蓍胶乙醇溶液，将适当大小的湿纱布平整地绕贴在素瓷管上，再均匀地刷上一层黄蓍胶乙醇溶渡，除去气泡，自然晾至近干后，将 PbO_2 与黄蓍胶乙醇溶液研磨制成的糊状物均匀地涂在纱布上，涂布面积约为 100 cm^2，晾干移入干燥器存放。采样是将 PbO_2 采样管固定在百叶箱中，在采样点上放置(30±2) d。注意不要靠近烟囱等污染源。收样时，将 PbO_2 采样管放入密闭容器中。准确测量 PbO_2 涂层的面积，将采样管放入烧杯中，用碳酸钠溶液淋湿涂层，用镊子取下纱布，并用碳酸钠溶液冲洗瓷管，取出。搅拌洗涤液，盖好，放置 2～3 h 或过夜。将烧杯在沸水浴上加热近沸，保持 30 min，稍冷，倾斜过滤并洗涤，获得样品滤液。在滤液中加甲基橙指示剂，滴加盐酸至红色并稍过量。在沸水浴上加热，赶除 CO_2，滴加 $BaCl_2$ 溶液至沉淀完全，再加热 30 min，冷却，放置 2 h 后，用恒重的 G_4 玻璃砂芯坩埚抽气过滤，洗涤至滤液中无氯离子。将坩埚于 105～110 ℃烘箱中烘至恒重。同时，将保存在干燥器内的两支空白采样管按同法操作，测其空白值。按式(4.11)计算测定结果。

$$\text{硫酸盐化速率}[\text{mg } SO_3/(100 \text{ cm}^2\ PbO_2 \cdot \text{d})] = \frac{m_s - m_0}{S \cdot n} \times \frac{M(SO_3)}{M(BaSO_4)} \times 100 \tag{4.11}$$

式中 m_s——样品管测得 $BaSO_4$ 的质量(mg)；

m_0——空白管测得 $BaSO_4$ 的质量(mg)；

S——采样管上 PbO_2 涂层面积(cm^2)；

n——采样天数，准确至 0.1 d；

$\frac{M(SO_3)}{M(BaSO_4)}$——$SO_3$ 与 $BaSO_4$ 相对分子质量之比值(0.343)。

应注意 PbO_2 的粒度、纯度、表面活度；PbO_2 涂层厚度和表面湿度；含硫污染物的浓度及种类；采样期间的风速、风向及空气温度、湿度等因素均会影响测定。用过的玻璃砂芯坩埚应及时用水冲出其中的沉淀，用温热的 EDTA-氨溶液浸洗后，再用(1+4)盐酸溶液浸洗，最后用水抽滤，仔细洗净，烘干备用。

4.3.7.2 碱片-重量法

将用碳酸钾溶液浸渍的玻璃纤维滤膜暴露于大气中，碳酸钾与空气中的二氧化硫等反应生成硫酸盐，加入氯化钡溶液将其转化为硫酸钡沉淀，用重量法测定，结果以每日在

100 cm^2碱片上所含 SO_3 的质量(mg)表示。

测定时先制备碱片并烘干，放入塑料皿(滤膜毛面向上，用塑料垫圈压好边缘)，至现场采样点，固定在特制的塑料皿支架上，采样(30±2) d。将采样后的碱片置于烧杯中，加入盐酸使二氧化碳逸出，捣碎碱片并加热近沸，用定量滤纸过滤，得到样品溶液，加入 $BaCl_2$ 溶液，得到 $BaSO_4$ 沉淀，将沉淀烘干、称重。同时，将一个没有采样的烘干的碱片放入烧杯中，按同样方法操作，并测其空白值。按式(4.12)计算测定结果。

$$\text{硫酸盐化速率}[\text{mg } SO_3/(100\ cm^2\ \text{碱片}\cdot d)] = \frac{m_s - m_0}{S \cdot n} \times \frac{M(SO_3)}{M(BaSO_4)} \times 100$$

$$= \frac{m_s - m_0}{S \cdot n} \times 34.3 \qquad (4.12)$$

式中 m_s——样品碱片中测得的 $BaSO_4$ 的质量(mg)；

m_0——空白碱片中测得的 $BaSO_4$ 的质量(mg)；

S——采样碱片有效采样面积(cm^2)；

n——碱片采样放置天数，准确至 0.1 d。

4.4 颗粒物的测定

4.4.1 总悬浮颗粒物(TSP)的测定

环境空气颗粒物污染的表征指标主要是总悬浮颗粒物(TSP)、可吸入颗粒物(PM_{10}、$PM_{2.5}$)、自然沉降量。TSP 是指飘浮在空气中的固体和液体颗粒物的总称，其粒径范围为 0.1～100 μm。它不仅包括被风扬起的大颗粒物，也包括烟、雾以及污染物相互作用产生的二次污染物等极小颗粒物。TSP 值的测定常采用重量法。

(1)测定原理

通过具有一定切割特征的采样器，以恒速抽取一定体积的空气，空气中粒径大于100 μm的颗粒物被除去，小于 100 μm 的悬浮颗粒物被截留在已恒重的滤膜上，根据采样前后滤膜质量之差及气体采样体积，计算 TSP 的质量浓度。

(2)主要仪器

大流量或中流量采样器、流量计、滤膜(超细玻璃纤维滤膜)、恒温恒湿箱、分析天平等。

(3)测定步骤

用 X 光机检查滤膜，不得有针孔或任何缺陷。在选定的滤膜光滑表面的两个对角上打印编号。滤膜袋上打印同样编号备用。将滤膜放入恒温恒湿箱内平衡 24 h，平衡温度为 15～30 ℃，记录平衡温度和湿度。在平衡条件下称量平衡后的滤膜，大流量采样器称量精确至 1 mg，中流量采样器称量精确至 0.1 mg。将滤膜放入滤膜夹，安装采样头顶盖，设置采样时间，开始采样。采样结束后，取出滤膜，若无损坏，采样面向里，将滤膜对折，放入号码相同的滤膜袋中，在恒温恒湿箱内，与采样前滤膜相同的平衡条件(温度、湿度)下，平衡 24 h，称量测定。滤膜增重，大流量滤膜不小于 100 mg，中流量滤膜不小于 10 mg。若滤膜有损坏，本次实验作废。

(4)结果计算

$$c(\text{总悬浮颗粒物})(\mu g/m^3)=\frac{K(W_1-W_0)}{Q_N\cdot t} \tag{4.13}$$

式中 W_0——采样前滤膜的质量(g)；

W_1——采样后滤膜的质量(g)；

t——累积采样时间(min)；

Q_N——采样器平均抽气流量(m^3/min)；

K——常数(大流量采样器 $K=1\times10^6$，中流量采样器 $K=1\times10^9$)。

(5)注意事项

①方法的再现性：两台采样器安放在不大于 4 m、不小于 2 m 的距离内，同时采样测定总悬浮颗粒物含量，相对偏差不大于 15%。

②认真准备，谨慎使用滤膜和标准孔口流量计。

③注意测定时平衡条件的一致性。

4.4.2 可吸入颗粒物(PM_{10}、$PM_{2.5}$)的测定

一般将空气动力学当量直径小于或等于 10 μm 的颗粒物称为可吸入颗粒物(PM_{10}或IP、$PM_{2.5}$)，又称作飘尘。常用的测定方法有重量法、压电晶体振荡法、β 射线吸收法及光散射法等。国家规定的测定方法是重量法。

下面以重量法来说明可吸入颗粒物(PM_{10}、$PM_{2.5}$)的测定。

(1)测定原理

气体首先进入采样器附带的 10 μm 以上颗粒物切割器，将采样气体中粒径大于10 μm 以上的微粒分离出去。小于这一粒径的微粒随气流经分离器的出口被阻留在已恒重的滤膜上，根据采样前后滤膜的质量差及采样体积，计算可吸入颗粒物的浓度(mg/m^3)。

(2)主要仪器

测定可吸入颗粒物的主要仪器有大气采样器、切割器、流量计、超细玻璃纤维滤膜、分析天平、恒温恒湿箱等。

(3)测定步骤

选用合格的超细玻璃纤维滤膜，采样前在干燥器内放置 24 h，用感量为 0.1 mg 的分析天平称量，放入干燥器 1 h 后再称量，两次质量差不得大于 0.4 mg(即为恒重)。将恒重滤膜放在采样夹滤网上，牢固压紧至不漏气。不同样品不同滤膜，测定不同浓度的样品要每次更换滤膜。测日平均浓度，只需采集到一张滤膜上，采样结束，用镊子将有尘面的滤膜对折放入纸袋，做好记录，放入干燥器内 24 h 至恒重，称量结果。采样点应避开污染源及障碍物，测定交通枢纽处可吸入颗粒物，采样点应布置在距人行道边缘 1 m 处。

测定任何一次浓度，采样时间不得少于 1 h。测定日平均浓度，间断采样次数不得少于 4 次，采样口距地面 1.5 m，采样不能在雨雪天进行，风速不大于 8 m/s。

(4)结果计算

$$c=\frac{(m_2-m_1)\times 1000}{V_t} \tag{4.14}$$

式中 c——飘尘浓度(mg/m^3)；

m_2——采样后滤膜质量(g)；

m_1——采样前滤膜质量(g)；

V_t——换算成标准状态下采样体积(m^3)。

(5)注意事项

①在同样条件下，三个采样系统浓度测定结果变异系数应小于 15%；

②在采样开始至终了过程中，采样系统流量值的变化应在额定流量的±10%以内。

4.4.3 降尘的测定

降尘(自然沉降量)是指从空气中自然降落于地面的颗粒物。颗粒物的降落不仅取决于粒径和密度，也受地形、风速、降水(包括雨、雪、雹等)等因素的影响。降尘量为单位面积上单位时间内从大气中沉降的颗粒物的质量，以每月每平方千米面积上所沉降颗粒物的吨数表示[$t/(km^2 \cdot 30\ d)$]。

(1)测定原理

降尘的测定常采用重量法。空气中的颗粒物自然降落在盛有乙二醇水溶液的集尘缸内，样品从集尘缸内转移至蒸发皿后，经蒸发、干燥、称重，根据蒸发皿加样前后的质量差及集尘缸口的面积，计算出每月每平方千米降尘的吨数。

(2)仪器

降尘缸(内径 150 mm，高 300 mm 的玻璃、塑料或搪瓷缸)、电热板、分析天平(感量 0.1 mg)。

(3)采样

首先按照前面介绍的布点原则选择采样点。然后向采样缸内加入乙二醇 60～80 mL，以占满缸底为准。加水量视当地的气候条件而定，一般可加水 100～200 mL。加乙二醇水溶液既可以防止冰冻，又可以保持缸底湿润，还能抑制微生物及藻类生长。再把采样缸放在采样现场的架子上，停置(30±2) d。

(4)测定步骤

①降尘的测定

将 100 mL 瓷坩埚在(105±5) ℃烘箱内烘 3 h，置于干燥器内冷却 50 min，称量；再烘 50 min，冷却 50 min，再称量，直至恒重(两次质量之差小于 0.4 mg)。用尺子测量集尘缸的内径，取出缸内的树叶、昆虫等异物，将缸内溶液和尘粒全部转移到 500 mL 烧杯中，在电热板上加热，使溶液体积浓缩到 10～20 mL，冷却后全部转移到已恒重的瓷坩埚中，加热至干，放入(105±5) ℃烘箱烘干，称重。按瓷坩埚恒重操作方法反复烘干、称量至恒重。

②降尘中可燃物的测定

将瓷坩埚在 600 ℃灼烧 2 h,待炉内温度降至 300 ℃以下时取出,放入干燥器中,冷却 50 min 后称重。再在 600 ℃下灼烧 1 h,冷却称量,直至恒重。将已测降尘总量的瓷坩埚在 600 ℃灼烧 3 h,待炉内温度降至 300 ℃以下时取出,放入干燥器中,冷却 50 min 后称重。再在 600 ℃下灼烧 1 h,冷却称量,直至恒重。

(5)结果计算

①降尘总量按下式计算:

$$M=\frac{m_1-m_0-m_c}{S\cdot n}\times 30\times 10^4 \tag{4.15}$$

式中 M——降尘总量[t/(km² · 30 d)];

m_1——降尘、瓷坩埚、乙二醇水溶液蒸发至干,灼烧至恒重后的质量(g);

m_0——瓷坩埚恒重后的质量(g);

m_c——与采样操作等量的乙二醇水溶液蒸发至干,灼烧至恒重后的质量(g);

S——集尘缸缸口面积(cm²);

n——采样天数,准确到 0.1 d。

②降尘中可燃物按下式计算:

$$M'=\frac{(m_1-m_0-m_c)-(m_2-m_b-m_d)}{S\cdot n}\times 30\times 10^4 \tag{4.16}$$

式中 M'——可燃物质量[t/(km² · 30 d)];

m_b——瓷坩埚灼烧至恒重后质量(g);

m_2——降尘、瓷坩埚、乙二醇水溶液蒸发至干,灼烧至恒重后的质量(g);

m_d——与采样等量的乙二醇水溶液蒸发至干,灼烧至恒重后的质量(g)。

4.5 有机污染物的测定

4.5.1 挥发性有机物(VOCs)的测定

近年来,已有很多在人类一般生活环境中检测出多种有毒有害挥发性有机化合物(VOCs)的报道,人们对生活环境、特别是对室内空气污染的关心程度逐渐提高。由于在这些有毒有害 VOCs 中还含有致畸变、致癌性的物质,因此,长期暴露在这样的环境中,将会对人体造成健康损害和疾病。

环境空气中 VOCs 的测定的国标方法为吸附管采样-热脱附/气相色谱-质谱法。

(1)基本原理

采用固体吸附剂富集环境空气中挥发性有机物,将吸附管置于热脱附仪中,经气相色谱分离后，用质谱法进行检测。通过与待测目标物标准质谱图相比较和保留时间进行定性，通过外标法或内标法定量。

(2)样品采集

①采样流量：10～200 mL/min；采样体积：2 L。当相对湿度大于 90%时，应减小采样体积，但最少不应小于 300 mL。

②将一根新吸附管连接到采样泵上，按吸附管上标明的气流方向进行采样。在采集样品过程中要注意随时检查调整采样流量，保持流量恒定。采样结束后，记录采样点位、时间、环境温度、大气压、流量和吸附管编号等信息。

③样品采集完成后，应迅速取下吸附管，密封吸附管两端或放入专用的套管内，外面包裹一层铝箔纸，运输到实验室进行分析。

新购的吸附管或采集高浓度样品后的吸附管需进行老化。老化温度 350 ℃，老化流量 40 mL/min，老化时间 10～15 min。吸附管老化后，立即密封两端或放入专用的套管内，外面包裹一层铝箔纸。包裹好的吸附管置于装有活性炭或活性炭硅与胶混合物的干燥器内，并将干燥器放在无有机试剂的冰箱中，4 ℃保存，7 d 内分析。

④候补吸附管的采集：在吸附管后串联一根老化好的吸附管。每批样品应至少采集一根候补吸附管，用于监视采样是否穿透。

⑤现场空白样品的采集：将吸附管运输到采样现场，打开密封帽或从专用套管中取出，立即密封吸附管两端或放入专用的套管内，外面包裹一层铝箔纸。同已采集样品的吸附管一同存放并带回实验室分析。每次采集样品，都应至少带一个现场空白样品。

(3)测定要点

用微量注射器分别移取 25 μL、50 μL、125 μL、250 μL 和 500 μL 的标准贮备溶液至 10 mL 容量瓶中，用甲醇(分析纯级)定容，配制目标物浓度分别为 5.0 mg/L、10.0 mg/L、25.0 mg/L、50.0 mg/L 和 100.0 mg/L 的标准系列。用微量注射器移取 1.0 μL 标准系列溶液注入热脱附仪中，按照仪器参考条件，依次从低浓度到高浓度进行测定，绘制校准曲线。

将采完样的吸附管迅速放入热脱附仪中，按照一定条件进行热脱附，载气流经吸附管的方向应与采样时气体进入吸附管的方向相反。样品中目标物随脱附气进入色谱柱进行测定。按与样品测定相同步骤分析现场空白样品。

①热脱附仪参考条件

传输线温度：130 ℃；吸附管初始温度：35 ℃；聚焦管初始温度：35 ℃；吸附管脱附温度：325 ℃；吸附管脱附时间：3 min；聚焦管脱附温度：325 ℃；聚焦管脱附时间：5 min；一级脱附流量：40 mL/min；聚焦管老化温度：350 ℃；干吹流量：40 mL/min；干吹时间：2 min。

②气相色谱仪参考条件

进样口温度：200 ℃；载气：氦气；分流比：5∶1；柱流量(恒流模式)：1.2 mL/min；升温程序：初始温度 30 ℃，保持 3.2 min，以 11 ℃/min 升温到 200 ℃保持 3 min。为消除水分的干扰和检测器的过载，可根据情况设定分流比。

③质谱参考条件

扫描方式：全扫描；扫描范围：35～270 amu；离子化能量：70 eV；接口温度：280 ℃。

为提高灵敏度，也可选用选择离子扫描方式进行分析。

(4)注意事项

①温度和风速会对样品采集产生影响。采样时，环境温度应小于 40 ℃；风速大于 5.6 m/s时，采样时吸附管应与风向垂直放置，并在上风向放置掩体。

②吸附管中残留的 VOCs 对测定的干扰较大，严格执行老化和保存程序能使此干扰降到最低。

③新购吸附管都应标记唯一性代码和表示样品气流方向的箭头，并建立吸附管信息卡片，记录吸附管填装或购买日期、最高允许使用温度和使用次数等信息。

4.5.2 苯系物的测定

苯、甲苯、二甲苯和苯乙烯等都属于低取代芳烃，是空气中常见的苯系物。

苯、甲苯、二甲苯一般是共存的，工业上把它们称为三苯。苯及苯化合物主要来自合成纤维、塑料、燃料、橡胶等，隐藏在油漆、各种涂料的添加剂以及各种胶黏剂、防水材料中，还可来自燃料和烟叶的燃烧。国际卫生组织已经把苯定为强烈致癌物质。苯系物主要指三苯和苯乙烯。

环境空气中苯系物测定的国标方法为固体吸附/热脱附-气相色谱法。

(1)基本原理

用填充聚 2,6-二苯基对苯醚(Tenax)采样管，在常温条件下，富集环境空气中的苯系物，采样管连入热脱附仪，加热后将吸附成分导入带有氢火焰离子化检测器(FID)的气相色谱仪进行分析。

(2)样品采集

①采样前应对采样器进行流量校准。在采样现场，将一只采样管与空气采样装置相连，调整采样装置流量，此采样管仅作为调节流量用，不用作采样分析。

②常温下，将老化后的采样管去掉两侧的聚四氟乙烯帽，按照采样管上流量方向与采样器相连，检查采样系统的气密性。以 10～200 mL/min 的流量采集空气 10～20 min。若现场大气中含有较多颗粒物，可在采样管前连接过滤头。同时记录采样器流量、当前温度和气压。

③采样完毕前，再次记录采样流量，取下采样管，立即用聚四氟乙烯帽密封。

④将老化后的采样管运输到采样现场，取下聚四氟乙烯帽后重新密封，不参与样品采集，并同已采集样品的采样管一同存放。每次采集样品，都应采集至少一个现场空白样品。

(3)测定要点

分别取适量的标准贮备液，用甲醇(色谱纯)稀释并定容至 1.00 mL，配制质量浓度依次为 5 μg/mL、10 μg/mL、20 μg/mL、50 μg/mL 和 100 μg/mL 的校准系列。

将老化后的采样管连接于其他气相色谱仪的填充柱进样口，或具有类似于气相色谱填充柱进样口功能的自制装置，设定进样口(装置)温度为 50 ℃，用注射器注射 1.0 μL 标准系列溶液，用 100 mL/min 的流量通载气 5 min，迅速取下采样管，用聚四氟乙烯帽将采样管两端密封，得到 5 ng、10 ng、20 ng、50 ng 和 100 ng 校准曲线系列采样管。将校准曲线系列采样管按吸附标准溶液时气流相反方向接入热脱附仪分析，根据目标组分质量和响应值绘制校准曲线。

将样品采样管安装在热脱附仪上，样品管内载气气流方向与采样时的方向相反，调整分析条件，目标组分脱附后，经气相色谱仪分离，由 FID 检测。记录色谱峰的保留时间和相应值。根据校准曲线计算目标组分的含量。

现场空白管与已采样的样品管同批测定。

(4)结果计算

气体中目标化合物浓度，按照式(4.17)进行计算。

$$\rho = \frac{W - W_0}{V_{nd} \times 1000} \tag{4.17}$$

式中　ρ——气体中被测组分质量浓度(mg/m^3)；

W——热脱附进样，由校准曲线计算的被测组分的质量(ng)；

W_0——由校准曲线计算的空白管中被测组分的质量(ng)；

V_{nd}——标准状态下(101.325 kPa，273.15 K)的采样体积(L)。

4.5.3　总烃和非甲烷烃的测定

总碳氢化合物常以两种方法表示，一种是包括甲烷在内的碳氢化合物，称为总烃(THC)，另一种是除甲烷以外的碳氢化合物，称为非甲烷烃(NMHC)。

大气中的碳氢化合物主要是甲烷，其浓度范围为 2～8 μL/L。但当大气严重污染时，甲烷以外的碳氢化合物会大量增加，它们是形成光化学烟雾的主要物质之一，主要来自炼焦、化工等生产废气及机动车尾气等。甲烷不参与光化学反应，所以，测定不包括甲烷的碳氢化合物对判断和评价大气污染具有实际意义。

测定总烃和非甲烷烃的主要方法有光电离检测法、气相色谱法等。

(1)光电离检测法

有机化合物分子在紫外光照射下可产生光电离现象，用 PID 离子检测器收集产生的离子流，其大小与进入电离室的有机化合物的质量成正比。PID 法通常使用 10.2 eV 的紫外光源，此时氧气、氮气、二氧化碳、水蒸气等不电离，不会产生干扰。甲烷的电离能为 12.98 eV，也不被电离。四碳以上的烃大部分可以电离。该法简单，可进行连续监测，所检测的非甲烷烃是指四碳以上的烃。

(2)气相色谱法

用气相色谱仪测定后，可以根据色谱峰出峰时间进行定性分析，也可根据色谱峰的峰高或峰面积进行定量分析。按下式计算总烃浓度：

$$C_{总}(\text{以甲烷计},mg/m^3) = \frac{H_1 - H_a}{H_s} \cdot E \tag{4.18}$$

式中　$C_{总}$——气样中总烃浓度(以甲烷计)(mg/m^3)；

E——甲烷标准气浓度(mg/m^3)，即 ppm×16/22.4，16/22.4 为换算因子；

H_1——样品中总烃峰高(包括氧的响应)(cm);

H_a——除烃净化空气峰高(cm);

H_s—— 甲烷标准气体经总烃柱的峰高(cm)。

甲烷浓度按下式计算:

$$C_{甲烷}(mg/m^3) = \frac{H_b}{H_s} \cdot E \tag{4.19}$$

式中 $C_{甲烷}$——气体中甲烷浓度(mg/m^3);

H_b——样品中甲烷的峰高(cm);

其余符号意义同上。

非甲烷按下式计算:

$$C_{非甲烷}(mg/m^3) = C_{总} - C_{甲烷} \tag{4.20}$$

4.6 大气水平能见度的测定

大气能见度(visibility)是反映大气透明度的一个指标。一般定义为具有正常视力的人在当时的天气条件下还能够看清楚目标轮廓的最大地面水平距离。还有一种定义为目标的最后一些特征已经消失的最小距离。一般来说,对同一种目标,这两种定义确定的能见度大小是有差异的,后者比前者要大一些。能见度是一个对航空、航海、陆上交通以及军事活动等都有重要影响的气象要素。在航空中,一般使用前者定义的能见度。

影响能见度的因子主要有大气透明度、灯光强度和视觉感阈。大气能见度和当时的天气情况密切相关。当出现降雨、雾、霾、沙尘暴等天气过程时,大气透明度较低,因此能见度较差。

4.6.1 目测法

气象观测员可以通过自然的或人造的目标物(树林、岩石、城堡、尖塔、教堂、灯光等)对气象光学视程(MOR)进行目测估计。

每一测站应准备一张用于观测的目标物分布图,在其中标明它们相对于观测者的距离和方位。分布图中应包括分别适用于白天观测和夜间观测的各种目标物。观测者必须特别注意 MOR 的显著的方向变化。

观测必须由具有正常视力且受过适当训练的观测员来进行,不能用附加的光学设备(单筒、双筒望远镜,经纬仪等),更要注意不能透过窗户观测,尤其是在夜间观测目标物或发光体时。观测员的眼睛应在地面以上的标准高度(大约 1.5 m),不应在控制塔或其他高的建筑物的上层进行观测。当能见度低时,这一点尤其重要。

当能见度在不同方向上变化时,记录或报告的值取决于所作报告的用途。在天气电报中取较低值能见度作报告，而用于航空的报告则应遵循 WMO 的规定。

(1)白天 MOR 的估计

白天观测的能见度目测估计值是 MOR 真值的较好的近似值。

一般应满足以下要求：白天应选择尽可能多的不同方向上的目标物，只选择黑色的或接近黑色的在天空背景下突出于地平面的目标物。浅色的目标物或位置靠近背景地形的目标物应尽量避免。当阳光照射在目标物上时，这一点尤为重要。如果目标物的反射率不超过 25%，在阴天条件下引起的误差不超过 3%，但有阳光照射时则误差要大得多。因此，白色房屋是不合适的，无阳光强烈照射时，深色的树林很合适。如果必须采用地形背景下的目标物，则该目标物应位于背景的前方并远离背景，即至少为其离观测点的距离的一半。例如，树林边上的单棵树就不适用于能见度观测。

为使观测值具有代表性，在观测者眼中目标物的对角不应小于 0.5°。对角小于 0.5°的目标物相比同样环境下的更大一点的物体即使在较短距离下也将会变得不可见。

(2)夜间 MOR 的估计

任何光源都可用作能见度观测的目标物，只要在观测方向上其强度是完全确定的和已知的。然而，通常认为点光源更合乎要求，且其强度在某一特别的方向上并不比在另外的方向上大，同时不能限制在一个过小的立体角中。必须注意确保光源机械的和光学的稳定性。

必须将作为点光源的各个光源与其周围其他光源和发光区以及发光群区分开来，即使它们之间相互分离。在后一种情况下，其排列会分别影响到作为目标物的每个光源的能见度。在夜间能见度测量中，只能采用呈适当分布的点光源作为目标物。

还应注意到，夜间观测中采用被照亮的目标物，会受到环境照明、目眩的生理效应以及其他光的影响，即使其他光位于视场之外，尤其是隔着窗户进行观测。因此，只有在黑暗的和适当的场地才能得出准确、可靠的观测值。

此外，生理因素的重要性不可忽略，因为它们是观测偏差的主要来源。重要的是只有具有正常视力的合格的观测员才能从事此类观测。另外，必须考虑有一段适应的时间(通常 5～15 min)，在这段时间内使眼睛习惯于黑暗视场。

出于应用目的，夜间对点光源感觉距离和 MOR 值之间的关系可用两种方式表述：

①对每一个 MOR 值，通过给定发光强度的光，在恰好可见的距离上与 MOR 值之间存在着直接对应关系；

②对给定发光强度的光，通过给出对光的感觉距离和 MOR 值之间的相应的关系表述。

因为在不同距离上安装不同强度的光源并不是一件容易的事情，第二种关系要容易些和实际些。这一方法要求用原本存在的或特意安装在观测站周围的光源，并用这些光源的相应值代入方程中的 I、r、E_t。这样，气象部门可以制订出一份作为背景亮度和已知强度的光源的函数的 MOR 值的表。指定的照度阈值 E_t 明显地随周围亮度的变化而变化。考虑作为平均观测者的值，应采用以下各值：

①$10^{-6.0}$ lx，黎明和黄昏，或当有来自可感觉的人工光源的光时；

②$10^{-6.7}$ lx，月夜或当天空并不十分黑暗时；

③$10^{-7.5}$ lx，完全黑暗，或除了星光外无其他光。

(3)缺少远距离目标物时 MOR 的估计

在某些地方(开阔平原、船舶等),或者因水平视线受限制(山谷或环状地形),或者缺乏适合的能见度目标物,除了相对低的能见度之外直接进行估计是不可能的。在这样的情况下,要是没有仪器方法可采用,MOR 的值比已有的能见度目标物更远时就必须根据大气的一般透明度来做出估计。这种估计,可以通过注意那些距离最远的醒目的能见度目标物的清晰程度来进行。如果目标物的轮廓和特征清晰,甚至其颜色也几乎并不模糊,就表明这时的 MOR 值大于能见度目标物和观测员之间的距离。另一方面,如果能见度目标物模糊或难以辨认,则表明存在使 MOR 减小的霾或其他大气现象。

4.6.2 仪器法

采取一些假设,可使仪器的测量值转化为 MOR 的值,若有大量合适的能见度目标物可用于直接观测,使用仪器进行白天能见度的测量并非总是有利的。然而,对夜间观测或当没有可用的能见度目标物时或对自动观测系统来说,能见度测量仪器是很有用的。用于测量 MOR 的仪器可分为以下两类:

①用于测量水平空气柱的消光系数或透射因数。光的衰减是由沿光束路径上的微粒散射和吸收造成的。

②用于测量小体积空气对光的散射系数。在自然雾中,吸收通常可忽略,散射系数可视作与消光系数相同。

(1)测量消光系数的仪器

①光度遥测仪器(遥测光度表)

遥测光度表是按白天测量消光系数而设计的,它是通过对远距离目标的视亮度和天空背景的比较来测定的(如 Lohle 遥测光度表)。但是,这类仪器通常不用于日常观测,因为正如前面所述,白天最好是直接目测。然而,研究者发现这类仪器对超过最远目标物的 MOR 进行外推是有用的。

②目测消光表

目测消光表是一种用于夜间观测远距离发光体的非常简单的仪器。它使用标度的中性滤光器按已知比例削弱光线,并能调节使远距离发光体恰好能见。仪器读数给出发光体与观测员之间空气透明度的测量,由此可以计算出消光系数。观测的总的准确度,主要取决于观测员眼睛敏感度以及光源辐射强度,误差随 MOR 成比例增加。

此仪器的优点是,仅需使用合适分布的 3 个发光体,就能以合理的准确度测定 100 m～5 km 距离上的 MOR,但是如果没有这样的仪器,若要达到同等水平的准确度,则需要较复杂的一组光源。然而使用此类仪器的方法(决定光源出现或消失的点)相当大地影响测量的准确度和均匀性。

③透射表

透射表是通过在发射器和接收器之间测量水平空气柱的平均消光系数的最普通的方法,发射器提供一个经过调制的定常平均功率的光通量源,接收器主要由一个光检测器组成(一般是在一个抛物面镜或透镜的焦点上放置一个光电二极管)。最常使用的光源是卤灯或氙气脉冲放电管。调制光源以防来自太阳光的干扰。透射因数由光检测器输出决定,并据此计算消光系数和 MOR 值。

因为透射表估计 MOR 是根据准直光束的散射和吸收导致光的损失的原理,所以它们与 MOR 的定义紧密相关,一个优良的、维护好的透射表在其最高准确度范围内工作时对 MOR 的真值能给出非常好的近似值。

(2)测量散射系数的仪器

大气中光的衰减是由散射和吸收引起的。工业区附近出现的污染物,冰晶(冻雾)或尘埃可使吸收项明显增强。然而,在一般情况下,吸收因子可以忽略,而经由水滴反射、折射或衍射产生的散射现象构成降低能见度的因子。故消光系数可认为和散射系数相等,因此,可用于测量散射系数的仪器可用于估计 MOR 值。

4.7 污染源监测

4.7.1 概述

空气污染的发生源主要来自工业企业、生活炉灶和交通运输等方面。污染源分为固定污染源和流动污染源。固定污染源指烟道、烟囱、设备排气筒等一般不移动的污染源。其排放的废气中既可能包含固态的烟尘和粉尘,也可能包含气态和气溶胶态的多种有害物质。如发电厂的燃煤烟囱,钢铁厂、水泥厂、炼铝厂、有色金属冶炼厂、磷肥厂、硝酸厂、硫酸厂、石油化工厂、化学纤维厂的大工业烟囱等。流动污染源是指极具移动性的机动车、火车(内燃机车)、拖拉机、飞机和轮船等交通运输工具,其排放的废气中含有二氧化碳、碳氢化合物、氮氧化物和烟尘等污染物。

污染源监测的目的:一是监督性监测,即定期检查污染源排放废气中的有害物质含量是否符合国家规定的大气污染物排放标准的要求;二是研究性监测,对污染源排放污染物的种类、排放量、排放规律进行监测,有利于查清空气污染的主要来源,探讨空气污染发展的趋势,制订污染控制措施,改善环境空气质量。

污染源监测的内容:排放到废气中有害物质的浓度(mg/m^3)、有害物质的排放量(kg/h)、废气排放量(m^3/h)。

与环境空气质量监测相比,污染源排放的废气中有害物质浓度高、排放量大,因此监测过程中采样方法和分析方法与环境空气质量监测有一定的差异。

4.7.2 固定污染源监测

4.7.2.1 采样时间和频次

污染源监测的采样时间由烟道、排气管等污染源运行过程的操作条件决定。采样期必须贯穿一个完整的运行操作过程,采样次数和采样时间可参见表 4.7。测定值应取操作时间内几次采样测定值的平均值。如果污染源一个完整的运行操作过程的持续时间过长,则应选择一个能代表运行操作过程的时间作为采样期。对于操作周期不明显的运行操作过程,应将某工作进行状态的持续作为采样期。

表 4.7 固定污染源监测采样次数及采样时间

一次操作过程的采样次数/次	每次采样时间/min
2	>60
3	40～60
4	20～40
5	20

4.7.2.2 采样位置选择及采样点布设

(1)采样位置选择

①采样位置应选在气流分布均匀稳定的平直管段上,避开弯头、变径管、三通管及阀门等易产生涡流的阻力构件,并优先选择垂直管道;

②按照废气流向将采样断面设在阻力构件下游方向大于 6 倍管道直径处或上游方向大于 3 倍管道直径处;

③若客观条件难于满足②的要求,则要求采样断面与阻力构件的距离不小于管道直径的 1.5 倍,并适当增加测点数目;

④采样断面气流流速最好在 5 m/s 以下。

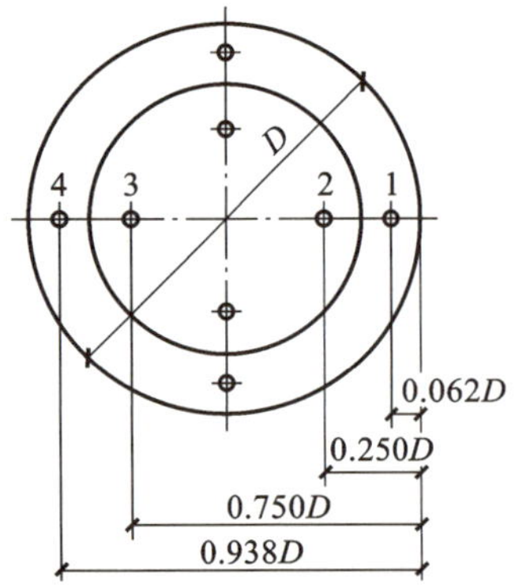

图 4.15 圆形烟道采样点设置

(2)采样点布设及点数确定

①圆形烟道

在选定的采样断面上设两个相互垂直的采样孔。按照图 4.15 所示的方法将烟道断面分成一定数量的同心等面积圆环,沿着两个采样孔中心线设四个采样点。若采样断面上气流速度较均匀,可设一个采样孔,采样点数减半。当烟道直径小于 0.3 m,且流速均匀时,可在烟道中心设一个采样点。不同直径圆形烟道的等面积环数、采样点数及采样点距烟道内壁的距离见表 4.8。

表 4.8 圆形烟道分环、测点数确定及各测点距烟道内壁的距离

烟道直径/m	等面积分环数	测点数	各监测点距烟道内壁距离(以烟道直径 D 计)									
			1	2	3	4	5	6	7	8	9	10
<0.3	0	1	0.500									
0.3～0.6	1～2	2～8	0.146	0.853								
0.6～1.0	2～3	4～12	0.067	0.250	0.750	0.933						
1.0～2.0	3～4	6～16	0.044	0.146	0.294	0.704	0.854	0.956				
2.0～4.0	4～5	8～20	0.033	0.105	0.194	0.323	0.677	0.806	0.895	0.967		
>4.0	5	10～20	0.026	0.082	0.146	0.226	0.342	0.658	0.774	0.854	0.918	0.974

②矩形烟道

将烟道断面分成一定数目的等面积矩形小块，各小块中心即为采样点位置，如图 4.16所示。小矩形的数目根据烟道断面面积参照表 4.9 确定。小矩形面积一般不应超过 0.6 m^2。

③拱形烟道

拱形上部按圆形布点，拱形下部按矩形烟道布点，分别确定采样点的位置及数目，如图 4.17 所示。

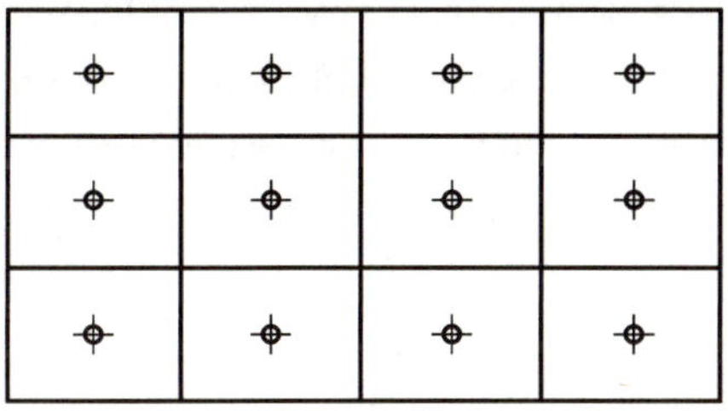

图 4.16 矩形烟道采样点设置

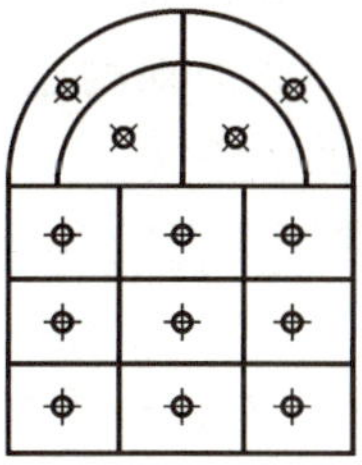

图 4.17 拱形烟道采样点设置

表 4.9 矩形烟道的分块和测点数

烟道断面/m^2	等面积小块长边长度/m	等面积小块数	测点数
<0.1	<0.32	1	1
0.1～0.5	<0.35	1～4	1～4
0.5～1.0	<0.50	4～6	4～6
1.0～4.0	<0.67	6～9	6～9
4.0～9.0	<0.75	9～16	9～16
>9.0	≤1.00	16～20	16～20

(3)烟道采样注意事项

①水平烟道内积灰时应将积灰部分的面积从断面内扣除，按有效面积设置采样点。

②为使测压管和采样管能到达各采样点位置，可开凿采样孔，一般开两个互成 90°的孔，最多开四个孔，应尽可能少开凿采样孔，采样孔直径不小于 75 mm。

③采集有毒或高温烟气时，若采样点处烟气呈正压，则采样孔应设置防喷装置。

4.7.2.3 基本状态参数测定

烟气基本状态常数包括烟气体积、温度和压力，依据这些参数可以计算烟气流速、烟尘浓度和有害物质含量。其中，烟气体积等于采样流量与采样时间的乘积，采样流量等于测点烟道断面与烟气流速的乘积。

(1)烟气温度测量

①直径小、温度不高的烟道或排气管

用长杆水银温度计测量，要求温度计的精确度应不低于 2.5%，最小分度值应不大于 2 ℃。将温度计球部放在烟道中心位置，等水银柱不再上升时开始读数，读数时不要将温度计抽出烟道外。

②直径大、温度高的烟道

用示值误差不大于±3 ℃的热电偶测温毫伏计测量。烟气温度在800 ℃以下用镍铬-康铜热电偶测量，在1300 ℃以下用镍铬-镍铝热电偶测量，在1600 ℃以下用铂-铂铑热电偶测量。测量时，将感温探头放在烟道中心位置，等指示表指针或显示器数值不变动时立即读数。

(2)烟气压力测量

烟道及排气管的烟气压力分为全压(p_t)、静压(p_s)和动压(p_d)。静压是单位体积气体所具有的势能，表现为气体在各个方向上作用于器壁的压力。动压是单位体积气体具有的动能，是使气体流动的压力。全压是气体在管道中流动具有的总能量。在管道中任意一点上，三者的关系为 $p_t=p_s+p_d$，所以只要测出三项中任意两项，即可求出第三项。测量烟气压力常用测压管和压力计。

①测压管

常用的测压管有标准皮托管和S形皮托管两种。标准皮托管见图4.18，是一根弯成90°的双层同心圆管，其开口端与内管相通用来测量全压，在靠近管头的外管壁上开有一圈小孔用来测量静压。S形皮托管如图4.19所示，由两根相同的金属管并联组成，其测量端有两个大小相等、方向相反的开门，测量烟气压力时，一个开口面向气流，接受气流的全压，另一个开口背向气流，接受气流的静压。标准皮托管测量精度较高，但测孔小、易被烟尘堵塞，只适用于测量含尘量少的烟气。S形皮托管开口较大，适用于测量烟尘含量较高的烟气；但易受气体绕流影响而使静压实测值常比实际值小，使用前必须用标准皮托管进行校正。

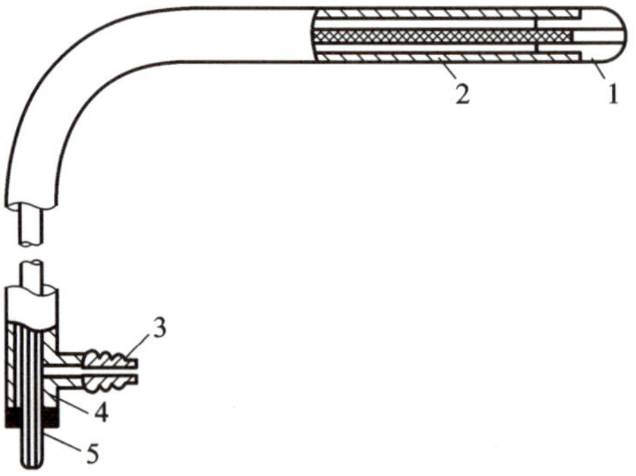

图4.18 标准皮托管

1—全压测孔；2—静压测孔；3—静压管接口；4—全压管；5—全压管接口

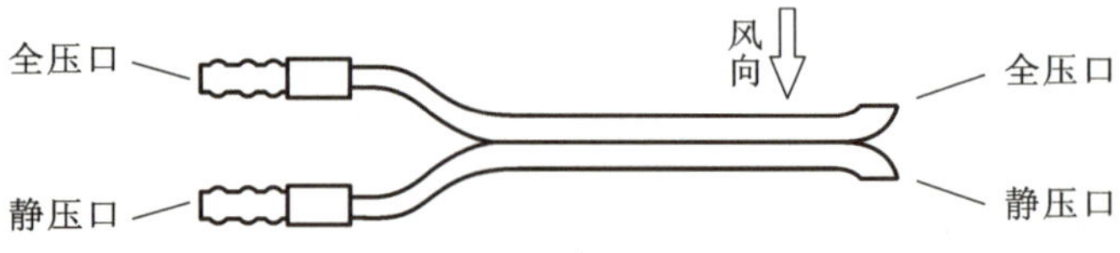

图4.19 S形皮托管

②压力计

常用的压力计有U形压力计和斜管式微压计。U形压力计是一个内装工作液体的

U形玻璃管，使用时将断端或一端与测压系统连接，测得的压力(p)用下式计算：

$$p=\rho\cdot g\cdot h \tag{4.21}$$

式中　p——测得的压力(P_a)，若压力单位为毫米汞(水)柱，则 $p=\rho\cdot h$；

ρ——工作液体的密度(kg/m^3)；

g——重力加速度(m/s^2)；

h——两液面高度差(m)。

倾斜式微压计由一截面积(F)较大的容器与另一截面积(f)较小的带有刻度的倾斜玻璃管组成，容器内装工作溶液，玻璃管上的刻度表示压力读数。测压时，将微压计容器开口与测压系统中压力较高的一端相连，斜管与压力较低的一端相连，作用在两个液面上的压力差使液柱沿斜管上升，测得压力(p)按下式计算：

$$p=L(\sin\alpha+\frac{f}{F})\cdot\rho\cdot g \tag{4.22}$$

式中　L——斜管内液柱长度(m)；

α——斜管与水平面夹角(°)；

f——斜管截面积(mm^2)；

F——容器截面积(mm^2)；

ρ——工作溶液密度(kg/m^3)，常用乙醇($\rho=0.81$)。

③测定方法

先调整仪器到水平状态，再设法使液柱内无气泡，将液面调节至零点。然后将皮托管与压力计连接，把测压管的测压口伸进烟道内测点上，并对准气流方向，从U形压力计上读出液面差，或从微压计上读出斜管液柱长度，按相应公式计算测得压力。

(3)烟气流速与流量计算

①烟气流速(V_s)计算

根据某采样点测得的烟气温度、压力等参数，按下式计算各测点的烟气流速(V_s)：

$$V_s=K_p\sqrt{\frac{2p_d}{\rho_s}}=128.9K_p\sqrt{\frac{(273+t_s)p_d}{M_s(B_a+p_s)}} \tag{4.23}$$

式中　V_s——湿排气的气体流速(m/s)；

K_p——皮托管修正系数；

p_d——排气动压(Pa)；

p_s——排气静压(Pa)；

B_a——大气压(Pa)；

ρ_s——湿排气的密度(kg/m^3)；

M_s——湿排气的分子质量(kg/kmol)；

t_s——排气温度(℃)。

②烟道测点断面的平均流速计算

烟道某一断面的平均流速可根据断面上各测点测出的流速 V_{si}，由下式计算：

$$\bar{V}_s=\frac{\sum_{i=1}^{n}V_{si}}{n}=128.9K_p\sqrt{\frac{(273+t_s)p_d}{M_s(B_a+p_s)}}\times\frac{\sum_{i=1}^{n}\sqrt{p_{di}}}{n} \tag{4.24}$$

式中 $\bar{V}_s$—— 烟道测点烟气平均流速(m/s);
V_{si}——各测点流速(m/s);
p_{di}——某一测点的动压(Pa);
n——测点的数目;

其余符号意义同前。

③ 烟道断面的烟气流量计算

测定状态下烟道断面烟气流量按下式计算:

$$Q_s = 3600 \times \bar{V}_s \cdot S \qquad (4.25)$$

式中 Q_s——烟气流量(m^3/s);
S——烟道测点横截面面积(m^2);
$\bar{V}_s$ 意义同前。

标准状态下的烟道断面的干烟气流量按下式计算:

$$Q_{Nd} = Q_s(1 - X_w) \times \frac{B_a + p_s}{101325} \times \frac{237}{237 + t_s} \qquad (4.26)$$

式中 Q_{Nd}——标准状态下的干烟气流量(m^3/s);
X_w——烟气含湿量体积百分数(%);
其余符号意义同前。

4.7.2.4 烟气含湿量测定

与大气相比,烟气中的水蒸气含量较高,变化范围较大,为了便于比较,监测方法规定以除去水蒸气后标准状态下的干烟气表示。含湿量的测定方法有干湿球温度计法、重量法等方法。

(1)干湿球法

干湿球法即干湿球温度计法,就是使气体在一定的速度下流经干、湿球温度计,根据干、湿球温度计的读数和测点处排气压力,计算出排气的水分含量。

测定烟气含水量时,首先检查湿球温度计的湿球表面纱布是否包好,然后将水注入盛水容器中。再打开采样孔,清除孔中的积灰,将采样管插入烟道中心位置,封闭采样孔。当排气温度较低或水分含量较高时,采样管应保温或加热数分钟后再开动抽气泵,以 15 L/min 流量抽气。当干、湿球温度计读数稳定后,记录干球和湿球温度和真空压力表的压力。

将测定结果代入下式计算烟气含湿量:

$$X_w = \frac{p_{bv} - 0.00067(t_c - t_b) \cdot (B_a + p_b)}{B_a + p_s} \times 100 \qquad (4.27)$$

式中 X_w——烟气含湿量体积百分数(%);
p_{bv}——温度为 t_b 时饱和水蒸气压力(根据 t_b 值,由空气饱和时水蒸气压力表中查得)(Pa);
t_b——湿球温度(℃);
t_c——干球温度(℃);
p_b——通过湿球温度计表面的气体压力(kPa);

B_a——大气压力(kPa)；

p_s——测点处排气静压(kPa)。

(2)重量法

从烟道采样点抽取一定体积的烟气，使之通过装有吸收剂的吸收管，则烟气中的水蒸气被吸收剂吸收，吸收管的增重即为所采烟气中的水蒸气重量。过滤器可防止烟尘进入采样管，保温或加热装置可防止水蒸气冷凝，U形玻璃吸湿管装有的氯化钙、氧化钙、硅胶、氧化铝、五氧化二磷或过氯酸镁等吸水剂可吸收烟气水分。烟气含湿量按下式计算：

$$X_w(\%)=\frac{1.24G_w}{1.24G_w+V_d\dfrac{273}{273+t_r}\cdot\dfrac{B_a+p_r}{101.3}}\times 100 \tag{4.28}$$

式中 G_w——吸湿管采样后增重(g)；

V_d——测量状态下抽取干烟气体积(L)；

p_r——流量计前烟气表压(kPa)；

t_r——流量计前烟气温度(℃)；

1.24——标准状态下1.0 g水蒸气的体积(L)。

4.7.2.5 烟尘浓度测定

(1)烟尘浓度测定的原理

抽取一定体积烟气通过已知重量的捕尘装置，根据采样前后捕尘装置的重量差和采样体积计算烟尘的浓度。测定烟气烟尘浓度必须采用等速采样法，即烟气进入采样嘴的速度应与采样点烟气流速相等，否则将产生较大的采样误差。

烟尘浓度测定采样分为移动采样、定点采样和间歇采样。移动采样是利用一个尘粒捕集器在已确定的各采样点上进行等时长逐个采样，是测定烟道断面烟尘平均浓度的常用方法。定点采样是分别在断面上的每个采样点采一个样，是了解烟道断面烟尘分布状况和确定烟尘平均浓度的常用采样方法。间歇采样是根据烟道工况变化情况分时段采样，求时间加权平均值，用于了解有周期性变化规律污染源的烟尘排放平均浓度。

(2)采样方法

①预测流速法

在采样前，先测出采样点烟气的温度、压力和水分含量，计算出烟气流速，再结合采样嘴直径计算出等速采样条件下各采样点的采样流量。采样时，通过调节流量调节阀按照计算出的流量采样。

由于预测流速法测定烟气流速与采样不是同时进行的，因而仅适用烟气流速比较稳定的污染源。

②皮托管平行测速采样法

将采样管、S形皮托管和热电偶温度计固定在一起插入同一采样点处，根据预先测得的烟气静压、水分含量和当时测得的烟气动压和温度等参数，结合选用的采样嘴直径，由程序计算器算出等速采样流量，迅速调节转子流量计至所要求的流量读数。该方法与预测流速采样法不同之处在于测定流速和采样几乎同时进行，减小了烟气流速改变所致的采样误差，适用于工况(装置和设施生产运行的状态)易发生变化的烟气。

(3)烟尘浓度计算

①烟尘重量

按重量法测定要求计算滤筒采样前后重量之差 G,即为烟尘重量。

②标准状态下的采样体积

在采样装置流量计前装有冷凝器和干燥器的情况下按下式计算:

$$V_{\mathrm{n}} = 0.003Q_{\mathrm{r}} \cdot t\sqrt{\frac{R_{\mathrm{sd}}(B_{\mathrm{a}}+p_{\mathrm{r}})}{T_{\mathrm{r}}}} \tag{4.29}$$

式中 V_{n}——标准状态下干烟气的采样体积(L);

Q_{r}——等速采样流量计应达到的流量值(L/min);

t——采样时间(min);

B_{a}——大气压力(kPa);

R_{sd}——干烟气的气体常数[J/(kg·K)];

p_{r}——转子流量计前烟气的表压(kPa);

T_{r}——流量计前烟气的温度(K)。

③烟尘浓度

采样方法不同,烟尘浓度的计算方法不同。移动采样按下式计算:

$$C = \frac{G}{V_{\mathrm{n}}} \times 10^{6} \tag{4.30}$$

式中 C——烟气中烟尘浓度(mg/m^3);

G——测得烟尘质量(g);

V_{n}——标准状态下干烟气体积(L)。

定点采样按下式计算:

$$\overline{C} = \frac{c_1 v_1 S_1 + c_2 v_2 S_2 + \cdots + c_n v_n S_n}{v_1 S_1 + v_2 S_2 + \cdots + v_n S_n} \tag{4.31}$$

式中 $\overline{C}$——烟气中烟尘平均浓度(mg/m^3);

$v_1,v_2,\cdots,v_n$——各采样点烟气流速(m/s);

$c_1,c_2,\cdots,c_n$——各采样点烟气中烟尘浓度(mg/m^3);

$S_1,S_2,\cdots,S_n$——各采样点所代表的截面积(m^2)。

④烟尘(或气态污染物)排放速率计算

$$q = C \cdot Q_{\mathrm{sn}} \cdot 10^{-6} \tag{4.32}$$

式中 q——排放速率(kg/h);

C——烟尘(气态污染物)的浓度(kg/m^3);

Q_{sn}——标准状态下干烟气流量(m^3/h)。

4.7.2.6 烟气组分的测定

烟气组分包括主要气体组分和微量有害气体组分。

(1)烟气主要组分的测定

烟气中的主要组分为 N_2、O_2、CO_2 和水蒸气等,可采用奥氏气体分析器吸收法和仪器分析法测定。

奥式气体分析器吸收法的测定原理是用适当的吸收液吸收烟气中的欲测组分，通过测定前后气体体积的变化计算欲测组分的含量。例如，用 KOH 溶液吸收 CO_2，用焦性没食子酸溶液吸收 O_2，用氨性氯化亚铜溶液吸收 CO 等。还有的带有燃烧法测 H_2 装置。依次吸收 CO_2、O_2 和 CO 后，剩余气体主要是 N_2。

用仪器分析法分别测定烟气中的组分，其准确度比奥式气体分析器吸收法高。

(2)烟气中有害组分的测定

烟气中的有害组分为 CO、NO_x、SO_2、H_2S、氟化物及挥发酚等有机化合物。测定方法视烟气中有害组分的含量而定。

烟气有害组分含量较低时测定方法与空气气体污染物测定方法相同，含量较高时可选用化学分析法。

(3)烟尘中有害组分的测定

烟尘中有害组分主要有沥青烟、硫酸雾和铬酸雾、铅、铍等。测定硫酸雾和铬酸雾时，先将其采集在玻璃纤维滤筒上，再用水浸取后测定；测定铅、铍等烟尘时，捕集后用酸浸取出来再进行测定；测定烟气中氟化物总量时，将烟尘和吸收液于酸溶液中加热蒸馏分离后测定；测定沥青烟时，用玻璃纤维滤筒和冲击式吸收瓶串联采集气溶胶态和蒸气态沥青烟，用有机溶剂提取后测定。组分测定方法与空气中污染物测定方法相同。

4.7.3 流动污染源监测(机动车尾气监测)

流动污染源监测的重点是机动车尾气监测。机动车尾气污染物含量与其行驶工况有关，因而机动车在怠速、加速、匀速、减速等不同行驶工况下排放尾气的污染物含量都应测定。其中怠速法试验工况简单，还可以使用便携式仪器来测定一氧化碳和碳氢化合物的含量，因而应用较为广泛。

(1)汽油车怠速工况尾气主要污染物含量的测定

机动车怠速工况是指机动车发动机旋转，而离合器处于结合位置、变速器处于空挡位置、油门踏板与手油门位于松开位置的运转状态。采用化油器供油的机动车，除变速器处于空挡位置外，还要求阻风门处于全开位置。

①一氧化碳和碳氢化合物的测定

一般用智能数显非分散红外气体分析仪测定，其中一氧化碳以体积百分含量表示，碳氢化合物以体积比表示。测定时，先将机动车发动机由怠速加速至 70%额定转速，维持 30 s，再降至怠速状态，然后将取样探头(或采样管)插入排气管中维持 10 s 后，再在 30 s内读取最大值和最小值，其平均值即为测定结果。若为多个排气管，应取各排气管测定值的算术平均值。

②氮氧化物的测定

在机动车排气管处用取样管将废气引出(用采样泵)，经冰浴(冷凝除水)、玻璃棉过滤器(除油污)，抽取到 100 mL 注射器中，然后将抽取的气样经氧化管注入冰乙酸-对氨基苯磺酸-盐酸萘乙二胺吸收显色液中，显色后用分光光度法测定，测定方法同空气中 NO_x 的测定。

(2)柴油车尾气烟度的测定

柴油车排出的黑烟组分复杂，主要是碳的聚合体，还有少量氧、氨、灰分和多环芳烃，其污染状况常用烟度来表征。烟度是指使一定体积烟气透过一定面积的滤纸后滤纸被染黑的程度，单位用波许(Rb)或滤纸烟度(FSN)表示。柴油车排气烟度常用滤纸式烟度计法测定。

①滤纸式烟度计法原理

用一只活塞式抽气泵在规定的时间内从柴油机排气管中抽取一定体积的尾气，让其通过一定面积的白色滤纸，则尾气中的碳粒被阻留附着在滤纸上，将滤纸染黑，尾气烟度与滤纸被熏黑的程度正相关。用光电测量装置测定等强度入射光在空白滤纸和熏黑滤纸上的反射光强度，根据滤纸式烟度计烟度计算公式计算尾气烟度值(以波许烟度单位表示)。规定空白滤纸的烟度为零，全黑滤纸的烟度为10。滤纸式烟度计烟度计算式为：

$$S_f = 10 \times (1 - \frac{I}{I_0}) \tag{4.33}$$

式中 S_f——滤纸烟度(Rb)；

I——被测烟样滤纸反射光强度；

I_0——洁白滤纸反射光强度。

由于滤纸质量会直接影响烟度测定结果，所以要求空白滤纸色泽洁白，纤维及微孔均匀，机械强度和通气性良好，以保证烟气碳粒能均匀地分布在滤纸上，提高测定精确度。

②滤纸式烟度计

滤纸式烟度计由取样探头、抽气装置和光电检测系统组成。当抽气泵活塞上行时，排气管的排气依次通过取样探头、取样软管及一定面积的滤纸被抽入抽气泵，排气中的黑烟被阻留在滤纸上，然后用步进电机将已抽取黑烟的滤纸送到光电检测系统测量，由仪表直接指示烟度值。

4.7.4 无组织排放源监测

无组织污染排放源指不经排气筒无规则排放的源，如设置于露天环境中具有无组织排放的设施(煤堆、建材场、垃圾场等)，或具有无组织排放的建筑物(车间和工棚等)；需要时，也可以将一些低矮的经排气筒排放的源当作无组织排放源处理。

大气污染物无组织排放监测是环境管理的技术依据，通过对无组织排放源所排放的污染物的监测，为大气质量评定、环境影响评价、环保验收及仲裁监测提供数据基础；也为环境科学研究提供技术支持。大气污染物无组织排放监测有一定的规范和方法，它和污染源类型、污染物性质、环境标准及地形与气象条件相关。

4.7.4.1 监测时间和采样频次

(1)监测日期和监测时段的选择

按照《大气污染物综合排放标准》(GB 16297—1996)的规定，“无组织排放监控浓度限值”是指监控点的污染物浓度在任何1 h的平均值不得超过的限值。所以，对无组织排放源的监测，应选择在以下的各种情况下进行：

①被测无组织排放源的排放负荷应处于相对较高的状态，或者至少要处于正常生产和排放状态。

②监测时间的主导方向(平均风向)便利于监测点的设置，并可使监测点和被测无组织排放源之间的距离尽可能缩小。

③监测期间的风向变化、平均风速和大气稳定度三项指标对污染物的稀释和扩散影响很大，应按照《大气污染物无组织排放监测技术导则》(HJ/T 55—2000)中的判定方法，对照本地区的"常年"气象数据选择较适宜的监测日期。

④在通常情况下，选择冬季微风的日期，避开阳光辐射较强烈的中午时段进行监测。

(2)采样频次的要求

按照《大气污染物综合排放标准》(GB 16297—1996)的规定对无组织排放源实施监测时，实行连续 1 h 的采样，或者实行在 1 h 内以等时间间隔采集 4 个样品计算平均值。在进行实际监测时，为了捕捉到监测点最高浓度的时段，实际安排的采样时间可超过1 h。

4.7.4.2 采样位置选择及采样点布设

按照《大气污染物综合排放标准》(GB 16297—1996)的规定，无组织排放源中 SO_2、NO_x、颗粒物和氟化物的监测点设在无组织排放源下风向 2～50 m 范围内的浓度最高点，相对应的参照点设在排放源上风向 2～50 m 范围内；其余物质的监测点设在单位周界外 10 m 范围内的浓度最高点。按规定监测点最多可设 4 个，参照点只设 1 个。无组织排放源监测点的具体布设方法详见《大气污染物无组织排放监测技术导则》(HJ/T 55—2000)

4.7.4.3 采样方法和监测分析方法

(1)采样方法

无组织排放源监测的采样方法应按照《大气污染物综合排放标准》(GB 16297—1996)配套标准分析方法中适用于无组织排放采样的方法执行，个别尚缺少配套标准分析方法的污染物项目，应按照环境空气监测方法中的采样要求进行采样。

(2)监测分析方法

无组织排放源监测的样品分析方法按照《大气污染物综合排放标准》(GB 16297—1996)配套的标准分析方法(其中适用于无组织排放部分)执行，个别没有配套标准分析方法的污染物，应按照该污染物适用的环境空气监测的标准(或统一)分析方法执行。

4.7.5 恶臭排放源监测

恶臭是各种气味(异味)的总称，大气、水、废弃物中的异味通过空气介质，作用于人的嗅觉思维而被感知；表征它不仅要靠分析数据，还要通过人们的感知思维进行分析和判断。根据国内外有关论述，可将恶臭定义为：凡是能损害人类生活环境、产生令人难以忍受的气味或使人产生不愉快感觉的气体通称恶臭。

恶臭对人的呼吸系统、循环系统、消化系统、内分泌系统、神经系统都有不同程度的损害。恶臭还会使人烦躁不安，工作效率减低，判断力和记忆力下降。高浓度恶臭物质突然袭击，有时会把人当场熏倒，造成事故。

氨、硫化氢、甲硫醇、甲硫醚、二甲二硫、苯乙烯等是大气中恶臭物质的主要来源，恶臭排放源分有组织排放和无组织排放两种方式。

4.7.5.1 采样频率

有组织排放源采样频率应按生产周期确定监测频率，生产周期在 8 h 以内的，每 2 h 采集 1 次；生产周期大于 8 h 的，每 4 h 采集 1 次，取其最低测定值。

无组织排放源采样频率按连续排放源相隔 2 h 采 1 次，共采集 4 次，取其最大测定值；间歇排放源选择在气味最大时间内采样，样品采集次数不少于 3 次，取其最大测定值。

4.7.5.2 采样点布设

有组织排放源的监测采样点应为臭气进入大气的排气口，也可以在水平排气道和排气筒下部采样监测，测得臭气浓度或进行换算求得实际排放量。经过治理的污染源监测点设在治理装置的排气口，并应设置永久性标志。

无组织排放源的监测采样点，设置在工厂厂界的下风向侧，或有臭气方位的边界线上。

4.7.5.3 监测分析方法

各单项恶臭污染物与臭气浓度的测定方法见表 4.10。

表 4.10　恶臭污染物与臭气浓度的测定方法

序号	监测项目	测定方法
1	氨	《空气质量 氨的测定 次氯酸钠-水杨酸分光光度法》(HJ 534—2009)
2	三甲胺	《空气质量 三甲胺的测定 气相色谱法》(GB/T 14676—1993)
3	硫化氢	《空气质量 硫化氢、甲硫醇、甲硫醚和二甲二硫醚的测定 气相色谱法》(GB/T 14678—1993)
4	甲硫醇	《空气质量 硫化氢、甲硫醇、甲硫醚和二甲二硫醚的测定 气相色谱法》(GB/T 14678—1993)
5	甲硫醚	《空气质量 硫化氢、甲硫醇、甲硫醚和二甲二硫醚的测定 气相色谱法》(GB/T 14678—1993)
6	二甲二硫醚	《空气质量 硫化氢、甲硫醇、甲硫醚和二甲二硫醚的测定 气相色谱法》(GB/T 14678—1993)
7	二硫化碳	《空气质量 二硫化碳的测定 二乙胺分光光度法》(GB/T 14680—1993)
8	苯乙烯	《环境空气 苯系物的测定 固体吸附/热脱附-气相色谱法》(HJ 583—2010)
9	臭气浓度	《空气质量 恶臭的测定 三点比较式臭袋法》(GB/T 14675—1993)

4.8 降水监测

4.8.1 采样点的布设

大气降水监测的目的是了解在降雨(雪)过程中从空气中降落到地面的沉降物的主要组成,某些污染组分的性质和含量,为分析和控制空气污染提供依据。降水采样点设置数目应视研究目的和区域具体情况确定。采样点的位置要兼顾城区、农村或清洁对照区,要考虑区域的环境特点,如气象、地形、地貌和工业分布等;应避开局部污染源,四周无遮挡雨、雪的高大树木或建筑物。

我国规定,对于常规监测,人口 50 万人以上的城市布 3 个采样点,50 万人以下的城市布 2 个采样点。

4.8.2 降水样品的采集

4.8.2.1 采样器

采样器可分为降雨和降雪两种类型,容器由聚乙烯、搪瓷和玻璃材质制成。聚乙烯适用于无机项目监测分析,搪瓷和玻璃适用于有机项目。其中降雨采样器按采样方式又可分为人工采样器和自动采样器,前者为上口直径 40 cm 的聚乙烯桶,后者带有湿度传感器,降水时自动打开,降水停后自动关闭。降雪采样器可使用上口直径大于 60 cm 的聚乙烯桶或洁净聚乙烯塑料布平铺在水泥地或桌面上进行。用塑料布取样时,只取中间 15 cm×15 cm 范围内雪样,装入采样桶内,在室温下融化。采样器在使用前,用 10%(体积百分含量)的 HCl 溶液浸泡 24 h 后,再用纯水洗净。

4.8.2.2 采样方法

(1)采样时间

每次降雨(雪)从开始到结束采集全过程雨(雪)样。如遇连续几天降雨(雪),每天上午 8 时开始至第二天上午 8 时结束,连续采集 24 h 为 1 次采样样品。

(2)采样方法

每次降雨(雪)开始,立即将清洁的采样器放置在预定的采样点支架上,采样器要求高于基础面 1.2 m 以上;采集全过程(开始到结束)雨(雪)样。

同时,用自动雨量计(由降雨量或降雨强度传感器、变换器和记录仪等组成)测量降雨起止时间、降雨量、降雨强度等参数。

(3)采样记录

①样品采集后,应及时贴上标签,编好号。

②认真记录采样地点、日期、采样起止时间、雨量等采样信息。

4.8.2.3 样品保存

(1)测定 pH 值和电导率的水样，不过滤直接密封后存放于冰箱中。

(2)测定金属和非金属离子的水样，先用孔径 0.45 μm 的滤膜过滤后，再密封存放于冰箱中。

(3)测定降水化学组分含量的样品，易发生物理、化学变化及生化反应，应采样后尽快测定。

(4)降水样品如需要保存，尽量不添加保存剂，而采用密封后冰箱保存。

4.8.3 降水组分的测定

4.8.3.1 测定项目及测定频率

(1)监测项目

①Ⅰ级监测点

Ⅰ级监测点即国家环保部设置的监测点，我国《环境监测技术规范》要求其对大气降水例行监测的必测项目应包括 pH 值、电导率、K^+、Na^+、Ca^{2+}、Mg^{2+}、NH_4^+、SO_4^{2-}、NO_2^-、NO_3^-、F^-、Cl^- 等 12 项。

a. pH 值是酸雨调查最重要的项目。清洁的雨水一般被 CO_2 饱和，pH 值为 5.6～5.7，雨水的 pH 值小于该值时即为酸雨。

b. 电导率：雨水的电导率大体上与降水中所含离子的浓度成正比，测定雨水的电导率能够快速地推测雨水中溶解物质总量。

c. SO_4^{2-}：降水中的 SO_4^{2-} 主要来自气溶胶和颗粒物中可溶性硫酸盐及气态 SO_2 经催化氧化形成的硫酸雾，其一般浓度范围为 1～100 mg/L。该指标用于反映空气被含硫化合物污染状况。

d. NH_4^+、NO_2^-、NO_3^-：空气中的氨进入降水中形成 NH_4^+，它们能中和酸雾，对抑制酸雨是有利的。然而，其随降水进入河流、湖泊后，增加了水中富营养化组分。降水中的 NO_2^-、NO_3^- 来源于空气中的 NO_x，是导致降水 pH 值降低的原因之一。

e. F^-、Cl^-：降水中 F^- 的含量是反映局部地区氟污染的指标。Cl^- 是衡量空气中的氯化氢导致降水 pH 值降低和判断海盐粒子影响的标志。

f. K^+、Na^+、Ca^{2+}、Mg^{2+}：Ca^{2+} 是降水中的主要阳离子之一，其浓度一般在每升几毫克至数十毫克，它对降水中酸性物质起着重要的中和作用。而降水中的 K^+、Na^+、Mg^{2+} 的浓度一般在每升几毫克以下。

②Ⅱ、Ⅲ级监测点

Ⅱ、Ⅲ级监测点即省、市监测网络中的监测点，其测定项目及测定频率的选择，可视实际需要和可能决定。

(2)测定频率

我国《环境监测技术规范》要求Ⅰ、Ⅱ、Ⅲ级监测点，大气降水例行监测每月不少于 1 次，每月选 1 个或几个随机降水样品，分析规定的测定项目。

4.8.3.2 测定方法

大气降水 12 个监测项目的测定方法与普通水样项目的测定方法相同，见表 4.11。

表 4.11 大气降水水质指标测定方法一览表

项目	测定方法
pH 值	pH 玻璃电极法
电导率	电导率仪法或电导仪法
K^+、Na^+	原子吸收分光光度法、离子色谱法
Ca^{2+}	原子吸收分光光度法
Mg^{2+}	原子吸收分光光度法
NH_4^+	纳氏比色法、离子色谱法
SO_4^{2-}	硫酸钡比浊法、离子色谱法
NO_2^-、NO_3^-	离子色谱法、紫外分光光度法
F^-	离子色谱法、离子选择电极法、氟试剂分光光度法
Cl^-	离子色谱法、硫氰酸汞比色法

4.9 工作场所空气中有害物质监测

4.9.1 概述

工作场所空气中有害物质监测即职业环境监测，是对工作场所作业者工作环境进行有计划、系统的监测，分析工作环境中有害物质的性质、强度/浓度及其在时间、空间的分布及消长规律。工作场所空气中有害物质监测是职业卫生的重要常规工作，按照《职业病防治法》要求，企业应该根据职业卫生工作规范，定时监测工作场所中有毒有害物质。通过工作场所空气中有害物质监测，既可以评价工作环境的卫生质量，判断是否符合职业卫生标准要求，也可以估计在此工作环境下劳动的作业者的接触水平，为研究接触反应或效应关系提供基础数据。

工作场所空气中有害物质监测(职业环境监测)属于职业卫生工作中的评价范畴，要做好这项工作，必须要有预测、识别的基础。可以通过查阅生产工艺过程、检查原料使用清单，参考其他企业类似经验，现场查看及倾听作业者反映，结合化学物的毒性资料，初步确定监测对象。不同的工作场所，有毒有害物质是完全不同的。

在《中华人民共和国职业病防治法》等相关法律、法规、规章中，国家已经明确规定需要监测的各种因素。凡存在国家有关法律、法规、规章列出的必须监测项目的企业，应向安全监督管理部门申报，并建立监测制度。对未列出的项目，特别是一些化学物，如企业用量或产量较大，作业者接触人数又较多，且安全性资料并不完整，企业应本着负责的态度，建立自检制度，以避免发生意外。

4.9.2 样品的采集

工作场所空气中有害物质(化学物质)，大多数来源于工业生产过程中逸出的废气和烟尘，一般以气体、蒸气和雾、烟、尘等不同形态存在，有时则以多种形态同时存在于工作场所空气中。化学物质在空气中以不同形态存在，它们在空气中飘浮、扩散的规律各不相同，需要选用不同的采样方法和采样仪器。合理的工作场所空气中有害物质监测必须考虑采样策略(点的选择、时间的选择、频度等)和采样技术(采样动力、样品收集)，根据监测目的、工作场所空气中污染物分布特点及作业者实际接触情况，做相应调整。

4.9.2.1 采样方式

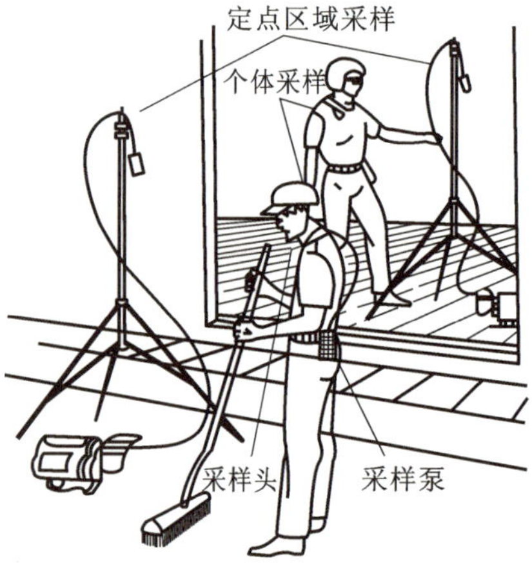

图 4.20 个体采样与定点区域采样示意图

目前，工作场所空气中有害物质常用的采样方式有个体采样和定点区域采样两种，见图 4.20。个体采样是将样品采集头置于作业者呼吸带内，可以用采样动力或不用采样动力(被动扩散)，通常采样仪器直接佩戴在作业者身上。定点区域采样是将采样仪器固定在工作场所某一区域。

(1)个体采样

采样系统与作业者一起移动，能较好地反映作业者实际接触水平，但对采样动力要求较高，需要能长时间工作且流量要非常稳定的个体采样仪器。因采样泵流量有限或被动扩散能力限制，个体采样不适合于采集空气中浓度非常低的有害物质(化学物质)。

同一工作场所若有许多工种，每一工种的操作都要监测。作业者即使在一个班组或工种作业，受作业者作业习惯、不同作业点停留时间等影响，不同个体间接触水平差异仍然较大。为了能代表一个班组的作业者的接触水平，同一工种若有许多作业者，应随机地选择部分作业者作为采样对象。《工作场所空气中有害物质监测的采样规范》(GBZ 159—2004)明确规定了采样对象的具体采样数量，见表 4.12。

表 4.12 同一班组(工种)中不同作业者数应监测的作业者数量

确定条件	劳动者数	采样对象数
在采样对象范围内，能够确定接触有害物质浓度最高和接触时间最长的作业者	3～5	2
	6～10	3
	＞10	4

续表 4.12

确定条件	劳动者数	采样对象数
在采样对象范围内,不能确定接触有害物质浓度最高和接触时间最长的作业者	6	5
	7～9	6
	10～14	7
	15～26	8
	27～50	9
	>50	11

(2)定点区域采样

定点区域采样常用于评价工作场所空气环境质量。由于采样系统固定,未考虑作业者的流动性,定点区域采样难以反映作业者的真实接触水平。以往经验表明,定点区域采样结果与个体采样结果并不一致,两者之间无明显的联系。但可以应用工时法,记录作业者在每一采样区域的停留时间,可以根据定点区域采样结果估算作业者接触水平。

要根据环境监测的不同目的,调整其采样策略。通常监测点应设在有代表性的作业者接触有害物质地点,尽可能靠近作业者,又不影响作业者的正常操作,监测点上的采集头应设置在作业者工作时的呼吸带,一般情况下距离地面 1.5 m。

工作场所按产品的生产工艺流程,凡逸散或存在有害物质的工作地点,至少应设置 1 个采样点。一个有代表性的工作场所内有多台同类生产设备时,1～3 台设置 1 个采样点;4～10 台设置 2 个采样点;10 台以上,至少设置 3 个采样点。一个有代表性的工作场所内,有 2 台以上不同类型的生产设备,逸散同一种有害物质时,采样点应设置在逸散有害物质浓度大的设备附近的工作地点;逸散不同种有害物质时,将采样点设置在逸散待测有害物质设备的工作地点。

劳动者在多个工作地点工作时,在每个工作地点设置 1 个采样点。劳动者工作是流动的时,在流动的范围内,一般每 10 m 设置 1 个采样点。

定点区域采样 1 次的采样时间一般为 15 min;采样时间不足 15 min 时,可进行 1 次以上的采样,按 15 min 时间加权平均浓度计算。

4.9.2.2 样品的采集

依据工作场所空气中有害物质存在形式,可以分为气体、蒸气和颗粒物两类采集方式。如工作场所空气中两种形式的有害物质同时存在,可以用串联方式,或对采集颗粒物的滤膜进行特别处理,增加其吸附、吸收气体或蒸气中有害物质的功能。在实际工作中,应注意所有采样设备符合国家相关规范要求。

此外,在一些特定情况下,可以对工作场所中某一个区域表面的污染程度进行分析,进而评价污染源的污染性质和范围、采取干预措施的效果,估计作业者接触水平。在评价工作场所空气环境质量上,有时这种方法非常实用。

(1)气体和蒸气采集

气体和蒸气采集有以下几种方式:

①主动采集:通过动力系统,主动收集一定量空气样,富集其中污染物。

②被动采集:利用被动采样仪器,通过扩散或渗透,吸附有害物质。

③用可与待测物起化学反应的液体吸收，用颜色反映待测物质的量。

④用真空袋或真空容器采集，如惰性塑料袋、玻璃瓶、不锈钢桶等。可以用于无须采集许多空气样品的无机气体、非活性气体等。

⑤用直读式检测仪直接检测空气中特定的有害物质。

(2)空气中颗粒物采集

通常用滤膜采集工作场所空气中颗粒性物质。在选择时，需要注意滤膜应该可以阻挡待测物质，但又不能影响其采样流量。可以选择不同孔径的滤纸(膜)，分别采集不同粒径的颗粒物。国内常用的有纤维状滤膜和筛孔状滤膜，前者有定量滤纸、玻璃纤维滤纸、过氯乙烯滤膜等，后者有微孔滤膜和聚氨酯泡沫塑料。

4.9.3 工作场所空气中有害物质的测定

4.9.3.1 总粉尘浓度的测定

总粉尘是指可进入整个呼吸道(鼻、咽、喉、胸腔支气管、细支气管和肺泡)的粉尘，简称总尘。总粉尘浓度的测定采用滤膜称量法。

分别于采样前和采样后，将滤膜和含尘滤膜置于干燥器内干燥 2 h 以上，除静电后，在分析天平上准确称量并记录其质量 m_1 和 m_2，按下式计算总粉尘浓度：

$$C_{总} = \frac{m_2 - m_1}{Q \cdot t} \times 1000 \tag{4.34}$$

式中 $C_{总}$——空气中总粉尘浓度(mg/m^3)；

m_1——采样前的滤膜质量(mg)；

m_2——采样后的滤膜质量(mg)；

Q——采样流量(L/min)；

t——采样时间(min)。

4.9.3.2 金属、类金属及其化合物测定

工作场所空气中常见的金属、类金属及其化合物主要有 32 类，它们存在的形态主要有单质、氧化物、氢氧化物、无机盐和有机盐类等，其测定分析方法主要有原子吸收光谱法、紫外-可见分光光度法、原子荧光光谱法、等离子发射光谱法、电化学分析方法等，具体见表 4.13。

表 4.13 工作场所空气中常见金属、类金属及其化合物的测定方法

序号	元素种类	金属及其代表化合物	可选方法
1	锑	金属锑、氧化锑	火焰原子吸收光谱法、石墨炉原子吸收光谱法
2	钡	金属钡、氧化钡、氢氧化钡和氯化钡	等离子发射光谱法、二溴对甲基偶氮甲磺分光光度法
3	铍	金属铍、氧化铍	桑色素荧光分光光度法
4	铋	碲化铋	原子荧光光谱法、火焰原子吸收光谱法
5	镉	金属镉、氧化镉	火焰原子吸收光谱法

续表 4.13

序号	元素种类	金属及其代表化合物	可选方法
6	钙	氧化钙、氰氨化钙	火焰原子吸收光谱法
7	铬	铬酸盐、重铬酸盐、三氧化铬	火焰原子吸收光谱法、二苯碳酰二肼分光光度法
8	钴	金属钴、氧化钴	火焰原子吸收光谱法
9	铜	金属铜、氧化铜	火焰原子吸收光谱法
10	铅	金属铅、氧化铅、硫化铅、四乙基铅	火焰原子吸收光谱法、双硫腙分光光度法、四乙基铅的石墨炉原子吸收光谱法
11	锂	金属锂、氢化锂	氢化锂发射光谱法
12	镁	金属镁、氧化镁	火焰原子吸收光谱法
13	锰	金属锰、二氧化锰	火焰原子吸收光谱法、磷酸-高碘酸分光光度法
14	汞	金属汞、氯化汞	冷原子吸收光谱法、原子荧光光谱法、双硫腙分光光度法
15	钼	金属钼、氧化钼	硫氰酸盐分光光度法、等离子体发射光谱法
16	镍	金属镍、氧化镍、硝酸镍	火焰原子吸收光谱法
17	钾	氢氧化钾、氯化钾	火焰原子吸收光谱法
18	钠	氢氧化钠、碳酸钠	火焰原子吸收光谱法
19	锶	氧化锶、氯化锶	火焰原子吸收光谱法
20	钽	五氧化二钽	碘绿分光光度法
21	铊	金属铊、氧化铊	石墨炉原子吸收光谱法
22	锡	金属锡、二氧化锡、二月桂酸二丁基锡	火焰原子吸收光谱法、二氧化锡栎精分光光度法、二月桂酸二丁基锡的双硫腙分光光度法
23	钨	金属钨、碳化钨	硫氰酸钾分光光度法
24	钒	钒铁合金、五氧化二钒	N-肉桂酰-邻甲苯羟胺分光光度法、催化极普法
25	锌	金属锌、氧化锌、氯化锌	火焰原子吸收光谱法、双硫腙分光光度法
26	锆	金属锆、氧化锆	二甲酚橙分光光度法
27	硼	三氟化硼	苯羟乙酸分光光度法
28	砷	三氧化二砷、五氧化二砷、砷化氢	氢化物-原子荧光光谱法、氢化物-原子吸收光谱法、二乙氨基二硫代甲酸银分光光度法
29	硒	硒、二氧化硒	氢化物-原子荧光光谱法、氢化物-原子吸收光谱法、二乙氨基萘荧光分光光度法

续表 4.13

序号	元素种类	金属及其代表化合物	可选方法
30	碲	碲、氧化碲、碲化铋	氢化物-原子荧光光谱法、火焰原子吸收光谱法
31	铟		火焰原子吸收光谱法
32	钇		电感耦合等离子体发射光谱法

4.9.3.3 非金属及其化合物测定

工作场所空气中常见的非金属及其化合物主要包括无机含碳化合物、无机含氮化合物、无机含磷化合物、氧化物、硫化物、氟化物、氯化物、碘及其化合物等，其测定分析方法主要有紫外-可见分光光度法、离子色谱法、气相色谱法和离子选择电极分析法等，具体见表 4.14。

表 4.14 工作场所空气中常见非金属及其化合物的测定方法

序号	种类	非金属及其代表化合物	可选方法
1	无机含碳化合物	一氧化碳、二氧化碳	一氧化碳和二氧化碳的不分光红外气体分析仪法、一氧化碳的直接进样-气相色谱法
2	无机含氮化合物	一氧化氮、二氧化氮、氨、氰化氢、氢化物、叠氮酸、叠氮化物	一氧化氮和二氧化氮的盐酸萘乙二酸分光光度法、氨的纳氏试剂分光光度法、氰化氢和氰化物的异菸酸钠-巴比妥酸钠分光光度法、叠氮酸和叠氮化合物的三氯化铁分光光度法
3	无机含磷化合物	磷酸、磷化氢、五氧化二磷、三氯化磷、五硫化二磷、三氯硫磷、三氯氧磷、黄磷	磷酸的钼酸铵分光光度法、磷化氢的气相色谱法、磷化氢的钼酸铵分光光度法、五氧化二磷和三氯化磷的钼酸铵分光光度法、五氧化二磷和三氯化磷的对氨基二甲基苯胺分光光度法、黄磷的吸收液采集-气相色谱法
4	氧化物	臭氧、过氧化氢	臭氧的丁子香酚分光光度法、过氧化氢的四氯化钛分光光度法
5	硫化物	二氧化硫、三氧化硫、硫酸、硫化氢、二硫化碳、六氟化硫、硫酰氟、氯化亚砜	二氧化硫的四氯汞钾-盐酸副玫瑰苯胺分光光度法、二氧化硫的甲醛缓冲液-盐酸副玫瑰苯胺分光光度法、三氧化硫和硫酸的离子色谱法、三氧化硫和硫酸的氯化钡比浊法、硫化氢的硝酸银比色法、二硫化碳的二乙胺分光光度法、二硫化碳的溶剂解吸-气相色谱法、六氟化硫和硫酰氟的直接进样-气相色谱法、氯化亚砜的硫氰酸汞分光光度法
6	氟化物	氟化氢、氟化物	氟化氢和氟化物的离子选择电极法、氟化氢的离子色谱法
7	氯化物	氯气、氯化氢、二氧化氯	氯气的甲酸橙分光光度法、氯化氢和盐酸的离子色谱法、氯化氢和盐酸的硫氰酸汞分光光度法、二氧化氯的酸性紫 R 分光光度法
8	碘及其化合物	碘	离子色谱法（电导型电化学检测器）

4.9.3.4 有机化合物测定

工作场所空气中有机化合物的监测对象主要包括烷烃类、烯烃类、脂环烃类、芳香烃类、多环芳香烃类、醇类、脂肪族酮类等39类190多种有机化合物；有机磷、有机氯、拟除虫菊酯类等3类21种农药，如六六六、滴滴涕、氯氰菊酯等；以及药物类可的松、炔诺孕酮2种，炸药类硝酸甘油、硝基胍、黑索今、奥克托今4种，生物类酶1种等。其测定方法具体详见职业卫生标准《工作场所空气有毒物质测定 第1部分：总则》(GBZ/T 300.1—2017)。

4.10 空气质量连续自动监测

4.10.1 概述

空气污染是由固定污染源和流动污染源共同排放的污染物经扩散而形成的，污染扩散是排放量(排放浓度)与时间、空间的函数。因此，空气污染的特点是大范围的，受季节、气候、地形、地物等因素的强烈影响，随时间的推移而变化的。为了掌握环境空气污染现状和变化规律，需要对大气环境污染进行长期的、大量的、连续的监测。过去的监测方法中的间歇采样、手工分析的方法已无法满足要求，取而代之的是大气质量自动监测。

(1)国内外现状

人们逐渐认识到，对空气污染监测的最有效的方法是建立空气污染自动监测系统(APMS)。从20世纪70年代起许多国家相继建立了APMS，如美国有6000个空气污染自动监测站点，其中250个是国家级的。同时期，荷兰全国空气污染监测系统，由监测站、区域监测中心和国家监测中心三部分组成，共有监测站220个，其中100个监测站按规则的格状布局，站距20 km，其他120个监测站分别布置在地形特殊，或人口稠密，或大工业中心，或国界、边境地区。英国共分12个监测区，用快速测定方法监测大气中的有害物质，同时用自动化或半自动仪器监测大气污染。英国伦敦地区在不同地点设置13个自动分析器，对一氧化硫和飘尘等进行连续测定，得出日平均浓度；另外英国国家工业卫生研究所还在全国设有100个大气观测点，各测定点的测定数据汇集到工业卫生研究所的中心实验室，用计算机进行数据处理和统计。早在1965年日本已建立起172个自动监测站，对二氧化硫等污染物进行监测；1972年日本开始试用激光雷达进行大气污染监测，以探测跟踪大气中污染物质的运动和“眼见”污染实态，激光雷达还可以绘出各种气体污染物分布网；1974年建成“大气污染预报系统”。

我国自1984年北京市环境监测中心建立中国第一个环境空气质量自动监测系统以来，到2013年，全国已有70多个城市建成空气质量自动监测系统，实现了161个城市空气质量预报。同时，城市重点污染源自动监控系统联网取得初步成效。

（2）建立空气质量连续自动监测系统的目的

①判断空气质量是否符合国家制定的环境质量标准及了解当前的污染状况。

②判断污染源造成的污染影响，确定控制和防治对策，评价防治措施的效果。

③对排放量大、危害影响严重的污染源进行控制监测，尤其在扩散不利的季节，防止污染事故的发生。为保证环保法的执行，起着监督作用。

④收集空气背景及其趋势数据，由所积累的长期监测数据，结合流行病学调查，为保护人类健康、生态平衡，制订和修改环境标准提供可靠的科学依据。

⑤研究空气扩散的数学模式，判断新污染源对环境空气质量的影响，为相应的主管部门提供决策参考，并为污染危险天气以及空气污染短期、长期预报提供信息资料。

4.10.2 空气质量连续自动监测系统的组成

空气质量连续自动监测系统由一个中心站、若干个子站组成。环境自动监测系统24 h连续自动地在线工作，工作内容为获取各种监测数据、传输数据、处理数据。

4.10.2.1 子站

子站按其任务的不同可分为两种，一种是为评价地区整体的大气污染状况设置的，装有大气污染连续自动监测仪（包括校准仪器），气象参数测量仪和一台环境微机；另一种是为掌握污染源排放污染物浓度等参数变化情况而设置的，装有烟气污染组分监测仪和气象参数测量仪。子站内设有自动采样和预处理系统、环境微机及信息传输系统等，如图 4.21 所示。

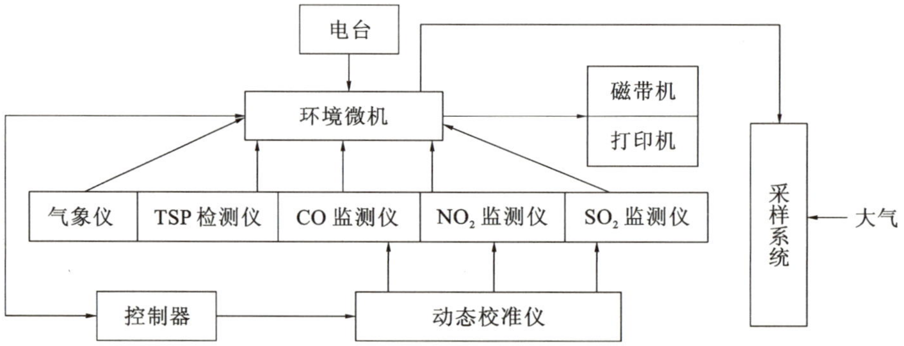

图 4.21 子站仪器装备框图

（1）监测子站的布设

①监测子站的数目。空气质量监测，由于各类污染源的分布互相交错而使污染物的空间、时间分布变得十分复杂。监测子站数目的设置，取决于监测网覆盖区域面积、人口数量及分布、污染程度、气象条件和地形地貌等，可根据以下几种方法确定：按人口密度确定，按污染物活性不同确定，按环境标准确定，按统计学置信水平确定。一般来说，在城市近郊区建立若干个监测子站，在清洁的远郊区建立一个背景子站。

②监测子站的位置。监测子站获取的监测数据应能反映一定地区范围空气污染物浓度水平及其波动范围，故监测子站位置的选择应包括以下地区：预期浓度最高的地区，

人口密度高的、有代表性污染浓度的地区，重要污染源或污染源类型对环境空气污染水平有冲击影响的地区，背景浓度水平地区。

(2)监测项目

①气象参数：温度、湿度、风速、风向、大气压、太阳辐射等。

②污染物监测项目：SO_2、NO_2、NO、NO_x、CO、O_3、H_2S、TSP或可吸入颗粒物(PM_{10}、$PM_{2.5}$)、总碳氢化合物、甲烷、非甲烷烃等。

根据各监测子站所处位置不同，所代表的功能区特点不同，选定的监测项目也有所不同。常规必测项目是SO_2、NO_2、CO、TSP或可吸入颗粒物(PM_{10}、$PM_{2.5}$)、温度、湿度、风速、风向、大气压。

(3)采样系统

采样系统分集中采样系统和单独采样系统两种。集中采样系统指在每一子站设一总采气管，由抽风机将大气样品吸入，各仪器的采样管均从这一采样管中分别采样，但TSP或可吸入颗粒物(PM_{10}、$PM_{2.5}$)应单独采样。单独采样系统指各监测仪器分别用采样泵采集空气样品。

(4)监测仪器

空气质量自动监测系统的主要硬件设备是空气质量连续监测仪器。要求监测仪器必须具备自动连续运转能力强、灵敏、准确、易维修、维修频次低等特性。常用空气质量连续监测仪器如下：

①脉冲荧光法SO_2监测仪(TEModel 43)。该监测仪的监测原理是用脉冲化的紫外光(190～230 nm)激发SO_2分子，处于激发态的SO_2分子返回基态时放出荧光(240～420 nm)，所放出的荧光强度与SO_2的浓度呈线性关系，从而测出SO_2的浓度。该监测仪响应快、灵敏度高，且对温度、流量的波动不敏感，稳定性好，作为连续监测仪器较为可靠。

②化学发光法NO_x监测仪(TEModel 14B/E)。该监测仪的原理是：一氧化氮被臭氧氧化成激发态二氧化氮，当其回到基态二氧化氮时放出光量子，其发光强度与二氧化氮的浓度成正比。反应式为：

$$NO + O_3 = NO_2^* + O_2$$

$$NO_2^* = NO_2 + h\nu$$

当测定样品气中的氮氧化物($NO_x = NO + NO_2$)时，必须先将二氧化氮通过催化剂(金属丝网、活性炭、Mo-Al_2O_3等)还原成一氧化氮，然后再测定。该监测仪采用一氧化氮标准气进行动态校正，不用吸收液，因此可使误差大大减小，在低浓度范围更为准确。同时反应迅速，很容易求得瞬时值，且线性好，范围宽，是一种比较理想的测定方法。

③气体过滤器红外光谱CO监测仪(TEModel 48)。该监测仪的原理是对非分散红外法的一种改进，采用了气体过滤器的相关技术，基本原理是基于在有其他干扰气体存在下，比较样品气中被测气体红外吸收光谱的精细结构。仪器中装有一个可转动的气体过滤器转轮，此轮一半充入纯CO，另一半充入纯N_2。当红外线通过CO一侧时，相当于参比光束，当通过N_2一侧时，相当于样品光束，转轮后设有一多次反射光程吸收池(池长40 cm，反射32次，光程长12.8 m)保证有足够的灵敏度，气体过滤器转轮按一定频率旋

转。此时对吸收池来说，从时间上分割为交替的样品光束和参比光束，可以获得一交变信号，而对干扰气体说，样品光束和参比光束是相同的可相互抵消。该监测仪的灵敏度好，设备简单，由于采用固态检测器，因此避免了非色散红外法微量电容检测器易受振动的影响，使仪器运行可靠。

④紫外光度法 O_3 监测仪（TEModel 49）。该监测仪的原理是利用 O_3 对紫外光（波长 254 nm）的吸收，直接测定紫外光通过 O_3 后减弱的程度，根据吸光度求出 O_3 浓度。该监测仪设备简单，无试剂、气体消耗。

⑤气相色谱（FID）法及光离子化（PID）法非甲烷烃监测仪。

a. 氢火焰离子化气相色谱：空气样品先经色谱柱分离成甲烷及非甲烷烃两个峰，用FID先测流出的甲烷，再测反吹出的非甲烷烃，反应周期约 5 min，仪器有内装的微处理机，用户可自行编制程序来完成分析过程，并可随时进行基线校正、积分值的计值等。气相色谱法的主要问题是精度较差，作为连续监测仪器需要较多的维护。

b. 光离子化检测器：即以高强度的紫外光作为激发源，紫外光照射到被测定的烃类化合物上产生电离，用离子检测器测定电离强度即可求出烃类的浓度。该法的主要问题是所选用的紫外光源只能对 C_4 以上的烃类产生电离，C_4 以下的烃不产生电离。但该法的主要优点是不需色谱柱分离，也不需要氢气源，仪器非常简单。

⑥可吸入颗粒物（PM_{10}、$PM_{2.5}$）连续监测仪。光散射可吸入颗粒物浓度计的设计原理是使一束平行可见光通过含可吸入颗粒物的大气，由于光线受到粒子的阻挡而发生光散射现象，其散射光强度的变化与可吸入颗粒物的浓度呈定量关系。因此，当仪器用标样标定后，即可直接显示可吸入颗粒物的浓度值。

此外，可吸入颗粒物测定仪器还有 β 射线可吸入颗粒物测定仪、压电石英晶体可吸入颗粒物测定仪。现在许多监测站采用具有 10 μm 切割机的大容量采样器 24 h 连续取样，经手工分析后再将数据输入计算机存储。

（5）校准系统

校准系统包括校正监测仪器零点、量程的零气源和标准气气源（如标准气发生器、标准钢瓶）、校准流量计等。在环境微机和控制器的控制下，每隔一定时间（如 8 h 或 24 h）依次将零点气和标准气输入各监测仪器进行校准。校准完毕，环境微机给出零值和跨度值报告。

（6）子站数据处理和传送

子站环境微机及时采集大气污染监测仪的测量数据，将其进行处理和存贮。各子站的数据收集和监测仪器工作的控制是由一台微机进行的。它每 0.1 s 从各数据通道读一次监测数据，每半秒做 1 次半秒平均，每秒做 1 次秒平均。以后，每 10 s 又对秒平均做 1 次平均，每分钟又对 10 s 平均做平均，然后再做 5 min 平均。所有的 5 min 平均值都保存起来，准备传输给中心。

子站环境微机的工作方式有两种：一是被动工作方式，二是自主工作方式。当中心站的计算机运行正常时，子站环境微机受控于中心计算机而运行，称为被动工作方式。此时中心站每隔 5 min 向各监测子站自动发出指令，各子站接到指令后，向中心站传送回 5 min 内各监测仪器测得的平均数据。受中心站命令，子站可以重发某时的数据或随时抽检保存在子站的某些数据。当子站设备的运行状态、环境状况出现异常时，如氢焰灭火、站房温度升高等，子站向中心站发回状态信息及报警信号，以便中心站及时掌握调整。当中心站的计算机或通信系统出现故障时，为使数据不丢失，子站微处理机承担起就地控制运行、收集存贮数据等功能，待中心站或通信设备正常后，再集中地把中心站未收集到的数据传输回去，称为子站自主工作方式。子站微处理机可存贮 16 h 每5 min数据，无论子站或中心站，通信设备故障不超过 16 h 的情况下数据不会丢失。

4.10.2.2 中心站

中心站是整个系统的心脏部分，它是所有测量数据收集、存贮、处理、输出、控制系统和其他科研计算的中心。整个大气污染连续自动监测系统的可靠性和效能，中心站是关键。为了确保数据收集和进行较多的科研计算和管理，采用两台计算机，一台作主机与系统相连，在线运行；一台作辅机进行计算管理。当主机发生故障，辅机可代替运行。其运行方式为：

(1)由中心站定时向各子站轮流发出询问信号，各子站按一定格式依次发送回数据，对数据进行差错校验及纠正。有疑问时可发指令令子站重发。中心站具有随机查询子站实时数据并收集子站运行状态的功能。

(2)对数据进行存贮、处理、输出。定时收集各子站的监测数据并进行处理，打印各种报表，绘制各种图形；建立数据库，完成各种数据的贮存。

(3)对全系统运行的实时控制。包括：通信控制；对子站监测仪器操作的控制，如校零、校跨度、控制开关、流量等；对污染源超标排放的警戒控制。

4.10.3 空气质量指数

空气质量指数(AQI)是定量描述空气质量状况的无量纲指数，能够实时报告、准确反映空气质量的状况。空气质量指数 AQI 与原来发布的空气污染指数(API)有着很大的区别。AQI 分级计算参考的标准是新的《环境空气质量标准》(GB 3095—2012)。

根据《环境空气质量指数(AQI)技术规定(试行)》(HJ 633—2012)，空气质量指数 AQI 计算与评价过程为：

第一步，对照各项污染物的分级浓度限值[参照(GB 3095—2012)]，以细颗粒物($PM_{2.5}$)、可吸入颗粒物(PM_{10})、二氧化硫(SO_2)、二氧化氮(NO_2)、臭氧(O_3)、一氧化碳(CO)等各项污染物的实测浓度值(其中 $PM_{2.5}$、PM_{10} 为 24 小时平均浓度)分别计算得出空气质量分指数(Individual Air Quality Index，IAQI)；

$$IAQI_{\mathrm{P}} = \frac{IAQI_{\mathrm{Hi}} - IAQI_{\mathrm{Lo}}}{BP_{\mathrm{Hi}} - BP_{\mathrm{Lo}}}(C_{\mathrm{P}} - BP_{\mathrm{Lo}}) + IAQI_{\mathrm{Lo}} \tag{4.35}$$

式中 $IAQI_{\mathrm{P}}$——污染物项目 P 的空气质量分指数；

C_{P}——污染物项目 P 的质量浓度值；

BP_{Hi}——HJ 633—2012 中与 C_{P} 相近的污染物浓度限值的高位值；

BP_{Lo}——HJ 633—2012 中与 C_{P} 相近的污染物浓度限值的低位值；

$IAQI_{\mathrm{Hi}}$——HJ 633—2012 中与 BP_{Hi} 对应的空气质量分指数；

$IAQI_{Lo}$——HJ 633—2012 中与 BP_{Lo} 对应的空气质量分指数。

第二步，从各项污染物的 $IAQI$ 中选择最大值确定为 AQI，当 AQI 大于 50 时将 $IAQI$ 最大的污染物确定为首要污染物；

$$AQI = \max\{IAQI_1, IAQI_2, IAQI_3, \cdots, IAQI_n\}$$

式中 $IAQI$—— 空气质量分指数；

n——污染物项目。

第三步，对照 AQI 分级标准，确定空气质量指数级别、空气质量类别及表示颜色、对健康的影响与建议采取的措施。

AQI 就是各项污染物的空气质量分指数($IAQI$)中的最大值，当 AQI 大于 50 时，$IAQI$ 最大的污染物即为首要污染物。若 $IAQI$ 最大的污染物为两项或两项以上时，并列为首要污染物。$IAQI$ 大于 100 的污染物为超标污染物。

空气质量指数及相关信息见表 4.15。

表 4.15 空气质量指数及相关信息

空气质量指数	空气质量指数级别	空气质量类别及表示颜色		对健康的影响	建议采取的措施
0～50	一级	优	绿色	空气质量令人满意，基本无空气污染	各类人群可正常活动
51～100	二级	良	黄色	空气质量可接受，但某些污染物可能对极少数异常敏感人群健康有较弱影响	极少数异常敏感人群应减少户外活动
101～150	三级	轻度污染	橙色	易感人群症状有轻度加剧，健康人群出现刺激症状	儿童、老年人及心脏病、呼吸系统疾病患者应减少长时间、高强度的户外锻炼
151～200	四级	中度污染	红色	进一步加剧易感人群症状，可能对健康人群心脏、呼吸系统有影响	儿童、老年人及心脏病、呼吸系统疾病患者避免长时间、高强度的户外锻炼，一般人群适量减少户外运动
201～300	五级	重度污染	紫色	心脏病和肺病患者症状显著加剧，运动耐受力降低，健康人群普遍出现症状	儿童、老年人和心脏病、肺病患者应停留在室内，停止户外运动，一般人群减少户外运动
>300	六级	严重污染	褐红色	健康人群运动耐受力降低，有明显强烈症状，提前出现某些疾病	儿童、老年人和病人应当留在室内，避免体力消耗，一般人群应避免户外活动

空气质量指数是国际上普遍采用的定量评价空气质量好坏的重要指标，但各国统计

标准和方法有所不同，对环境的评价结果也存在一定差异。由于受多种因素的影响，有时空气质量指数常常表现出与公众感受及其他环境监测指标不相一致的现象。针对于此，结合我国城市发展和环境监测技术的实际情况，我国提出了优化设置空气质量监测点、提高空气污染物浓度标准、增加空气质量统计指标和改进空气质量指数统计方法等改进建议，以进一步提高空气质量指数指示环境的准确性。

思考题与习题

1. 什么是空气及空气污染？空气污染有哪些危害？

2. 空气污染源是怎样分类的？分别包括哪些方面？

3. 空气污染物的种类有哪些？有哪些危害？

4. 空气监测的目的和作用是什么？

5. 空气采样点的布设方法有几种？各适合于什么情况？

6. 采集空气样品的方法有哪些？各适于什么情况？各有何优缺点？

7. 富集采样法分为哪几种具体方法？简述其采样原理，并说明其各自适用对象。

8. 简述甲醛吸收-副玫瑰苯胺分光光度法测定二氧化硫的原理。有哪些干扰？如何去除？

9. 空气中氮氧化物怎样测定？有哪些注意事项？

10. 已知某采样点的温度为 30 ℃，大气压力为 99.2 kPa，现用溶液吸收法采样测定该点空气中的氮氧化物含量。采气流量为 0.35 L/min，采气时间为 2 h，采样后用比色法测得全部吸收液(5 ml)中含 4.3 μg 氮氧化物，求气样中氮氧化物的含量（分别用 mg/m^3 和 μL/L 表示）。（已知：NO_2 的相对分子质量为 46）

11. 固定污染源烟囱废气监测，如何选择采样点位置和确定采样点数目？

12. 用校正系数为 0.85 的 S 形皮托管测得某烟道内烟气动压为 16 Pa，静压为 1.33 kPa，烟气温度 t_s=250 ℃。如果烟气气体常数 R_s=2.64 kPa·m^3/(kg·K)，求烟囱烟气的流速。

13. 设某烟囱的烟道断面面积为 1.5 m^2，测得其烟气平均流速为 16.6 m/s，烟气温度为 127 ℃，烟气静压为 −1.33 kPa，大气压力为 100.6 kPa，烟气中水蒸气含量为 20%（体积百分比），求标准状态下的干烟气流量。

14. 测定烟气中烟尘含量应如何采样？测定烟气中气态（或蒸气态）组分含量应如何采样？这两种方法有何不同？为什么？

15. 汽油车尾气监测主要测定哪些有害物质？其测定方法要点及原理各是什么？

16. 柴油车尾气监测主要测定哪些有害物质？其测定方法要点及原理各是什么？

17. 为什么要进行降水监测？一般测定哪些项目？如何测定？

18. 大气降水监测的布点要求是什么？如何采集样品？

19. 进行大气降水监测时的采样要求是什么？

20. 工作场所空气中有害物质采样方式有哪些？具体要求是什么？

21. 工作场所空气样品采集有哪些方法？

22. 工作场所空气中常见的金属、类金属及其化合物主要有哪些？具体的测定方法是什么？

23. 大气污染自动监测主要包括哪些项目？监测子站的主要任务是什么？需要配备的基本仪器设备有哪些？

24. 用方块图示意化学发光法氮氧化物自动监测仪的组成？

5 土壤污染监测

本章提要

【知识点】

- ◆ 土壤污染的来源和特点
- ◆ 土壤污染监测的采样、制备和常规样品分析检测方法
- ◆ 我国土壤环境标准体系概况

【技能点】

- ◆根据监测目的和实际情况合理制订土壤监测方案
- ◆常规土壤监测项目的采样、分析检测和过程质量控制

土壤是连续覆被于地球陆地表面具有肥力的疏松物质，是随着气候、生物、母质、地形和时间因素变化而变化的历史自然体。其厚度为数厘米到数米不等。土壤具有为植物生长不断提供营养条件和环境条件的能力，是动、植物和人类赖以生存的物质基础。因此，土壤质量的优劣直接影响人类的生产、生活甚至生存、发展。

地球环境由岩石圈、水圈、土壤圈、生物圈和大气圈构成，土壤位于该系统的中心，既是各圈层相互作用的产物，又是各圈层物质循环与能量交换的枢纽。受自然和人为作用，内在或外显的土壤状况称之为土壤环境。

5.1 概　　述

5.1.1 土壤的组成

土壤是由矿物质，动植物残体腐解产生的有机物质，水分和空气等固、液、气三相物质组成的疏松多孔体。土壤的组成带有明显的地域特征，不同地带土壤的物理化学性质及生物性质是不同的。

(1)土壤矿物质

土壤矿物质是岩石经风化作用形成的，占土壤固体部分总质量的 90%以上，有土壤骨骼之称。土壤矿物质种类很多，化学成分比较复杂，是土壤中最不活跃的部分，但它的组成和性质又直接影响土壤的物理和化学性质。土壤矿物质是植物营养元素的重要来源，按其组成成分的不同可分为原生矿物质和次生矿物质两类。

①原生矿物质：指各种岩石在风化过程中，只遭受机械性破坏，破碎成碎屑，而其化学成分没有改变。这类矿物质分布比较广泛，主要有硅酸盐类，如石英、长石、云母等，还有氧化物类、硫化物类和磷酸盐类。

②次生矿物质：原生矿物质经过化学风化后形成的新的矿物质。其化学组成和晶体结构均有所改变。这类矿物质包括简单盐类(如碳酸盐、硫酸盐、氯化物等)、三氧化物类和次生铝硅酸盐类等。次生铝硅酸盐类是构成土壤黏粒的主要成分，也称为黏土矿物，如高岭石、蒙脱石和伊利石等。三氧化物类如针铁矿($Fe_2O_3 \cdot H_2O$)、褐铁矿($2Fe_2O_3 \cdot 3H_2O$)、三水铝石($Al_2O_3 \cdot 3H_2O$)等，是硅酸盐类矿物彻底风化的产物。

土壤矿物质的组成如下：

①化学组成

土壤矿物质中化学元素的相对含量与地球岩石圈的化学组成相似。其中氧、硅、铝、铁、钙、钠、钾和镁八大元素在岩石圈中的含量约占总量的 96%，其余元素的含量非常低，低于十万分之一甚至百万分之一，统称为微量元素。

②质地分类

土壤是由各种大小、质地不同的颗粒组成的。不同粒径和质地的土粒的成分及物理化学性质有很大差异，如对污染物的吸附、解吸和迁移、转化能力以及有效含水量和保水保温能力等。我国的土壤质地分类标准把土壤质地分为 3 组 11 种，见表 5.1。国际制采用三级分类法，将土壤分为砂土、壤土、黏壤土和黏土四大类和十二级，见表 5.2。

表 5.1　我国土壤质地分类

质地分类	质地名称	颗粒组成		
		砂粒(0.05～1 mm)	粗粉粒(0.01～0.05 mm)	黏粒(<0.001 mm)
砂土	粗砂土	>70	—	<30
	细砂土	60～70		
	面砂土	50～60		
壤土	砂粉土	>20	>40	>30
	粉土	<20		
	粉壤土	>20	<40	
	黏壤土	<20		
	砂黏土	>20	—	

续表 5.1

质地分类	质地名称	颗粒组成		
		砂粒（0.05～1 mm）	粗粉粒（0.01～0.05 mm）	黏粒（<0.001 mm）
黏土	粉黏土	—	—	30～35
	壤黏土			35～40
	黏土			>40

表 5.2 国际制土壤质地分类

土壤质地分类		各级土粒（质量分数/%）		
类别	土壤质地名称	黏粒（<0.002 mm）	粉沙粒（0.002～0.02 mm）	沙粒（0.02～2 mm）
沙土类	沙土及壤质沙土	0～15	0～15	85～100
壤土类	沙质壤土	0～15	0～15	55～85
	壤土	0～15	30～45	40～55
	粉沙质壤土	0～15	45～100	0～55
黏壤土类	沙质黏壤土	15～25	0～30	55～85
	黏壤土	15～25	20～45	30～55
	粉沙质黏壤土	15～25	45～85	0～40
黏土类	沙质黏土	25～45	0～20	55～75
	壤质黏土	25～45	0～45	10～55
	粉沙质黏土	25～45	45～75	0～30
	黏土	45～65	0～55	0～55
	重黏土	65～100	0～35	0～35

（2）土壤有机质

土壤有机质是由土壤中的动、植物及微生物残体和施入土壤的有机肥经生物作用而逐渐形成的，是土壤中有机化合物的总称。土壤有机质与土壤矿物质构成了土壤的固相部分。

土壤有机质主要分布于土壤表层，占土壤干重的 1%～10%。按其分解程度可分为新鲜有机质、半分解有机质和腐殖质。

腐殖质是植物残体中稳定性较强的木质素及其类似物在微生物作用下，部分被氧化形成的一类特殊的高分子聚合物。腐殖质具有苯环结构，苯环周围连有多种官能团，如羧基、羟基、甲氧基及氨基等，使之具有表面吸附、离子交换、络合、缓冲、氧化还原作用及生理活性等性能，一般占土壤有机质总量的 85%～90%以上。这类物质对污染物在土壤中的赋存、迁移、转化等具有显著的影响。

（3）土壤微生物

土壤微生物的种类很多，如细菌、真菌、藻类和原生动物等都是土壤微生物。土壤微生物不仅是土壤有机质的重要来源，而且对进入到土壤中的有机污染物的降解及无机污染物的形态转化起着主导作用，是土壤净化功能的主要贡献者。一般情况下，土壤微生物的数量巨大。如果土壤被污染，土壤微生物的数量和代谢都会受到影响，因此，土壤微生物可作为判断土壤质量的重要参考指标。

(4)土壤水分

土壤中各种形态的水分统称为土壤水，它存在于土壤的孔隙中，主要来源于大气降水、地表径流和农田灌溉，相当于土壤的"血液"，对土壤中各种物质的迁移、转化和土壤的形成起着决定作用，是影响土壤质量的重要元素。实际上，土壤水并不是纯水，而是一种含有复杂溶质的溶液，为植物的生长提供必要的水分和养分。

(5)土壤空气

存在于土壤孔隙中的气体统称为土壤空气，主要来源于大气和生化反应产生的气体，如甲烷、硫化氢、氮氧化物等。在排水良好的土壤中，土壤空气主要来源于大气，因此其成分与大气基本相同；而在排水不良的土壤中，土壤空气的含氧量下降，而二氧化碳的含量会增加。影响土壤空气的因素很多，如土壤水分、土壤中的生物活动、土壤的深度及酸碱度、季节变化、栽培措施等。

5.1.2 土壤的特性

从农业种植的角度看，土壤的重要特征之一就是具有肥力，植物在生长过程中需要的水分和养分都来源于土壤。从污染物迁移转化的角度看，土壤具有一定的自净能力，可降低进入土壤中的有害物质的毒性或消除该毒性。但由于土壤的自净能力有限，当土壤中含有害物质过多，进入土壤中的有害物质超过土壤能承受的容量和自净能力时，土壤的动态平衡就会受到破坏，导致土壤的组成、结构和功能发生变化，土壤微生物活动受到抑制，有害物质或其分解产物在土壤中逐渐积累，通过"土壤→植物→人体"，或通过"土壤→水→人体"间接被人体吸收，对人体健康或生态系统造成危害，造成土壤污染。

5.1.2.1 土壤的物理、化学性质

(1)土壤胶体及其种类

土壤胶体指土壤中粒径小于 1000 nm 的黏性颗粒，它是土壤中颗粒细小但最活跃的部分。

土壤胶体按成分和来源可分为无机胶体、有机胶体和有机-无机复合胶体三类。无机胶体包括硅、铁、铝的含水氧化物及各种类型的层状硅酸盐。有机胶体主要是腐殖质，还有少量的木质素、蛋白质、纤维素等。

(2)土壤胶体特性

由于土壤胶体具有比表面积大、胶粒带有电荷、分散在水中界面上会产生双电层等特性，因此其对有机污染物(如有机磷、有机氯农药等)和无机污染物(如 Hg^{2+}、Pd^{2+}、Cu^{2+}、Cd^{2+} 等重金属离子)有极强的静电吸附能力或离子交换吸附能力。

土壤胶体特性影响着污染物在土壤固相表面或溶液中的积聚、滞留、迁移和转化。土壤胶体的存在是土壤对污染物有一定自净作用和一定环境容量的重要原因。

(3)土壤的吸附性

土壤的吸附性是土壤的重要物理性质。土壤是永久电荷表面与可变电荷表面共存的体系，可吸附各种阳离子和阴离子。

土壤的吸附性取决于土壤固相物质的组成、含量、形态和土壤水分中离子的种类、含

量、形态以及酸碱性、温度等条件，影响着土壤中物质的形态、转化和迁移等方面。

(4)土壤的酸碱性

土壤酸碱性常用土壤水溶液的 pH 值表示，是土壤性质的主要变量。土壤酸碱性对土壤微生物的活性及其对矿物质和有机质的分解能力起重要作用。污染物在土壤中的赋存、累积、转化、降解也受到土壤酸碱性的影响和制约。

(5)土壤的氧化性和还原性

土壤中各类物质之间的氧化、还原反应影响着土壤形成过程中物质的转化、迁移和土壤剖面的发育，决定着土壤中各元素的赋存形态，制约着土壤环境中污染物的迁移、转化和归趋。

5.1.2.2 土壤胶体特性及吸附性的环境意义

(1)对重金属等污染物生物毒性的影响

从某种意义上说，土壤是金属元素的一个汇集体。土壤和沉积物中的锰、铁、铝、硅等的氧化物及其水合物可对多种微量重金属离子起到富集作用，其中以氧化锰和氧化铁的富集作用更为明显。这类金属氧化物及其水合物对重金属离子的专性吸附，起着控制土壤水溶液中金属离子浓度的重要作用。所以，土壤对水体中的重金属污染可以起到一定的净化作用，对金属离子从土壤溶液向植物体内迁移和累积也起到一定的缓冲和调节作用。但是另一方面，土壤对金属的专性吸附作用增加了土壤潜在的重金属污染风险。

(2)对有机污染物环境行为的影响

进入土壤的农药等有机污染物可被黏粒矿物吸附而降低其迁移能力，但是，当土壤环境条件发生改变时，污染物又会被释放出来。某些有机污染物可在黏粒表面被催化降解而失去毒性。土壤黏粒对带有正电荷的有机物有很强的吸附能力。有机污染物与黏粒的吸附，会影响其生物毒性，影响程度取决于吸附和解吸的动态平衡情况。农药等有机污染物从土壤黏粒解吸的难易，直接决定土壤中农药残留的生物毒性的强弱。

5.1.3 土壤背景值和土壤环境容量的概念

土壤背景值是指一定区域内很少受人类活动影响和不受或未明显受现代工业污染与破坏的情况下，土壤原来固有的化学组成和元素含量水平。

土壤背景值是土壤环境保护、污染物在土壤中迁移转化规律研究以及土壤质量评价等的重要基础数据。但实际上，目前已经很难找到不受人类活动和污染影响的土壤，只能去找影响尽可能少的土壤。

不同自然条件下发育的不同土类或发育于不同母质母岩区的同一种土类，其土壤环境背景值也有明显差异；就是同一地点采集的样品，分析结果也不可能完全相同。因此，土壤环境背景值是统计性的。

由于工业、农业及人类活动的长期影响，土壤环境的化学成分和含量水平不断发生着变化，要寻找绝对未受污染的土壤环境非常困难。因此，土壤背景值实际上是一个相对的概念。

土壤环境容量又称土壤负载容量，是维持土壤的正常结构与功能、保证农产品的生物学产量与质量的前提下，土壤所能容纳污染物的最大负荷量。土壤的环境容量与土壤类型和污染物种类有关。

5.2 土壤污染的来源

5.2.1 土壤污染源的分类

通过各种途径进入土壤环境中的物质种类十分繁多，有的是有益的，有的是有害的；有的在量少时是有益的，而在量多时是有害的；有的既无益，也无害。土壤环境中会影响土壤环境正常功能，降低作物产量或生物学质量，危害人体健康的物质，统称为土壤污染物。

一般意义上，当污染物在土壤中的量超出土壤环境容量和自净能力极限，对土壤的正常功能、农产品质量及人体健康、生态系统等产生不良影响，就形成了土壤污染。

根据污染的途径，土壤污染可分为自然污染和人为污染两类。在自然界中，某些矿床会成为一些元素和化合物的富集中心，在其周围往往会形成自然扩散晕，使附近土壤中某些元素的含量超过一般土壤中的含量，这样的污染称为自然污染。由人类活动产生的污染物进入土壤中造成的污染称为人为污染。人为污染按污染物的来源可分为工业污染源、农业污染源和生物污染源三大类。

(1)工业污染源

工业污染源主要是指工业生产中产生的废水、废气和固体废物的非正常排放，使污染物直接或间接进入土壤中造成污染。一般，工业污染源引起的土壤污染仅限于工业区周围一定范围内，这种污染具有排污点集中、污染范围呈局部性等特征。工业污染源引起的大面积土壤污染往往是间接的，是污染物长期在土壤中积累造成。另外，工业生产过程中产生的废气中所含的有害物质也会以降尘的形式进入土壤，造成土壤污染。

(2)农业污染源

农业污染源主要指农业生产过程中施入土壤的化学农药、化肥和有机肥以及残留于土壤中的农用地膜等。农业污染一般属于面污染源。面污染源是相对于点污染源而言，指污染物以广域的、分散的、微量的形式进入土壤或地表、地下水体。农业生产中使用的农药、化肥会导致污染物质进入土壤中富集并长期存在，是农业面源污染的主要污染源，也是土壤污染的重要污染源。

(3)生物污染源

一些含病原微生物的生活废水、垃圾、医用废水也是土壤污染源之一。

5.2.2 土壤中的主要污染物

土壤污染物的特性与污染物的种类、形态、浓度、化学性质及其所在环境等因素密切相关，各类污染物在土壤中存在的形态会通过各种物理、化学作用发生变化。

在特定环境中，污染物的存在形态还取决于环境的地球化学条件，如酸碱度、氧化还原状况、环境中胶体物质的种类和数量、环境中有机质的种类和数量等。土壤污染物直接影响人类的各种主要食物的质量，与人类的生活和健康的密切相关。因此，研究土壤污染物及其在土壤中的迁移、转化规律以及控制和消除的方法，对保护土壤环境具有十分重要的意义。土壤中的主要污染物及其来源如表5.3所示。

表5.3 土壤中的主要污染物及来源

污染物种类			主要来源
无机污染物	重金属	汞(Hg)	氯碱工业、含汞农药、仪器仪表工业
		镉(Cd)	冶炼、电镀、染料等工业，肥料杂质
		铜(Cu)	冶炼、铜制品生产、含铜农药
		锌(Zn)	冶炼、镀锌、人造纤维、纺织工业、磷肥
		铬(Cr)	冶炼、电镀、制革、印染等工业
		铅(Pb)	颜料、冶炼等工业，农业，汽车排气
		镍(Ni)	冶炼、电镀、炼油、染料等工业
	非金属	砷(As)	磷酸、化肥、农药、医药、玻璃等工业
		硒(Se)	电子、电器、油漆、墨水等工业
	放射性元素	铯(^{137}Cs)	原子能、核工业、同位素生产、核爆炸
		锶(^{90}Sr)	原子能、核工业、同位素生产、核爆炸
	其他	氟(F)	冶炼、磷酸和磷肥、氟硅酸钠等工业
		酸、碱、盐	化工、机械、电镀、酸雨、造纸、纤维等工业
有机污染物	有机农药		农药的生产和使用
	酚类有机物		炼焦、炼油、石油化工、化肥、农药等工业
	氰化物		电镀、冶炼、印染等工业
	石油		油田、炼油、输油管道漏油
	3,4-苯并[a]芘		炼焦、炼油等工业
	有机性洗涤剂		机械工业、城市污水
	一般有机物		城市污水、食品、屠宰工业
有害微生物			城市污水、医院污水、厩肥

5.2.3 土壤污染的特点

(1)隐蔽性和滞后性

大气污染、水污染和固体废弃物污染等问题一般都比较直观，通过感官就能发现。而土壤污染则不同，土壤污染是进入到土壤中的污染物在土壤中经过长期积累产生的，它往往要通过对土壤样品进行分析化验和农作物的残留检测，甚至通过研究对人畜健康状况的影响才能确定，其后果需要人和动物长期食用在被污染的土壤中生长的植物才能反映出来。所以，从土壤受到污染到污染后果的出现，需要经过不易被发现的一段很长的隐蔽过程，出现问题通常会滞后较长的时间。

（2）累积性和地域性

污染物在土壤环境中并不像在水体和大气中那样容易扩散和稀释，因此容易不断积累而达到很高的浓度，从而使土壤污染具有很强的地域性特点。

（3）难恢复性和持久性

土壤被污染后，其自身的净化过程需要相当长的时间，尤其是重金属的污染，几乎是一个不可逆的过程。被某些重金属污染后的土壤可能需要100～200年的时间才能够逐渐恢复。许多农药对土壤的污染也具有持久性，一些农用杀虫剂虽然目前已禁止使用，但其污染物会在土壤中残留几十年，会在很长一段时间内继续影响土壤的质量。

（4）判定的复杂性

由于地球表面的每一个特定区域都有其特有的地球化学性质，而且土壤中污染物的含量与植物生长之间的关系十分复杂，因此，到目前为止，国内外都没有制定出关于土壤中有害物质的最高容许浓度的统一标准。

5.2.4 土壤环境质量标准

我国2018年8月1日起实施的《土壤环境质量 农用地土壤污染风险管控标准（试行）》(GB 15618—2018)和《土壤环境质量 建设用地土壤污染风险管控标准（试行）》(GB 36600—2018)可以为开展农用地分类管理和建设用地准入管理提供技术支撑，对于贯彻落实《土壤污染防治行动计划》，保障农产品质量和人居环境安全具有重要意义。

《土壤环境质量 农用地土壤污染风险管控标准（试行）》以保护食用农产品质量安全为主要目标，兼顾保护农作物生长和土壤生态的需要，分别制定农用地土壤污染风险筛选值和管制值，以及监测、实施和监督要求，适用于耕地土壤污染风险筛查和分类。标准中规定的农用地土壤污染风险筛选值的基本项目为必测项目，其他项目为选测项目。必测项目包括镉、汞、砷、铅、铬、铜、镍、锌八项，选测项目包括六六六、滴滴涕和苯并[a]芘三项。农用地土壤污染风险管制值项目包括镉、汞、砷、铅、铬五项。

《土壤环境质量 建设用地土壤污染风险管控标准（试行）》（以下简称《标准》）以人体健康为保护目标，规定了保护人体健康的建设用地土壤污染风险筛选值和管制值，适用于建设用地的土壤污染风险筛查和风险管制。《标准》主要根据保护对象暴露情况的不同，将城市建设用地分为第一类用地和第二类用地。

第一类用地，儿童和成人均存在长期暴露风险，主要是居住用地。考虑到社会敏感性，将公共管理与公共服务用地中的中小学用地、医疗卫生用地和社会福利设施用地，公园绿地中的社区公园或儿童公园用地也列入第一类用地。

第二类用地主要是成人存在长期暴露风险。主要是工业用地、物流仓储用地等。

建设用地规划用途为第一类用地的，适用第一类用地的筛选值和管制值；规划用途为第二类用地的，适用第二类用地的筛选值和管制值。规划用途不明确的，适用于第一类用地的筛选值和管制值。标准将污染物清单区分为基本项目（必测项目）和其他项目（选测项目）。

建设用地土壤污染筛选值和管制值必测项目如表 5.4 所示，选测项目如表 5.5 所示。

表 5.4 建设用地土壤污染筛选值和管制值必测项目

名称及序号		污染物项目	CAS 编号	筛选值		管制值	
				第一类用地	第二类用地	第一类用地	第二类用地
重金属和无机物	1	砷	7440-38-2	20①	60①	120	140
	2	镉	7440-43-9	20	65	47	172
	3	铬(六价)	18540-29-9	3.0	5.7	30	78
	4	铜	7440-50-8	2000	18000	8000	36000
	5	铅	7439-92-1	400	800	800	2500
	6	汞	7439-97-6	8	38	33	82
	7	镍	7440-02-0	150	900	600	2000
挥发性有机物	8	四氯化碳	56-23-5	0.9	2.8	9	36
	9	氯仿	67-66-3	0.3	0.9	5	10
	10	氯甲烷	74-87-3	12	37	21	120
	11	1,1-二氯乙烷	75-34-3	3	9	20	100
	12	1,2-二氯乙烷	107-06-2	0.52	5	6	21
	13	1,1-二氯乙烯	75-35-4	12	66	40	200
	14	顺-1,2-二氯乙烯	156-69-2	66	596	200	2000
	15	反-1,2-二氯乙烯	156-60-5	10	54	31	163
	16	二氯甲烷	75-09-2	94	616	300	2000
	17	1,2-二氯丙烷	78-87-5	1	5	5	47
	18	1,1,1,2-四氯丙烷	630-20-6	2.6	10	26	100
	19	1,1,2,2-四氯丙烷	79-34-5	1.6	6.8	14	50
	20	四氯乙烯	127-18-4	11	53	34	183
	21	1,1,1-三氯乙烷	74-55-6	701	840	840	840
	22	1,1,2-三氯乙烷	79-00-5	0.6	2.8	5	15
	23	三氯乙烯	79-01-6	0.7	2.8	7	20
	24	1,2,3-三氯丙烷	96-18-4	0.05	0.5	0.5	5
	25	氯乙烯	75-01-4	0.12	0.43	1.2	4.3
	26	苯	71-43-2	1	4	10	40
	27	氯苯	108-90-7	68	270	200	1000
	28	1,2-二氯苯	95-50-1	560	560	560	560
	29	1,4-二氯苯	106-46-7	5.6	20	56	200
	30	乙苯	100-41-4	7.2	28	72	280
	31	苯乙烯	100-42-5	1290	1290	1290	1290
	32	甲苯	108-88-3	1200	1200	1200	1200
	33	间二甲苯+对二甲苯	108-38-3,106-42-3	163	570	500	570
	34	邻二甲苯	95-47-6	222	640	640	640

续表 5.4

名称及序号		污染物项目	CAS 编号	筛选值		管制值	
				第一类用地	第二类用地	第一类用地	第二类用地
半挥发性有机物	35	硝基苯	98-95-3	34	76	190	760
	36	苯胺	62-53-3	92	260	211	663
	37	2-氯酚	95-57-8	250	2256	500	4500
	38	苯并[a]蒽	56-55-3	5.5	15	55	151
	39	苯并[a]芘	50-32-8	0.55	1.5	5.5	15
	40	苯并[b]荧蒽	205-99-2	5.5	15	55	151
	41	苯并[k]荧蒽	207-8-9	55	151	550	1500
	42	䓛	218-01-9	490	1293	4900	12900
	43	二苯并[a,h]蒽	53-70-3	0.55	1.5	5.5	15
	44	茚并[1,2,3-cd]芘	193-39-5	5.5	15	55	151
	45	萘	91-20-3	25	70	255	700

注:①具体地块土壤中污染物检测含量超过筛选值,但等于或者低于土壤环境背景值水平的,不纳入污染地块管理。土壤环境背景值可参见《标准》附录 A。

表 5.5　建设用地土壤污染筛选值和管制值选测项目

名称及序号		污染物项目	CAS 编号	筛选值		管制值	
				第一类用地	第二类用地	第一类用地	第二类用地
重金属和无机物	1	锑	7440-36-0	20	180	40	360
	2	铍	7440-41-7	15	29	98	290
	3	钴	74400-48-4	20①	70①	190	350
	4	甲基汞	22967-92-6	5.0	45	10	120
	5	钒	7440-62-2	165①	750	330	1500
	6	氰化物	57-15-5	22	135	44	270
挥发性有机物	7	一溴二氯甲烷	75-27-4	0.29	1.2	2.9	12
	8	溴仿	75-25-2	32	103	320	1030
	9	二溴氯甲烷	124-48-1	9.3	33	93	330
	10	1,2-二溴乙烷	106-93-4	0.07	0.24	0.7	2.4
半挥发性有机物	11	六氯环戊二烯	77-47-4	1.1	5.2	2.3	10
	12	2,4-二硝基甲苯	121-14-2	1.8	5.2	18	52
	13	2,4-二氯酚	120-83-2	117	843	234	1690
	14	2,4,6-三氯酚	88-06-6	39	137	78	560
	15	2,4-二硝苯酚	51-28-5	78	562	156	1130
	16	五氯酚	87-86-5	1.1	2.7	12	27

续表 5.5

名称及序号		污染物项目	CAS 编号	筛选值		管制值	
				第一类用地	第二类用地	第一类用地	第二类用地
半挥发性有机物	17	邻苯二甲酸二(2-乙基己基)酯	117-81-7	42	121	420	1210
	18	邻苯二甲酸丁基苄酯	85-68-7	312	900	3120	9000
	19	邻苯二甲酸二正辛酯	117-84-0	390	2812	800	5700
	20	3,3′-二氯联苯胺	91-94-1	1.3	3.6	13	36
有机农药类	21	阿特拉萍	1912-24-9	2.6	704	26	74
	22	氯丹②	12789-03-6	2.0	6.2	20	62
	23	p,p′-滴滴滴	72-54-8	2.5	7.1	25	71
	24	p,p′-滴滴伊	72-55-9	2.0	7.0	20	70
	25	滴滴涕③	50-29-3	2.0	6.7	21	67
	26	敌敌畏	62-73-7	1.8	5.0	18	50
	27	乐果	60-51-5	86	619	170	1240
	28	硫丹④	115-29-7	234	1687	470	3400
	29	七氯	76-44-8	0.13	0.37	1.3	3.7
	30	α-六六六	319-84-6	0.09	0.3	0.9	3
	31	β-六六六	319-86-7	0.32	0.92	3.2	9.2
	32	γ-六六六	58-89-9	0.62	1.9	6.2	19
	33	六氯苯	118-74-1	0.33	1	3.3	10
	34	灭蚁灵	2385-85-5	0.03	0.09	0.3	0.9
多氯联苯、多溴联苯和二噁英类	35	多氯联苯(总量)⑤	—	0.14	0.38	1.4	3.8
	36	3,3′,4,4′,5-五氯联苯(PCB126)	57465-28-8	4×10^{-5}	1×10^{-4}	4×10^{-4}	1×10^{-3}
	37	3,3′,4,4′,5-六氯联苯(PCB169)	32774-16-6	1×10^{-4}	4×10^{-4}	1×10^{-3}	4×10^{-3}
	38	二噁英类(总毒性当量)	—	1×10^{-5}	4×10^{-5}	1×10^{-4}	4×10^{-4}
	39	多溴联苯(总量)	—	0.02	0.6	0.2	0.6
石油烃类	40	石油烃(C_{10}-C_{40})	—	826	4500	5000	9000

注:①具体地块土壤中污染物检测含量超过筛选值,但等于或者低于环境背景值水平的,不纳入污染地块管理。土壤环境背景值可参见《标准》附录 A。

②氯丹为 α-氯丹、γ-氯丹两种物质含量总和。

③滴滴涕为 o,p′-滴滴涕、p,p′-滴滴涕两种物质含量总和。

④硫丹为 α-硫丹、β-硫丹两种物质含量总和。

⑤多氯联苯(总量)为 PCB77、PCB81、PCB105、PCB114、PCB118、PCB123、PCB126、PCB156、PCB157、PCB167、PCB169、PCB189 十二种物质含量总和。

5.2.5 土壤监测方案制订

5.2.5.1 土壤监测的目的

根据土壤监测目的，土壤环境监测有 4 种主要类型：

(1)区域土壤环境背景监测；

(2)农田土壤质量监测；

(3)建设项目用地土壤环境监测；

(4)土壤污染事故监测。

5.2.5.2 土壤监测方案内容

制订土壤监测方案，首先要明确监测目的，根据监测目的进行调查研究、现场踏勘、资料收集。土壤监测方案应在充分调研和综合分析的基础上制订，应明确监测项目、采样点布设、采样频率、采样方法、样品检测方法、质量保证措施、监测数据统计处理要求等内容并明确各工作环节的实施计划和要求。

5.2.5.3 收集资料内容

(1)监测区域土壤信息资料；

(2)监测区域交通图、土壤图、地质图、大比例尺地形图等，供制作采样工作图和标注采样点位用；

(3)监测区域及周边相关土壤历史资料和相应的法律、法规；

(4)监测区域及周边造成土壤污染事故的主要污染物的毒性、稳定性，以及修复措施等资料；

(5)监测区域及周边工程建设或生产过程对土壤造成影响的环境研究资料；

(6)监测区域及周边工农业生产及排污、污灌、化肥农药施用情况资料；

(7)监测区域及周边气象资料(温度、降水量和蒸发量)、水文资料；

(8)监测区域遥感与土壤利用及其演变过程方面的资料。

5.3 土壤样品采集

5.3.1 土壤采样准备

5.3.1.1 组织准备

由具有野外调查经验且掌握土壤采样技术规程的专业技术人员组成采样组，采样前组织学习有关技术文件，了解监测技术规范，进行必要的技术和安全培训。

5.3.1.2 现场调查

现场踏勘采样现场，将调查得到的信息进行整理和利用，丰富采样工作图的内容。

5.3.1.3 采样器具准备

土壤采样前，还应准备好采样所需的器具及采样过程中人员的安全防护用品，在物资方面做好充分准备。

土壤样品采集所需的通用器具和选用器具清单见表 5.6 和表 5.7。

表 5.6 土壤样品采集通用器具

物品名称	用途	数量
GPS、卷尺(或其他测量工具)	点位确定	每个采样小组至少 1 套
数码相机	现场情况记录	
样品箱(具有冷藏功能)	样品保存	依样品个数而定
土铲(洛阳铲)、样品标签、采样记录本、剖面记录表、布袋、塑料袋、笔、土壤比色卡、pH 试纸等	样品采集、测试	
样品流转单	样品交接	
工作服、工作鞋、常用药品等	防护	依采样人数确定
采样车辆	运输	

表 5.7 土壤样品采集选用器具

物品名称	监测项目	采样工具与容器	数量
采样用具	无机类	木铲、木片、竹片、剖面刀	每组至少 1 套
	农药类	铁铲、木铲、取土钻	
	挥发性有机物	铁铲、木铲	
	半挥发性有机物		
样品容器	无机类	布袋	每个样品 1 个
	农药类	250 mL 棕色磨口瓶或带密封的螺口玻璃瓶	
	挥发性有机物	40 mL 吹扫捕集专用瓶或 250 mL 带聚四氟乙烯衬垫棕色磨口玻璃瓶或带密封垫的螺口玻璃瓶	
	半挥发性有机物	250 mL 带聚四氟乙烯衬垫棕色磨口玻璃瓶或带密封垫的螺口玻璃瓶	
其他物品	挥发性有机物	在容器口用于围成漏斗状的硬纸板	依据样品数量确定每个样品
	半挥发性有机物	在容器口用于围成漏斗状的硬纸板或一次性纸杯	

5.3.2 土壤采样点布设

5.3.2.1 布点原则

(1)全面性原则

采样点位要尽可能覆盖监测区域内各种类型污染场地，采样点土壤要能代表监测区域内土壤环境质量状况。

(2)可行性原则

点位布设要充分考虑采样地点交通状况、作业安全条件等方面的可行性和保障情况。

(3)"随机"和"等量"原则

样品是由总体中随机采集的一些个体所组成,个体之间存在变异,因此,样品与总体之间,既存在同质的"亲缘"关系(样品可作为总体的代表),同时也存在着一定程度的异质性。差异愈小,样品的代表性愈好;反之亦然。

为了使采集的监测样品具有好的代表性,必须避免一切主观因素,使组成总体的个体有同样的机会被选入样品,即组成样品的个体应当是随机地取自总体。另一方面,需要相互之间进行比较的一组样品应当有同样的个体组成和样本量(样品质量),否则,样品质量大的个体所组成的样品,其代表性总体会相对优于样品质量小的个体组成的样品。所以"随机"和"等量"是决定样品具有同等代表性的重要条件。

5.3.2.2 布点方法

(1)简单随机:将监测单元等分成若干网格,每个网格编上唯一编号,确定采样点样品数量后随机抽取相应数量的编号,编号对应的网格即为随机确定的采样点。编号的随机抽取可采用抽签的方式。

(2)分块随机:如果监测区域内土壤有几种明显类型,可将监测区域按土壤类型分成几块,将每块作为一个监测单元,再按照简单随机法在监测单元内随机布点。

(3)系统随机:将监测区域按面积用网格等分成若干块,每一个网格内布设一个采样点。

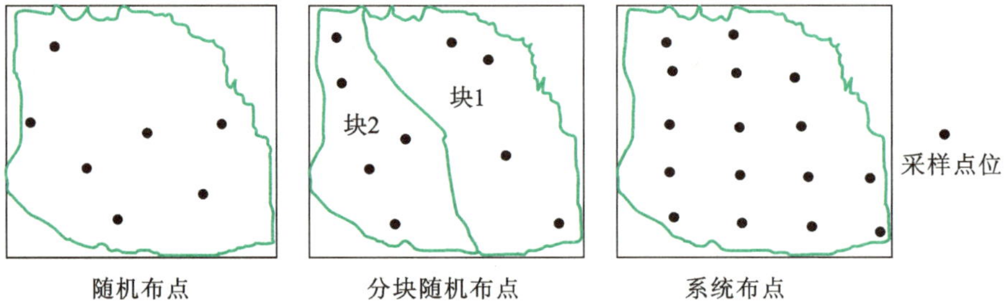

图 5.1 布点方式示意图

5.3.2.3 布点(采样)数量确定

(1)采用均方差和绝对偏差计算样品数

采样样品数可按下式计算:

$$N = t^2 \times s^2 \div D^2 \tag{5.1}$$

式中 N——样品数;

t——在一定自由度下选定的置信水平(土壤环境监测一般选为 95%);

s^2——均方差,可从历史研究数据或者从极差 R 估计,$s^2=(R/4)^2$;

D——可接受的绝对偏差。

例:某地土壤中苯类有机污染物的含量范围 0~13 mg/kg,95%置信度时污染物含量平均值与真值的绝对偏差为 1.5 mg/kg,s 为 3.25 mg/kg,初选自由度为 10,查得 t 值为 2.23,则:

$N=(2.23)^2\times(3.25)^2/(1.5)^2=23$

因为 23 比初选的 10 大得多，重新选择自由度查得 t 值为 2.069，计算得：

$N=(2.069)^2\times(3.25)^2/(1.5)^2=20$

20 个土壤样品数量较大，原因是土壤中苯类有机污染物含量分布不均匀(含量范围在 0～13 mg/kg)，要减少采样的样品数，就意味着降低监测结果的置信度(如：从 95%降低到 90%)或放宽监测结果的可接受绝对偏差(如：D 值从 1.5 mg/kg 增加到 2.0 mg/kg)。

(2)由变异系数和相对偏差计算样品数

$$N=t^2\times s^2/D^2 \quad \text{可变为：} \quad N=t^2\times C_v^2/m^2 \tag{5.2}$$

式中 C_v——变异系数(%)，可参考同类历史研究资料进行估计(没有历史资料的地区、土壤变异程度不太大的区，一般 C_v 可用 10%～30%粗略估计，有效磷和有效钾检测样品变异系数 C_v 可取 50%)；

m——可接受的相对偏差 (%)，土壤环境监测一般限定为 20%～30%。

土壤监测的布点数量要满足样本容量的基本要求，即上述由均方差和绝对偏差、变异系数和相对偏差计算样品数是样品数量的下限值，实际工作中土壤布点数量还要根据调查目的、调查精度和调查区域环境状况等因素确定。

一般要求每个监测单元最少设 3 个点。区域土壤环境调查按调查的精度不同可从 2.5 km、5 km、10 km、20 km、40 km 中选择合适网距以网格布点，区域内的网格结点数即为土壤采样点数量。

5.3.3 土壤样品采集

5.3.3.1 采样方法

按照土壤监测项目及相关要求，采样方法可分为单独样采样、混合样采样、背景剖面样采样和分层样采样等几种。

(1)单独样采样

一般用于挥发性、半挥发性物质分析的土壤样品，应采集单独样品。用采样铲挖取面积为 25 cm×25 cm，深度为 0～20 cm 的土壤。挥发性样品可直接采集、封装到 250 mL 带聚四氟乙烯衬垫的棕色磨口玻璃瓶或带密封垫的螺口玻璃瓶中并装满。为防止样品污染瓶口，采样时可将干净硬纸板围成漏斗状衬在瓶口。

(2)混合样采样

混合样采样可分为蛇形、对角线和梅花形 3 种方法。各种混合样采集方法的采样分点数的确定可参照表 5.8。

表 5.8 混合样采样分点数

分点布设方法	分点数	适用条件
蛇形法	10～30 个分点	面积较大，土壤不够均匀、地势不平坦
对角线法	5～9 个分点	污灌农田土壤
梅花法	5 个分点	面积较小、地势平坦、土壤组成均匀

5.3.3.2 现场采样

土壤样品采集一般分三个阶段进行：

(1)前期采样：根据背景资料与现场考察结果，采集一定数量的样品进行分析检测，检测结果用于初步验证污染物空间分异性和判断土壤污染程度，为制订土壤监测方案提供依据，前期采样可与现场调查同时进行。

(2)正式采样：按照预先制订的土壤监测方案，实施现场采样。

(3)补充采样：正式采样并进行样品分析检测后，如发现布设的采样点不能满足监测方案总体设计需要，则需要在原监测方案基础上再增设采样点，进行补充采样。

在实际工作中，面积较小的土壤污染调查和突发性土壤污染事故应急监测，可一次性直接采样 。

5.3.3.3 采样现场记录

土壤现场采样应记录以下内容：

(1)采样时间；

(2)土壤采集点的文字记录：主要记录调查人、观察地点、地理坐标、海拔、土壤名称、地形等情况；

(3)土壤剖面形态记录：主要记录剖面图、发生层次深度、分析土样位置、颜色、质地等；

(4)采样剖面所在地断面图或平面图。

5.3.3.4 注意事项

(1)现场采样时，首先清除土壤表层的植物残骸和其他杂物，有植物生长的点位要先松动土壤，除去植物及其根系。

(2)农田土壤的采样点要避开田埂、地头及堆肥处等明显缺乏代表性的点位，有垅的农田要在田垄间采样。

(3)测定重金属的样品，尽量用竹铲、竹片直接采取样品。如用铁铲、土钻挖掘，必须用竹片刮去与金属采样器接触的部分，再用竹片采取样品。

(4)尽量在采样现场剔除土样中的砾石等异物。

(5)采样过程应注意及时清理采样工具，避免交叉污染。

(6)现场采样时，因有客观障碍而无法正常采取土壤样品的采样点可在该点附近采取土样并记录相关情况。

5.4 土壤样品的保存与制备

5.4.1 土壤样品的保存

土壤样品的保存，应根据样品中待测组分的种类及性质选择适当的保存方法。

对于测定易分解或易挥发的不稳定组分的样品，要采取低温保存的方法并尽快送到实验室分析测试。测试项目需要新鲜样品的土样，采集后用可密封的聚乙烯或玻璃容器在 4 ℃以下避光保存，还应注意：①装样时样品要充满容器；②避免使用含有待测组分或对测试有干扰的材料制成的容器盛装、保存样品；③测定有机污染物用的土壤样品要选用玻璃容器保存或用铝箔纸包装。

一般情况下，用于测定无机组分的样品在制备前需在阴凉、避光、通风、无污染的条件下存放。用于测定有机组分的样品在制备前需在低于 4 ℃且避光的条件下保存，必要时应冷冻保存。

常见土壤样品测试项目具体保存条件见表 5.9。

表 5.9 土壤样品的保存条件及时间

测试项目	容器材质	温度/℃	可保存时间/d	备注
金属(汞和六价铬除外)	聚乙烯、玻璃	<4	180	
汞	玻璃	<4	28	
砷	聚乙烯、玻璃	<4	180	
六价铬	聚乙烯、玻璃	<4	1	
氰化物	聚乙烯、玻璃	<4	2	
挥发性有机物	玻璃(棕色)	<4	7	采样瓶装满装实并密封
半挥发性有机物	玻璃(棕色)(或用铝箔纸包装)	<4	10	采样瓶装满装实并密封
难挥发性有机物	玻璃(棕色)(或用铝箔纸包装)	<4	14	

5.4.2 土壤样品的制备

(1)制样场所

一般应根据样品量设立相应面积的风干室和磨样室。风干室要求通风良好、整洁、无尘、无易挥发性化学物质并避免阳光直射。

(2)制样工具及容器

土壤样品制备环节常用的制样工具及容器有以下几种：

①风干：搪瓷盘或木盘；

②粗碎：用木植、木铲、木棒、有机玻璃棒、有机玻璃板、硬质木板或无色聚乙烯薄膜等；

③细磨：玛瑙研钵、瓷研钵等；

④过筛：尼龙筛，规格为 2～100 目；

⑤分装：具塞磨口玻璃瓶或聚乙烯塑料瓶。

(3)土壤样品的一般制备方法

①选择通风良好、干燥、无污染的实验室风干样品。室内用样品架摆放与样品数量匹配的预先准备的样品盘(搪瓷盘或塑料盘)。样品盘必须预先用洗涤剂刷洗干净，清水

漂洗后,用稀硝酸清洗两次,再用清水漂洗干净、晾干。在盘的外壁贴上标签,标签信息与样品瓶的一致。

②按顺序将样品袋(瓶)中的土壤样品分别倒入样品盘中(一个盘只能装一个样品),残留在瓶中的样品,可用干净的玻璃棒挑入盘中。捡出石块、贝壳、杂草等,将样品在盘中均匀地摊成薄层。再次检查核对标签信息是否一致,然后将样品自然风干。在风干过程中要防止阳光直射和尘埃落入,要定时翻动并将大块捣碎。

③将风干后的样品摊在有机玻璃板(厚度 5～10 cm)上,用有机玻璃棒捣碎,再次剔除碎石和动植物残体。将土样过 20 目筛,弃去筛上样品,将筛下样品用四分法进行缩分,分成两份,一份作为分析样品用于后续的组分分析,另一份作为副样留存。测定土样 pH 值时,可直接取过 20 目筛的样品进行测试。

④将缩分后的分析样品置于玛瑙研钵中(注意:不能用其他材质的研钵),通过手工或机械再进一步细磨。用于进行细磨的样品再用四分法分成两份,一份研磨到全部过孔径 0.25 mm (60 目)尼龙筛,用于农药或土壤有机质、土壤全氮量等项目;另一份研磨到全部过孔径 0.15 mm (100 目) 尼龙筛,用于土壤元素全量分析。

⑤把过筛后的样品反复搅拌均匀,然后放入预先清洗、烘干并冷却后的小磨口玻璃瓶中,贴上标签置于阴凉处,尽快开展分析。

5.4.3 土壤样品的预处理

土壤样品组分复杂,污染物组分含量低并且从分析检测对象属性看,其属于随机非均匀样品。因此,在测定之前需要对土壤样品进行预处理,通过预处理将样品中待测组分转变为适合测定方法要求的形态及浓度并消除共存组分的干扰。

土壤样品预处理方法主要有分解法和提取法。分解法常用于无机元素的测定;提取法常用于低浓度有机污染物和不稳定组分的测定。

5.4.3.1 土壤样品分解

土壤样品分解方法有:酸溶法、碱熔法、高压密闭消解法、微波消解法。

(1)酸溶法

酸溶法也称酸消解法,是测定土壤中重金属含量常用的预处理方法。预处理时常用混合酸体系分解土壤样品,常用于土壤样品消解的混合酸体系有:盐酸-硝酸-氢氟酸-高氯酸、硝酸-氢氟酸-高氯酸、硝酸-硫酸-高氯酸、硝酸-硫酸-磷酸等。为了加速土壤中待测组分的溶解,还可以加入其他氧化剂或还原剂,如高锰酸钾、五氧化二钒、亚硝酸钠等。

(2)碱熔法

碱熔法是将土壤样品与碱混合,在高温下熔融,使样品分解的方法。碱熔法常用器皿有铝坩埚、瓷坩埚、镍坩埚和铂金坩埚等。碱熔法常用的熔剂有碳酸钠、氢氧化钠、过氧化钠、偏硼酸锂等。

碱熔法具有分解样品完全、快速且不产生大量酸雾等特点,但由于该方法熔剂用量大,也可能会因熔剂的使用而引入一定量的干扰物质。另外,有些重金属如镉、铬等,如果采用碱熔法在高温加热过程中易造成挥发损失。

(3)高压密闭消解法

该方法是将土样用水润湿，加入混合酸，摇匀，放入密封的聚四氟乙烯容器内并将容器置于耐压不锈钢套筒中，放在烘箱内加热(温度≤180 ℃)分解的方法。该方法优点：酸用量少；易挥发元素损失少；可同时进行批量样品分解。该方法缺点：观察不到分解反应过程，只能在容器冷却、开封后才能判断样品分解是否完全；分解土壤样品量一般不能超过1.0 g，导致测定极低含量的元素时，由于称样量较小而引起相对误差增大；分解含有机质较多的土样时，特别是在使用高氯酸的情况下，有发生爆炸的危险。所以，采用该方法时应预先在80～90 ℃温度下将有机物充分分解。

(4)微波消解法

该方法是将一定量的土壤样品和混合酸放入聚四氟乙烯容器中，置于微波炉内加热使土壤样品分解的方法。由于微波加热是以土样与酸的混合液作为发热体，从样品内部加热分解，热量损失小，热效率高。同时，微波加热过程对样品有搅拌和混匀的作用，与以上几种方法相比，消解更快速且效果更好。

5.4.3.2 土壤样品提取

测定土壤中的低含量有机污染物或受热后不稳定的组分以及进行组分形态分析时，需要采用提取方法进行预处理。常用提取剂为有机溶剂、水和酸。

(1)有机物组分的提取

土壤中的有机物测定，一般应采用新鲜土样。称取适量土样放入锥形瓶中，放在振荡器上，用振荡提取法提取。对于农药、苯并[a]芘等含量低的污染物，为了提高提取效率，常用"索氏提取器"进行提取。常用的提取剂有环己烷、石油醚、丙酮、二氯甲烷、三氯甲烷等。

(2)无机物组分的提取

土壤中易溶无机物组分、有效态组分，可用酸或水作为提取剂进行提取。例如，用0.1 mol/L盐酸振荡提取镉、铜、锌，用蒸馏水提取造成土壤酸性的组分，用无硼水提取有效态硼等。

5.4.3.3 净化和浓缩

土壤样品中的待测组分被提取后，可能还存在干扰组分或浓度达不到分析方法检出限要求的情况，还需要进一步净化或浓缩处理。常用净化方法有层析法、蒸馏法等，常用的浓缩方法有K-D浓缩器法、蒸发法等。例如：测定土壤样品中的氰化物、硫化物常用蒸馏-碱溶液吸收法分离。

5.5 土壤样品分析

5.5.1 干物质和水分的测定

土壤中水分含量是指在105 ℃温度下从土壤中蒸发的水的质量占干物质量的质量百分比，一般用符号w_{H_2O}表示。

土壤中干物质是指土壤中干残留物的质量百分比，一般用符号 w_{dm} 表示。

一般情况下，为便于计算土壤中各成分按烘干土为基准时的校正值，无论采集的样品为新鲜土壤样品或风干土壤样品，都需测定土壤含水量。

土壤中干物质和水分的测定均采用重量法。

5.5.1.1 测定原理

土壤样品在(105±5) ℃温度烘至恒重，以烘干前后的土样质量差值计算干物质和水分的含量，用质量百分比表示。因为土壤水分含量是基于干物质量计算的，所以，计算结果可能超过 100%。

测定过程中，恒重是指样品烘干后，再以 4 h 烘干时间间隔，对冷却后的样品进行两次连续称重，前后两次称得的质量差值不超过最终测定质量的 0.1%，即为恒重。一般情况下，大部分土壤的干燥时间为 16～24 h，少数特殊土壤样品和大颗粒土壤样品需要干燥更长时间。

5.5.1.2 主要仪器和设备

鼓风干燥箱(105±5) ℃，干燥器(装有无水变色硅胶)，分析天平(精度为 0.01 g)，具盖称量容器(防水材质且不吸附水分)。

5.5.1.3 方法要点

(1)风干土壤测定

取适量新鲜土壤样品平铺在干净的搪瓷盘或玻璃板上，实验环境应避免阳光直射且温度不超过 40 ℃，自然风干，去除石块、树枝等杂物，过 2 mm 样品筛。将大于 2 mm 的土块粉碎后再次过 2 mm 样品筛，混匀，待测。注意应尽快分析待测试样，尽量避免其水分的蒸发。

承装土壤样品的具盖容器和盖子于(105±5) ℃温度下烘干 1 h，稍冷，盖好盖子后，置于干燥器中冷却至室温，测定带盖容器的质量 m_0(称量精确至 0.01 g)。

用样品勺将 10～15 g 风干土壤试样转移至已称重的具盖容器中，盖上容器盖，测定总质量 m_1(称量精确至 0.01 g)。取下容器盖，将容器和风干土壤试样一并放入烘箱中，在(105±5) ℃温度下烘干至恒重，同时烘干容器盖。盖上容器盖，置于干燥器中至少冷却 45 min，取出后立即测定带盖容器和烘干土壤的总质量 m_2(称量精确至 0.01 g)。

(2)新鲜土壤测定

取适量新鲜土壤样品平铺在清洁的玻璃板上，充分混匀，去除直径大于 2 mm 的石块、树枝等杂物，待测。

具盖容器和盖子置于(105±5) ℃温度下烘干 1 h，稍冷，盖好盖子，然后置于干燥器中至少冷却 45 min，测定带盖容器的质量(称量精确至 0.01 g)。用样品勺将 30～40 g 新鲜土壤试样转移至已称重的具盖容器中，盖上容器盖，测定总质量。取下容器盖，将容器和新鲜土壤试样一并放入烘箱中，在(105±5) ℃温度下烘干至恒重，同时烘干容器盖。盖上容器盖，置于干燥器中至少冷却 45 min，取出后立即测定带盖容器和烘干土壤的总质量(称量精确至 0.01 g)。

5.5.1.4 结果计算

土壤样品中干物质 w_{dm}(%)按照公式(5.3) 计算：

$$w_{dm} = \frac{m_2 - m_0}{m_1 - m_0} \times 100 \tag{5.3}$$

土壤样品中水分含量 w_{H_2O}(%)按照公式(5.4) 计算：

$$w_{H_2O} = \frac{m_1 - m_2}{m_2 - m_0} \times 100 \tag{5.4}$$

式中 m_0——带盖容器的质量(g)；

m_1——带盖容器及风干土壤试样或带盖容器及新鲜土壤试样总质量(g)：

m_2——带盖容器及烘干土壤的总质量(g)。

5.5.1.5 测定注意事项

(1)挥发性物质干扰

一些矿物质(如石膏)在 105 ℃干燥时会损失结晶水。如果样品中含有挥发性物质，上述方法不能准确测定其干物质和水分含量。

(2)土壤有机质影响

土壤干物质和水分含量测定过程中应注意避免具盖容器内土壤细颗粒被吹出。一般情况下，在(105±5) ℃下土壤样品中有机物的分解引起的误差可以忽略。但是，对于有机质含量>10%(质量分数)的土壤样品(如泥炭土)，应将干燥温度改为 50 ℃，然后干燥至恒重。必要时，可真空干燥，以缩短干燥时间。

(3)分析天平要求

分析天平是国家规定的强制检定计量量具，应定期计量检定。测定土壤干物质和水分时，使用的分析天平精度为 0.01 g。

(4)样品容器要求

测定土壤中干物质和水分时，用于烘干新鲜潮湿土壤样品的具盖容器容积至少为 100 mL。样品烘干至恒重所用的具盖容器必须是防水材质且不吸附水分。

(5)精密度要求

测定风干土壤样品，当水分含量≤4%时，两次测定结果之差的绝对值应≤0.2%(质量分数)；当水分含量>4%时，两次测定结果的相对偏差应≤0.5%(质量分数)；当水分含量≤30%时，两次测定结果之差的绝对值应≤1.5%(质量分数)；当水分含量>30%时，两次测定结果的相对偏差应≤5%(质量分数)。

(6)测定结果表示

土壤中干物质和水分含量的测定结果精确至 0.1%。

5.5.2 金属化合物测定

5.5.2.1 砷的测定(原子荧光法)

土壤总砷的测定可采用原子荧光法、电感耦合等离子体质谱法等，下面主要介绍原子荧光法。

(1)样品预处理

土壤样品预处理方法有王水-水浴法、硫酸-硝酸-高氯酸消解法。

①王水-水浴法

称取经风干、研磨并过 0.149 mm 孔径筛的土壤样品 0.2～1.0 g（精确至 0.0002 g）于 50 mL 具塞比色管中，加少量水湿润样品。加入 10 mL(1＋1)王水，加塞摇匀。置于沸水浴中消解 2 h(消解期间应多次摇动样品)，取下冷却，用水稀释至刻度，摇匀，静置。吸取一定量的消解试液于 50 mL 比色管中，加 3 mL 盐酸、5 mL 硫脲溶液、5 mL 抗坏血酸溶液，用水稀释至刻度，摇匀，静置，取上清液测定。

②硫酸-硝酸-高氯酸消解法

称取样品 0.2000～1.0000 g 置于 150 mL 锥形瓶中加(1＋1)硫酸溶液 7 mL、浓硝酸 10 mL、高氯酸 2 mL，置于电热板上加热分解，破坏有机物(若试液颜色变深，应及时补加硝酸)。蒸至高氯酸冒白烟，取下冷却，用水冲洗瓶壁，再次加热至冒浓白烟，以驱尽硝酸。取下锥形瓶，瓶底仅剩下少量白色残渣(若有黑色颗粒物应补加 HNO_3 继续分解)，转移至容量瓶中，加水准确定容至 100 mL。

(2)方法原理

样品中的砷经加热消解后，加入硫脲使五价砷还原为三价砷，再加入硼氢化钾将其还原为砷化氢。由氩气导入石英原子化器进行原子化，形成原子态砷，在特制砷空心阴极的发射光激发下产生原子荧光。产生的荧光强度与试样中被测元素含量成正比，与标准溶液系列比较，求得样品中砷的含量。

(3)方法要点

将仪器调至最佳工作条件，不同型号仪器的最佳参数不同，可根据仪器使用说明书进行选择。在还原剂硼氢化钾(KBH_4)或硼氢化钠($NaBH_4$)和载液的带动下，测定标准溶液系列各点的荧光强度(校准曲线是减去标准空白后荧光强度对浓度绘制的标准曲线)，然后依次测定样品空白、试样的荧光强度。方法检出限为 0.01 mg/kg。

(4)实验注意事项

①在使用原子荧光法测定砷等元素时，所用的每一瓶试剂在使用前都应做相应的空白实验。

②所使用的还原剂(1％KBH_4＋0.2％KOH 的溶液)需用时现配。

③使用原子荧光法进行测定时，分析中所用的玻璃器皿在使用前均需用(1＋1) HNO_3 溶液浸泡 24 h。

④测定土壤中的砷，其相对误差不得大于±5％，在重复条件下，获得的两次独立测定结果的相对偏差不得超过 7％。

⑤重复试验结果以算术平均值表示，保留 3 位有效数字。

5.5.2.2 汞的测定(原子荧光法)

(1)样品预处理

①王水-水浴法

称取经风干、研磨并过 0.149 mm 孔径筛的土壤样品 0.2～1.0 g(精确至 0.0002 g)置于 50 mL 具塞比色管中加少量水润湿样品，加入 10 mL(1＋1)王水，盖塞，摇匀。置于沸水中消解 2 h，取出冷却，立即加入 10 mL 保存液，用蒸馏水稀释至刻度。摇匀后放置，取上清液待测。同时做空白试验。

保存液的配制方法：称取 0.5 g 重铬酸钾，用少量水溶解，加硝酸 50 mL，用水稀释至 1000 mL，混匀。

采用王水-水浴法预处理、原子荧光法测定土壤总汞的方法检出限为 0.002 mg/kg。

②硫硝混酸-高锰酸钾法

称取经粉碎过 0.149 mm 孔径筛的样品 0.1000～2.0000 g 置于 150 mL 锥形瓶中，加(1+1)硫酸、硝酸混合酸 2 mL。待剧烈反应停止后，加水 20 mL、加 2%(m/v)高锰酸钾溶液 5 mL，在瓶口插一个三角漏斗，在低温电热板上加热分解并煮沸 5 min。若紫红色褪去，应及时补加高锰酸钾溶液，以保持有过量高锰酸钾的存在。取下冷却，在测定前，滴加盐酸羟胺溶液至高锰酸钾和二氧化锰褪色，移入 100 mL 容量瓶中，加水稀释至标线，混匀。

③HNO_3-H_2SO_4-V_2O_5 法

称取风干土壤样品 1.000～3.000 g 于 150 mL 锥形瓶中，加入 V_2O_5 约 50 mg，瓶口插一小漏斗。加入硝酸 10 mL，摇匀，置于 145 ℃电热板上加热，保持微沸 5 min，冷却。加入硫酸 10 mL，继续加热煮沸 15 min，此时试样为浅灰白色(若试样颜色深，则应适当补加硝酸再进行分解)。冷却后，用水冲洗漏斗及瓶壁，煮沸溶液片刻以去除氮氧化物，试液为蓝绿色。冷却，将试液移入 100 mL 容量瓶中，用少量水洗残渣几次，洗涤液并入容量瓶中，滴加 5% $KMnO_4$ 数滴至紫色不褪，加水定容。在临测定前用盐酸羟胺还原。

(2)方法原理

土壤试样经加热消解后，用硼氢化钾(KBH_4)溶液或硼氢化钠($NaBH_4$)溶液将试液中所含汞还原成原子态汞，由载气(氩气)导入原子化器中，在特制汞空心阴极灯照射下，基态汞原子被激发至高能态，在去活化回到基态时，发射出特征波长的荧光，其荧光强度与汞的含量成正比。与标准溶液系列对比，求得样品中汞的含量。

(3)方法要点

将仪器调至最佳工作条件，不同型号仪器的最佳参数不同，可根据仪器使用说明书自行选择。在还原剂硼氢化钾(KBH_4)溶液或硼氢化钠($NaBH_4$)溶液和载流液[5+95(v/v)盐酸溶液]的带动下，测定标准系列各点的荧光强度(校准曲线是减去标准空白后的荧光强度对浓度绘制的校准曲线)，然后测定样品空白及试样的荧光强度。

用原子荧光法测定土壤中汞时，由于环境因素的影响及稳定性的限制，每批样品测定时需同时绘制校准曲线，若样品中汞含量太高，不能直接测量，可以适当减少称样量或稀释后测定，使样品中汞含量保持在校准曲线的直线范围内。

(4)实验注意事项

①玻璃器皿

原子荧光光谱法测定用到的新器皿，在使用前均应做相应的空白检查，进行测定时，分析中所用的玻璃器皿在使用前均需用(1+1)HNO_3溶液浸泡 24 h。

②试剂空白

在使用原子荧光法进行测定时，所用的每一瓶试剂在使用前都应做相应的空白实验。

③全程空白

制备全程序空白溶液。每批样品至少制备 2 个以上空白溶液。

④结果表示

重复试验结果以算术平均值表示，计算结果保留 3 位有效数字，土壤样品汞含量数值以 mg/kg 表示。

⑤载流溶液配制

在测定过程中使用优级纯盐酸配制载流溶液，尽量控制和减少载流溶液中汞的含量，以降低试剂空白荧光强度值以及对样品测定的干扰。

⑥汞的保存液

汞的标准溶液和试液要用保存液稀释。保存液由 0.05% $K_2Cr_2O_7$ 和 5% HNO_3 混合而成，其作用是防止 Hg^{2+} 被还原以及被器皿内壁所吸附。

5.5.2.3 铬的测定（火焰原子吸收分光光度法）

(1)试样预处理

①电热板加热消解法

准确称取 0.2～0.5 g (精确至 0.0002 g)试样置于 50 mL 聚四氟乙烯坩埚中，用水润湿后加入 10 mL 盐酸，于通风橱内的电热板上低温加热，使样品初步分解。待蒸发至约剩 3 mL 时，取下稍冷，然后加入 5 mL 硝酸、5 mL 氢氟酸、3 mL 高氯酸，加盖后于电热板上中温加热 1 h 左右。然后开盖，电热板温度控制在 150 ℃，继续加热除硅。当加热至冒浓厚高氯酸白烟时，加盖，使黑色有机碳化物分解。待坩埚壁上的黑色有机物消失后，开盖，驱赶白烟并蒸至坩埚内物质呈黏稠状。取下坩埚稍冷，加入 3 mL(1+1)盐酸溶液，加热溶解可溶性残渣，全量转移至 50 mL 容量瓶中，加入 10%氯化铵水溶液 5 mL，冷却后用水定容至标线，摇匀。

②微波消解法

准确称取 0.2 g(精确至 0.0002 g)试样于微波消解罐中，用少量水润湿后加入6 mL 硝酸、2 mL 氢氟酸，按照一定升温程序进行消解，冷却后将溶液转移至 50 mL 聚四氟乙烯坩埚中，加入 2 mL 高氯酸，电热板温度控制在 150 ℃，加热驱赶白烟并蒸至内容物呈黏稠状。取下坩埚稍冷，加入(1+1)盐酸溶液 3 mL，低温加热溶解可溶性残渣。全量转移至 50 mL 容量瓶中，加入 10%氯化铵水溶液 5 mL，冷却，定容至标线，摇匀。

(2)方法原理

采用盐酸-硝酸-氢氟酸-高氯酸全分解的方法，破坏土壤的矿物晶格，使试样中的待测元素全部进入试液。在消解过程中，所有铬都被氧化成 $Cr_2O_7^{2-}$ 。测定时，将消解液喷入富燃性空气-乙炔火焰中。在火焰的高温下，形成铬基态原子并对铬空心阴极灯发射的 357.9 nm 特征谱线产生选择性吸收。在一定条件下，测定试样的吸光度，吸光度与试样中铬的含量成正比。

(3)检出限

称取 0.5 g 试样消解定容至 50 mL 时，该方法检出限为 5 mg/kg，测定下限为 20.0 mg/kg。

(4)方法要点

取适量试液，并按与绘制校准曲线相同条件测定试液的吸光度。由吸光度值在校准曲线上查得铬质量浓度。每测定约 10 个样品要进行一次仪器零点校正，并吸入 1.00 mg/L

的标准溶液检查灵敏度是否发生了变化。

(5)实验注意事项

①铬易形成耐高温的氧化物，其原子化效率受火焰状态和燃烧器高度的影响较大，需使用富燃烧性(还原性)火焰。

②由于土壤种类较多，所含有机质差异较大，在消解时应注意观察，各种酸的用量可视消解情况酌情增减。

③样品消解时，电热板温度不宜太高，否则会使聚四氟乙烯锅变形。样品消解时，在蒸至近干过程中需特别注意防止蒸干，否则待测元素会有损失。

④实验所用的玻璃器皿需先用洗涤剂洗净，再用(1+1)硝酸溶液浸泡 24 h(不得使用重铬酸钾洗液)，使用前再依次用自来水、去离子水洗净。

⑤土壤样品消解时加入氢氟酸除去样品中的硅，使之生成挥发性物质而逸去。

5.5.2.4 铅、镉的测定(石墨炉原子吸收分光光度法)

(1)方法原理

采用盐酸-硝酸-氢氟酸-高氯酸全分解的方法，彻底破坏土壤中的矿物晶格，使试样中的待测元素全部进入试液中。然后，将试液注入石墨炉中。经过预先设定的干燥、灰化、原子化等升温程序使共存基体成分蒸发除去，同时在原子化阶段的高温下，铅、镉化合物离解为基态原子蒸气，并对空心阴极灯发射的特征谱线产生选择性吸收。在选择的最佳测定条件下，通过背景扣除，测定试液中铅、镉的吸光度，吸光度与试样中铅、镉的含量成正比。

(2)检出限

按称取 0.5 g 试样消解定容至 50 mL 计算，该方法检出限分别为：铅 0.1 mg/kg，镉 0.01 mg/kg。

(3)样品预处理

准确称取 0.1～0.3 g(精准至 0.0002 g)试样于 50 mL 聚四氟乙烯坩埚中，用水润湿后加入 5 mL 盐酸，置于通风橱内的电热板上低温加热，使样品初步分解。待蒸发至剩余 2～3 mL 时，取下稍冷后加入 5 mL 硝酸、2 mL 氢氟酸、2 mL 高氯酸，加盖后于电热板上中温加热 1 h 左右。然后开盖，继续加热除硅。为了达到良好的除硅效果，应经常摇动坩埚。当加热至冒浓厚高氯酸白烟时，加盖，使黑色有机碳化物充分分解。待坩埚上的黑色有机物消失后，开盖驱赶白烟并蒸至坩埚内物质呈黏稠状。视消解情况，可再加入 2 mL 硝酸、2 mL 氢氟酸和 1 mL 高氯酸，重复上述消解过程。当白烟再次基本冒尽且坩埚内物质呈黏稠状时，取下稍冷，用水冲洗锅盖和内壁，并加入(1+5)硝酸溶液 1 mL，低温加热溶解残渣。然后将溶液转移至 25 mL 容量瓶中，加入 3 mL 磷酸氢二铵溶液(质量分数为 5%)，冷却后定容，摇匀，备测。

(4)主要仪器及参数

主要仪器：石墨炉原子吸收分光光度计(带有背景扣除装置)，铅空心阴极灯，镉空心阴极灯，氩气钢瓶，10 μL 手动进样器。

仪器参数：测定波长(nm)铅 283.3、镉 228.8，灯电流(mA)铅 7.5、镉 75，流量(mL/min)铅 200、镉 200，进样量(μL)铅 10、镉 10，原子化(℃/s)铅 2000/5、镉 1500/5，灰化

(℃/s)铅 700/20、镉 500/20(仪器品牌型号不同,灰化和原子化温度有所不同)。

(5)实验注意事项

①在消解时应注意观察,各种酸的用量可视消解情况酌情增减。土壤消解液应呈白色或淡黄色(含铁量较高的土壤),没有明显沉淀物存在。

②电热板的温度不能太高,否则会使聚四氟乙烯锅变形。

③按照仪器使用说明书调节仪器至最佳工作条件,然后测定溶液的吸光度。

5.5.3 有机化合物测定

5.5.3.1 六六六和滴滴涕

"六六六"和"滴滴涕"属于高毒性、高生物活性的有机氯农药,在土壤中残留时间长,其半衰期为 2～4 a。土壤被"六六六"和"滴滴涕"污染后,对土壤生物会产生直接毒害,并通过生物积累和食物链进入人体,危害人体健康。

"六六六"和"滴滴涕"的测定普遍使用气相色谱法,其最低检出质量分数为 0.05～4.87 μg/kg。

(1)方法原理

用丙酮-石油醚提取土壤样品中的"六六六"和"滴滴涕",经硫酸净化处理后,用带电子捕获检测器(ECD)的气相色谱仪测定。根据色谱峰保留时间进行两种物质异构体的定性分析,根据峰高(或峰面积)进行各组分的定量分析。

(2)主要仪器

主要仪器是带电子捕获检测器(ECD)的气相色谱仪,仪器的主要部件包括:

①全玻璃系统进样器。

②与气相色谱仪匹配的记录仪。

③色谱柱:长 1.8～2.0 m、内径 2～3 mm 的螺旋状硬质玻璃填充柱,柱内填充剂(固定相)为质量分数 1.5%的 OV-17(甲基硅酮)和质量分数 1.95%的 QF-1(氟代烷基硅氧烷聚合物)/Chromosorb WAW-DMCS,80～100 目;或质量分数 1.5%的 OV-17 和质量分数 1.95%的 OV-210/Chromosorb WAW-DMCS-HP,80～100 目。

④电子捕获检测器:可采用 ^{62}Ni 放射源或高温 ^{3}H 放射源。

(3)色谱条件

气化室温度:220 ℃;柱温:195 ℃;载气(N_2)流量:40～70 mL/min。

(4)测定要点

①样品预处理:准确称取 20 g 土样,置于索氏提取器中,用石油醚和丙酮(体积比为 1∶1)提取,"六六六"和"滴滴涕"被提取进入石油醚层,分离后用浓硫酸和无水硫酸钠净化,弃去水相,石油醚提取液定容后供测定。

②定性和定量分析:用色谱纯 α-六六六、β-六六六、γ-六六六、δ-六六六、p,p′-DDE、o,p′DDT、p,p′-DDD、p,p′-DDT 和异辛烷、石油醚配制标准溶液;用微量注射器分别吸取 3～6 μL 标准溶液和样品溶液注入气相色谱仪测定,记录标准溶液和样品溶液的气相色谱图。根据各组分的保留时间和峰高(或峰面积)分别进行定性和定量分析。用标准曲

线法计算土样中农药质量分数的计算式如下：

$$\omega_i=\frac{h_i \cdot m_{is} \cdot v}{h_{is} \cdot v_i \cdot m_i}$$

式中 ω_i——土样中 i 组分农药质量分数(mg/kg)；

h_i——样品溶液中 i 组分农药的峰高(或峰面积)(cm)；

m_{is}——标准溶液中 i 组分农药的质量(ng)；

v——土样定容体积(mL)；

h_{is}——标准溶液中 i 组分农药的峰高(或峰面积)(cm)；

v_i——样品溶液进样量(μL)；

m_i——土样质量(g)。

5.5.3.2 苯并[a]芘

苯并[a]芘是环境中被广泛关注的一种多环芳烃，被公认为强致癌物质。它在自然界土壤中的背景值很低，但当土壤受到污染后，便会产生严重危害。开展土壤中苯并[a]芘的监测工作，掌握不同条作下土壤中苯并[a]芘含量的变化规律，对评价和防治土壤污染具有重要意义。

测定苯并[a]芘的方法有紫外分光光度法，荧光光谱法，高效液相色谱法等。

(1)紫外分光光度法

称取通过 0.25 mm 孔径筛的土壤样品于锥形瓶中，加入三氯甲烷，在 50 ℃水浴上充分提取，过滤，滤液在水浴上蒸发近干，用环己烷溶解残留物，制成苯并[a]芘提取液。将提取液进行两次氧化铝层析柱分离纯化和溶出后，在紫外分光光度计上测定 350～410 nm波段的吸收光谱，依据苯并[a]芘在 365 nm、385 nm、403 nm 处有三个特征吸收峰进行定性分析。测量溶出液对 385 nm 紫外线的吸光度，对照苯并[a]芘标准溶液的吸光度进行定量分析。该方法适用于苯并[a]芘质量分数大于 5 μg/kg 的土壤样品测定。如果苯并[a]芘质量分数小于 5 μg/kg，则宜采用荧光光谱法。

(2)荧光光谱法

将土壤样品的三氯甲烷提取液蒸发近干，并把环己烷溶解后的溶液滴入氧化铝层析柱上进行分离。分离后用苯洗脱，洗脱液经浓缩后再用纸层析法分离，在层析滤纸上得到苯并[a]芘的荧光带。用甲醇溶出，取溶出液在荧光分光光度计上测量其被 387 nm 紫外线激发后发射的荧光(405 nm)强度，对照标准溶液的荧光强度定量。

(3)高效液相色谱法

将土壤样品置于索氏提取器内，用环己烷提取苯并[a]芘，提取液注入高效液相色谱仪测定。

思考题与习题

一、填空题

1. 简单随机布点方法是将监测单元分成____，将每个____编上号码，决定点样品数量后，随机抽取规定的____的样品，其样本号码对应的____，即为采样点。

2. 采样方法根据不同的监测要求分为单独样、____、____和____等几种。

3. 现场采样一般按 3 个阶段进行，分别是前期采样、____、____。面积小的土壤污染调查和突发性土壤污染事故调查可直接采样。

4. 采样时首先清除土壤表层的植物残骸和其他杂物。有____的点位要首先松动土壤，除去____及其____。

5. 分析取用后的剩余土壤样品，待测定全部完成、数据报出后，需移交样品库保存。剩余样品一般保留____时间，预留样品一般保留____时间。特殊、珍稀、仲裁、有争议样品一般要____保存。

二、选择题

1. 测试项目需要新鲜样品的土样，采集后用可密封的聚乙烯或玻璃容器，在____以下避光保存。 (　　)

A . 4 ℃　　B. 8 ℃　　C. −10 ℃　　D. −20℃

2. 挥发性有机物需用棕色玻璃容器保存，可保存时间为____天，采样瓶需装满装实并密封。 (　　)

A . 1　　B. 6　　C. 7　　D. 10

3. 研磨到全部过____目尼龙筛，用于农药或土壤有机质、土壤全氮量等项目；研磨到全部过____目筛，用于土壤元素全量分析。 (　　)

A . 20、60　　B . 60、100　　C . 20、100　　D . 80、100

4. 一般监测项目，如总汞、有机汞、铜、锌、铬、砷、硒都必须用 ____样品进行测定。 (　　)

A. 暴晒　　B. 风干　　C. 高温烘干　　D. 新鲜

5. 测定重金属的样品，尽量用竹铲、竹片直接取样品。如用铁铲、土钻挖掘，必须用____刮去与金属采样器接触的部分。 (　　)

A. 竹片　　B. 塑料片　　C. 铜片　　D. 土铲

三、简答题

简述土壤采样布点的原则和布点的方法。

6 固体废物监测

本章提要

【知识点】

◆ 有害工业固体废物的定义和分类

◆ 固体废物样品的采样工具、采样方法和样品制备

◆ 固体废物分析方法

◆ 固体废物有害特性监测

【技能点】

◆ 能合理制订固体废物监测方案

◆ 能对常见的固体废物进行采样和分析检测

6.1 概 述

随着社会生产规模的扩大和人们生活水平的提高，固体废物污染已成为世界公认的一大危害。另一方面，固体废物的成分日益复杂，排放量逐年增多。因此，加强固体废物的监测和管理是环境保护工作的重要任务之一。

本章介绍固体废物中一些主要污染物的监测方法。内容包括固体废物的定义、危害；试样的采集、保存和制备；主要污染物的监测分析方法以及固体废物鉴别标准。内容吸收了最新的国家标准，可操作性强。学习本章时，应注意了解主要污染物监测的基本原理，熟练掌握监测分析方法。可适当复习有关的分析化学和仪器分析知识，以利于理解和掌握。

6.1.1 固体废物的来源和组成

固体废物是指在生产、生活和其他活动中产生的丧失原有利用价值或者虽未丧失利用价值但被抛弃或者放弃的固态、半固态和置于容器中的气态的物品、物质以及法律、行政法规规定纳入固体废物管理的物品、物质。为贯彻《中华人民共和国环境保护法》、《中华人民共和国固体废物污染环境防治法》，加强对固体废物的管理，保护环境，保障人体

健康，原环境保护部组织制定并颁布了《固体废物鉴别标准 通则》(GB 34330—2017)，自2017年10月1日起实施。

固体废物有多种分类方法，按其化学性质可分为有机废物和无机废物；按其危害状况可分为有害废物和一般废物；按其形状则可分为固体(颗粒状、粉状、块状)的废物和泥状(污泥)的废物。通常为了便于管理，按其来源可分为矿业固体废物、工业固体废物、城市垃圾、农业废弃物和放射性固体废物，分别简称为矿业废物、工业废物、垃圾、农业废物和放射性废物。

在固体废物中对环境影响最大的是工业有害固体废物和城市垃圾。

工业有害固体废物具有易燃性、腐蚀性、放射性、浸出毒性、急性毒性(包括口服毒性、吸入毒性、皮肤吸收毒性)以及其他毒性(包括生物蓄积性、刺激性、过敏性、遗传变异性、水生生物毒性和传染性)等特性。因此，对有害固体废物的监测与管理已成为人们关注的主要环境问题。

城市垃圾是指城市居民在日常生活中抛弃的固体废物，主要包括：生活垃圾、零散垃圾、医院垃圾、市场垃圾、建筑垃圾和街道扫集物等。其中医院垃圾和建筑垃圾应予单独处理，其他由环卫部门统一处理。垃圾的处理方法通常有焚烧法、卫生填埋和堆肥法。

固体废物的分类、来源及主要组成见表6.1。

表6.1 固体废物的分类、来源和主要组成物

分类	来源	主要组成物
矿业废物	矿山、选冶	废矿石、尾矿、金属、废木砖瓦、石灰等
工业废物	冶金、交通、机械金属结构等工业	金属、矿渣、砂石、模型、陶瓷、边角料、涂料、管道绝热材料、黏结剂、废木、塑料、橡胶、烟尘等
	煤炭	煤矸石、木料、金属
	食品加工	肉类、谷类、果类、蔬菜、烟草
	橡胶、皮革、塑料等工业	橡胶、皮革、塑料布、纤维、染料、金属等
	造纸、木材、印刷等工业	刨花、锯末、碎木、化学药剂、金属填料、塑料、木质素
	石油化工	化学药剂、金属、塑料、橡胶、陶瓷、沥青、油毡、石棉、涂料
	电器、仪器仪表等工业	金属、玻璃、木材、橡胶、塑料、化学药剂、研磨料、陶瓷、绝缘材料
	纺织服装业	布头、纤维、橡胶、塑料、金属
	建筑材料	金属、水泥、黏土、陶瓷、石膏、石棉、砂石、纸、纤维
	电力工业	炉渣、粉煤灰、烟尘
城市垃圾	居民生活	食物垃圾、纸屑、布料、木料、金属、玻璃、塑料陶瓷、燃料灰渣、碎砖瓦、废器具、粪便、杂品
	商业机关	管道等碎物体，沥青及其他建筑材料，废汽车，废电器，废器具，含有易燃、易爆、腐蚀性、放射性的废物以及居民生活所排放的各种废物
	市政维护、管理部门	碎砖瓦、树叶、死禽畜、金属、锅炉灰渣、污泥、脏土

续表 6.1

分类	来源	主要组成物
农业废弃物	农林	稻草、秸秆、蔬菜、水果、果树枝条、糠秕、落叶、废塑料、人畜粪便、禽粪、农药
	水产	腐烂鱼、虾、贝壳、水产加工污水、污泥
放射性废物	核工业、核电站、放射性医疗、科研单位	金属、含放射性废渣、粉尘、污泥、器具、劳保用品、建筑材料

6.1.2 危险废物的定义和鉴别

对危险废物的定义不同的国家和组织各有不同的表述，联合国环境署（UNEP）把危险废物定义为："危险废物是指除放射性以外的那些废物（固体、污泥、液体和利用容器的气体），由于它的化学反应性、毒性、易爆性、腐蚀性和其他特性引起或可能引起对人体健康或环境的危害。不管它是单独的或与其他废物混在一起，不管是产生的或是被处置的或正在运输中的，在法律上都称危险废物。"而世界卫生组织（WHO）的定义是："危险废物是一种具有物理、化学或生物特性的废物，需要特殊的管理与处置过程，以免引起健康危害或产生其他有害环境的作用。"美国在其《资源保护和回收法》中将危险废物定义为："危险废物是固体废物，由于不适当的处理、贮存、运输、处置或其他管理方面，它能引起或明显地影响各种疾病和死亡，或对人体健康或环境造成显著的威胁。"日本《废物处理法》将"具有爆炸性、毒性或感染性及可能产生对人体健康或环境的危害的物质"定义为"特别管理废物"，相当于通称的"危险废物"。我国在《中华人民共和国固体废物污染环境防治法》中将危险废物规定为："列入国家危险废物名录或者根据国家规定的危险废物鉴别标准和鉴别方法认定的具有危险特性的废物。"《国家危险废物名录（2021 年版）》已于 2021 年 1 月 1 日起正式施行。凡是《国家危险废物名录》中所列的废物均属于危险废物。

国家危险废物鉴别标准规定了固体废物危险特性技术指标，危险特性符合标准规定的技术指标的固体废物属于危险废物，须依法按危险废物进行管理。

危险特性通常是指易燃性、腐蚀性、反应性、传染性、放射性、浸出毒性、急性毒性等。凡具有一种或多种危险特性者，即可称为危险废物。具体危险废物鉴定可参照《危险废物鉴别标准 通则》（GB 5085.7—2019）。

我国对固体废物的有害特性有以下几种定义和分类：

（1）急性毒性：引起试验鼠在 48 h 内死亡半数以上者，或 LD50 小于规定值的毒性。可通过半致死量（LD50，lethal dose 50%）试验评价毒性大小。

（2）易燃性：闪点低于定值（60℃）的液体及有着火倾向的固体即易燃废物。

（3）腐蚀性：含水固体废物，或本身不含水但是加入定量水后其浸出液的 pH 值≤2 或 pH 值≥12.5 的固体废物，或在 55 ℃以下对钢制品每年的腐蚀深度大于 0.64 cm 的固体废物。

(4)反应性:化学性质不稳定,极易发生剧烈化学反应的废物。如能引起爆炸或产生有毒气体的废物。

(5)放射性:含有天然放射性元素,放射性比活度大于 3700 Bq/kg 的固体废物;含有人工放射性元素的固体废物或者放射性比活度(以 Bq/kg 为单位)大于露天水源限值 10～100 倍(半衰期>60 d)的固体废物。

(6)浸出毒性:浸出液中任何一种污染成分的浓度超过标准值要求者。表 6.2 所示为浸出毒性鉴别标准值。

表 6.2　浸出毒性鉴别标准值

序号	危害成分项目	浸出液中危害成分浓度限值/(mg/L)
1	铜(以总铜计)	100
2	锌(以总锌计)	100
3	镉(以总镉计)	1
4	铅(以总铅计)	5
5	总铬	15
6	铬(六价)	5
7	烷基汞	不得检出
8	汞(以总汞计)	0.1
9	铍(以总铍计)	0.02
10	钡(以总钡计)	100
11	镍(以总镍计)	5
12	总银	5
13	砷(以总砷计)	5
14	硒(以总硒计)	1
15	无机氟化物(不包括氟化钙)	100
16	氰化物(以 CN 计)	5

6.2　固体废物样品的采集和制备

固体废物的监测包括:采样计划的设计和实施、分析方法、质量保证等方面。为了使采集样品具有代表性,在采集之前要调查研究生产工艺过程、废物类型、排放数量、堆积历史、危害程度和综合利用情况,如果采集有害废物则应根据其有害特性采取相应的安全措施。

6.2.1 样品的采集

6.2.1.1 采样工具

固体废物采样工具包括：尖头钢锹、钢尖镐、采样铲、带盖采样桶或内衬塑料的采样袋。

6.2.1.2 采样程序

(1)批量是指构成一批固体废物的质量，份样是指用采样器一次操作从一批固体废物中的一个点或一个部位按规定质量取出的样品，一般应根据固体废物批量确定应采的份样数。

(2)根据固体废物的最大粒度(95%以上能通过的最小筛孔尺寸)确定份样量。

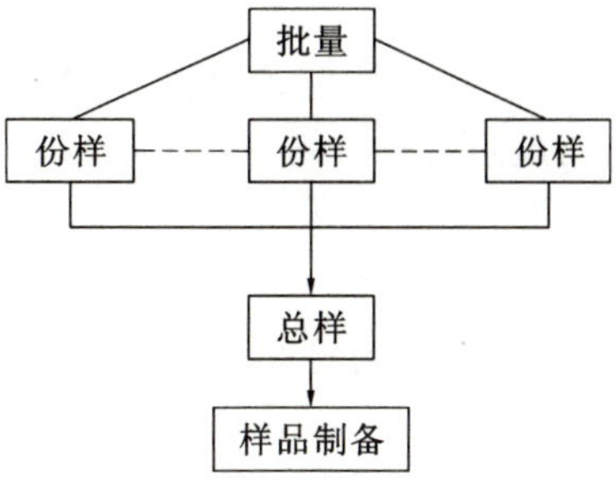

图 6.1 采样示意图

(3)根据采样方法，随机采集份样，组成总样(图 6.1)，并认真填写采样记录表。

6.2.1.3 份样个数

按表 6.3 确定应采份样个数。

表 6.3 批量大小与最少份样个数对应关系 (单位:液体为 m^3，固体为 t)

批量大小	最少份样个数	批量大小	最少份样个数
<1	5	≥100	30
≥1	10	≥500	40
≥5	15	≥1000	50
≥30	20	≥5000	60
≥50	25	≥10000	80

6.2.1.4 份样量

份样量是指构成一个份样的固体废物的质量。按表 6.4 确定每个份样应采的最小质量。所采的每个份样量应大致相等，其相对误差不大于 20%。表中要求的采样铲容量为保证一次在一个地点或部位能取到足够数量的采样量。液态废物的份样量以不小于100 mL的采样瓶(或采样器)所盛量为宜。

表 6.4 份样量和采样铲容量

最大粒度/mm	最小份样质量/kg	采样铲容量/mL
>150	30	
100～150	15	16000
50～100	5	7000
40～50	3	1700
20～40	2	800
10～20	1	300
<10	0.5	125

份样量可根据切乔特经验公式(又称缩分公式)计算

$$Q = Kd^{a} \tag{6.1}$$

式中 Q——应采的最小样品量(kg);
d——固体废物最大颗粒直径(mm);
K——缩分系数;
a——经验常数。

K、a 都是经验常数,与固体废物的种类、均匀程度和易破碎程度有关。一般矿石的 K 值介于 0.05～1 之间,固体废物越不均匀,K 值就越大。a 的数值介于 1.5～2.7,一般由实验确定。

6.2.1.5 采样方法

(1)现场采样

在生产现场采样,首先应确定样品的批量,然后按下式计算出采样间隔,进行流动间隔采样。

$$\text{采样间隔} \leqslant \frac{\text{批量(t)}}{\text{规定的份样数}}$$

注意事项:采第一个份样时,不得在第一间隔的起点开始,可在第一间隔内任意确定。

(2)运输车及容器采样

在运输一批固体废物时,当车数不多于该批废物规定的份样数时,每车应采份样数按式(6.2)计算。当车数多于规定的份样数时,按表 6.3 选出所需最少的采样车数,然后从所选车中各随机采集一个份数。

$$\begin{matrix}\text{每车应采份样数}\\ \text{(小数应进为整数)}\end{matrix} = \frac{\text{规定份样数}}{\text{车数}} \tag{6.2}$$

在车中,采样点应均匀分布在车厢的对角线上(图 6.2),端点距车角应大于 0.5 m,表层去掉 30 cm。

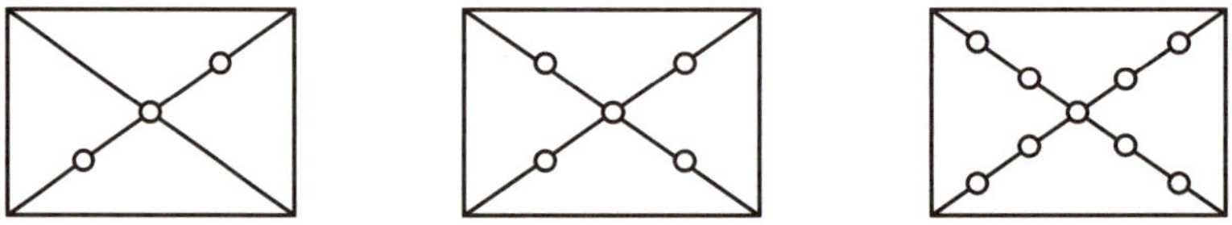

图 6.2 车厢中的采样布点

对于一批若干容器盛放的废物,按表 6.5 选取最少容器数,并且每个容器中均随机采两个样品。

表 6.5 所需最少的采样车数表

车数(容器)	所需最少采样车数
<10	5
10～25	10
25～50	20
50～100	30
>100	50

注意事项:当把一个容器作为一个批量时,就按表 6.3 中规定的最少份样数的 1/2 确定;当把 2～10 个容器作为一个批量时,就按下式确定最少容器数。

$$\text{最少容器数} = \frac{\text{表 6.3 中规定的最少份样数}}{\text{容器数}} \tag{6.3}$$

(3)废渣堆采样

在渣堆两侧距堆底 0.5 m 处画第一条横线，然后每隔 0.5 m 画一条横线；再每隔 2 m 画一条横线的垂线，其交点作为采样点。按表 6.3 确定的份样数，确定采样点数，在每点上从 0.5～1.0 m 深处各随机采样一份(图 6.3)。

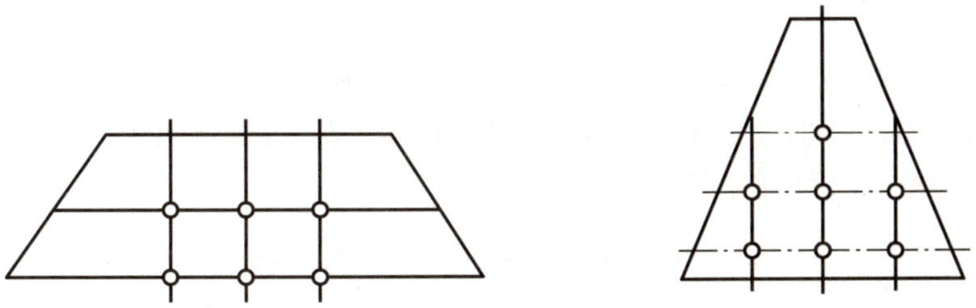

图 6.3　废渣堆中采样点的分布

6.2.2　样品的制备

6.2.2.1　制样工具

制样工具包括粉碎机(破碎机)，药碾，钢锤，标准套筛，十字分样板，机械缩分器。

6.2.2.2　制样要求

(1)制样过程中，应防止样品产生任何化学变化和污染。若制样过程中可能对样品的性质产生显著影响，则应尽量保持原来状态。

(2)湿样品应在室温下自然干燥，使其达到适于破碎、筛分、缩分的程度。

(3)制备的样品应过筛(筛孔为 5 mm)后，装瓶备用。

6.2.2.3　制样程序

(1)室温下自然干燥，避免阳光直射。

(2)用机械或人工方法把全部样品逐级破碎，通过 5 mm 筛孔。粉碎过程中，不可随意丢弃难于破碎的粗粒。

(3)将样品置于清洁平整不吸水的板面上堆成圆锥形，每铲物料自圆锥顶端落下，使均匀地沿锥尖散落，不可使圆锥中心错位。反复转堆，至少三周，使其充分混合。然后将圆锥顶端轻轻压平，摊开物料后，用十字板自上压下，分成四等份，取两个对角的等份，重复操作数次，直至不少于 1 kg 试样为止。在进行各项有害特性鉴别试验前，可根据要求的样品量进行进一步缩分。样品的制备过程如图 6.4 所示。

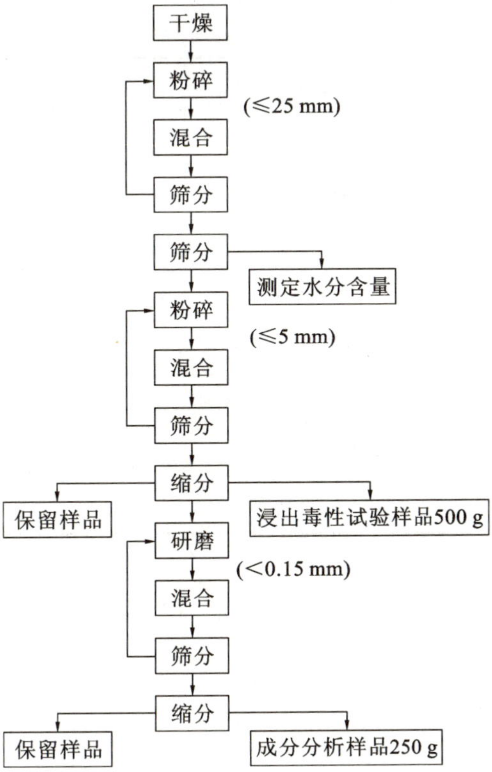

图 6.4　工业固体废物样品制备图

6.2.3 样品水分的测定

称取样品 20 g 左右，测定无机物时可在 105 ℃下干燥，恒重至±0.1 g，测定水分含量。

测定样品中的有机物时应于 60 ℃下干燥 24 h，确定水分含量。固体废物测定结果以干样品计算，当污染物含量小于 0.1%时以 mg/kg 表示，含量大于 0.1%时则以百分含量表示，并说明是水溶性或总量。

$$水分含量=\frac{m_{容器+湿样}-m_{容器}}{m_{容器+干样}-m_{容器}}\times 100\% \tag{6.4}$$

6.2.4 样品的运输和保存

样品在运送过程中，应避免样品容器的倒置和倒放。

制好的样品密封于容器中保存(容器应对样品不产生吸附、不使样品变质)，贴上标签备用。标签上应注明：编号、废物名称、采样地点、批量、采样人、制样人、时间。特殊样品，可采取冷冻或充惰性气体等方法保存。

制备好的样品，一般有效保存期为三个月，易变质的试样不受此限制。

最后，填好采样记录表(表 6.6)，一式三份，分别存于有关部门。

表 6.6 采样记录表

样品登记号		样品名称	
采样地点		采样数量	
采样时间		废物所属单位名称	
样品现场简述			
废物产生过程简述			
样品可能含有的主要有害成分			
样品保存方式及注意事项			
样品采集人及接受人			
备注		负责人签字	

6.3 固体废物有害特性监测

6.3.1 急性毒性

有害废物中会有多种有害成分，组分分析难度较大。急性毒性的初筛试验可以简便地鉴别并表达其综合急性毒性，急性毒性是指一次投给试验动物的毒性物质，半致死量(LD50)小于规定值的毒性。方法如下：

①以体重 18～24 g 的小白鼠(或 200～300 g 大白鼠)作为试验动物，若是外购鼠，必须在本单位饲养条件下饲养 7～10 d，仍活泼健康者方可使用。试验前 8～12 h 和观察期间禁食。

②称取准备好的样品 100 g，置于 500 mL 带磨口玻璃塞的三角瓶中，加入 100 mL (pH 值为 5.8～6.3)水(固液比为 1∶1)，振摇 3 min 于温室下静止浸泡 24 h，用中速定量滤纸过滤，滤液留待灌胃用。

③灌胃采用 1(或 5) mL 注射器，注射针采用 9(或 12)号，去针头，磨光，弯曲成新月形。对 10 只小白鼠(或大白鼠)进行一次性灌胃，经口一次灌胃，灌胃量为小白鼠不超过 0.4 mL/20 g(体重)，大白鼠不超过 1.0 mL/100 g(体重)。

④对灌胃后的小白鼠(或大白鼠)进行中毒症状的观察，记录 48 h 内实验动物的死亡数目。根据实验结果，如出现半数以上的小白鼠(或大白鼠)死亡，则可判定该废物是具有急性毒性的危险废物。

6.3.2 易燃性

易燃性是指闪点低于 60 ℃的液态废物和经过摩擦、吸湿等自发的化学变化或在加工制造过程中有着火趋势的非液态废物，由于燃烧剧烈而持续，以至于会对人体和环境造成危害的特性。鉴别易燃性的方法是测定闪点。

6.3.2.1 采用仪器

应采用闭口闪点测定仪，常用的配套仪器有温度计和防护屏。

(1)温度计

温度计采用 1 号温度计(－30～170 ℃)或 2 号温度计(0～300 ℃)。

(2)防护屏

采用镀锌铁皮制成，高度 550～650 mm，宽度以适用为度，屏身内壁漆成黑色。

6.3.2.2 测定步骤

按标准要求加热试样至一定温度，停止搅拌，每升高 1 ℃点火一次，至试样上方刚出现蓝色火焰时，立即读出温度计上的温度值，该值即为测定结果。

操作过程的细节可参阅《闪点的测定 宾斯基-马丁闭口杯法》(GB/T 261—2021)。

6.3.3 腐蚀性

腐蚀性指通过接触能损伤生物细胞组织，或使接触物质发生质变，使容器泄漏而引起危害的特性。测定方法一种是测定 pH 值，另一种是测定在 55.7 ℃以下对钢制品的腐蚀率。现介绍 pH 值的测定。

6.3.3.1 仪器

采用 pH 计或酸度计，最小刻度单位在 0.1 pH 单位以下。

6.3.3.2 方法

用与待测样品 pH 值相近的标准溶液校正 pH 计，并加以温度补偿。

(1)对含水量高、呈流态状的稀泥或浆状物料，可将电极直接插入进行 pH 值测量。

(2)对黏稠状物料可离心或过滤后，测其滤液的 pH 值，对粉、粒、块状物料，称取制备好的样品 50 g(干基)，置于 1 L 塑料瓶中，加入新鲜蒸馏水 250 mL，使固液比为 1∶5，加盖密封后，放在振荡机上(振荡频率 120±5 次/min，振幅 40 mm)于室温下连续振荡 30 min，静置 30 min 后，测上清液的 pH 值，每种废物取三个平行样品测定其 pH 值，差值不得大于 0.15，否则应再取 1～2 个样品重复进行试验，取中位值报告结果。

(3)对于高 pH 值(9 以上)或低 pH 值(2 以下)的样品，两个平行样品的 pH 值测定结果允许差值不超过 0.2，还应报告环境温度、样品来源、粒度级配，以及试验过程的异常现象，特殊情况试验条件的改变及原因。

6.3.4 反应性

反应性是指在通常情况下固体废物不稳定，极易发生剧烈的化学反应，或与水反应猛烈，或形成可爆炸性的混合物，或产生有毒气体的特性。测定方法包括撞击感度实验、摩擦感度实验、差热分析实验、爆炸点测定、火焰感度测定、温升实验和释放有毒有害气体实验等。现介绍释放有害气体的测定方法。

6.3.4.1 反应装置

(1)250 mL 高压聚乙烯塑料瓶，另配橡皮塞(将塞子打一个 6 mm 的孔)，插入玻璃管；

(2)振荡器采用调速往返式水平振荡器；

(3)100 mL 注射器，配 6 号针头。

6.3.4.2 实验步骤

称取固体废物 50 g(干重)，置于 250 mL 的反应容器内，加入 25 mL 水(用 1 mol/L HCl 调节 pH 值为 4)，加盖密封后，固定在振荡器上，振荡频率为 110±10 次/min，振荡 30 min 后停机，静置 10 min。用注射器抽气 50 mL，注入不同的 5 mL 吸收液中，测定其硫化氢、氰化氢等气体的含量。第 n 次抽 50 mL 气体测量校正值：

$$\text{校正值(mg/L)} = \text{测得值} \times (275/225)^n \tag{6.5}$$

式中 225——塑料瓶空间体积(mL)；
275——塑料瓶空间体积和注射器体积之和(mL)。

6.3.4.3 硫化氢的测定

(1)原理

当含有硫化物的废物遇到酸性水或当酸性工业有害固体废物遇水时便可使固体废弃物中的硫化物释放出硫化氢气体：

$$MS+2HCl \longrightarrow MCl_2+H_2S$$

醋酸锌溶液可吸收硫化氢气体，在含有高铁离子的酸性溶液中，硫离子与对氨基二甲基苯胺生成亚甲基蓝，其蓝色与硫离子含量成比例。本方法测定硫化氢气体的下限为0.0012 mg/L。

(2)样品测定

在固体废弃物与水反应的反应瓶中，用100 mL注射器抽气50 mL，注入盛有5 mL吸收液(醋酸锌、醋酸钠溶液)的10 mL比色管中，摇匀。加入0.1%对氨基二甲基苯胺溶液1.0 mL，12.5%硫酸高铁铵溶液0.20 mL，用水稀释至标线，摇匀。15～20 min后用1 cm比色皿，以试剂空白为参比在665 nm波长处测吸光度。在校准曲线上查出含量。

(3)结果计算

$$硫化氢浓度(S^{2-},mg/L) = 测得硫化物量(\mu g) \times (275/225)^n / 注气体积(mL) \tag{6.6}$$

式中 n——抽气次数。

6.3.4.4 氰化氢的测定

(1)原理

含氰化物的固体废物，当遇到酸性水时，可放出氰化氢气体，用氢氧化钠溶液吸收氰化氢气体。在pH值为7时，氰离子与氯胺T反应生成氯化氰，而后与异烟酸作用，并经水解而生成戊烯二醛，再与吡唑啉酮进行缩合反应，生成蓝色的染料，其色度与氰化物浓度成正比，依此可测得氰化氢的含量。本法的检测下限为0.007 mL/L。

(2)样品测定

取固体废物与水反应生成的气体50 mL，注入5 mL的吸收液(氢氧化钠溶液)中，加入磷酸盐缓冲溶液2 mL，摇匀。迅速加入1%氯胺T 0.2 mL，立即盖紧塞子，摇匀。反应5 min后加入异烟酸-吡唑啉酮2 mL，摇匀，用水定容至10 mL。在40 ℃左右水浴上显色，颜色由红→蓝→绿蓝。以空白作参比，用1 cm比色皿，在638 nm波长处测定吸光度。在校正曲线上查得氰化物的含量。

(3)结果计算

$$氰化氢浓度(CN^-,mg/L) = 测得氰化物量(\mu g) \times (275/225)^n / 注气体积(mL) \tag{6.7}$$

式中 n——抽气次数。

6.3.5 浸出毒性

固体废物受到水的冲淋、浸泡，其中有害成分将会转移到水相而污染地面水、地下水，导致二次污染。

浸出试验采用规定办法浸出水溶液，然后对浸出液进行分析。我国规定的分析项目有：汞、镉、砷、铬、铅、铜、锌、镍、锑、铍、氟化物、氰化物、硫化物、硝基苯类化合物。

浸出方法如下：

称取 100 g(干基)试样(无法称取干基质量的样品则先测水分加以换算)，置于浸出容积为 2 L(ϕ130×160)具塞广口聚乙烯瓶中，加水 1 L(先用氢氧化钠或盐酸调节 pH 值为5.8～6.3)。

将瓶子垂直固定在水平往复振荡器上，调节振荡频率为 110±10 次/min，振幅 40 mm，在室温下振荡 8 h，静置 16 h。

通过 0.45 μm 滤膜过滤。滤液按各分析项目要求进行保护，于合适条件下储存备用，每种样品做两个平行浸出试验，每瓶浸出液对欲测项目平行测定两次，取算术平均值报告结果。对于含水污泥样品，其滤液也必须同时加以分析并报告结果。试验报告中还应包括被测样品的名称、来源，采集时间，样品粒度级配情况，试验过程的异常情况，浸出液的 pH 值、颜色、乳化和分层情况，试验过程的环境温度及其波动范围、条件改变及其原因。

考虑到试样与浸出容器的相溶性，在某些情况下，可用类似形状的玻璃瓶代替聚乙烯瓶。例如，测定有机成分宜用硬质玻璃容器，对某些特殊类型的固体废物，由于安全及样品采集等方面的原因，无法严格按照上述条件进行试验时，可根据实际情况适当改变。浸出液分析项目按有关标准的规定及相应的分析方法进行。

6.4 生活垃圾分类及特性分析

6.4.1 生活垃圾分类

城市生活垃圾是指城市日常生活中或者为城市日常生活提供服务的活动中产生的固体废物。它主要包括厨房垃圾、普通垃圾、庭院垃圾、清扫垃圾、商业垃圾、建筑垃圾、危险垃圾(如医院传染病房、放射性治疗系统、核试验室等排放的各种废物)等。城市生活垃圾的组成很复杂，通常包括：

①废品类：废金属、废玻璃、废塑料橡皮、废纤维类、废纸类和砖瓦类。

②厨房类：饮食废物、蔬菜废物、肉类和肉骨，我国部分城市厨房燃料用煤、煤制品、木炭的燃余物。

③灰土类。

各组分所占比例随不同国家、不同地区、不同环境而有较大差异。

6.4.2 生活垃圾特性分析

常见的生活垃圾处理处置方法有三大类：

①卫生填埋。这是我国生活垃圾的主要处理方式。填埋的主要监测项目有渗滤液分析和苍蝇密度等。渗滤液是指从生活垃圾中渗出来的水溶液，它可溶出垃圾组成中的物质。测定内容通常有色度、总溶解性固体、SO_4^{2-}、NH_4^+-N、Cl^-、总 P、pH 值、COD、BOD、细菌总数等。该方法要防止对地下水的污染及沼气爆炸，渗滤液应专门收集排除。

②焚烧发电。包括热解和气化，垃圾焚烧处理的重要指标是热值(高热值和低热值，H_0、H_N)，单位 kJ/kg。热值测定采用氧弹计法等，低位热值高于 3000 kJ/kg 可用于发电。该方法对设备要求较高，正在逐步推广，垃圾发电可行。

③生物堆肥。堆肥需测定生物降解度(BDM)和堆肥的腐熟程度。BDM 的测定一般可采用类似 COD 试验的方法。腐熟程度用淀粉量(碘颜色反应)确定。该法是有机废物处理的有效途径，可生产有机肥。对高效降解菌的添加有很好的效果。

6.4.3 垃圾的粒度分级

粒度采用筛分法，将一系列不同筛目的筛子按规格序列由小到大排列，筛分时，每一筛目的筛子连续摇动 15 min，依次转到下一号筛子，然后计算每一粒度微粒所占的百分比。如果需要在试样干燥后再称量，则需在 70 ℃的温度下烘干 24 h，然后再在干燥器中冷却后筛分。

6.4.4 淀粉的测定

6.4.4.1 原理

垃圾在堆肥处理过程中，需借助淀粉量分析来鉴定堆肥的腐熟程度。其原理是利用垃圾在堆肥过程中形成的淀粉碘化络合物的颜色变化与堆肥降解度的关系。当堆肥降解尚未结束时，淀粉碘化络合物呈蓝色，降解结束即呈黄色。堆肥颜色的变化过程是深蓝→浅蓝→灰→绿→黄。

6.4.4.2 测定步骤

分析检测的步骤是：①将 1 g 堆肥置于 100 mL 烧杯中，滴入几滴酒精使其湿润，再加 20 mL 36%的高氯酸；②用纹网滤纸(90 号纸)过滤；③加入 20 mL 碘反应剂到滤液中并搅动；④将几滴滤液滴到白色板上，观察其颜色变化。

测定过程所需试剂：①碘反应剂：将 2 g KI 溶解到 500 mL 水中，再加入0.08 g I_2；②36%的高氯酸；③酒精。

6.4.5 生物降解度的测定

垃圾中含有大量天然的和人工合成的有机物质，有的容易生物降解，有的难以生物降解。目前，通过试验已经寻找出一种可以在室温下对垃圾生物降解做出适当估计的 COD 试验方法。

分析步骤是：①称取 0.5 g 已烘干磨碎试样于 500 mL 锥形瓶中；②准确量取 20 mL

$[C_{\frac{1}{6}}(K_2Cr_2O_7)=2\ mol/L]$重铬酸钾溶液加入试样瓶中并充分混合；③用另一支量筒量取20 mL硫酸加到试样瓶中；④在室温下将这一混合物放置12 h且不断摇动；⑤加入大约15 mL蒸馏水；⑥再依次加入10 mL磷酸、0.2 g氟化钠和30滴指示剂，每加入一种试剂后必须混合；⑦用标准硫酸亚铁铵溶液滴定，在滴定过程中颜色的变化是从棕绿→绿蓝→蓝→绿，在等当量点时出现的是纯绿色；⑧用同样的方法在不放试样的情况下做空白试验；⑨如果加入指示剂易出现绿色，则试验必须重做，应再加30 mL重铬酸钾溶液。

生物降解度的计算：

$$\mathrm{BDM} = (V_2 - V_1) \times V \times c \times \frac{1.28}{V_2} \tag{6.8}$$

式中 BDM——生物降解度；

V_1——试样滴定体积(mL)；

V_2——空白试验滴定体积(mL)；

V——重铬酸钾的体积(mL)；

c——重铬酸钾的浓度；

1.28——折合系数。

6.4.6 热值的测定

由于焚烧是一种可以同时并快速实现垃圾无害化、稳定化、减量化、资源化的处理技术，在工业发达国家，焚烧已经成为城市生活垃圾处理的重要方法，我国也正在加快垃圾焚烧技术的开发研究，以推进城市垃圾的综合利用。

热值是指单位质量的物质在供氧过剩的情况下，按规定条件燃烧所释放出来的热量，计算单位是kJ/kg。热值是废物焚烧处理的重要指标，因燃烧过程中被测物质中水分和燃烧产物中水的状态不同，热值又分高热值(H_0)和低热值(H_N)。垃圾中可燃物燃烧产生的热值为高热值。垃圾中含有的不可燃物质(如水和不可燃惰性物质)，在燃烧过程中消耗热量，当燃烧升温时，不可燃惰性物质吸收热量而升温；水吸收热量后汽化，以蒸汽形式挥发。高热值减去不可燃惰性物质吸收的热量和水汽化所吸收的热量，称为低热值。显然，低热值更接近实际情况，在实际工作中意义更大。

两者换算公式为：

$$H_N = H_0[(100 - I - W)/(100 - W_L)] \times 5.85W \tag{6.9}$$

式中 H_N——低热值(kJ/kg)；

H_0——高热值(kJ/kg)；

I——惰性物质含量(%)；

W——垃圾的表面湿度(%)；

W_L——剩余的和吸湿性的湿度(%)。

热值的测定可以用量热计法或热耗法。测定废物热值的主要困难是要了解废物的比热值，因为垃圾组分变化范围大，各种组分比热差异很大，所以测定某一垃圾的比热是一复杂过程，而对组分比较简单的(如含油污泥等)就比较容易测定。

城市生活垃圾的热值主要由塑料橡胶类、纸张类、纺织物类、木竹类、灰土和瓜果皮厨余类物质及垃圾总体的水分含量决定。其中瓜果皮厨余类物质和灰土虽然也含有可燃物质，但是他们因为水分含量高而会对垃圾热值产生负的贡献。垃圾中的含水率对垃圾热值的影响非常大，随着水分的增大，垃圾净热值线性减小。

6.4.7 垃圾渗滤液分析

6.4.7.1 垃圾渗滤液的来源及特点

垃圾渗滤液是一种高浓度有机废水，由于其水质、水量的不稳定性，以及渗滤液中含有大量难降解的萘、菲等非氯化芳香族化合物和氨氮等毒性物质，所以渗滤液的处理非常困难。来源主要有以下几个方面：①垃圾自身含有的水分；②垃圾降解产生的水分；③大气降水；④地表径流。

垃圾渗滤液受填埋时间、气候条件、来源以及垃圾成分和填埋场设计等多种因素影响，其水质与城市污水相比具有不同的特点。我国城市垃圾渗滤液的典型水质情况见表 6.7。

表 6.7 我国城市垃圾渗滤液的水质

	上海	杭州	广州	深圳	台湾某市
COD/(mg/L)	1500～8000	1000～5000	1400～5000	50000～80000	4000～37000
BOD_5/(mg/L)	200～4000	400～2500	400～2000	20000～35000	600～28000
总 N/(mg/L)	100～700	80～800	150～900	400～2600	200～2000
SS/(mg/L)	30～500	60～650	200～600	2000～7000	500～2000
NH_3-N/(mg/L)	60～450	160～500	160～500	500～2400	100～1000
pH 值	5～6.5	6～6.5	6.5～7.8	6.2～6.5	5.6～7.5

由表 6.7 可知，垃圾渗滤液具有如下特点：

①有机物浓度高：垃圾渗滤液中的 COD_{Cr} 质量浓度为 1000～100000 mg/L，BOD_5 质量浓度为 200～40000 mg/L。

②氨氮含量高：氨氮浓度随填埋时间的延长而升高，渗滤液中氨氮的浓度从几百到几千毫克每升，浓度过高影响微生物活性。

③微生物营养元素比例失调：垃圾渗滤液中氨氮和有机物含量高，但含 P 量一般较低。

④金属含量高，色度高且恶臭，垃圾渗滤液中含有多种金属离子。

⑤垃圾渗滤液水质变化大，一方面其产量随季节性变化，雨季大于旱季。另一方面污染物的组成和浓度随填埋年限的延长而变化。

6.4.7.2 垃圾渗滤液的分析项目

根据实际情况，我国提出了垃圾渗滤液理化分析和细菌学检验方法，检测项目包括：色度、总固体、总溶解性固体与总悬浮性固体、硫酸盐、氨氮、凯氏氮、氯化物、总磷、pH 值、BOD、COD、钾、钠、细菌总数、总大肠菌数等。其中细菌总数和大肠菌数是我国已有的检测项目，测定方法基本上参照水质测定方法，并根据垃圾渗滤液特点做一些变动。

6.4.7.3 垃圾渗滤液的排放标准及处理方法

目前，我国由于垃圾渗滤液排放所产生的污染已成为环境污染的重要问题之一，为不造成地面水域的污染，不破坏土壤的正常自净过程，不引起地下水质和农作物品质的异常恶化，2008 年开始实施的《生活垃圾填埋场污染控制标准》(GB 16889—2008) 中规定了所有生活垃圾填埋场水污染物排放质量浓度限值，如表 6.8 所示。

表 6.8 现有和新建生活垃圾填埋场水污染物排放质量浓度限值

序号	控制污染物	排放质量浓度限值	污染物排放监控位置
1	色度(稀释倍数)	40	常规污水处理设施排放口
2	化学需氧量 (COD_{Cr})/(mg/L)	100	常规污水处理设施排放口
3	生化需氧量(BOD_5) /(mg/L)	30	常规污水处理设施排放口
4	悬浮物/(mg/L)	30	常规污水处理设施排放口
5	总氮/(mg/L)	40	常规污水处理设施排放口
6	氨氮/(mg/L)	25	常规污水处理设施排放口
7	总磷/(mg/L)	3	常规污水处理设施排放口
8	粪大肠菌群数/(个/L)	10000	常规污水处理设施排放口
9	总汞/(mg/L)	0.001	常规污水处理设施排放口
10	总镉/(mg/L)	0.01	常规污水处理设施排放口
11	总铬/(mg/L)	0.1	常规污水处理设施排放口
12	六价铬/(mg/L)	0.05	常规污水处理设施排放口
13	总砷/(mg/L)	0.1	常规污水处理设施排放口
14	总铅/(mg/L)	0.1	常规污水处理设施排放口

思考题与习题

一、名词解释

1. 固体废物；2. 工业废物；3. 生活垃圾；4. 危险废物；5. 急性毒性；6. 腐蚀性；7. 浸出毒性；8. 垃圾热值；9. 高热值；10. 低热值；11. 垃圾渗滤液。

二、简答题

1. 什么叫有害工业固体废物？其主要判别依据有哪些？

2. 什么是危险废物？危险特性包括哪几个方面？

3. 简述固体废物废渣堆采样法。

4. 如何采集固体废物样品？采集后应作怎样处理才能保存？为什么固体废物采样量与粒度有关？

5. 固体废物制样过程中有哪些要求？

6. 什么叫急性毒性试验？为什么它是测定化学物质毒性的常用方法？

7. 以急性毒性试验为例，简述化学毒物最高允许浓度的实验求证方法。

8. 固体废物的腐蚀性怎样鉴别？

9. 生活垃圾有何特性，其监测指标主要有哪些？

7 物理性污染监测

本章提要

【知识点】

- 物理性污染的种类
- 物理性污染的监测方法
- 常用的物理性污染监测设备

【技能点】

- 能合理制订物理性污染监测方案
- 能正确使用相关监测设备

7.1 噪声污染监测

噪声污染属于物理性污染，是当代的主要环境污染之一。一般情况下，噪声污染并不致命，与声源同时产生、同时消失，但噪声源分布广、集中处理困难。噪声所造成的干扰不会像物质污染那样只有在产生后果才被发现，所以噪声通常是受到抱怨和控告最多的环境污染。

7.1.1 声音和噪声

(1)声音的产生

声音的本质是波动。受作用的空气发生振动，通过介质传播，当振动频率在 20～20000Hz 时，作用于人耳的鼓膜而产生的感觉称为声音(图 7.1)。声源可以是固体、液体和气体，传播介质也可以是固体、液体和气体。

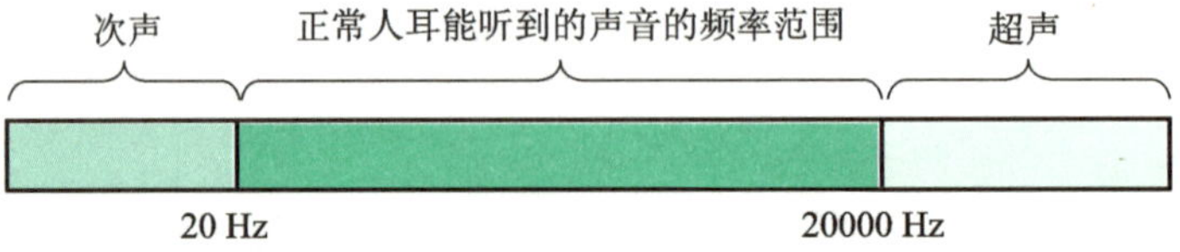

图 7.1　人耳能听到的声音的频率范围

人类生活在一个有声音的环境中，我们通过声音进行交谈、表达思想感情以及进一步活动。但是有些声音却给人类的生活生产带来危害。例如，工地震耳欲聋的机器声，疾驰而过的汽车声等。

(2)噪声的来源与危害

从物理学角度出发，噪声可以定义为：由许多不同频率和强度的声波，无规则且杂乱无章组合而成的声音。从环境保护角度来说，一般认为，干扰人们休息、学习和工作的声音，则为噪声。噪声是主观性较强的物理污染，主要特征一是噪声是感觉公害，二是噪声具有局限性和分散性。

环境噪声的来源有四种：一是交通噪声，包括汽车、火车和飞机等所产生的噪声；二是工厂噪声，如织布机、冲床、汽轮机、发动机等所产生的噪声；三是建筑施工噪声，如打桩机、挖掘机、搅拌机等发出的声音；四是社会生活噪声，如高音喇叭、收录机、报警器等发出的过强的声音。

噪声的主要危害是损伤听力，干扰人们的休息和工作，干扰语言交流，诱发疾病，甚至危害人体健康，强噪声还会影响设备正常运转和损坏建筑结构。

7.1.2 声波的物理特性和量度

7.1.2.1 声波的参数

(1)频率

声源在 1 s 内震动的次数叫频率，记作 f，单位为 Hz。

(2)周期

震动一次所经历的时间叫周期，记作 T，单位为 s。

显然，频率和周期互为倒数，即 $T=1/f$。

(3)波长

沿声波传播方向，振动一个周期所传播的距离，或在波形上相位相同的相邻两点间的距离称作波长，记为 λ，单位为 m。

(4)声速

1 s 内声波传播的距离叫作声波速度，简称声速，记作 c，单位为 m/s。

频率、波长和声速三者的关系是：

$$c = f\lambda \tag{7.1}$$

声速与传播声音的介质和温度有关。在空气中，声速(c)和温度(t)的关系可简写为：

$$c = 331.4 + 0.607t$$

常温下，声速约为 345 m/s。

(5)声功率(W)

声功率是指单位时间内，声波通过垂直于传播方向某指定面积的声能量。在噪声监测中，声功率是指声源总声功率。单位为 W。

(6)声强(I)

声强是指单位时间内，声波通过垂直于传播方向单位面积的声能量。单位为 W/m^2。

(7)声压(P)

声压是由于声波的存在而引起的压力增值。单位为 Pa。

声压与声强的关系是：

$$I = P^2/\rho c \tag{7.2}$$

式中 ρ——空气密度；

c——声速(m/s)。

(8)分贝

人们日常生活中遇到的声音，若以声压值表示，由于变化范围非常大，可以达六个数量级以上，同时由于人体听觉对声信号强弱刺激的反应不是线形的而是呈对数比例关系，所以采用分贝来表达声学量值。

$$N = 10\lg(A/A_0) \tag{7.3}$$

分贝符号是“dB”，它是无量纲的。式(7.3)中 A_0 是基准量(或参考量)，A 是被量度量。被量度量和基准量之比取对数，对数值称为被量度量的“级”。亦即用对数标度时，所得到的是比值，它代表被量度量比基准量高出多少“级”。

(9)声功率级

$$L_w = 10\lg(W/W_0) \tag{7.4}$$

式中 L_w——声功率级(dB)；

W——声功率(W)；

W_0——基准声功率，为 10～12 W。

(10)声强级

$$L_I = 10\lg(I/I_0) \tag{7.5}$$

式中 L_I——声压级(dB)声强(W/m^2)；

I_0——基准声强，为 10～12 W/m^2。

(11)声压级

$$L_p = 20\lg(P/P_0) \tag{7.6}$$

式中 L_p——声压级(dB)；

P——声压(Pa)；

P_0——基准声压，为 2×10^{-5} Pa，该值是人耳刚能听到 1000 Hz 声音的最低声压。

7.1.2.2 噪声叠加和相减

(1)噪声叠加

两个以上独立声源作用于某一点，产生噪声的叠加。声能量可以代数相加，设两个声源的声功率分别为 W_1 和 W_2，那么总声功率 $W_{总}=W_1+W_2$。而两个声源在某点的声强为 I_1 和 I_2 时，叠加后的总声强 $I_{总}=I_1+I_2$。但声压不能直接相加。

由于 $I_1=P_1^2/\rho c \quad I_2=P_2^2/\rho c$

故 $P_{总}^2=P_1^2+P_2^2$

又 $(P_1/P_0)^2=10^{(L_{p1}/10)}$

$(P_2/P_0)^2=10^{(L_{p2}/10)}$

故总声压级：

$$L_{p总} = 10\lg[(P_1^2 + P_2^2)/P_0^2] = 10\lg[10^{(L_{p1}/10)} + 10^{(L_{p2}/10)}] \quad (7.7)$$

如 $L_{p1} = L_{p2}$，即两个声源的声压级相等，则总声压级：

$$L_{p总} = L_{p1} + 10\lg 2 \approx L_{p1} + 3(\text{dB}) \quad (7.8)$$

如 n 个声源声压级相等，均为 L_p，那么有

$$L_{pt} = L_p + 10\lg n \quad (7.9)$$

当声压级不相等时，按上式计算比较麻烦。可以利用图 7.2 查曲线值来计算。$L_{p总} = L_{p1} + \Delta L_p$。

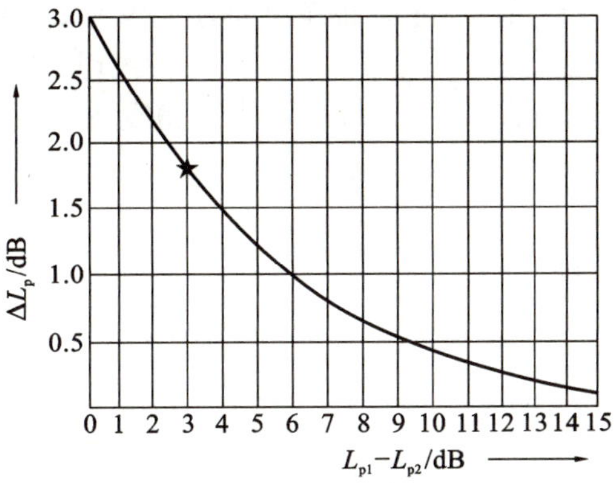

图 7.2 两噪声源叠加曲线值

例如，两声源作用于某一点的声压级分别为：$L_{p1} = 96$ dB，$L_{p2} = 93$ dB，$L_{p1} - L_{p2} = 3$ dB，查曲线得：$\Delta L_p = 1.8$ dB，$L_{p总} = 96 + 1.8 = 97.8$ dB。推广到多声源的叠加时，只需要将两两声压级叠加，与叠加次序无关。

由图 7.2 可知，两个噪声声级叠加，总声压级不会比任何一个大 3dB 以上，而两个声压级相差 10dB 以上时，叠加增加量可以忽略不计。

例：有 8 个声源作用于一点，声压级分别为 70dB、70dB、75dB、82dB、90dB、93dB、95dB、100dB，它们合成的总声压级可以任意次序查图 7.3，曲线两两叠加可得。任选两种叠加次序如下：

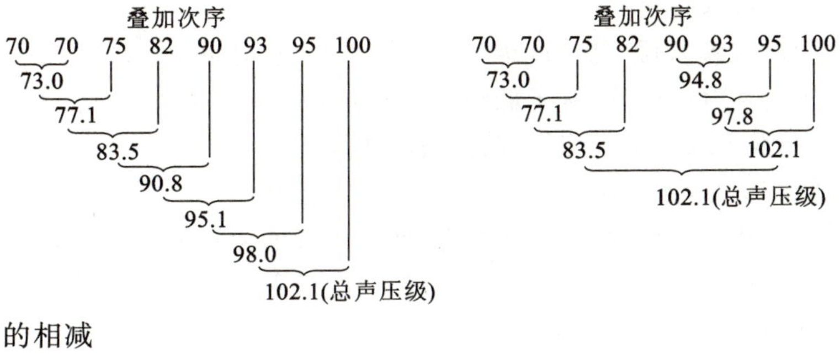

(2)噪声的相减

通常噪声源的声级高于背景噪声，但背景噪声的存在会使噪声测量读数增高，所以需要减去背景噪声。噪声测量中经常遇到如何扣除背景噪声的问题，即噪声的相减问题。

计算公式如下：

$$L_{p2} = 10\lg(10^{0.1L_p} - 10^{0.1L_{p1}}) \tag{7.10}$$

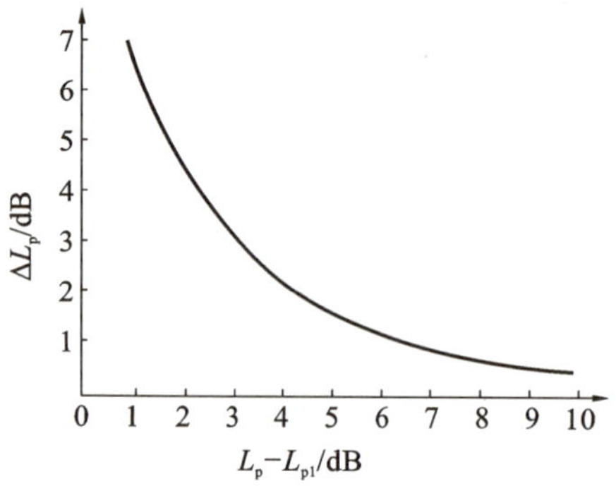

图 7.3 背景噪声修正曲线

也可利用图 7.3 背景噪声修正曲线进行计算，使用方法见下例。

例：为了测量某车间中一台机器的噪声大小，从声级计上测得声级为 104 dB，当机器停止工作，测得背景噪声为 100 dB，求该机器噪声的实际大小。

解：由题可知，背景噪声(L_{p1})为 100 dB，机器噪声和背景噪声之和(L_p)为 104 dB。

$L_p - L_{p1} = 4$ dB，从图 7.3 背景噪声修正曲线中可查得相应 $\Delta L_p = 2.2$ dB，机器的实际噪声噪级 $L_{p2} = L_p - \Delta L_p = 101.8$ dB。

7.1.3 噪声的评价

7.1.3.1 响度和响度级

(1)响度(N)

响度是人耳判别声音由轻到响的强度等级概念，它不仅取决于声音的强度(如声压级)，还与它的频率及波形有关。

响度的单位为“宋(sone)”，1 宋的定义为声压级为 40 dB，频率为 1000 Hz，且来自听者正前方的平面波形的强度。如果另一个声音听起来比 1 宋的声音大 n 倍，则该声音的响度为 n 宋。

(2)响度级(L_N)

1000 Hz 的纯音的声压级即为响度级(L_N)，单位是“方”(phon)。任何其他频率的声音，当调节 1000 Hz 纯音的强度使之与这声音一样响时，则这 1000 Hz 纯音的声压级分贝值就定为这一声音的响度级值。与基准声音比较，可得到人耳听觉频率范围内一系列响度相等的声压级与频率的关系曲线，即等响曲线(图 7.4)。

从等响曲线中可以看出：

①对 1000 Hz 纯音来说，其响度级(方值)与声压级(分贝值)相等。

②人耳对于高频声最敏感，对于低频声很迟钝，对 8000 Hz 以上的特高频声也不敏感，因此在等响曲线中出现了中间低、两边高的曲线图像。

③在声压级较低时，频率越小，声压级与响度级相差越大。

④声音强度达到一定程度后，人耳对高、低频声音的分辨能力下降，声压级相同的各频率声音几乎一样响，与频率关系不大，这时的响度级主要取决于声压级。

⑤等响曲线图中最下面那条虚线是人耳实际听阈曲线(4.2 phon)。

响度与响度级的关系：根据大量的实验得到，响度级每改变 10 方，响度加倍或减半。

数学表达式为：

$$N = 2^{(L_N - 40)/10} \tag{7.11}$$

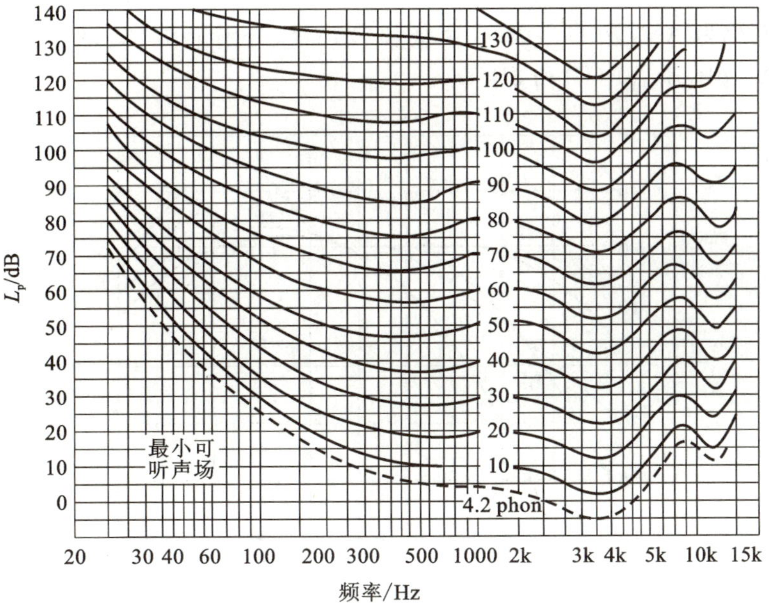

图 7.4 等响曲线图(又称 ISO 等响曲线)

或

$$L_N = 40 + 33\lg N$$

响度级的合成不能直接相加，而响度可以相加。应先将各响度进行合成，然后再换算成响度级。

7.1.3.2 计权网络和计权声级

为了能用仪器直接反映人的主观响度感觉的评价量，有关人员在噪声测量仪器——声级计中设计了一种特殊滤波器，并参照等响曲线对某些人耳不敏感的频率成分进行适当的衰减，对那些人耳敏感的频率成分加强，以实现输出的信号与人耳听觉的主观感受尽可能一致。这种修正的方法成为频率计权，实现频率计权的网络为计权网络，经过计权网络测得的声压级为计权声级。

常用的计权网络有 A、B、C、D、E、SI 等多种计权网络，其中 A 计权和 C 计权最为常用，D 计权主要用于测量航空噪声。E 计权和 SI 计权是近年新出现的，其中 E 计权是根据响度计算方法做出的，也叫耳朵计权。SI 计权是用于衡量噪声对语言的干扰。

A 计权网络是以 40 phon 等响曲线为基准设计的，特点是模拟人耳对低频噪声不敏感，而对其衰减较大，对高频噪声则可不衰减或稍有放大。这样计权的结果，使得仪器的响应对低频声灵敏度低，对高频声灵敏度高。实践证明，A 计权基本上与人耳对声音的感觉相一致，国内外在噪声测量与评价中普遍采用 A 计权。

B 计权网络是以 70 phon 等响曲线为基准进行设计的，其特点是使通过的声音在低频段有一定衰减。

C 计权网络是以 100 phon 等响曲线为基准进行设计的，其特点是只对人耳在可听声频范围内的高频段和低频段予以衰减，在大部分频域保持平直响应，让声音在不衰减的情况下通过。

图 7.5 显示了各计权网络的衰减特性，分别用 A、B、C 和 D 计权网络计权后测得的声压级值分别称为 A 声级、B 声级、C 声级和 D 声级，分别记作 L_{pA}、L_{pB}、L_{pC} 和 L_{pD}，单位分别为 dB(A)、dB(B)、dB(C)和 dB(D)。

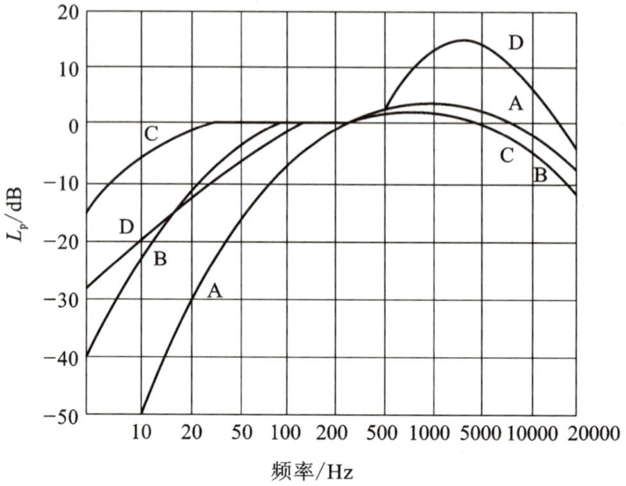

图 7.5 计权网络频率特性

7.1.3.3 A 声级、等效连续声级、昼夜等效声级和噪声污染级

(1)A 声级

A 声级可以较好地评价一个连续的稳态噪声，其优点是基本上与人耳对声音的感觉一致。缺点是缺少时间参量，不能直接用于对一个起伏的或不连续噪声的评价。低频成分占优势的强噪声环境，其 A 声级符合相关卫生或环保标准，但长时间暴露于该环境的人员可能会有高血压、心脏病等症状。

(2)等效连续声级

用噪声能量按时间平均方法来评价噪声对人的影响问题，称为等效连续声级。它是用一个相同时间内声能量与之相等的连续稳定的 A 声级来表示该段时间内的噪声的声级大小，表征含义为：随时间变化的噪声等效量。符号为“L_{eq}”。

$$L_{eq} = 10\lg\left[\frac{1}{T}\int_0^T 10^{0.1L_{pA}}\,dt\right] \tag{7.12}$$

式中 L_{eq}——某时刻 t 的瞬时 A 声级(dB)；

T——规定的测量时间(s)。

(3)昼夜等效声级

昼夜等效声级(也称日夜平均声级)：反映社会噪声昼夜间的变化情况。符号为“L_{dn}”。

昼夜等效声级公式：

$$L_{dn} = 10\lg\left[\frac{16 \times 10^{0.1L_d} + 8 \times 10^{0.1(L_n+10)}}{24}\right] \tag{7.13}$$

式中 L_d——昼间等效声级，时间 6:00 至 22:00，共 16 h；

L_n——夜间等效声级，时间 22:00 至次日 6:00，共 8 h。

注：昼夜时间可以依照地区和季节不同而做相应变更。为表明夜间噪声对人的烦扰更大，所以在计算夜间等效声级时应加上 10 dB 的计权。

(4)噪声污染级

涨落的噪声引起人的烦恼程度比等能量的稳态噪声要大，并且与噪声暴露的变化率和平均强度有关。在等效声级的基础上加一项表示噪声变化幅度的量，即噪声污染级，符号："L_{NP}"。这种噪声污染级更能反映实际污染程度，适于评价航空或者道路的交通噪声。

噪声污染级(L_{NP})公式：

$$L_{NP} = L_{eq} + K\sigma, \quad \sigma = \sqrt{\frac{1}{n-1}\sum_{i=1}^{n}(\overline{L}_{pA} - L_{pA_i})^2} \tag{7.14}$$

式中 K——常数，对交通和飞机噪声取值 2.56；

σ——测定过程中瞬时声级的标准偏差；

L_{pAi}——第 i 个瞬时 A 声级；

$\overline{L}_{pA}$——所测声级的算术平均值，$\overline{L}_{pA} = \frac{1}{n}\sum_{i=1}^{n} L_{pAi}$；

n——测得总数。

对于重要的公共噪声，L_{NP}也可以写成：

$$L_{NP} = L_{eq} + d$$
$$L_{NP} = L_{50} + d^2/60 + d$$
$$d = L_{10} - L_{90}$$

7.1.4 噪声测量仪器——声级计

噪声测量仪测量的主要内容是噪声的强度，即声场中的声压，至于声强、声功率则较少直接测量，只在研究中使用；其次是测量噪声的特征，即声压的各种频率组成成分。

噪声测量仪器(图 7.6)主要有：声级计、声级频谱仪、录音机、记录仪和实时分析仪等。

AWA5633D型声级计

AWA6270A噪声频谱分析仪

AWA6270噪声频谱分析仪

AWA6218C噪声统计分析仪

图 7.6 各种噪声测量仪器实物图

声级计又叫噪音计，按照一定的频率计权和时间计权测量声音的声压级，是声学测量中最常用的基本仪器。它在把声信号转换成电信号时，可以模拟人耳对声波反应速度的时间特性，对高低频有不同灵敏度的频率特征以及不同响度时改变频率特性的强度特性，所以声级计是一种主观性的电子仪器。

声级计可用于环境噪声、机器噪声、车辆噪声，以及其他各种噪声的测量，也可用于电声学、建筑声学等测量。

声级计主要组成部分：传声器、放大器、衰减器、计权网络、电表电路及电源。

声音的声压由传声器膜片接收后，将声压信号转换成电信号，经前置放大器作阻抗变换后送到输入衰减器。再由输入放大器进行定量放大。放大后的信号由计权网络进行计权，在计权网络处可外接滤波器，这样可作频谱分析。输出的信号由输出衰减器衰减到额定值，随即送到输出放大器放大，使信号达到相应的输出功率，输出信号经 RMS 检波器（均方根检波电路）检波后输出有效值电压，推动电表或数字显示器，显示所测声压级。

声级计工作流程如图 7.7。

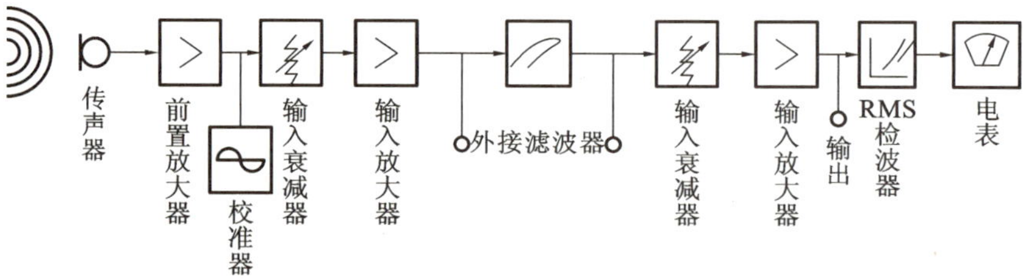

图 7.7　声级计的工作原理

为保证测量的准确性，声级计使用前后要进行校准，通常使用活塞发声器、声级校准器或其他声压校准仪器对声级计进行校准。

活塞发声器是一种较精确的校准器，它在传声器的膜片上产生一个恒定的声压级，活塞发声器的信号频率一般为 250 Hz，所以在校准声级计时，频率计权必须在“线性”挡或“C”挡，不能在“A”挡校准。应用活塞发声器校准时，要注意环境大气压对它的修正，特别是在海拔较高地区进行校准时。使用时要注意校准器与传声器之间的紧密配合，否则读数不准。

声级校准器是一种简易校准器，如国产 ND9 校正器。使用它进行校准时，因为它的信号频率是 1000 Hz，声级计可置任意计权开关位置。因为在 1000 Hz 处，任何计权或线性响应的灵敏度都相同，校准时，对于 1 英寸（约 2.54 cm）或 24 mm 外径的自由声场响应电容传声器，校准值为 93.6 dB；对于 1/2 英寸或 12 mm 外径的自由声场响应电容传声器，校准值为 93.8 dB。

校准器应定期送计量部门作鉴定。

7.1.5　噪声标准

7.1.5.1　声环境质量标准

噪声标准的制定是在大量的实验基础上进行统计分析而完成的，主要考虑因素是听力保护，噪声对人体健康的影响，人们对噪声的主观烦恼度和目前的经济、技术条件等方面，对不同的场所和时间分别加以限制。中国环境噪声容许范围(表 7.1)：夜间(22 时至次日 6 时)噪声不得超过 30 dB，白天(6 时至 22 时)不得超过 40 dB。

表 7.1 我国环境噪声允许范围 (单位：dB)

人的活动	最高值	理想值
体力劳动(保护听力)	90	70
脑力劳动(保证语言清晰)	60	40
睡眠	50	30

《声环境质量标准》(GB 3096—2008)于 2008 年 7 月 30 日经环境保护部批准公布，并于 2008 年 10 月 1 日起正式实施。

按区域的使用功能特点和环境质量要求，声环境功能区分为以下 5 种类型(表 7.2)。

表 7.2 声环境功能区类别及其环境噪声限值 [单位：dB(A)]

<table>
<tr><th colspan="2" rowspan="2">声环境功能区类别</th><th rowspan="2">区域</th><th colspan="2">噪声限值</th></tr>
<tr><th>昼间</th><th>夜间</th></tr>
<tr><td colspan="2">0 类</td><td>指康复疗养区等特别需要安静的区域</td><td>50</td><td>40</td></tr>
<tr><td colspan="2">1 类</td><td>指以居民住宅、医疗卫生、文化教育、科研设计、行政办公为主要功能，需要保持安静的区域</td><td>55</td><td>45</td></tr>
<tr><td colspan="2">2 类</td><td>指以商业金融、集市贸易为主要功能，或者居住、商业、工业混杂，需要维护住宅安静的区域</td><td>60</td><td>50</td></tr>
<tr><td colspan="2">3 类</td><td>指以工业生产、仓储物流为主要功能，需要防止工业噪声对周围环境产生严重影响的区域</td><td>65</td><td>55</td></tr>
<tr><td colspan="2">4 类</td><td>指交通干线两侧一定距离之内，需要防止交通噪声对周围环境产生严重影响的区域</td><td></td><td></td></tr>
<tr><td rowspan="2">4 类</td><td>4a</td><td>高速公路、一、二级公路，城市快速路、城市主干路、城市次干路、城市轨道交通(地面段)、内河航道两侧区域</td><td>70</td><td>55</td></tr>
<tr><td>4b</td><td>铁路干线区域两侧</td><td>70</td><td>60</td></tr>
</table>

乡村区域一般不划分声环境功能区，根据环境管理的需要，县级以上人民政府环境保护行政主管部门可按以下要求确定乡村区域适用的声环境质量要求：

①位于乡村的康复疗养区执行 0 类声环境功能区要求。

②村庄原则上执行 1 类声环境功能区要求，工业活动较多的村庄以及有交通干线经过的村庄(指执行 4 类声环境功能区要求以外的地区)可局部或全部执行 2 类声环境功能区要求。

③集镇执行 2 类声环境功能区要求。

④独立于村庄、集镇之外的工业、仓储集中区执行 3 类声环境功能区要求。

⑤位于交通干线两侧一定距离内的噪声敏感建筑物执行4类声环境功能区要求。

7.1.5.2 社会生活环境噪声排放标准

《社会生活环境噪声排放标准》(GB 22337—2008)自2008年10月1日起正式实施，标准根据现行法律对社会生活噪声污染源达标排放义务的规定，对营业性文化娱乐场所和商业经营活动中可能产生环境噪声污染的设备、设施规定了边界噪声排放限值和测量方法。

在社会生活噪声排放源边界处无法进行噪声测量，或测量的结果不能如实反映其对噪声敏感建筑物的影响程度的情况下，噪声测量应在可能受影响的敏感建筑物窗外1 m处进行。当社会生活噪声排放源边界与噪声敏感建筑物距离小于1 m时，应在噪声敏感建筑物的室内测量，并将表7.3中相应的限值减10 dB(A)作为评价依据。

表7.3 社会生活噪声排放源边界噪声排放限值 [单位:dB(A)]

边界外环境功能区类别	昼间	夜间
0	50	40
1	55	45
2	60	50
3	65	55
4	70	55

《社会生活环境噪声排放标准》(GB 22337—2008)规定在社会生活噪声排放源位于噪声敏感建筑物内情况下，噪声通过建筑物结构传播至噪声敏感建筑物室内时，结构传播固定设备室内噪声排放限值等效声级不得超过表7.4的限值。对于在噪声测量期间发生非稳态噪声(如电梯噪声等)的情况，最大声级超过限值的幅度不得大于10 dB(A)。

表7.4 结构传播固定设备室内噪声排放限值(等效声级) [单位:dB(A)]

声环境功能区类别	A类房间		B类房间	
	昼间	夜间	昼间	夜间
0	40	30	40	30
1	40	30	45	35
2,3,4	45	35	50	40

注:A类房间是指以睡眠为主要目的，需要保证夜间安静的房间，包括住宅卧室、医院病房，宾馆客房等;B类房间是指主要在昼间使用，需要保证思考与精神集中，正常讲话不被干扰的房间，包括学校教室、会议室、办公室，住宅中卧室以外的其他房间等。

噪声测量值与背景噪声值相差大于10 dB(A)时，噪声测量值不做修正;噪声测量值与背景噪声值相差在3～10 dB(A)时，噪声测量值与背景噪声值的差值取整后，按表7.5进行修正;噪声测量值与背景噪声值相差小于3 dB(A)时，应采取措施降低背景噪声后再作修正，仍无法满足要求的，应按环境噪声监测技术规范的有关规定执行。

表 7.5 社会生活环境噪声结果修正 [单位:dB(A)]

差值	3	4～5	6～10
修正值	−3	−2	−1

7.1.5.3 工业企业厂界环境噪声排放标准

《工业企业厂界环境噪声排放标准》(GB 12348—2008)自 2008 年 10 月 1 日起正式实施,工业企业厂界环境噪声排放限值,具体标准见表 7.6。

表 7.6 工业企业厂界环境噪声排放限值 [单位:dB(A)]

厂界外声环境功能区类别	昼间	夜间
0	50	40
1	55	45
2	60	50
3	65	55
4	70	55

注:夜间频发噪声的最大声级超过限值的幅度不得高于 10 dB(A);夜间偶发噪声的最大声级超过限值的幅度不得高于 15 dB(A);工业企业若位于未划分声环境功能区的区域,当厂界外有噪声敏感建筑物时,由当地县级以上人民政府参照《声环境质量标准》(GB 3096—2018)和《声环境功能区划分技术规范》(GB/T 15190—2014)的规定确定厂界外区域声环境质量要求并执行相应的厂界环境噪声排放限值;当厂界与敏感建筑物距离小于 1 m 时,厂界环境噪声应在噪声敏感物的室内测量,并将表中相应的限值减 10 dB(A)作为评价依据。

7.1.5.4 机场周围飞机噪声环境标准

《机场周围飞机噪声环境标准》(GB 9660—1988),适用于机场周围受飞机通过所产生噪声影响的区域。该标准采用昼夜的计权等效连续感觉噪声级作为评价量,用 LWECPN 表示,单位为 dB,具体标准见表 7.7。

表 7.7 机场周围飞机噪声环境标准 (单位:dB)

适用区域	标准值
一类区域	≤70
二类区域	≤75

注:一类区域指特殊住宅区、居住区、文教区,二类区域指除一类区域以外的生活区。

7.1.5.5 铁路边界噪声限值

《铁路边界噪声限值及其测量方法》(GB 12525—1990)于 1991 年 3 月 1 日正式实施,2008 年进行了修改。该标准规定了城市铁路边界处铁路噪声的限值(见表 7.8 和表 7.9)及其测量方法,适用于对城市铁路边界噪声的评价。

表 7.8 既有铁路边界铁路噪声限值(等效声级 L_{eq}) [单位:dB(A)]

时段	噪声限值	时段	噪声限值
昼间	70	夜间	70

注:既有铁路边界铁路噪声按本表的规定执行,既有铁路是指 2010 年 12 月 31 日前已建成运营的铁路或环境影响评价文件已通过审批的铁路建设项目;改、扩建既有铁路,铁路边界铁路噪声按本表的规定执行。

表 7.9　新建铁路边界铁路噪声限值(等效声级 L_{eq})　[单位:dB(A)]

时段	噪声限值	时段	噪声限值
昼间	70	夜间	60

注:新建铁路(含新开廊道的增建铁路)边界铁路噪声按本表的规定执行,新建铁路是指自 2011 年 1 月 1 日起环境影响评价文件通过审批的铁路建设项目(不包括改、扩建既有铁路建设项目)。

7.1.5.6　建筑施工场界噪声限值

《建筑施工场界环境噪声排放标准》(GB 12523—2011)自 2012 年 7 月 1 日起实施,具体限值见表 7.10,适用于周围有噪声敏感建筑物的建筑施工噪声排放的管理、评价及控制。市政、通信、交通、水利等其他类型的施工噪声排放可参照该标准执行。

表 7.10　建筑施工场界环境噪声排放限值　[单位:dB(A)]

时段	噪声限值	时段	噪声限值
昼间	70	夜间	55

7.1.6　噪声监测

7.1.6.1　总体要求

(1)测量仪器:精度为 2 级及 2 级以上的积分式声级计及环境噪声自动监测仪器,其性能需符合《电声学 声级计 第 1 部分:规范》(GB/T 3785.1—2010)和《电声学 声级计 第 2 部分:型式评价试验》(GB/T 3785.2—2010)的要求,并定期校验。

(2)气象参数:气象参数的测量在无雨雪、无雷电的天气条件下进行,风速为 5m/s 以上时停止测量。测量时传声器加风罩以避免风噪干扰,同时也可以保持传声器清洁。铁路两侧区域环境噪声测量应避开列车通过的时段。

(3)测点时段:昼间(6:00—22:00)和夜间(22:00—次日 6:00)。随地区和季节不同,上述时间可由县级以上人民政府按当地习惯和季节变化划定。

7.1.6.2　城市区域环境噪声监测

按环境噪声污染的时间与空间分布规律进行测量,基本方法有网格测量法和定点测量法两种。

(1)网格测量法

将要普查测量的城市某一区域或整个城市划分成多个等大的正方形网格,网格要完全覆盖被普查的区域或城市。水面积或无法监测的区域面积的 100%或每个网格中的工厂、道路及非建成区的面积之和不得大于网格面积的 50%,否则视为该网格无效。有效网格总数应多于 100 个。测点布在每个网格的中心,若网格中心点不宜测量(如为建筑物、厂区内等),应将测点移动到距离中心点最近的可测量位置上进行测量。

应分别在昼间和夜间进行测量,在规定的测量时间内,每次每个测点测量 10 min 的等效声级(L_{eq})。将全部网格中心测点测得的 10 min 的等效声级做算数平均运算,所得到的平均值代表某一区域或全市的噪声水平。

将测量到的等效声级按 5 dB 一档分级，用不同的颜色或阴影线表示每档等效声级，绘制在覆盖监测区域或城市的网格上，用于表示区域或城市的噪声污染分布情况。

(2)定点测量法

在标准规定的城市建成区中，优化选取一个或多个能代表某一区域或整个城市建成区环境噪声平均水平的测点，进行 24 h 连续监测。测量每小时的 L_{eq}、L_d 和 L_n，可按网格测量法来测量。将每小时测得的等效声级按时间排列，得到 24 h 的声级变化图，用于表示某一区域或城市环境噪声的时间分布规律。

7.1.6.3 噪声敏感建筑物监测方法

监测点一般设于噪声敏感建筑物户外。不得不在噪声敏感建筑物室内监测时，应在门窗全打开状况下进行室内噪声测量，并采用较该噪声敏感建筑物所在声环境功能区对应环境噪声限值低 10 dB(A)的值作为评价依据。

(1)受固定噪声源的噪声影响

对于稳态噪声测量 1 min 的等效声级 L_{eq}，对于非稳态噪声测量整个正常工作时间(或代表性时段)的等效声级 L_q。

(2)受交通噪声源的噪声影响

对于铁路、城市轨道交通(地面段)、内河航道，昼、夜各测量不低于平均运行密度的1 h 等效声级 L_{eq}。若城市轨道交通(地面段)的运行车次密集，测量时间可缩短至20 min。对于道路交通，昼、夜各测量不低于平均运行密度的 20 min 等效声级 L_{eq}。

(3)受突发噪声的影响

以上监测对象夜间存在突发噪声的，应同时监测测量时段内的最大声级 L_{max}。

7.1.6.4 社会生活环境噪声监测

(1)测量方法

测量 35 dB 以下的噪声应使用 1 型声级计，且测量范围应满足所测量噪声的需要。

(2)测点设置

一般情况下，测点选在社会生活噪声排放源边界外 1 m、高度 1.2 m 以上、距任一反射面距离不小于 1 m 的位置；当边界有围墙且周围有受影响的噪声敏感建筑物时，测点应选在边界外 1 m、高于围墙 0.5 m 以上的位置；当边界无法测量到声源的实际排放状况(如声源位于高空、边界设有声屏障等)时，应按一般情况设置测点，同时在受影响的噪声敏感建筑物户外 1 m 处另设测点；室内噪声测量时，室内测量点位设在距任一反射面至少 0.5 m 以上、距地面 1.2 m 高度处，在受噪声影响方向的窗户开启状态下测量。

社会生活噪声排放源的固定设备结构传声至噪声敏感建筑物室内，在噪声敏感建筑物室内测量时，测点应距任一反射面至少 0.5 m 以上、距地面 1.2 m、距外窗 1 m 以上，在窗户关闭状态下测量。被测房间内的其他可能干扰测量的声源(如电视机、空调机、排气扇以及镇流器较响的日光灯、运转时出声的时钟等)应关闭。

(3)测量时段

分别在昼间、夜间两个时段测量。夜间有频发、偶发噪声影响时同时测量最大声级。被测声源是稳态噪声，采用1 min的等效声级。被测声源是非稳态噪声，测量被测声源有代表性时段的等效声级，必要时测量被测声源整个正常工作时段的等效声级。

7.1.6.5 工业企业厂界噪声监测

(1)测点设置

一般情况下，测点选在工业企业厂界外1 m、高度1.2 m以上、距任一反射面距离不小于1 m的位置。

当厂界有围墙且周围有受影响的噪声敏感建筑物时，测点应选在厂界外1 m、高于围墙0.5 m以上的位置；当厂界无法测量到声源的实际排放状况(如声源位于高空、厂界设有声屏障等)时，应按一般情况设置测点，同时在受影响的噪声敏感建筑物户外1 m处另设测点；室内噪声测量时，室内测量点位设在距任一反射面至少0.5 m以上、距地面1.2 m高度处，在受噪声影响方向的窗户开启状态下测量；固定设备结构传声至噪声敏感建筑物室内，在噪声敏感建筑物室内测量时，测点应距任一反射面至少0.5 m以上、距地面1.2 m以上、距外窗1 m以上，在窗户关闭状态下测量。被测房间内的其他可能干扰测量的声源(如电视机、空调机、排气扇以及镇流器较响的日光灯、运转时出声的时钟等)应关闭。

(2)测量时段

测量时段要求与社会生活环境噪声监测相同。

7.1.6.6 城市交通噪声监测

(1)测点设置

测点应选在两路口之间、道路边人行道上、离开车道的路沿 20 cm 处，此处离路口应大于 50 m，这样该测点的噪声可以代表两路口间的该段道路交通噪声。

为调查道路两侧区域的道路交通噪声分布，垂直道路按噪声传播由近到远的方向设测点测量，直到噪声级别降到临近道路的功能区(如混合区)的允许标准值为止。

(2)测量结果

全市测量结果应得出全市交通干线 L_{eq}、L_{10}、L_{50}、L_{90} 的平均值(L)和最大值，以及标准偏差，以做城市间比较。

$$L = \frac{1}{l}\sum_{k=l}^{n} L_k l_k$$

式中 l——全市交通干线总长度(km)；

L_k——所测第 k 段交通干线的 L_{eq}；

l_k——所测第 k 段交通干线的长度(km)。

7.1.6.7 建筑施工场界噪声监测

(1)测点设置

根据施工场地周围噪声敏感建筑物位置和声源位置的布局，测点应设在对噪声敏感建筑物影响较大、距离较近的位置。

一般情况测点设在建筑施工场界外 1 m，高度 1.2 m 以上的位置。当场界有围墙且周围有噪声敏感建筑物时，测点应设在场界外 1 m，高于围墙 0.5 m 以上的位置，且位于施工噪声影响的声照射区域；当场界无法测量到声源的实际排放时，如：声源位于高空、场界有声屏障、噪声敏感建筑物高于场界围墙等情况，测点可设在噪声敏感建筑物户外

1 m处的位置；在噪声敏感建筑物室内测量时，测点设在室内中央、距室内任一反射面0.5 m以上、距地面1.2 m高度以上，在受噪声影响方向的窗户开启状态下测量。

(2)测量时段

分昼、夜间进行，施工期间，测量连续20 min的等效声级，夜间同时测量最大声级。

7.1.7 某营业性文化娱乐场所噪声监测实例

某营业性文化娱乐场所噪声监测实例如下：

7.1.7.1 实例描述

实例中监测目标某KTV场所位于浙江东阳市，该KTV位于建筑的1～3层，4层为办公楼层，第5～18层为商住楼(共有3个单元，KTV在2、3单元正下方)，南、北两侧为交通道路，东、西两侧均有居民小区。

为了解KTV噪声对周边影响的现状，受浙江环龙环境保护有限公司委托，浙江省环境监测中心在现场踏勘、调查的基础上，对该KTV场所边界噪声、敏感点噪声进行了监测。

7.1.7.2 声源及敏感点分析

KTV噪声的产生，主要是由营业期间音响、人声导致的，音响、人声(歌声)及音箱配备的低音喇叭通过空气传播，低频声又通过建筑物结构传播到楼上住户，且音响声音起伏较大(一般大于3 dB)，属于非稳态噪声，噪声污染呈非连续性，在夜间对人休息、睡眠的影响尤其严重。

根据现场调查，KTV由于临近交通干道(兴平西路)，交通噪声对其北侧边界及东、西两侧居民小区影响较大，而来自KTV的影响较小；同一建筑5层以上居民卧室朝南且装有双层隔声窗，交通噪声影响不明显，5～7层居民受KTV噪声影响较大。

7.1.7.3 测点布设与监测

(1)测点布设

根据现场调查，本次监测在KTV边界东、西、南侧1 m处各设置一个边界噪声测点；在该KTV所在建筑的5～7层(分别为3单元502、2单元601、3单元701)居民家卧室中各设置一个室内噪声测点。布点情况详见图7.8及表7.11。

表7.11 噪声测量点

测点编号	测点位置	主要影响噪声源
1	KTV东侧边界外1 m处	KTV营业噪声、交通噪声
2	KTV南侧边界外1 m处	KTV营业噪声、交通噪声
3	KTV西侧边界外1 m处	KTV营业噪声、交通噪声
4	KTV所在楼盘3单元502卧室	KTV营业噪声
5	KTV所在楼盘2单元601卧室	KTV营业噪声
6	KTV所在楼盘3单元701卧室	KTV营业噪声

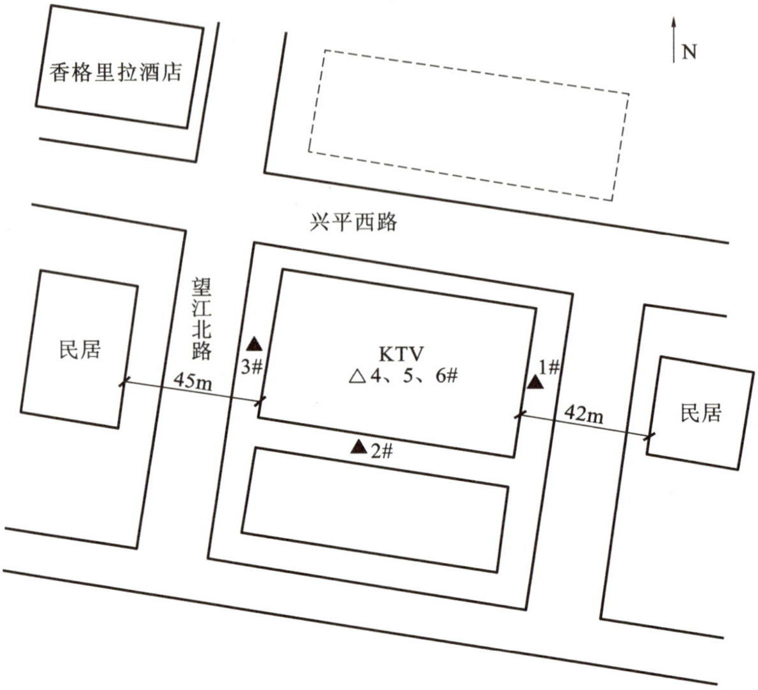

图 7.8　噪声测点布设图

(2)监测仪器与监测条件

所用仪器为 AWA6228(1 型)声级计,监测前后均经校准且差值小于 0.5 dB,测量仪器时间计权特性设为"F"挡,采样时间间隔不大于 1 s。

监测期间无雨雪,风力小于 5 m/s,测量时传声器加防风罩。

边界噪声测点设于 KTV 边界外 1 m;室内测点设于卧室,距任一反射面大于0.5m,距外窗大于 1m,高于地面 1.2m,在窗户关闭状态下测量。被测房间内的其他可能干扰测量的声源(如电视机、空调机、排气扇以及镇流器较响的日光灯、运转时出声的时钟等)均关闭。

(3)监测工况与监测时段

KTV 正常营业时间是夜间 7 点后,白天不营业,故只在夜间进行噪声监测。由于 KTV 北侧、西侧、东侧均临近交通道路,且北侧兴平西路为主干道,交通流量较大,交通噪声干扰难以避开,为准确评价 KTV 噪声影响,分别于 2010 年 3 月 31 日夜间 22:30—24:30(KTV 正常营业期间)以及凌晨 2:00—3:30(KTV 歇业后)对上述各点进行了监测。

根据现场调查,该 KTV 一楼、三楼为贵宾包厢(共 12 个),二楼为普通大厅(1 个)。营业期间,大厅顾客达到平时正常营业人数,12 个贵宾包厢均有顾客。监测期间,由 KTV 工作人员陪同监测人员对 KTV 工况进行了确认。

(4)监测结果

1~3#测点监测结果见表 7.12,4~6#测点监测结果见表 7.13。

表 7.12 1～3＃边界噪声测点监测结果

监测时间	测点编号	监测条件	主要声源	测量结果	背景值修正后
				等效 A 声级/dB	
3 月 31 日夜间	1＃	KTV 正常营业	KTV 噪声	52	50
	2＃			52	50
	3＃			52	50
	1＃	KTV 歇业	交通噪声	47	
	2＃			47	
	3＃			48	

表 7.13 4～6＃室内噪声测点监测结果

监测时间	测点编号	监测条件	主要声源	测量结果/dB(A)					
				等效 A 声级/dB	倍频带声压级/dB(下行为中心频率/Hz)				
					31.5	63	125	250	500
3 月 31 日夜间	4＃	KTV 正常营业	KTV 噪声	42	44	51	52	49	40
	5＃			39	48	50	48	42	35
	6＃			43	42	51	46	45	38
	4＃	KTV 歇业		30	40	38	34	29	28
	5＃			28	46	40	37	30	28
	6＃			32	38	37	41	33	25

7.1.7.4 分析与评价

(1)评价标准

根据开发商提供的环评资料，确定该区域属于 2 类声环境功能区(居住、商业混合区)，各测点执行标准值见表 7.14。

表 7.14 噪声标准限值

测点编号	执行标准	声功能区	时段	限值					
				等效 A 声级/dB	倍频带声压级/dB(下行为中心频率/Hz)				
					31.5	63	125	250	500
1＃	《社会生活环境噪声排放标准》(GB 22337—2008)	2 类	夜间	50					
2＃									
3＃									
4＃	《社会生活环境噪声排放标准》(GB 22337—2008)	2 类 A 类房间		35	72	55	43	35	29
5＃									
6＃									

(2)监测结果评价

由表7.12可见,以KTV歇业后测得的背景值对实际监测值进行修正,1~3#边界噪声测点监测结果均符合《社会生活环境噪声排放标准》(GB 22337—2008)限值要求。

由表7.13可见,4~6#测点在KTV正常营业和歇业时的监测结果差异明显,且等效A声级差值大于10 dB,KTV噪声对楼上居民影响显著。4~6#测点室内等效A声级及倍频带声压级监测结果均不符合《社会生活环境噪声排放标准》(GB 22337—2008)限值要求:等效A声级监测结果超标4~8 dB,中心频率在125~500 Hz的倍频带声压级监测结果均有超标。

7.1.7.5 结论

①营业性娱乐场所噪声污染具有空间和时间性特征,夜间的影响较昼间更为突出。该类噪声既通过空气传播,同时又能通过建筑体结构、家具等传播。对于类似的噪声类型,应同时进行等效A声级和倍频带声压级的监测,倍频带声压级的监测结果可为声源噪声治理提供数据基础。

②对于营业性娱乐场所边界噪声及周边敏感点噪声的监测,我们应先对计划监测的测点及周边情况进行了解,包括周边道路、敏感建筑物等,甄别对监测产生干扰的因素,正确评价受声点的受声情况;干扰不可避免的情况下,应通过优化监测方法、背景值测量等来获取较为准确的监测结果。

③营业性娱乐场所正常营业的工况应有专人进行监督,了解正常营业期间的客流量,以便监测过程中体现其真实运行状况及对周边环境的影响。

7.2 环境振动监测

振动是物体围绕平衡位置做往复运动而产生的,同时也是噪声产生的原因。环境振动是指特定环境条件引起的所有振动,通常是由远近许多振动源产生的振动组合,属于一种无规则的随机振动,其频率范围1~80 Hz。

振动测量和噪声测量是相关的,部分仪器可以通用。只是将噪声测量系统中声音传感器换成振动传感器,将声音计权网络换成振动计权网络,就成为所需要的振动测量系统。但振动频率往往低于噪声的频率。人感觉振动以振动加速度表示,一般人的可感振动加速度为0.03 m/s^2,而感觉不适的振动加速度为0.5 m/s^2,不能容忍的振动加速度为5 m/s^2,人的可感振动频率最高为1000 Hz,但仅对100 Hz以下振动才比较敏感,而最敏感的振动频率与人体共振频率相等或相近。人体共振频率在直立式时为4~10 Hz,俯卧时为3~5 Hz。

环境振动仪一般由拾振器、放大器和衰减器、频率计权、检波-平均、指示器等部分组成。常见环境振动仪结构如图7.9所示。

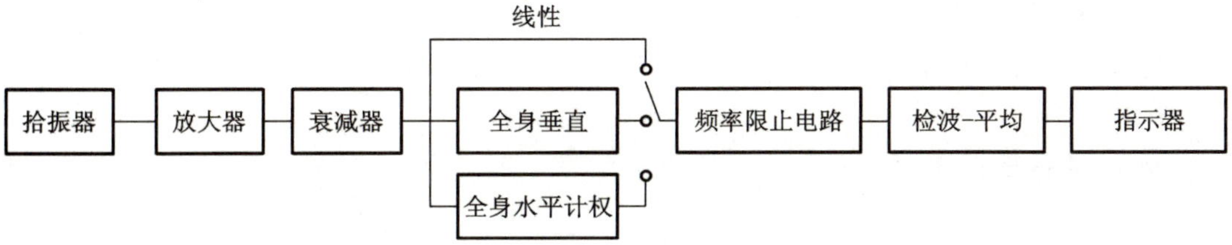

图 7.9　环境振动仪结构示意图

7.2.1　环境振动类型

7.2.1.1　稳态振动

稳态振动为观测时间内振级变化≤3 dB 的环境振动，包括旋转机械类（例如通风机、发电机、电动机、水泵等）和往复运动机械类（例如采油机、空压机、纺织机等）等所引起的环境振动。

7.2.1.2　冲击振动

冲击振动是具有突发性振级变化的环境振动，包括锻压机械类（例如锻锤、冲床等）和建筑施工机械类（例如打桩机等）及爆破等所引起的环境振动。

7.2.1.3　无规振动

无规振动是未来任何时刻不能预先确定振级的环境振动，包括道路交通及桥梁振动和居民生活振动（例如房屋装修、厨房操作等）等引起的环境振动。

7.2.1.4　混合振动

混合振动是由稳态振动、冲击振动和无规振动中两种或两种以上振动（例如旋转机械和建筑施工机械等一起工作）同时作用产生的环境振动。

7.2.2　城市区域环境振动标准

《城市区域环境振动标准》（GB 10070—1988）规定了城市各类区域铅垂向 Z 振动标准值，见表 7.15。

表 7.15　城市各类区域铅垂向 Z 振动标准值　（单位：dB）

适用地带范围	昼间	夜间
特殊住宅区	65	65
居民、文教区	70	67
混合区、商业中心区	75	72
工业集中区	75	72
交通干线道路两侧	75	72
铁路干线两侧	80	80

本标准值适用于连续发生的稳态振动、冲击振动和无规则振动。

每日发生几次的冲击振动，其最大值昼间不允许超过标准值 10 dB，夜间不超过 3 dB。

7.2.3 监测方法

7.2.3.1 适用地带范围的划定

特殊住宅区，居民、文教区，混合区，商业中心区（指商业集中的繁华地区），工业集中区，交通干线道路两侧，铁路干线两侧，标准适用区域地带范围，标准昼夜。

7.2.3.2 监测布点

测量点在建筑物室外 0.5 m 以内振动敏感处，必要时测量点置于建筑物室内地面中央，标准值均取表中的值。

①区域敏感点环境振动监测，主要包括稳态振动、冲击振动、无规振动和混合振动。测点设在各类区域建筑物室外 0.5 m 以内振动敏感处，必要时测点置于建筑物室内地面中央。

②厂界、施工场界和交通振动引起的区域敏感点环境振动监测，测点设在影响区域敏感点的建筑物室外 0.5 m 以内，必要时测点置于建筑物室内地面中央。

③铁路、城市轨道交通等交通干线两侧区域敏感点环境振动监测，测点设在交通干线两侧距轨道外轨 30 m 以外的居民住宅外 0.5 m 以内，必要时测点置于建筑物室内地面中央；对于两小时内列车次数不足十次的，敏感点环境振动测点设在距离轨道外轨最近的居民住宅外 0.5 m 以内，必要时测点置于建筑物室内地面中央。

7.2.3.3 测量条件

测量过程中振动源应当处于正常工作状态。拾振器应确保平稳地安放在平坦、坚实的地面上，避免置于如地毯、草地、砂地或雪地等松软的地面上。拾振器的灵敏度主轴方向应保持铅垂方向。

测量应在无雨雪、无雷电的天气环境下进行。测量过程中应当避免足以影响环境振动测量值的其他环境因素，如剧烈的温度梯度变化、强电磁场、强风、地震或其他非振动源引起的干扰。测量过程中保证仪器电压稳定。

7.2.3.4 测量时间

区域环境振动监测，分为两个时段：昼间和夜间。昼间是指一天内 6 时至 22 时，夜间是指 22 时至次日 6 时。县级以上人民政府为环境振动污染防治的需要（如考虑时差、作息习惯差异等）而对昼间、夜间的划分另有规定的，应按其规定执行。做 24 h 监测时，在规定的测量时间内，每 1 h 取一段时间，在此时间内每次每个测点测量不小于 10 min 的铅垂向 Z 振级（VL_z）。测量时段可以任意选择，但 2 次监测的时间间隔应该为 1 h。以 1 次测量结果表示该区域某时段的振动，应根据实际情况，选择恰当的时间，要求在该时间内所得测量结果 VL_z 值与整个时段的平均 VL_z 值的偏差最小。在此时间内每个测点测量不小于 10 min 的铅垂向 Z 振级（VL_z）。

7.2.3.5 测量计算

以铅垂向 Z 振级的测量及评价量为计算方法，按国家标准有关条款的规定执行。具体方法参见《城市区域环境振动测量方法》(GB 10071—1988)。

7.3 放射污染监测

放射性物质在国防、医学、航天、科研、民用等领域的应用不断扩大，核安全设备、核电厂、核燃料运输和核技术的广泛应用可能使环境中的放射性和辐射性水平高于天然本底值，甚至超过规定标准，构成污染，危害人类和其他生物，所以需要对环境中的放射性进行规范性的监测和监督。

7.3.1 概述

7.3.1.1 放射性的来源

放射性物质以波或微粒形式发射出的能量叫作核辐射。放射性是指一种不稳定原子核(放射性物质)自发地衰变的现象，通常伴随发出能导致电离的辐射(如 α、β、γ 等放射性)。天然存在的放射性核素具有自发放出射线的特性，称为天然放射性；而通过核反应，由人工制造的放射性核素的放射性，称为人工放射性。核辐射是原子核从一种结构或一种能量状态转变为另一种结构或另一种能量状态过程中所释放出来的微观粒子流。核辐射可以引起物质的电离或激发，故称为电离辐射。电离辐射又分直接致电离辐射和间接致电离辐射。直接致电离辐射包括质子等带电粒子。间接致电离辐射包括光子、中子等不带电粒子。

环境中的放射性来源于天然的和人为的放射性来源。

(1)天然放射性来源

①宇宙射线及其产生的放射性核素

宇宙射线是一种从宇宙空间射向地球表面的射线，分为初级宇宙射线和次级宇宙射线。来自外层空间的初级宇宙射线，绝大部分在大气层中被吸收，到达地球表面的宇宙射线几乎全是次级宇宙射线。

②天然系列放射性核素

多数天然放射性核素在地球起源时就存在于地壳之中，经过天长日久的地质年代，母体和子体之间已达到放射性平衡，从而建立了放射性核素的系列。这种系列有三个，即铀系，其母体是^{238}U；锕系，其母体是^{235}U；钍系，其母体是^{232}Th。这些母体具有极长的半衰期；每个系列中都含有放射性气体 Rn 核素，且末端都是稳定的 Pb 核素。

③自然界中单独存在的核素

这类核素约有 20 种，具有极长的半衰期，其中最长者为^{209}Bi，半衰期大于 2×10^{8} a，而^{40}K是其中半衰期最短的。它们的另一个特点是强度极弱，只有采用极灵敏的检测技术才能发现它们。

(2)人为放射性来源

环境放射性污染的主要来源是生产和应用放射性物质的单位所排出的放射性废物，

以及核武器爆炸、核事故等产生的放射性物质。

①核试验及航天事故

包括大气层核试验、地下核爆炸冒顶事故及外层空间核动力航天事故等。其核裂变产物包括200多种放射性核素，如^{89}Sr、^{90}Sr、^{137}Cs、^{131}I、^{14}C、^{239}Pu等，还有核爆炸过程中产生的中子与大气、土壤、建筑材料中的核素发生核反应形成的中子活化产物，如^{3}H、^{14}C、^{32}P、^{42}K、^{55}Fe、^{59}Fe、^{56}Mn等，以及剩余未起反应的核素如^{235}U、^{239}Po等。

核爆炸，尤其大气层里的核爆炸发生后形成高温（上百万度）火球，使其中的裂变碎片及卷进火球的尘埃等变为蒸气，在随火球膨胀和上升过程中，因与大气混合和热辐射损失，温度逐渐降低，便凝结成微粒或附着在其他尘粒上而形成放射性沉降物（气溶胶）。粒径>0.1 mm的沉降粒子在核爆炸后一天内即可在当地降落；粒径<25 μm的气溶胶粒子，可长期漂浮在大气中，称为放射性尘埃。放射性尘埃在大气平流层的滞留时间一般认为是0.3～3 a。对流层中的气溶胶粒子沉降时间由几天到几个月，并可被雨、雪、雾从大气中除去，污染水体和土壤。对流层中的裂变产物含大量半衰期为数日至数十日的核素，如^{89}Sr、^{95}Zr、^{131}I、^{40}Ba等。

②核工业

包括原子能反应堆、原子能电站、核动力舰艇等。它们在运行过程中排放含各种核裂变产物的“三废”排放物，特别是发生事故时，将会有大量放射性物质泄漏到环境中去，造成严重污染事故。

③工农业、医学、科研等部门的排放废物

这些部门使用放射性核素日益广泛，其排放废物也是主要的人为污染源之一。例如，医学上使用^{60}Co、^{131}I等放射性核素已达几十种，发光钟表工业应用放射性同位素作长期的光激发源，科研部门利用放射性同位素进行示踪试验等。

④放射性矿的开采和利用

在稀土金属和其他共生金属矿开采、提炼过程中，其“三废”排放物中含有铀、钍、氡等放射性核素，将造成所在局部地区的污染。

7.3.1.2 放射性衰变的参数

(1)放射性活度（活度）

放射性活度指单位时间内发生核衰变的数目，可表示为：

$$A = -dN/dt = \lambda N \tag{7.15}$$

式中 A——放射性活度(s^{-1})，活度单位的专门名称为贝可，用符号Bq表示，1 Bq=1 s^{-1}；

N——某时刻的放射性核素数；

t——时间(s)；

λ——衰变常数，表示放射性核素在单位时间内的衰变概率。

(2)半衰期

当放射性核素因衰变而减少到原来的一半时所需的时间称为半衰期($T_{1/2}$)。衰变常数(λ)与半衰期有下列关系：

$$T_{1/2} = 0.693/\lambda$$

半衰期是放射性核素的基本特性之一，不同放射性核素的$T_{1/2}$不同。

^{90}Sr 的 $T_{1/2}=29$ a，一定质量的^{90}Sr 衰变掉 99.9%所需时间可由下列公式算出：

$$\lambda = 0.693/T_{1/2} = 2.39 \times 10^{-2}(\mathrm{a}^{-1})$$

根据式(7.15)有

$$N = N_0 \mathrm{e}^{-\lambda t}$$

$$\lg(N / N_0) = -\lambda t/2.303$$

$$t = 289(\mathrm{a})$$

(3)照射量和吸收剂量

照射量和吸收剂量都是表征放射性粒子与物质作用后产生的效应及其量度的术语。

①照射量

照射量被定义为：

$$X = \frac{\mathrm{d}Q}{\mathrm{d}m} \tag{7.16}$$

式中 dQ——γ 或 X 射线在空气中完全被阻止时，引起质量为 dm 的某一体积空气电离所产生的点电荷(正电荷或负电荷)粒子的总电荷量(C)；

X——照射量，它的 SI 单位为 C/kg，与它暂时并用的专用单位是伦琴(R)，简称伦，1 R=2.58×10^{-4} C/kg。

伦琴单位的定义是：凡 1 R γ 或 X 射线照射 1 cm^3 标准状况(0 ℃和 101.325 kPa)下的空气，能引起空气电离而产生 1 静电单位正电荷和 1 静电单位负电荷的带电荷粒子。这一单位仅适用于 γ 或 X 射线透过空气介质的情况，不能用于其他类型的辐射和介质。

②吸收剂量

吸收剂量是表示在电离辐射与物质发生相互作用时单位质量的物质吸收电离辐射能量大小的物理量。其定义用下式表示：

$$D = \frac{\mathrm{d}TM}{\mathrm{d}m} \tag{7.17}$$

式中 D——吸收剂量；

dTM——电离辐射授予质量为 dm 的物质的平均能量。

吸收剂量的 SI 单位为 J/kg，专用单位的名称为戈瑞，用符号 Gy 表示，1 Gy=1 J/kg。

与戈瑞暂时并用的专用单位是拉德(rad)，1 rad =10^{-2} Gy。

吸收剂量单位可适用于内照射和外照射。现已广泛应用于放射生物学、辐射化学、辐射防护等学科。

(4)剂量当量

剂量当量是在生物机体组织内所考虑的一个体积单位上吸收剂量、品质因数和所有修正因素的乘积，即

$$H = DQN \tag{7.18}$$

式中 D——吸收剂量(Gy)；

N——所有其他修正因素；

Q——品质因素，其值决定于导致电离粒子的初始动能、种类及照射类型等。

品质因数与照射类型、射线种类的关系见表7.16。

表7.16 品质因数与照射类型、射线种类的关系

照射类型	射线种类	品质因数
外照射	X、γ	1
	热中子及能量小于0.005 MeV的中能中子	3
	中能中子(0.02 MeV)	5
	中能中子(0.1 MeV)	8
	快中子(0.5～10 MeV)	10
	重反冲核	20
内照射	β^+、β^-、γ、X	1
	α	10
	裂变碎片、α射线中的反冲核	20

表7.16中，外照射是指宇宙射线和地面上天然放射性核素发射的β和γ射线对人体的照射。内照射是指通过呼吸和消化系统进入人体内部的放射性核素造成的照射。

剂量当量的SI单位为J/kg，专用单位的名称为希沃特(Sv)，1 Sv=1 J/kg。

与希沃特暂时并用的专用单位是雷姆(rem)，1 rem=10^{-2} Sv。

剂量当量用来描述人体所受各种电离辐射的危害程度，可以表达不同种类的射线在不同能量和不同照射条件下所引起生物效应的差异。在计算剂量当量时，也就必须预先指定这些条件。对γ射线或β射线来说，以雷姆为单位的剂量当量和以拉德为单位的吸收剂量在数值上是相等的。

单位时间内的剂量当量称为剂量当量率，其单位为Sv/s或rem/s。此外，还有累计剂量、最大允许剂量、致死剂量等。

7.3.1.3 放射性衰变的类型

(1)放射性衰变的类型

原子是由原子核和围绕原子核按一定能级运行的电子所组成。原子核由质子和中子组成，它们又称为核子。有些原子核是不稳定的，能自发地改变核结构，这种现象称核衰变。

在核衰变过程中总是放射出具有一定动能的带电或不带电粒子，即α、β、γ射线，这种现象称为放射性。例如，核素^{226}Ra和^{60}Co的衰变可用图7.10表示，图中数字分别标明了核衰变过程的半衰期(Ta)、分支衰变的强度比例和以兆电子伏特(MeV)为单位的衰变能。

决定放射性核素性质的基本要素是放射性衰变类型、放射性活度和半衰期。

①α衰变

α衰变是不稳定重核(一般原子序数大于82)自发放出^{4}He核(α粒子)的过程。如^{226}Ra的α衰变可写成：

$$^{226}\mathrm{Ra} \longrightarrow {}^{222}\mathrm{Rn} + {}^{4}\mathrm{He}$$

不同核素所放出的α粒子的动能不等，一般为2～8 MeV。α粒子的质量大，速度小，照射物质时易使其原子、分子发生电离或被激发，但穿透能力小，只能穿过皮肤的角质层。

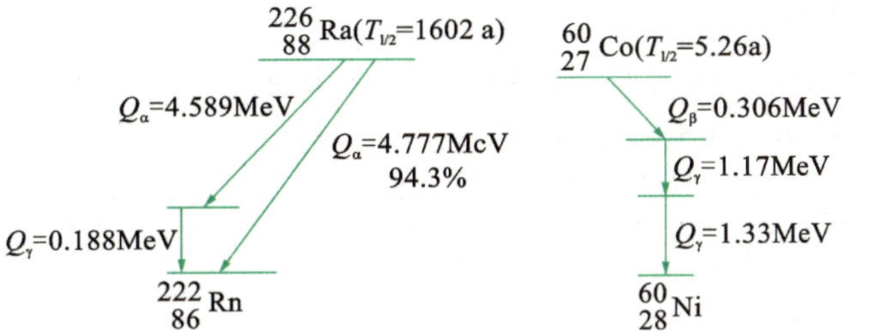

图 7.10　^{226}Ra 和 ^{60}Co 的核衰变

②β 衰变

β 衰变是放射性核素放射 β 粒子(即快速电子)的过程,它是原子核内质子和中子发生互变的结果。β 衰变可分为负 β(β^-)衰变、正 β(β^+)衰变和电子俘获三种类型。

β 衰变:β 衰变是核素中的中子转变为质子并放出一个 β 粒子和中微子的过程。β 粒子实际上是带一个单位负电荷的电子。许多 β 衰变的放射性核素只发射 β 粒子,不伴随其他的射线,但更多的 β 衰变的核素常常伴有 γ 射线,如^{60}Co 衰变时,除放射 β 粒子外,还放射两种 γ 射线。

β 射线的速度比 α 射线高 10 倍以上,其穿透能力较强。在空气中能穿透几米至几十米才被吸收;与物质作用时可使物质的原子电离,也能灼伤皮肤。

β^+ 衰变:核素中质子转变为中子并发射正电子和中微子的过程。

电子俘获:不稳定的原子核俘获一个核外电子,使核中的质子转变成中子并放出一个中微子的过程。因靠近原子核的 K 层电子被俘获的概率远大于其他层电子,故这种衰变又称为 K 电子俘获。当 K 层电子被俘获后,该层产生空位,则更高能级的电子可来填充空位,同时放射特征 X 射线。

③γ 衰变

γ 射线是原子核从较高能级跃迁到较低能级或者基态时所放射的电磁辐射。这种跃迁对原子核的原子序数和原子量都没影响,所以称为同质异能跃迁。某些不稳定的核素经过 α 或 β 衰变后仍处于高能状态,很快(约 10^{-13} s)再发射出 γ 射线而达稳定态。

γ 射线是一种波长很短(约为 0.007～0.1 nm)的电磁波,故穿透能力极强,它与物质作用时产生光电效应、康普顿效应、电子对生成效应等。

7.3.1.4　环境中放射性核素的分布

(1)在土壤和岩石中的分布

土壤和岩石中天然放射性核素的含量(表 7.17)主要决定于岩石层的性质和土壤的类型。

表 7.17　土壤、岩石中天然放射性核素的含量　(单位:Bq/g)

核素	土壤	岩石
^{40}K	$2.96\times10^{-2}\sim8.88\times10^{-2}$	$8.14\times10^{-2}\sim8.14\times10^{-1}$
^{226}Ra	$3.7\times10^{-3}\sim7.03\times10^{-2}$	$1.48\times10^{-2}\sim4.81\times10^{-2}$
^{232}Th	$7.4\times10^{-4}\sim5.55\times10^{-2}$	$3.7\times10^{-3}\sim4.81\times10^{-2}$
^{238}U	$1.11\times10^{-3}\sim2.22\times10^{-2}$	$1.48\times10^{-2}\sim4.81\times10^{-2}$

(2)在水体中的分布(表 7.18)

海水中的天然放射性核素主要是^{40}K、^{87}Rb和U系元素。一般地下水所含放射性核素高于地表水，且U、Ra的含量变化较大。

表 7.18 各类淡水中^{226}Ra及其子体产物的放射性比活度 (单位:Bq/L)

核素	矿泉及深水井	地下水	地面水	雨水
^{226}Ra	$3.7\times10^{-2}\sim3.7\times10^{-1}$	$<3.7\times10^{-2}$	$<3.7\times10^{-2}$	—
^{222}Rn	$3.7\times10^{2}\sim3.7\times10^{3}$	$3.7\sim37$	3.7×10^{-1}	$3.7\times10\sim3.7\times10^{3}$
^{210}Pb	$<3.7\times10^{-3}$	$<3.7\times10^{-3}$	$<1.85\times10^{-2}$	$1.85\times10^{-2}\sim1.11\times10^{-1}$
^{210}Po	$\approx7.4\times10^{-4}$	$\approx3.7\times10^{-4}$	—	$\approx1.85\times10^{-2}$

(3)在大气中的分布

大多数放射性核素均可出现在大气中，但主要是氡的同位素(特别是^{222}Rn)，它是Ra的衰变产物，能从含Ra的岩石、土壤、水体和建筑材料中逸散到大气，其衰变产物是金属元素，极易附着于气溶胶颗粒上。其含量与气象条件有关，日出前浓度最高，日中较低，两者可相差十倍以上。

(4)在动植物组织中的分布

任何动植物组织中都含有一些天然放射性核素，主要有^{40}K、^{226}Ra、^{14}C、^{210}Pb和^{210}Po等，其含量与这些核素参与环境和生物体之间发生的物质交换过程有关，如植物与土壤、水、肥料中的核素含量有关；动物与饲料、饮水中的核素含量有关。

7.3.2 放射性监测

7.3.2.1 放射性防护标准

为保障核安全，预防与应对核事故，安全利用核能，保护公众和从业人员的安全与健康，保护生态环境，促进经济社会可持续发展，《中华人民共和国核安全法》自 2018 年 1 月 1 日起施行。为了防治放射性污染，保护环境，保障人体健康，促进核能、核技术的开发与和平利用，《中华人民共和国放射性污染防治法》自 2003 年 10 月 1 日起施行。为贯彻《中华人民共和国环境保护法》和《中华人民共和国放射性污染防治法》，防治放射性污染，改善环境质量，保护人体健康，制定了《核动力厂环境辐射防护规定》(GB 6249—2011)等防治标准。下面介绍我国的部分标准。

(1)职业性放射性工作人员和居民每年限制计量当量(表 7.19)

表 7.19 职业性放射性工作人员和居民的年最大允许剂量当量

受照射部位		职业性放射性工作人员的年最大允许剂量当量①/(Sv/a)	放射性工作场所、相邻及附近地区工作人员和居民的年最大允许剂量当量①/(Sv/a)	广大居民年最大允许剂量当量②/(Sv/a)
器官分类	器官名称			
第一类	全身、性腺、红骨髓、眼晶体	5×10^{-2}	5×10^{-3}	5×10^{-4}

续表 7.19

受照射部位		职业性放射性工作人员的年最大允许剂量当量①/(Sv/a)	放射性工作场所、相邻及附近地区工作人员和居民的年最大允许剂量当量①/(Sv/a)	广大居民年最大允许剂量当量②/(Sv/a)
器官分类	器官名称			
第二类	皮肤、骨、甲状腺	3.0×10^{-1}	3×10^{-2}②	1×10^{-2}
第三类	手、前臂、足踝	7.5×10^{-1}	7.5×10^{-2}	2.5×10^{-2}
第四类	其他器官	1.5×10^{-1}	1.5×10^{-2}	5×10^{-3}

注：①表内所列数值均指内、外照射的总剂量当量，不包括天然本底照射和医疗照射。

②16 岁以下人员甲状腺的限制剂量当量为 1.5×10^{-2} Sv/a。

(2)露天水源中限制放射性比活度和放射性工作场所空气中最大允许放射性比活度(表 7.20)

表 7.20 部分放射性核素在露天水源中的限制放射性比活度和放射性工作场所空气中的最大允许放射性比活度

放射性同位素		露天水源中限制浓度①/(Bq·L⁻¹)	放射性工作场所空气中最大容许浓度②/(Bq·L⁻¹)
名称	符号		
氚	^{3}H	1.1×10^{4}	1.9×10^{2}
铍	^{7}Be	1.9×10^{4}	3.7×10
碳	^{14}C	3.7×10^{3}	1.5×10^{2}
硫	^{35}S	2.6×10^{2}	1.1×10
磷	^{32}P	1.9×10^{2}	2.6
氩	^{41}Ar	—	7.4×10
钾	^{42}K	2.2×10^{2}	3.7
铁	^{55}Fe	7.4×10^{3}	3.3×10
钴	^{60}Co	3.7×10^{2}	3.3×10^{-1}
镍	^{59}Ni	1.1×10^{3}	1.9×10
锌	^{65}Zn	3.7×10^{2}	2.2
氪	^{85}Kr	—	3.7×10^{2}
锶	^{90}Sr	2.6	3.7×10^{-2}
碘	^{131}I	2.2×10	3.3×10^{-1}
氙	^{131}Xe	—	3.7×10^{2}
铯	^{137}Cs	3.7×10	3.7×10^{-1}
氡	^{220}Rn	—	1.1×10
	^{222}Rn③	—	1.1
镭	^{226}Ra③	1.1	1.1×10^{-3}
铀	^{235}U	3.7×10	3.7×10^{-3}
钍	^{232}Th	3.7×10^{-1}	7.4×10^{-3}

注：①露天水源的限制浓度值是为广大居民规定的，其他人员也适用此标准；

②放射性工作场所空气中的最大容许浓度值为职业放射性工作人员规定的，工作时间每周按 40 h 计算；

③矿井下 ^{222}Rn 的最大容许浓度为 3.7 Bq/L，但 ^{222}Rn 子体或 ^{220}Rn 子体的 α 潜能值不得大于 4×10^{4} MeV/L。

放射性同位素在放射性工作场所以外地区空气中的最大允许放射性活度，按表7.20放射性工作场所空气中的最大允许放射性比活度乘以表7.21所列比值控制计算。

表7.21 比值控制

放射性同位素	比值	
	放射性工作场所相邻及附近地区	广大居民区
^{3}H、^{35}S、^{41}Ar、^{85}Kr、^{131}Xe	1/30	1/300
^{14}C、^{55}Fe、^{59}Ni、^{65}Zn、^{90}Sr、^{226}Ra	1/30	1/200
其他同位素	1/30	1/100

(3)核动力厂环境辐射防护规定

对于热功率为3000 MW的反应堆，其放射性流出物年排放总量的控制值见表7.22和表7.23，热功率大于或小于3000 MW的反应堆，根据其功率按照表7.22和表7.23做适当调整。

表7.22 气载放射性流出物控制值

	轻水堆	重水堆
惰性气体(稀有气体)	6×10^{14}	
I	2×10^{10}	
粒子(半衰期≥8 d)	5×10^{10}	
^{14}C	7×10^{11}	1.6×10^{12}
^{3}H	1.5×10^{13}	4.5×10^{14}

表7.23 液态放射性流出物控制值

	轻水堆	重水堆
^{3}H	7.5×10^{13}	3.5×10^{14}
^{14}C	1.5×10^{11}	2×10^{11}(除^{3}H外)
其余核素	5.0×10^{10}	

7.3.2.2 放射性测量实验室

放射性测量实验室分为两个部分，一是放射化学实验室，二是放射性计测实验室。

(1)放射化学实验室

放射性样品的处理一般应在放射化学实验室内进行。为得到准确的监测结果和考虑操作安全问题，该实验室应符合以下要求：①墙壁、门窗、天花板等要涂刷耐酸油漆，电灯和电线应装在墙壁内；②有良好的通风设施，大多数处理样品操作应在通风橱内进行，通风马达应装在管道外；③地面及各种家具面要光滑、易清洁，操作台面上应铺塑料布；④洗涤池最好不要有尖角，放水用足踏式龙头，下水管道尽量少用弯头和接头等。此外，实验室工作人员应养成整洁、小心的优良工作习惯，工作时穿戴防护服、手套、口罩，佩戴个人剂量监测仪等；操作放射性物质时用夹子、镊子、盘子、铅玻璃防护屏等器具，工作完毕后立即清洗所用器具并放在固定地点，还需洗手和淋浴；实验室必须经常打扫和整理，配置专用放射性废物桶和废液缸。对放射源要有严格管理制度，实验室工作人员要定期进行体格检查。

上述要求的严格程度也随实际操作放射性水平的高低而异。对操作具有微量放射性的环境类样品的实验室，上列各项措施中有些可以省略或修改。

(2)放射性计测实验室

放射性计测实验室装备有灵敏度高、选择性和稳定性好的放射性计量仪器和装置。设计实验室时，特别要考虑放射性本底问题。实验室内放射性本底来源于宇宙射线、地面和建筑材料，甚至测量用屏蔽材料中所含的微量放射性物质，以及邻近放射化学实验室的放射性玷污等。对于消除或降低本底的影响，常采用两种措施：一是根据其来源采取相应措施，使之降到最低程度，二是通过数据处理，对测量结果进行修正。此外，要求实验室供电电压和频率十分稳定，各种电子仪器应有良好接地线和进行有效的电磁屏蔽；室内最好保持恒温。

7.3.2.3 放射性检测仪器

放射性检测仪器基本原理是基于射线与物质间相互作用所产生的各种效应，包括电离、发光、热效应、化学效应和能产生次级粒子的核反应等。仪器种类很多，需要根据监测目的、试样形态、射线类型、强度及能量等因素进行选择，最常用的检测器有三类，电离型检测器、闪烁检测器和半导体检测器，表 7.24 列举了各种常用放射性检测器。

表 7.24 各种常用放射性检测器

射线种类	检测器	特点
α	闪烁检测器	检测灵敏度低，探测面积大
	正比计数管	检测效率高，技术要求高
	半导体检测器	本底小，灵敏度高，探测面积小
	电流电离室	测较大放射性活度
β	正比计数管	检测效率较高，装置体积较大
	盖革计数管	检测效率较高，装置体积较小
	闪烁检测器	检测效率较低，本底小
	半导体检测器	探测面积小，装置体积小
γ	闪烁检测器	检测效率高，能量分辨能力强
	半导体检测器	能量分辨能力强，装置体积小

(1)电离型检测器

电离型检测器是利用射线通过气体介质，使气体发生电离的原理制成的探测器。常用的有电流电离室、正比计数管和盖革计数管(GM 计数管)三种。

①电流电离室

这种检测器用来研究由带电粒子所引起的总电离效应，也就是测量辐射强度及其随时间的变化。由于这种检测器对任何电离都有响应，所以不能用于甄别射线类型。

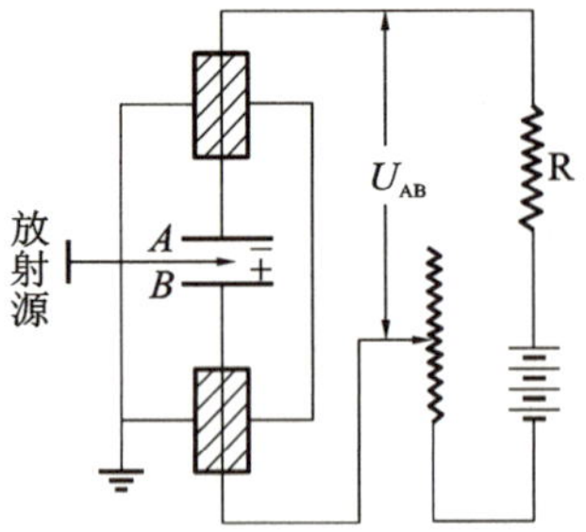

图 7.11　电流电离室工作原理示意图

电流电离室工作原理如图 7.11 所示，A、B 是两块平行的金属板，加于两板间的电压为 U_{AB}（可变），室内充空气或其他气体。当有射线进入电流电离室时，则气体电离产生的阳离子和电子在外加电场作用下，分别向异极移动，电阻（R）上即有电流通过。电流与电压的关系：开始时，随电压增大电流不断增加，待电离产生的离子全部被收集后，相应的电流达饱和值，如进一步有限地增加电压，则电流不再增加，电流达饱和时对应的电压称为饱和电压，饱和电压范围（见图7.12 BC 段）称为电流电离室的工作区。由于电离电流很微小（通常在 10^{-12} A 左右或更小），所以需要用高倍数的电流放大器放大后才能测量。

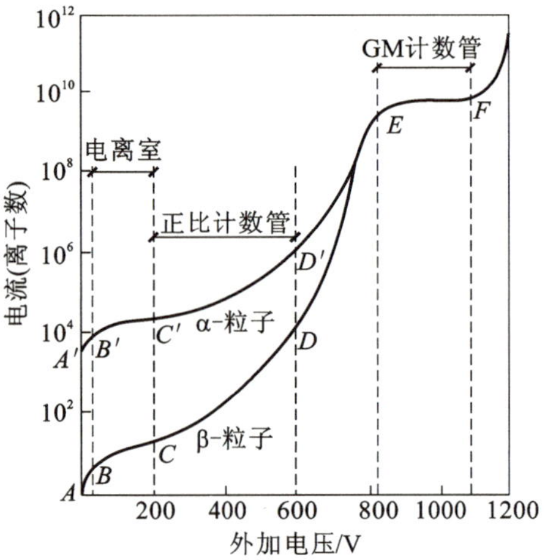

图 7.12　α、β 粒子的电离电流与外加电压的关系曲线

②正比计数管

正比计数管在 α、β 粒子的电离电流与外加电压的关系曲线（图 7.12）的正比区（图 7.12CD 段）工作。在此，电离电流突破饱和值，随电压增加继续增大。这是由于在这样的工作电压下，能使初级电离产生的电子在收集极附近高度加速，并在前进中与气体碰撞，使之发生次级电离，而次级电子又可能再发生三级电离，如此形成“电子雪崩”，使电流放大倍数达 10^4 左右。由于输出脉冲大小正比于入射粒子的初始电离能，故定名为正比计数管。

正比计数管内充甲烷（或氩气）和烃类气体，充气压力同大气压；两极间电压根据充气的性质选定。这种计数管普遍用于 α 和 β 粒子计数，具有性能稳定、本底响应低等优点。因为给出的脉冲幅度正比于初级致电离粒子在管中所消耗的能量，所以还可用于能谱测定，但要求的条件是初级粒子必须将它的全部能量损耗在计数管的气体之内。由于这个原因，它大多用于低能 γ 射线的能谱测量和鉴定放射性核素用的 α 射线的能谱测定。

③盖革（GM）计数管

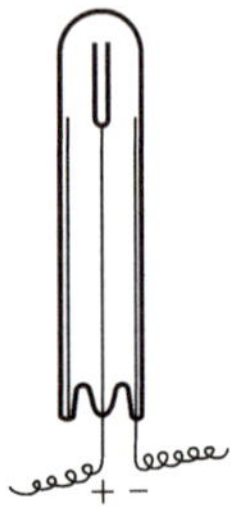

图 7.13　盖革计数管示意图

盖革计数管（图 7.13）是目前应用最广泛的放射性检测器，它被普遍地用于检测 β 射线和 γ 射线强度。这种计数器对进入灵敏区域的粒子有效计数率接近 100%；它的另一个特点是，对不同射线都给出大小相同的脉冲，因此不能用于区别不同的射线。

在一密闭玻璃管中间固定一条细丝作为阳极，管内壁涂一层导电物质或另放进一金属圆筒作为阴极，管内充约 1/5 大气压的惰性气体和少量猝灭气体（如乙醇、乙醚、溴气等），猝灭气体的作用是防止计数管在一次放电后发生连续放电。

为减小本底计数和达到防护目的，一般将计数管放在铅或生铁制成的屏蔽室中，其他部件装配在一个仪器外壳内，合称定标器。用盖革计数管测量射线强度的装置示意如图 7.14 所示。

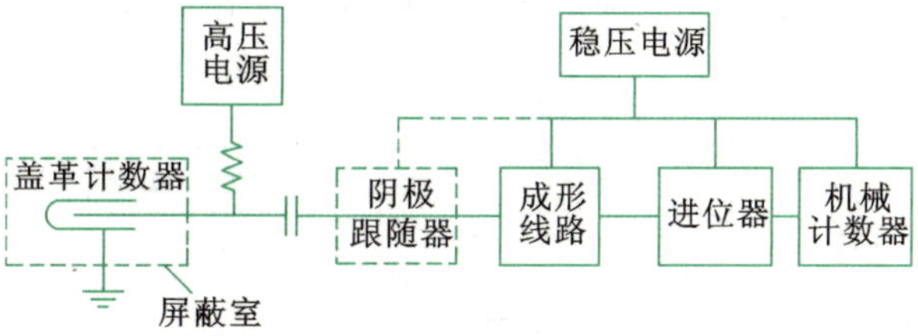

图 7.14 用盖革计数管测量射线强度的装置示意图

以上三种检测器，施加的工作电压不同，从而引起电离过程不同。电流电离室可测量由于电离作用而产生的电离电流，适用于测量强放射性；正比计数管和盖革计数管则是测量由每一入射粒子引起电离作用而产生的脉冲式电压变化，从而对入射粒子逐个计数，适合于测量弱放射性。

(2)闪烁检测器

闪烁检测器是利用射线与物质作用发生闪光的仪器，工作原理如图 7.15 所示。闪烁检测器具有一个受带电粒子作用后其内部原子或分子被激发而发射光子的闪烁体。当射线照在闪烁体上时，便发射出荧光光子，并且利用光导和反光材料等将大部分光子收集在光电倍增管的光阴极上。光子在灵敏阴极上打出光电子，经过倍增放大后在阳极上产生电压脉冲，此脉冲还是很小的，需再经电子线路放大和处理后记录下来。

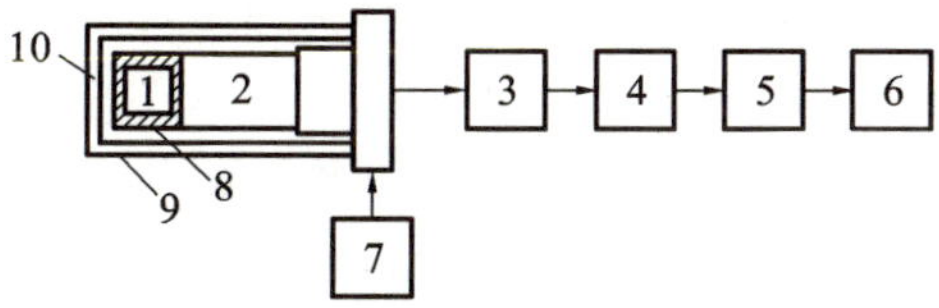

图 7.15 闪烁检测器测量装置示意图

1—闪烁体；2—光电倍增管；3—前置放大器；4—主放大器；5—脉冲幅度分析器；
6—定标器；7—高压电源；8—光导材料；9—暗盒；10—反光材料

闪烁体的材料可用 ZnS，NaI，蒽、芪等无机和有机物质。探测 α 粒子时，通常用 ZnS(Ag)粉末；探测 γ 射线时，可选用密度大、能量转化率高、可制成体积较大并且透明的 NaI(Tl)晶体；蒽等有机材料发光持续时间短，可用于高速计数和测量短寿命核素的半衰期。

闪烁检测器以其高灵敏度和高计数率的优点而被用作测量 α、β、γ 辐射强度。由于它对不同能量的射线具有很高的分辨率，所以又可作谱仪使用。通过能谱测量，鉴别放射性核素，并且在适当的条件下，能够定量地分析几种放射性核素的混合物。此外，这种仪器还能测量照射量和吸收剂量。

(3)半导体检测器

半导体检测器的工作原理与电离型检测器相似，但其检测元件是固态半导体。当放射性粒子射入半导体检测元件后，产生电子-空穴对。电子和空穴受外加电场的作用，分别向两极运动，并被电极所收集，从而产生脉冲电流，再经放大后，由多道分析器或计数器记录。

半导体检测器可用作检测 α、β、γ 辐射，工作原理如图 7.16 所示。由于产生电子-空穴对所需能量较低，所以该种探测器具有能量分辨率高且线性范围宽等优点。同时，其元件体积小，较容易实现对组织中某点进行吸收剂量测定。其缺点是由于制造工艺等方面的原因，检测灵敏区范围小。

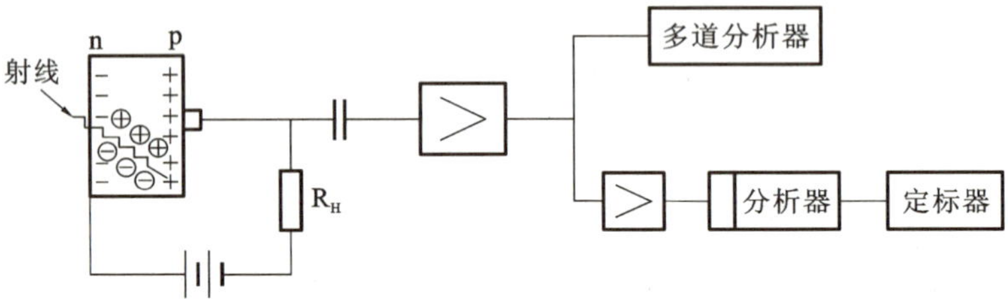

图 7.16　半导体检测器工作原理示意图

n，p—半导体的 n 极和 p 极；R_H—电阻

用硅制作的探测器可用于 α 计数、α、β 能谱测定；用锗制作的半导体探测器可用于 γ 能谱测量，而且探测效率高、分辨能力好。半导体探测器是近年来迅速发展的一类新型核辐射探测仪器。

7.3.2.4　放射性监测方法

（1）监测对象及内容

放射性监测按监测对象可分为：①现场监测，即对放射性物质生产或应用单位内部工作区域所做的监测；②个人剂量监测，即对放射性专业工作人员或公众做内照射和外照射的剂量监测；③环境监测，即对放射性生产和应用单位外部环境，包括空气、水体、土壤、生物、固体废物等所做的监测。

在环境监测中，主要测定的放射性核素为：①α 放射性核素，即^{239}Pu、^{226}Ra、^{224}Ra、^{222}Rn、^{210}Po、^{222}Th、^{234}U 和^{235}U；②β 放射性核素，即^{3}H、^{89}Sr、^{90}Sr、^{134}Cs、^{137}Cs、^{131}I 和^{60}Co。这些核素在环境中出现的可能性较大，其毒性也较大。

对放射性核素具体测量的内容有：①放射源强度、半衰期、射线种类及能量；②环境和人体中放射物质含量、放射性强度、空间照射量或电离辐射剂量。

（2）监测方法

环境放射性监测方法有定期监测和连续监测。定期监测的一般步骤是采样、样品预处理、样品总放射性或放射性核素的测定；连续监测是在现场安装放射性自动检测仪器，实现采样、预处理和测定自动化。

对环境样品进行放射性测定和对非放射性环境样品进行监测的过程一样，也是经过样品采集 、样品预处理、选定适宜方法与仪器进行测定三个过程。

①样品采集

a. 放射性沉降物的采集：放射性沉降物包括干沉降物和湿沉降物，主要来源于大气层核爆炸所产生的放射性尘埃，小部分来源于人工放射性微粒。对于放射性干沉降物可用水盘法、黏纸法、高罐法采集。

水盘法是用不锈钢或聚乙烯塑料制圆形水盘采集沉降物，盘内装有适量的稀酸，沉降物少的地区加数毫克硝酸锶或氯化锶载体。将水盘放于采样点，始终保持盘中有水，暴露 24 h。样品经过浓缩、灰化等处理后，做总 β 放射性测量。黏纸法是将涂有黏性油（松香加蓖麻油等）的滤纸贴在圆形盘底部（涂油面向外），在采样点暴露 24 h，然后将黏纸灰化，进行总 β 放射性测量。也可用蘸有三氯甲烷等有机溶剂的滤纸擦拭落有沉降物的刚性固体（如道路、门窗、地板等）表面，以此采集沉降物。高罐法采用不锈钢或聚乙烯圆柱形罐暴露在空气中采集沉降物，罐壁较高，不需放水，可用于长时间收集沉降物。

湿沉降物指随雨（雪）降落的沉降物，其采集方法除上述方法外，常用一种能同时对雨水中核素进行浓集的采样器——离子交换树脂湿沉降物采集器（图 7.17）。这种采样器由一个承接漏斗和一根离子交换柱组成。交换柱上下层分别装有阳离子交换树脂和阴离子交换树脂，欲收集的核素被离子交换树脂吸附浓集后，再进行洗脱，收集洗脱液进一步做放射性核素分离。也可以将树脂从柱中取出，经烘干、灰化后制成干样品做总 β 放射性测量。

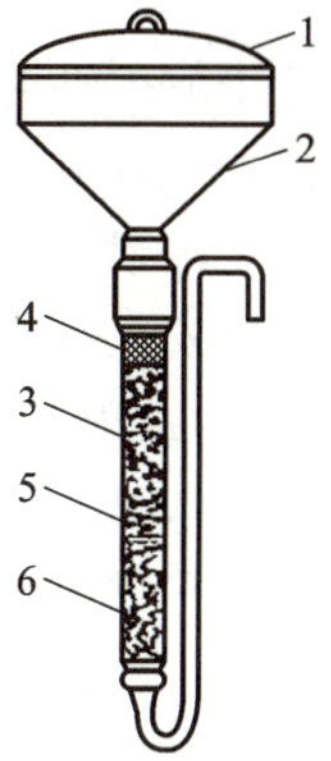

图 7.17 离子交换树脂湿沉降物采集器

1—漏斗盖；2—漏斗；3—离子交换柱；4—滤纸浆；5—阳离子交换树脂；6—阴离子交换树脂

b. 放射性气溶胶的采集：放射性气溶胶包括核爆炸产生的裂变产物、各种人工放射性物质，以及氡、钍的衰变子体等天然放射性物质。这种样品的采集常用滤料阻留法，其原理与大气中颗粒物的采集相同。

c. 其他类型样品的采集：水体、土壤、生物样品的采集、制备和保存方法与非放射性样品所用的采集方法相近。

②样品预处理

样品预处理目的是将样品处理成易于测量的状态，将样品的欲测核素转变成适于测量的形态并进行浓集，以及去除干扰核素。

常用的样品处理方法有衰变法、共沉淀法、灰化法、电化学法、有机溶剂溶解法、蒸馏法、溶剂萃取法、离子交换法等。

a. 衰变法

将采样后的样品放置一段时间，使寿命短的干扰放射性核素衰变后去除，再对样品进行放射性测量。在测定大气中放射性气溶胶的总 α 和总 β 放射性时常用这种方法，即用过滤法采样后，放置 4～5 h，使短寿命的氡、钍子体衰变去除。

b. 共沉淀法

加入毫克数量级与欲分离放射性核素性质相近的非放射性元素载体，使二者之间发生同晶共沉淀或吸附共沉淀作用，使待测核素得以沉淀析出，达到分离和富集的目的。此法具有简便、实验条件易满足等优点，在某些情况下还能直接提供固态样品源，所以在微量放射性核素的分析中也是一种常用的分离浓集手段。居里夫妇发现一系列天然放射性元素便是运用这种技术。

c. 灰化法

固态样品或蒸干的水样，可放入瓷坩埚内，置于 500 ℃ 马弗炉中灰化，冷却后称重，再转入测量盘中，均匀铺成薄层后检测其放射性。

d. 电化学法

通过电解将放射性核素（如 Ag^{+}、Pb^{2+}、Bi^{2+} 等）沉积在阴极上，或以氧化物（如 Pb^{2+}、Co^{2+}）的形式沉积在阳极上。该法的优点是分离纯度高。沉积在惰性金属片（或丝）电极上的沉积物可直接（或溶出制备成样品源）进行放射性测量。

e. 其他预处理方法

有机溶剂溶解法、溶剂萃取法、离子交换法、蒸馏法的原理和操作与非放射性物质无本质区别。

③环境中放射性监测

a. 水样总 α 放射性活度的测定

水中常见辐射 α 粒子的核素有 ^{226}Ra、^{222}Rn 及其衰变产物等。一般情况下，水样总 α 放射性比浓度安全水平是 0.1 Bq/L，超过此值，即应对放射 α 粒子的核素进行鉴定和测量，确定主要的放射性核素，判断水质污染情况。

测定水样总 α 放射性比活度的方法如下：取一定量水样，过滤，滤液加硫酸酸化，蒸干，在不超过 350 ℃ 温度下灰化。将灰分移入测量盘中并铺成均匀薄层，用闪烁检测器测量。

在测量样品之前，先测量空测量盘的本底值和已知放射性活度的标准样品（标准源），以确定检测器的计数效率，计算样品源的相对放射性活度，即比放射性活度。标准样品源最好是欲测核素，并且二者强度相差不大。如果没有相同核素的标准源，可选用放射同一种粒子而能量相近的其他核素。测量总 α 放射性比活度的标准源常选择硝酸铀酰。

水样的总 α 放射性比活度（Q_α）计算公式：

$$Q_\alpha = \frac{n_c - n_b}{n_s V} \tag{7.19}$$

b. 水样总 β 放射性比活度测量

水中的 β 射线常来自 ^{40}K、^{90}Sr、^{129}I 等核素的衰变，目前公认的安全水平为 1 Bq/L。水样总 β 放射性活度测量步骤基本与测量总 α 放射性活度相同，检测器用低本底的盖革计数管，标准源为含 ^{40}K 的化合物。标准源可用天然钾的化合物（如氯化钾或碳酸钾）制备。天然钾化合物中含 0.0119%的 ^{40}K，放射性比活度约为 1×10^{7} Bq/g，发射率为28.3 β 粒子/(g·s)和 3.3 γ 射线/(g·s)。用 KCl 制备标准源的方法是：取经研细过筛的分析纯 KCl 试剂于 120～130 ℃烘干 2 h，置于干燥器内冷却。准确称取与样品源同样重量的 KCl 标准源，在测量盘中铺成中等厚度层，用盖革计数管测定。

c. 土壤中总 α、β 放射性比活度的测量

在采样点选定的范围内，沿直线每隔一定距离采集一份土壤样品，共采集 4～5 份。采样时用取土器或小刀取 10 cm×10 cm×1 cm 的表土。除去土壤中的石块、草类等杂物，在实验室内晾干或烘干，移至干净的平板上压碎，铺成 1～2 cm 厚方块，用四分法反复缩分，直到剩余 200～300 g 土样，再于 500℃灼烧，待冷却后研细、过筛备用。称取适量制备好的土样放于测量盘中，铺成均匀的样品层，用相应的检测器分别测量 α 和 β 放射性比活度（测量总 β 放射性比活度的样品层应厚于测量总 α 放射性比活度的样品层）。

土壤中总 α、总 β 放射性活度的计算：

$$Q_\alpha = \frac{(n_c - n_b) \times 10^6}{60 \cdot \varepsilon \cdot S \cdot l \cdot F} \tag{7.20}$$

$$Q_\beta = 1.48 \times 10^4 \frac{n_\beta}{n_{KCl}} \tag{7.21}$$

式中 Q_α——总 α 放射性比活度{Bq/[kg(干土)]}；

Q_β——总 β 放射性比活度{Bq/[kg(干土)]}；

n_c——样品源总 α 放射性总计数率(次/min)；

n_b——本底计数率(次/min)；

ε——检测器计数率[次/(Bq·min)]；

s——样品源面积(cm^2)；

l——样品源面密度(mg/cm^2)；

F——自吸收校正因子，对较厚的样品一般取 0.5；

n_β——样品源总 β 放射性计数率(次/min)；

n_{KCl}——氯化钾标准源的计数率(次/min)；

1.48×10^4——1 kg 氯化钾所含 ^{40}K 的 β 放射性活度(Bq/kg)。

d. 空气中氡的测定

^{222}Rn 是 ^{226}Ra 的衰变产物，是一种放射性惰性气体(稀有气体)。它本身会发生天然衰变并产生具有放射性的衰变产物。氡和氡衰变产物的照射会使患肺癌的危险性增加。^{222}Rn 与空气作用时，能使空气电离，因而可用电离型检测器通过测量电离电流测定其放射性比活度，也可用闪烁探测器记录由氡衰变时所放出的 α 粒子计算其放射性比活度。

空气中 ^{222}Rn 的含量：

$$A_{Rn} = \frac{K \cdot (J_c - J_b)}{V} \cdot f \tag{7.22}$$

式中 A_{Rn}——空气中 ^{222}Rn 的放射性比活度(Bq/L)；

J_b——电流电离室本底电离电流(格/min)；

J_c——引入 ^{222}Rn 后的总电离电流(格/min)；

V——采气体积(L)；

K——检测器电离电流(Bq·min/格)；

f——换算系数，据 ^{222}Rn 导入电流电离室后静置时间而定，可查表得知。

e. 空气中各种形态 ^{131}I 的测定

碘的同位素中，只有 ^{127}I 是天然存在的稳定的同位素，其余都是放射性同位素。^{131}I 是裂变产物之一，它的裂变产率较高，半衰期较短，可作为反应堆中核燃料元件包壳是否保持完整状态的环境监测指标，也可以作为核爆炸后有无新鲜裂变产物的信号。

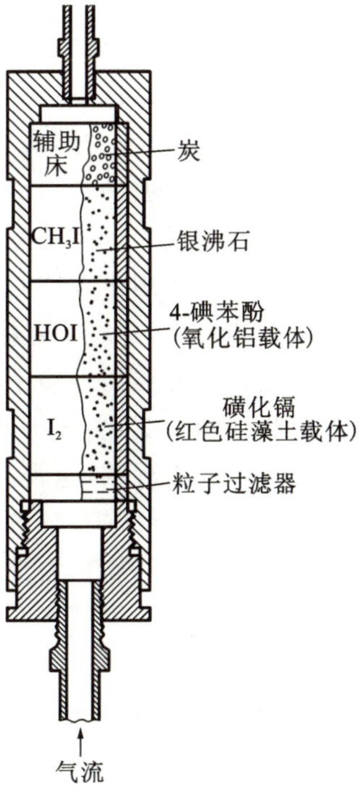

图 7.18 各种形态碘的采样器

图 7.18 为可收集各种形态 ^{131}I 的采样器，由粒子过滤器、单质碘吸附器、次碘酸吸附器、甲基碘吸附器和炭辅助

吸附床组成。收集各种形态的含^{131}I样品后,可用四氯化碳萃取法制得样品源,然后放于测量盘中测β计数。例行大气环境监测,可在低流量下连续采样一周或一周以上,然后用γ谱仪定量测定各种化学形态的^{131}I。

④个体外照射剂量的测定

个人外照射剂量可用佩戴在身上、能对辐射剂量进行累积的小型、轻便、易使用的个人剂量计测量,常用的个人剂量计有袖珍电流电离室、胶片剂量计、热释光体和荧光玻璃。

7.4 电磁辐射污染监测

辐射是一种特殊的能量传递方式。通常可分为两大类,即粒子辐射与电磁辐射。前者包括α粒子、β粒子及各种原子核反应或放射性核素自然衰变过程中所放出的高速带电粒子和中子等;后者包括可见光、红外线、紫外线、X射线和γ射线等。辐射一般是指上述物理现象,即波动能量或微观粒子束本身,有时亦指一种物理过程,如太阳辐射,既指从太阳向周围辐射过程中的太阳光,又指这个辐射过程。单独"辐射"两字通常指电磁辐射。

7.4.1 概述

7.4.1.1 电磁辐射的来源

电磁辐射是指以辐射形式传播的电磁噪声(电磁噪声是电磁骚扰的一个重要组成部分)。既然是以辐射形式传播,就应该像有用信号电磁场一样区分开远场(远区场)和近场(近区场)。远场是与传播方向垂直的平面内的电场的角度分布基本上与距天线的距离无关的场区。电磁辐射对人的影响程度与辐射强度、频率、作用时间、环境等因素有关。电磁波作用于人体时,一部分被人体吸收,被吸收的电磁波能量达到一定强度时就会使人体发热,超过一定限度人体就会出现高温生理反应,从而有害人的健康;人体暴露在强度不大的辐射环境中,体温可能没有明显增高,但脑细胞受到破坏并引起血液内白细胞和红细胞变化,还可使血凝的时间缩短。电磁辐射也会对其他设备的有用信号造成干扰,如:广播混频,电视声、图干扰,电话杂音(由于非线性器件有检波能力)、心脏起搏器停止、飞机导航失控、仪器失灵、电火花导致燃油起火、电视图像抖动等。世界卫生组织把电磁辐射污染列为继水、气、声之后的第四大污染。

电磁辐射产生的方式:天然(地球的热辐射、太阳的辐射、宇宙射线和雷电等)、人工(高频感应加热设备、高频介质加热设备、短波和超短波理疗设备、微波发射设备和无线电广播与通信等各种射频设备)。常见的高频电磁、微波技术应用及设备辐射源见表7.25。

表 7.25 常见射频技术及辐射源

波段	射频技术应用	辐射源
中波 短波	1. 感应加热(淬火、熔炼、焊接、切割等) 2. 介质加热(木材、粮食、纸张、茶叶、干燥、塑料热合等) 3. 无线电通信、广播 4. 理疗设备	高频振荡管、高频变压器、馈线、感应圈、工作电极、耦合电容器等
超短波	1. 无线电通信、广播、电视 2. 射频溅射等工业应用 3. 医用治疗	振荡回路、工作电路、馈线、天然、电极等
微波	1. 无线电定位(雷达等)、导航 2. 无线电天文学、气象学 3. 无线电通信、电视、食品、热疗	磁控管、速调管、波导管、天线、辐射器等

7.4.1.2 电磁辐射的相关参数

(1)电磁场

电磁场是有内在联系、相互依存的电场和磁场的统一体的总称。随时间变化的电场产生磁场,随时间变化的磁场产生电场,两者互为因果,形成电磁场。电磁场可由变速运动的带电粒子引起,也可由强弱变化的电流引起。不论原因如何,电磁场总是以光速向四周传播,形成电磁波。电磁场是电磁作用的媒介,具有能量和动量,是物质的一种存在形式。电磁场的性质、特征及其运动变化规律由麦克斯韦方程组确定。

(2)辐射效率

辐射效率是天线辐射功率 P_o 对天线输入功率 P_{in} 的比值。

(3)辐射强度

点辐射源在某方向上单位立体角内传送的辐射通量,记作 I_e,即 $I_e = d\Phi_e/d\Omega$(其中 $d\Phi_e$ 是 $d\Omega$ 立体角元内的辐射通量)。辐射强度的 SI 单位为 W/Sr。

(4)近区场

以场源为零点或中心,在一个波长范围之内的区域,统称作近区场。由于作用方式为电磁感应,所以又称作感应场。感应场受场源距离的限制,在感应场内,电磁能量将随着离开场源距离的增大而比较快地衰减。近区场有如下特点:

①在近区场内,电场强度 E 与磁场强度 H 的大小没有确定的比例关系。一般情况下,电场强度值比较大,而磁场强度值则比较小,有时很小;在槽路线圈等部位的附近,磁场强度值很大,而电场强度值则很小。总的来看,电压高电流小的场源(如天线、馈线等)电场强度比磁场强度大得多,电压低电流大的场源(如电流线圈)磁场强度又远大于电场强度。

②近区场电磁场强度要比远区场电磁场强度大得多,而且近区场电磁场强度比远区场电磁场强度衰减速度快。

③近区场电磁感应现象与场源密切相关,近区场不能脱离场源而独立存在。

(5)远区场

相对于近区场而言,在一个波长之外的区域称远区场。它以辐射状态出现,所以也称辐射场。远区场已脱离了场源而按自己的规律运动。远区场电磁辐射强度衰减比近区场要缓慢。远区场有如下特点：

①远区场以辐射形式存在，电场强度和磁场强度之间具有固定关系，即

$$E=\sqrt{\mu_0/\varepsilon_0}H=120\pi H\approx 377H \tag{7.23}$$

式中 E——电场强度(V/m)；

H——磁场强度(A/m)；

μ_0——真空磁导率(H/m)；

ε_0——真空介电常数。

②E 与 H 互相垂直，而且又都与传播方向垂直。

③电磁波在真空中的传播速度 $c=1/\sqrt{\mu_0\varepsilon_0}\approx 3\times 10^8$ m/s。

7.4.2 电磁辐射监测

7.4.2.1 电磁辐射防护标准

《电磁环境控制限值》(GB 8702—2014)规定了电磁环境中控制公众暴露的电场、磁场、电磁场的场量限值(表7.26)。

表7.26 公众暴露控制限值

频率范围	电场强度/($V\cdot m^{-1}$)	磁场强度/($A\cdot m^{-1}$)	磁感应强度/μT	等效平面波功率密度/($W\cdot m^{-2}$)
1～8 Hz	8000	$3200/f^2$	$40000/f^2$	—
8～25 Hz	8000	$4000/f$	$5000/f$	—
0.025～1.2 kHz	$200/f$	$4/f$	$55/f$	—
1.2～2.9 kHz	$200/f$	3.3	41	—
2.9～57 kHz	70	$10/f$	$12/f$	—
57～100 kHz	$4000/f$	$10/f$	$12/f$	—
0.1～3 MHz	40	01	012	4
3～30 MHz	$67/f^{1/2}$	$0.177/f^{1/2}$	$0.21/f^{1/2}$	$12/f$
30～3000 MHz	12	0.032	0.04	0.4
3000～15000 MHz	$0.22f^{1/2}$	$0.00059f^{1/2}$	$0.00074f^{1/2}$	$f/7500$
15～300 GHz	27	0.073	0.092	2

注：①频率 f 的单位为所在行中第一栏的单位。0.1～3 MHz 频率，场量参数是任意 6 min 内的方均根值。

②100 kHz 以下频率，需同时限制电场强度和磁感感应强度；100 kHz 以上频率，在远场区，可以只限制电场强度或磁场强度，或等效平面波功率密度，在近场区，需同时限制电场强度和磁场强度。

③架空输电线路线下的耕地、园地、牧草地、畜禽饲养地、养殖水面、道路等场地，其频率为 50 Hz 的电场强度控制限值为 10 kV/m，且应给出警示和防护指示标志。

对于脉冲电磁波，除满足上述要求外，其功率密度的瞬时峰值不得超过表 7.25 中所列限值的 1000 倍，或场强的瞬时峰值不得超过表 7.25 中所列限值的 32 倍。

7.4.2.2 电磁辐射监测方法

(1)电磁辐射监测分类

电磁辐射的监测按监测场所分为：作业环境监测、特定公众暴露环境监测、一般公众暴露环境监测。按监测参数分为：电场强度监测、磁场强度监测、电磁监测、场功率通量密度监测等。

(2)电磁辐射监测仪器

监测仪器根据测量目的分为非选频式宽带辐射测量仪和选频式辐射测量仪。具有各向同性响应或有方向性响应探头的宽带辐射测量仪属于非选频式辐射测量仪；用于电磁干扰(EMI)测量的场强仪，干扰测试接收机，以及用频谱仪、接收机、天线自行组成测量系统经标准场校准后属于选频式辐射测量仪。

测量误差应小于±3 dB，频率误差应小于被测频率的 10^{-3}。该测量系统经模/数转换与计算机连接后，通过编制专用测量软件可组成自动测试系统，实现数据自动采集和统计。自动测试系统中，测量仪可设置为平均值(适用于较平稳的辐射测量)或准峰值(适用于脉冲辐射测量)检波方式。每次测试时间为 8～10 min，数据采集取样频率为 2 次/s，进行连续取样。

(3)数据处理

如果测量仪器读出的场强瞬时值的单位为分贝(dB · μV/m)，则选择下列公式换算成以 V/m 为单位的场强：

$$E_i = 10^{\left(\frac{x}{20}-6\right)} \tag{7.24}$$

式中 E_i——在某测量位、某频段中被测频率 i 的测量场强瞬时值(V/m)；

x——场强仪读数(dB · μV/m)。

然后依次按下列各公式计算：

$$E = \frac{1}{n}\sum^{n} E_i \tag{7.25}$$

式中 n——E_i 值的读数个数；

E——在某测量位、某频段中各被测频率 i 的场强平均值(V/m)。

$$E_i = \sqrt{\sum^{n} E^2} \tag{7.26}$$

$$E_G = \frac{1}{M}\sum E_s \tag{7.27}$$

式中 E_s——在某测量位、某频段中各被测频率的综合场强(V/m)；

E_G——在某测量位，在 24 h 内(或一定时间内)测量某频段后的总的平均综合场强(V/m)；

M——在 24 h 内(或一定时间内)测量某频段的次数。

测量的标准误差仍用通常公式计算。

思考题与习题

1. 什么是噪声？噪声对人的健康有什么危害？

2. 噪声的特点有哪些？防治城市噪声污染有哪些措施？

3. 常用的环境噪声的评价量有哪些？

4. 在声压测量中，为什么采用有效声压，而不采用平均声压？

5. 三个声源作用于某一点的声压级分别为 65 dB、68 dB 和 71 dB，求同时作用于这一点的总声压级为多少？

6. 环境中放射性的来源主要有哪些？

7. 放射性衰变有哪几种类型？各有什么特征？

8. 怎样测定水样总 α 发射性比活度？

9. 怎样测定土壤中总 α 发射性比活度和总 β 发射性比活度？

10. ^{42}K 是一种 β 放射源，其半衰期为 12.36 h，计算 2 h、30 h 和 60 h 后残留的比例。

11. 什么是电磁污染？电磁污染可分为几类？各有何特性？

12. 电磁波的传播途径有哪些？

8 生物污染监测

本章提要

【知识点】

◆ 了解环境污染物进入生物体的途径和污染物在生物体内的分布规律

◆ 掌握生物样品的采集、制备、预处理和测定的方法

【技能点】

◆ 能合理制订环境污染生物监测的方案

◆ 能对常见的环境生物样品进行采样、预处理和分析检测

8.1 生物监测基础知识

8.1.1 概述

8.1.1.1 生物监测

生物是环境的五大要素之一。对环境中生物要素受污染的程度进行监测的工作称为生物监测。环境污染的生物监测是环境质量监测的重要途径之一。

本章所指的生物监测的监测对象是生物体，监测内容是生物体内所含环境污染物或微环境介质中微生物的种类及数量。生物的生存与大气、水体、土壤等环境要素息息相关，生物在从这些环境要素中摄取营养物质和水分的同时，也摄入了环境污染物质并在体内蓄积。因此，生物监测的结果可在一定程度上反映生物体对环境污染物的吸收、排泄和累积的情况及特定微生物的种类及数量，并间接反映与生物生存相关的大气污染、水体污染及土壤污染的累积程度以及环境质量。

8.1.1.2 生物监测与生态监测

本章所指的“生物监测”与“生态监测”并非同一概念。生物监测是采用物理、化学方法，通过对生物体所含环境污染物的分析或微生物种类及数量的检验检测，对环境质量进行监测的活动；生态监测是以生物学、生态学方法对环境质量进行跟踪性监测。前者

的监测重点是生物体内环境污染物，而后者则是利用生物个体、种群或群落的状况和变化及其对环境污染或变化所产生的反应，反映生态环境质量状况。

生物监测与生态监测也有一定的联系：二者的分析对象都是生物，环境污染生物监测是生态监测的内容之一。生物监测与大气污染监测、水体污染监测、土壤污染监测等相比，最大的差别在于监测对象。

根据生物监测的特殊性，本章重点介绍污染物在生物体内的分布规律、生物样品的采集、制备和预处理等。学习和掌握微生物学实验基础知识以及污染物在生物体内的分布规律是做好生物监测的基础，而规范进行生物样品采集、制备及预处理是保证生物污染监测工作质量的前提，当生物样品预处理后，其分析检测方法与本教材中介绍的大气污染监测、水体污染监测、土壤污染监测的监测方法相通。

8.1.2 污染物在生物体内的分布

污染物进入生物体内的途径主要有表面黏附、生物吸收和生物积累三种形式。表面黏附是指污染物附着在生物体表面的现象。生物吸收是指污染物可经生物体各器官的主动吸收（代谢吸收）和被动吸收（物理吸收）进入生物体。生物积累是指污染物经过各种途径进入生物体内并随着生物的生长、发育不断地在体内增加的现象。

污染物进入生物体内，在各个部位分布是不均匀的，掌握污染物质进入生物体的途径及在体内的迁移和在各部位的分布规律，对正确采集样品、选择测定方法和获得正确的测定结果是十分重要的。

8.1.2.1 污染物在植物体内的分布

如图 8.1 所示，植物主要是由根系在吸收营养和水分时同时吸入土壤中的化学污染物。对气态的化学污染物和喷洒叶面的化学污染物，植物也可从叶表、气孔、茎、枝等体表吸入。吸入后，部分化学污染物又可从根系排出，而大多进入体液，又随体液迁移至各部器官积累，其中部分可在体内酶的作用下在体内被降解，部分又可随体液迁移到根系排出。

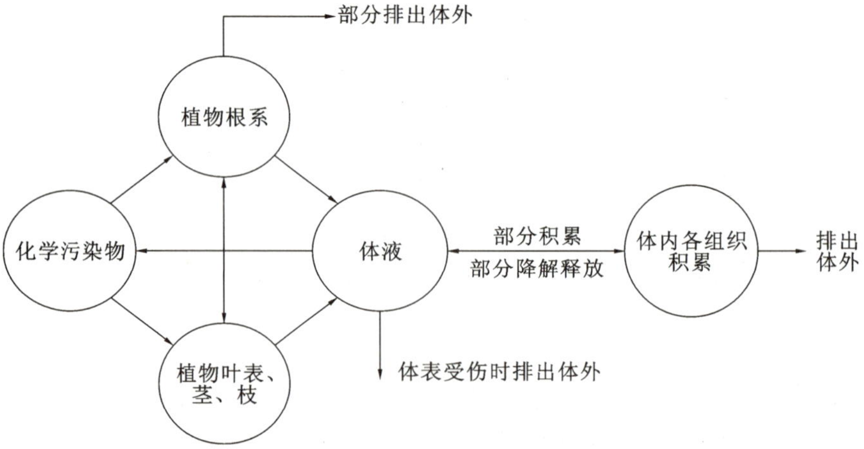

图 8.1 化学污染物在植物体内的迁移与排出

气态污染物如氟化物，主要通过植物叶面上的气孔进入叶肉组织，首先溶解在细胞壁的水分中，一部分会被叶肉细胞吸收，而大部分则会沿纤维管束组织运输，在叶尖和叶缘中积累，使叶尖和叶缘组织坏死。

植物通过根系从土壤或水体中吸收水溶态污染物，其吸收量与污染物的含量、土壤类型及植物品种等因素有关。污染物含量高，植物吸收的就多；在沙质土壤中的吸收率比在其他土质中的吸收率要高；对丙体-六六六（林旦）的吸收率比对其他农药的高；块根类作物比茎叶类作物吸收率高；水生作物的吸收率比陆生作物的高。

污染物进入植物体后，在各部位分布和蓄积情况与吸收污染物的途径、植物品种、污染物的性质及其作用时间等因素有关。从土壤和水体中吸收污染物的植物，一般分布规律和残留量的顺序是：根＞茎＞叶＞穗＞壳＞种子。表 8.1 是某研究单位用放射性同位素^{115}Cd对水稻进行试验的结果。也有不符合上述规律的情况，有研究表明，萝卜含 Cd 量是地上部分（叶）＞直根；莴苣的是根＞叶＞茎。

表 8.1　成熟期水稻各部位中的含镉量

植株部位		放射性计数 /（脉冲/min・$g_{干样}$）	含镉量		
			μg/$g_{干样}$	%	∑，%
地上部位	叶、叶鞘	148	0.67	3.5	15.2
	茎秆	375	1.70	9.0	
	穗轴	44	0.20	1.1	
	穗壳	37	0.16	0.8	
	糙米	35	0.15	0.8	
根系部分		3540	16.12	84.4	84.8

从空气中吸收污染物的植物，一般叶部残留量最大。表 8.2 列出氟污染区蔬菜不同部位的含氟量。

表 8.2　氟污染区蔬菜不同部位的含氟量　（单位：μg/g）

品种	叶片	根	茎	果实
番　茄	149	32.0	19.5	2.5
茄　子	107	31.0	9.0	3.8
黄　瓜	110	50.0	—	3.6
菜　豆	164	—	33.0	17.0
菠　菜	57.0	18.7	7.3	—
青萝卜	34.0	3.8	—	—
胡萝卜	63.0	2.4	—	—

污染物的渗透能力与在植物体内的富集部位有密切关系。渗透能力强的农药多富集于果肉、米粒中；渗透力弱的农药多停留在果皮、米糠之中。表 8.3 和表 8.4 分别列出了农药在稻谷和水果中的富集情况。可见，丙体-六六六在水中溶解度大，易渗透并蓄积在白米中，富集量达 60%，而倍硫磷等主要蓄积在米糠中。p,p′-DDT、敌菌丹、异狄氏剂、杀螟松等

渗透能力弱,95%以上富集在果皮部位,而西维因渗透力强,78%蓄积于苹果果肉中。

表 8.3　农药在稻谷中的蓄积情况

农药	糠(%)	米(%)	农药	糠(%)	米(%)
p,p′-DDT	70	30	苯硫磷	80	20
丙体-六六六	40	60	乙拌磷	65	35
马拉硫磷	87	13	倍硫磷	94	6

表 8.4　农药在水果中的蓄积情况

农药	品种	果皮(%)	果肉(%)	农药	品种	果皮(%)	果肉(%)
p,p′-DDT	苹果	97	3	异狄氏剂	柿子	96	4
西维因	苹果	22	78	杀螟松	葡萄	98	2
敌菌丹	苹果	97	3	乐果	橘子	85	15
倍硫磷	桃	70	30				

8.1.2.2　污染物在动物体内的分布

人和动物可以从食物、饮水、呼吸、体表等多种渠道受化学污染物侵入。鱼类通过食物或鳃呼吸吸入溶于水的化学污染物。如图 8.2 所示,侵入的化学污染物或进入肠胃吸收再进入血液或体液,或直接进入血液或体液,由血液循环系统将化学污染物运输至各器官组织。但由于各器官组织细胞通透性、含脂量、亲和力和代谢能力的不同,化学污染物在各器官中的积累程度不一样,但具有如下规律:

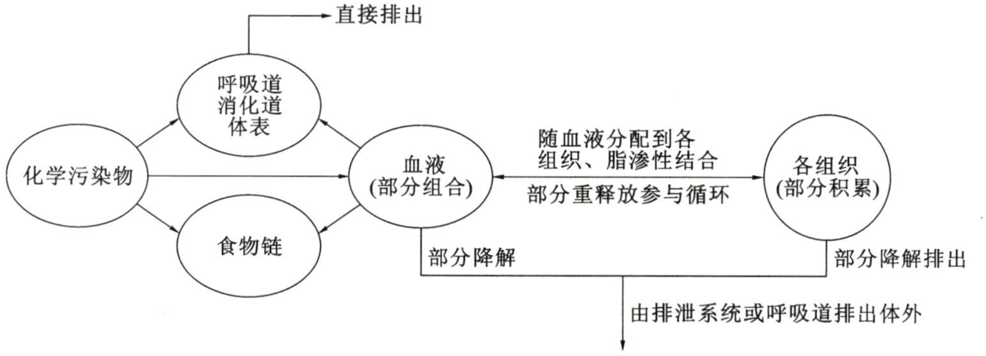

图 8.2　化学污染物在人和动物体内的迁移、积累和排出

①能溶解于体液的物质,如钠、钾、锂、氟、氯、溴等离子,在体内分布比较均匀。

②镧、锑、钍等三价和四价阳离子,水解后生成胶体,主要蓄积于肝或其他网状内皮系统。

③与骨骼亲和性较强的物质,如铅、钙、钡、锶、镭、铍等二价阳离子在骨骼中含量较高。

④对某一种器官具有特殊亲和性的物质,则在该种器官中蓄积较多。如碘对甲状腺,汞、铀对肾脏有特殊亲和性。图 7.2 所示为化学污染物在人和动物体内的迁移、积累和排出。

⑤脂溶性物质,如有机氯化合物(六六六、DDT 等),易蓄积于动物体内的脂肪中。

污染物进入动物体内，绝大部分都要经过酶的代谢作用，进行一系列的氧化、还原、水解和结合反应，转化为化学形态和结构不同的化合物，有的经代谢过程转化为水溶性的或比原有毒性小的惰性物质后被排出体外，有的经代谢过程转化为比原有毒性更强的物质留在体内。

动物对污染物的排泄途径主要为肾脏、消化道和呼吸道，也有少量随汗液、唾液、乳汁等分泌液排出。

例如：汞、铅、镉、铬、砷及苯等的代谢产物大多经过肾脏进入尿液排出体外，所以通过测定尿液中污染物的含量可以间接了解生物体受污染的情况。

进入体内的许多金属(锰、铅、镉等)经过消化道吸收，进入肝脏被代谢转化，污染物及其代谢产物进入胆汁由肠道粪便排出。

气体或挥发性的污染物(CO、醇、醚、苯类物、汽油等)可以通过呼吸道经呼出气排出体外。

任何生物在任何时候，机体内某种物质的高低由摄取和吸收过程的速率及消除(排泄)过程的速率来决定，如果摄取或吸收的量大于消除的量，就会发生生物积累。

8.2 生物样品的采集、制备和预处理

8.2.1 生物样品的采集和制备

8.2.1.1 植物样品的采集和制备

(1)植物样品的采集

采集的植物样品要具有代表性、典型性和适时性。代表性是指采集代表一定范围污染情况的植株为样品。这就要求对污染源的分布、污染类型、植物的特征、地形地貌、灌溉出入口等因素进行综合考虑，选择合适的地段作为采样区，再在采样区内划分若干小区，采用适宜的方法布点，确定代表性的植株。不要采集田埂、地边及距田埂地边 2 m 以内的植株。典型性是指所采集的植株部位要能充分反映通过监测所要了解的情况。根据要求分别采集植株的不同部位，如根、茎、叶、果实，不能将各部位样品随意混合。适时性是指在植物不同生长发育阶段，施药、施肥前后，适时采样监测，以掌握不同时期的污染状况和对植物生长的影响。

在划分好的小区内，常采用如图 8.3 所示梅花形布点法或交叉间隔布点法确定代表性的植株。

在每个小区内的采样点上分别采集 5～10 处植株的根、茎、叶、果实等，将同部位样品混合，组成一个混合样；也可以整株采集后带回实验室再按部位分开处理。采集样品量要能满足需要，一般经制备后，至少有 20～50 g 干重样品。新鲜样品可按含 80%～90%的水分计算所需样品量。若采集根系部位样品，应尽量保持根部的完整。对一般旱

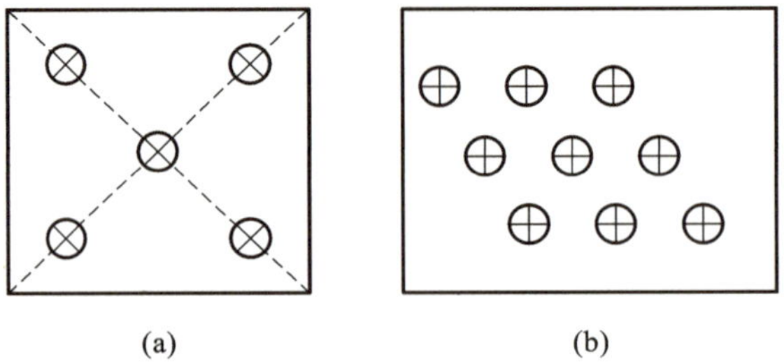

图 8.3　采样点布设方法

(a)梅花形布点法;(b)交叉间隔布点法

作物,在抖掉附着在根上的泥土时,注意不要损失根毛;如采集水稻根系,在抖掉附着的泥土后,应立即用清水洗净。根系样品带回实验后,及时用清水洗(不能浸泡),再用纱布拭干。如果采集果树样品,要注意树龄、株型、生长势、载果数量和果实着生的部位及方向。如要进行新鲜样品分析,则在采集后用清洁、潮湿的纱布包住或装入塑料袋,以免水分蒸发而萎缩。对水生植物,如浮萍、藻类等,应采集全株。从污染严重的河、塘中捞取的样品,需用清水洗净,挑去水草等杂物。采好的样品装入布袋或聚乙烯塑料袋,贴好标签,注明编号、采样地点、植物种类、分析项目,并填写采样登记表。

样品带回实验室后,如测定新鲜样品,应立即处理和分析。当天不能分析完的样品,暂时放于冰箱中保存,其保存时间的长短,视污染物的性质及在生物体内的转化特点和分析测定要求而定。如果测定干样品,则将鲜样放在干燥通风处晾干或鼓风干燥箱中烘干。

(2)植物样品的种类

鲜样:测定植物内容易挥发、转化或降解的污染物质(如酚、氰、亚硝酸盐等)、营养成分(如维生素、氨基酸、糖、植物碱等),以及多汁的瓜、果、蔬菜样品,应使用新鲜样品。

干样:分析植物中稳定的污染物,如某些金属元素和非金属元素、有机农药等,一般使用风干样品。

8.2.1.2　动物样品的采集和制备

动物的尿液、血液、唾液、胃液、乳液、粪便、毛发、指甲、骨骼、组织和脏器等均可作为检验样品。

(1)尿液

绝大部分毒物及其代谢产物主要由肾脏经膀胱、尿道随尿液排出。尿液收集方便,因此,尿检在医学临床检验中应用较广泛。尿液中的排泄物一般早晨浓度较高,可一次收集,也可以收集 8 h 或 24 h 的尿样,测定结果为收集时间内尿液中污染物的平均含量。

(2)血液

血液中有害物质的浓度可反映近期接触污染物质的水平,并与其吸收量呈正相关。以往从静脉取血样,手续较烦琐,取样量大。随着分析技术的发展,减少了血样用量,用耳垂、指血代替静脉血,给实际工作带来了方便。

(3)毛发和指甲

蓄积在毛发和指甲中的污染物质残留时间较长,即使已脱离与污染物接触或停止摄入污染食物,血液和尿液中污染物含量已下降,而毛发或指甲中仍容易检出。头发中的汞、砷等含量较高，样品容易采集和保存，故在医学和环境分析中应用较广泛。人发样品一般采集 2～5 g，男性采集枕部发，女性原则上采集短发。采样后，用中性洗涤剂洗涤，去离子水冲洗，最后用乙醚或丙酮洗净，室温下充分晾干后保存和备用。

(4)组织和脏器

采用动物的组织和脏器作为检验样品，对调查研究环境污染物在肌体内的分布、蓄积、毒性和环境毒理学等方面都有重要意义。但是，组织和脏器的部位复杂，且柔软、易破裂混合，因此取样操作要小心。

检验较大的个体动物受污染情况时，可在躯干的各部位切取肌肉片制成混合样。采集组织和脏器样品后，应放在组织捣碎机中捣碎、混匀，制成浆状鲜样备用。

(5)水产食品

水产品如鱼、虾、贝类等是人们常吃的食物，也是水污染物进入人体的途径之一。

样品从监测区域内水产品产地或最初集中地采集。一般采集产量高、分布范围广的水产品，所采品种应尽可能齐全，以便较客观地反映水产食品的被污染水平。从对人体的直接影响考虑，一般只取水产品的可食部分进行检测。

8.2.2 生物样品的预处理

由于生物样品中含有大量有机物(母质)，且所含有害物质一般都在痕量或超痕量级范围，因此测定前必须对样品进行分解，对欲测组分进行富集和分离，或对干扰组分进行掩蔽等。

8.2.2.1 消解和灰化

测定生物样品中的金属和非金属元素时，通常都要将其大量有机物基体分解，使欲测组分转变成简单的无机化合物或单质，然后进行测定。分解有机物的常用方法有湿法消解和灰化法。

(1)湿法消解

生物样品中含大量有机物，测定无机物或无机元素时，需用硝酸-高氯酸或硝酸-硫酸等试剂体系消解。对于脂肪和纤维素含量高的样品，如肉、面粉、稻米、秸秆等，加热消解时易产生大量泡沫，容易造成被测组分损失，可采用先加硝酸，在常温下放置 24 h 后再消解的方法，也可以用加入适宜防起泡剂的方法减少泡沫的产生，如用硝酸-硫酸消解生物样品时加入辛醇，用盐酸-高锰酸钾消解生物体液时加入硅油等。

(2)灰化法

灰化法分解生物样品不使用或少使用化学试剂，并可处理较大量的样品，故有利于提高测定微量元素的准确度。但是，因为灰化温度一般为 450～550 ℃，不宜处理测定易挥发组分的样品。此外，灰化法所用时间也较长。

根据样品种类和待测组分的性质不同，选用不同材料的坩埚和灰化温度。常用的有石英、铂、银、镍、铁、瓷、聚四氟乙烯等材质的坩埚。为促进分解或抑制某些元素挥发损失，常加入适量辅助灰化剂，如加入硝酸和硝酸盐，可加速样品氧化，疏松灰分，利于空气流通；加入硫酸和硫酸盐，可减少氯化物的挥发损失；加入碱金属或碱土金属的氧化物、氢氧化物或碳酸盐、醋酸盐，可防止氟、氯、砷等的挥发损失；加入镁盐，可防止某些待测组分和坩埚材料发生化学反应，抑制磷酸盐形成玻璃状熔融物包裹未灰化的样品颗粒等。但是，用碳酸盐作辅助灰化剂时，会造成汞和铊的全部损失，硒、砷和碘有相当程度的损失，氟化物、氯化物、溴化物有少量损失。

样品灰化完全后，经稀硝酸或盐酸溶解供分析测定。如酸溶液不能将其完全溶解，则需要将残渣加稀盐酸煮沸，过滤，然后再将残渣用碱融法灰化。也可以将残渣用氢氟酸处理，蒸干后用稀酸溶解供测定。

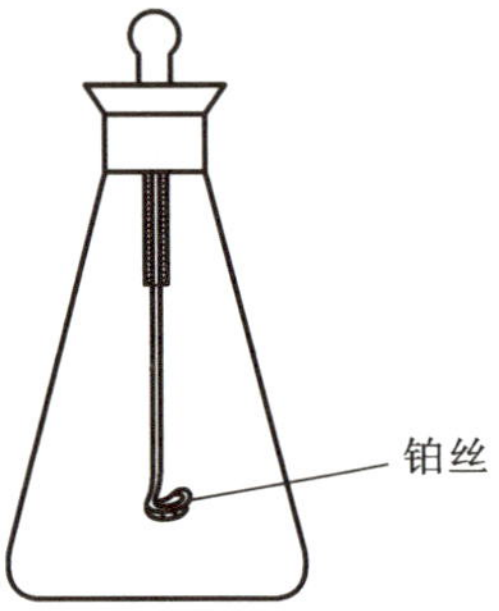

图 8.4　氧燃烧瓶

采用低温灰化和氧弹燃烧灰化技术分解生物样品，适于测定砷、汞、硒、氟、硫等挥发性元素。例如，高频电激发氧灰化技术是用高频电场激发氧气产生氧激发态原子来分解样品，一般在150 ℃以下就可使样品完全灰化。氧瓶燃烧法是一种简易的低温灰化方法，其装置如图 8.4 所示。该方法是将样品包在无灰滤纸中，滤纸包钩挂在绕结于磨口瓶塞的铂丝上，瓶内放入适当吸收液（如测氟用 0.1 mol/L NaOH 溶液，测汞用硫酸-高锰酸钾溶液等），并预先充入氧气；将滤纸点燃后，迅速插入瓶内，盖严瓶塞，使样品燃烧灰化，待燃烧尽，摇动瓶内溶液，使燃烧产物溶解于吸收液，吸收液供测定。

8.2.2.2　提取、分离和浓缩

测定生物样品中的农药、石油烃、酚等有机污染物时，需要用溶剂将欲测组分从样品中提取出来，提取效率的高低直接影响测定结果的准确度。如果存在杂质干扰和待测组分浓度低于分析方法的最低检测浓度问题，还要进行分离（净化）和浓缩。

随着近代分析技术的发展，对环境样品中的污染物已从单独分析发展为多种污染物连续分析。因此，在进行污染物的提取、净化和浓缩时，应考虑到多种污染物连续分析的需要。

(1)提取方法

提取生物样品中有机污染物的方法应根据样品的特点，待测组分的性质、存在形态和数量，以及分析方法等因素选择。常用的提取方法有：振荡浸取法、组织捣碎提取法、脂肪提取器提取法和直接球磨提取法。

①振荡浸取法：蔬菜、水果、粮食等样品都可使用这种方法。将切碎的生物样品置于容器中，加入适当的溶剂，放在振荡器上振荡浸取一定时间，滤出溶剂后，用新溶剂洗涤样品滤残或再浸取一次，合并浸取液，供分析或进行分离、富集用。

②组织捣碎提取法：取定量切碎的生物样品，放入组织捣碎杯中，加入适当的提取剂，快速捣碎 3～5 min，过滤，滤渣重复提取一次，合并滤液备用。该方法提取效果较好，应用较多，特别是从动植物组织中提取有机污染物质比较方便。

③脂肪提取器提取法：索格斯列特（Soxhlet）式脂肪提取器，简称索氏提取器或脂肪提取器（图 8.5），常用于提取生物、土壤样品中的农药、石油类、苯并[a]芘等有机污染物质。其提取方法是：将制备好的生物样品放入滤纸筒中或用滤纸包紧，置于提取筒内；在蒸馏烧瓶中加入适当的溶剂，连接好回流装置，并在水浴上加热，则溶剂蒸气经侧管进入冷凝器，凝集的溶剂滴入提取筒，对样品进行浸泡提取。当提取筒内溶剂液面超过虹吸

管的顶部时，就自动流回蒸馏瓶内，如此重复进行。因为样品总是与纯溶剂接触，所以提取效率高，且溶剂用量小，提取液中被提取物的浓度大，有利于下一步分析测定。但该方法费时，周期在 16 h 以上，常用作研究其他提取方法的对照比较方法。

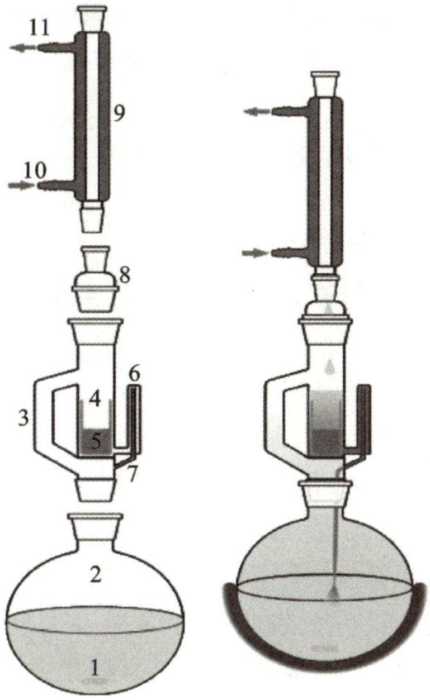

图 8.5 索式提取器

1—搅拌子；2—烧瓶；3—蒸汽路径；4—套管；5—样品包；6—虹吸管；
7—虹吸管出口；8—转接头；9—冷凝管；10—冷凝管入水口；11—冷凝管出水口

④直接球磨提取法：该方法用己烷作提取剂，直接将样品在球磨机中粉碎和提取，可用于提取小麦等粮食中的有机氯及有机磷农药。由于不用极性溶剂提取，可以避免以后费时的洗涤和液-液萃取操作，是一种快速提取方法。

如图 8.6 所示球磨机，提取用的仪器是一个 50 mL 的不锈钢管（球磨罐），钢管内放两个小钢球，放入 1～5 g 样品，加 2～8 g 无水硫酸钠，20 mL 己烷，将钢管盖紧，放在 350 r/min的摇转机上，粉碎提取 30 min 即可，回收率和重现性都比较好。

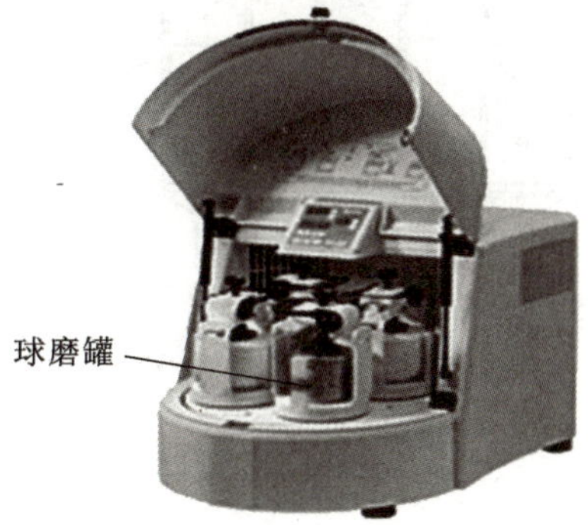

(a)

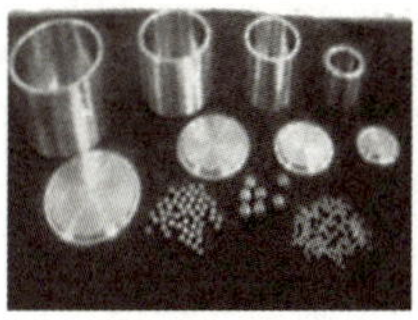

(b)

图 8.6 球磨机

(a)球磨机；(b)球磨罐和钢球

提取剂应根据欲测有机污染物的性质和存在形式，利用“相似相溶”原理来选择，其沸点在 45～80℃之间为宜。沸点太低，容易挥发；沸点太高，会使易挥发或热稳定性差的污染物损失。因为生物样品中有机污染物一般含量都很低，故要求提取剂的纯度高。此外，还应考虑提取剂的毒性、价格，及是否有利于下一步分离或测定等因素。常用的提取剂有正己烷、石油醚、乙腈、丙酮、苯、二氯甲烷、三氯甲烷、二甲基甲酰胺等。为提高提取效果，常选用混合溶剂，如正己烷（或石油醚）-丙酮（或乙醚、异丙醇、二氯甲烷、乙腈、甲醇）、乙腈-水、甲醇-三氯甲烷、三氯甲烷-乙酸乙酯等。

（2）分离方法（净化方法）

用有机溶剂提取欲测组分的同时，往往也将能溶于提取剂的其他组分提取出来。例如，用石油醚等提取有机氯农药时，也将脂肪、蜡质、色素等提取出来，还需将其分离出去。常用的净化方法有：液-液萃取法、蒸馏法、层析法、磺化法、皂化法、气提法、顶空法、低温冷冻法等。

①液-液萃取法。液-液萃取法是依据有机物组分在不同溶剂中分配系数的差异来实现分离的。例如，农药与脂肪、蜡质、色素等一起被提取后，加入一种极性溶剂（如乙腈）振摇，由于农药的极性比脂肪、蜡质、色素大，故可被萃取分离。

②蒸馏法。常压蒸馏、减压蒸馏、水蒸气蒸馏和扫集共蒸馏法等。其中，扫集共蒸馏法集蒸馏、层析方法于一体，具有高效、省时和省溶剂等优点，适用于测定蔬菜、水果等生物样品中有机氯（磷）农药残留量。扫集共蒸馏仪为扫集共蒸馏法的专用设备，它采用管式蒸馏器后接冷凝装置和微型层析柱的结构，具有需要样品量少、节省溶剂，速度快、自动化 5～6 s 测一个样，有 20 条净化管道等特点。

③层析法。层析法分为柱层析法、薄层层析法、纸层析法等。其中，柱层析法（图 8.7）在处理生物样品中用得较多。这种方法的原理是将生物样品的提取液通过装有吸附剂的层析柱，则提取物被吸附在吸附剂上，但由于不同物质与吸附剂之间的吸附力大小不同，因此当用适当的溶剂淋洗时，不同的组分会按一定的顺序被淋洗出来，吸附力小的组分先流出，吸附力大的组分后流出，使它们彼此得以分离。

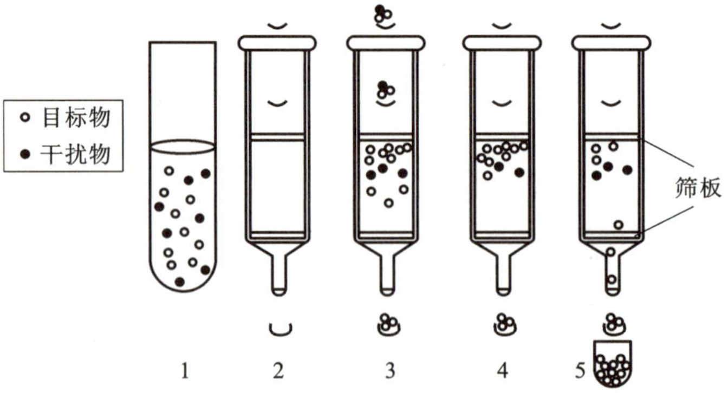

图 8.7　柱层析示意图

1—样本；2—预淋洗；3—上样；4—洗涤；5—洗脱

常用的吸附剂有硅酸镁、活性炭、氧化铝、硅藻土、纤维素、高分子微球、网状树脂等。活化的硅酸镁层析柱常用于分离农药。表 8.5 列出以乙醚-石油醚混合溶剂为淋洗液分离各种农药的情况，随着淋洗液极性依次增大，淋洗下来的农药极性也依次增大。

表 8.5 硅酸镁-乙醚-石油醚层析体系分离农药

吸附剂	淋洗溶液	能分离出来的农药
硅酸镁	6%乙醚-石油醚	艾氏剂、“六六六”各种异构体、p，p′-DDT、o，p′-DDT、p，p′-DDD、p，p′-DDE、七氯、多氯联苯等
硅酸镁	15%乙醚-石油醚	狄氏剂、异狄氏剂、地亚农、杀螟硫磷、对硫磷、苯硫磷等
硅酸镁	50%乙醚-石油醚	强碱农药、马拉硫磷等

④磺化法和皂化法。磺化法的原理：提取液中的脂肪、蜡质等干扰物质能与浓硫酸发生磺化反应，生成极性很强的磺酸基化合物，并进入硫酸层。分离硫酸层后，洗去残留在提取液中的硫酸，再经脱水，得到纯化的提取液。该方法常用于有机氯农药的净化，对于易被酸分解或与之起反应的有机磷、氨基甲酸酯类农药，则不适用。

皂化法是利用油脂等与强碱发生皂化反应，生成脂肪酸盐而将其分离的方法。例如，用石油醚提取粮食中的石油烃，同时也将油脂提取出来，如在提取液中加入氢氧化钾-乙醇溶液，油脂与之反应生成脂肪酸钾盐进入水相，而石油烃仍留在石油醚中。

⑤气提法和顶空法。这两种方法常用于测定挥发性有机物（VOCs）或挥发性无机物（VICs）。气提法是把惰性气体通入调制好的液体样品中，将待测组分吹出，直接送入仪器测定，或导入吸收液吸收富集后再测定。顶空法测定时，先在密闭的容器中装入液体或固体样品，容器上部存留一定空间，再经过一定时间的加热，容器内气液（或固）两相达到平衡，气相部分导入仪器进行待测组分的测定。这两种方法也常用于分离生物样品提取液中的待测组分或干扰组分。

⑥低温冷冻法。该方法基于不同物质在同一溶剂中的溶解度随温度不同而不同的原理进行彼此分离。例如，将用丙酮提取生物样品中农药的提取液置于－70℃的冰-丙酮冷阱中，由于脂肪和蜡质的溶解度大大降低而沉淀析出，农药仍留在丙酮中。经过滤除去沉淀，获得经净化的提取液。这种方法的最大优点是有机化合物在净化过程中不发生变化，并且有良好的分离效果。

(3)浓缩方法

生物样品的提取液经过分离净化后，欲测污染物浓度可能仍达不到分析方法的要求，这就需要进行浓缩。常用的浓缩方法有：蒸馏或减压蒸馏法、K-D浓缩器浓缩法、旋转蒸发法等。其中，K-D浓缩器法和旋转蒸发法是浓缩有机污染物的常用方法。K-D浓缩器[图 8.8(a)]是通过加热使溶剂沸腾并将产生的溶剂冷凝回收来达到浓缩目的的。早期的K-D浓缩器在常压下工作，后来加上了毛细管，可进行减压浓缩，提高了浓缩速度。生物样品中的农药、苯并[a]芘等极毒、致癌性有机污染物含量都很低，其提取液经净化分离后，都可以用这种方法浓缩。为防止待测物损失或分解，加热K-D浓缩器的水浴温度一般控制在50 ℃以下，最高不超过80 ℃。特别要注意不能把提取液蒸干。若需进一步浓缩，需用微温蒸发，如用改进的微型施耐德（Snyder）柱再浓缩，可将提取液浓缩至0.1～0.2 mL。

旋转蒸发仪[图 8.8(b)]的设计除了对试样进行加热外，还用减压和旋转的手段来提高效率，减压可以降低溶媒的沸点，旋转用于增大蒸发表面积，所以其效率会高很多，另外，整个体系是个相对密闭的系统，所以回收率较高，也较稳定。K-D 浓缩器带有回流，浓缩时样品组分损失小，特别是对沸点较低的成分；但对热敏成分不利。旋转蒸发仪浓缩速度快，但低沸点组分损失大。

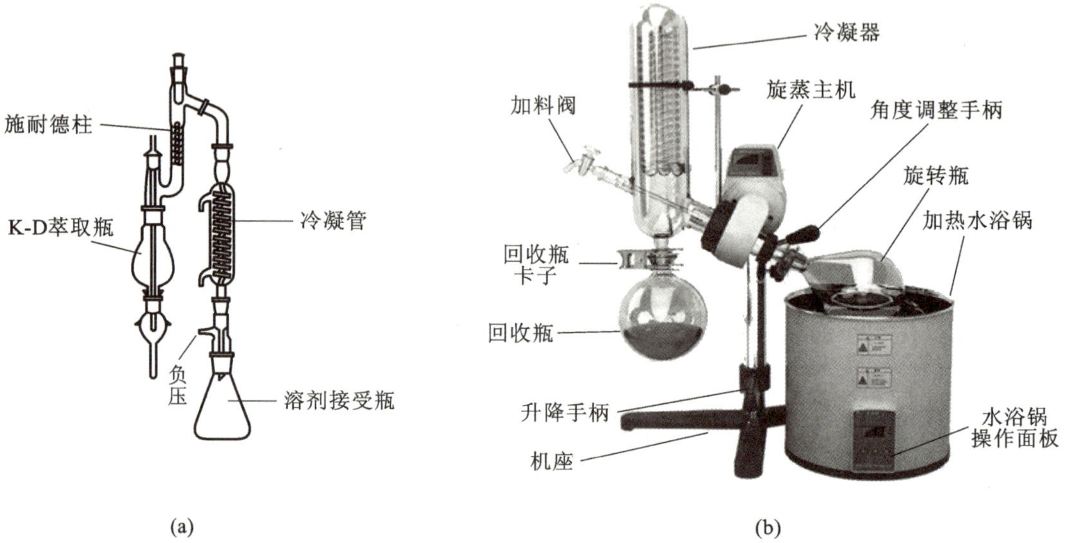

图 8.8　K-D 浓缩器和旋转蒸发仪

(a)K-D 浓缩器；(b)旋转蒸发仪

8.3　环境微生物检测基础

8.3.1　显微镜的使用及保养

显微镜是一种用来观察肉眼看不见的微观物体的仪器，是人类进入原子时代的标志。显微镜学是用这种仪器研究微观物体和结构的科学。显微镜是由一个透镜或几个透镜的组合构成的一种光学仪器，由机械装置和光学系统两部分组成。

显微镜的机械装置主要由镜筒、(物镜)转换器、载物台、镜臂、镜座、调节器六部分组成(图 8.9)。

显微镜的光学系统是显微镜的主要部分，尤其是物镜和目镜。一架显微镜的机械装置虽好，但光学系统不好，这架显微镜是不会起好作用的。因此，对显微镜的使用和维护要注意以下几方面：

(1)避免直接在阳光下暴晒。因为透镜与透镜之间，透镜与金属之间都是用树脂或

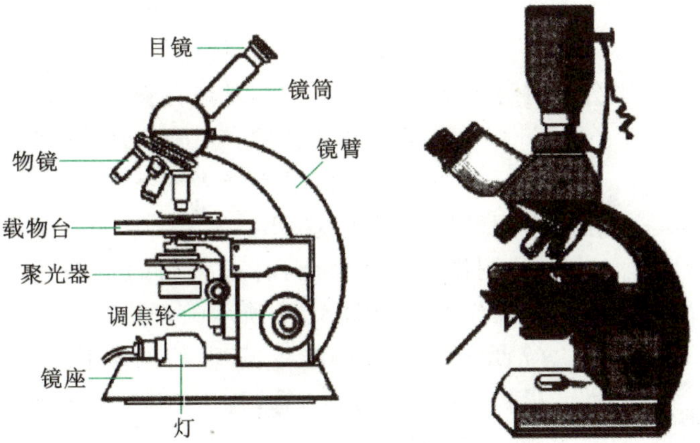

图 8.9 显微镜的结构

亚麻仁油黏合起来的。金属与透镜膨胀系数不同，受高热因膨胀不均，透镜可能脱落或破裂，树脂受高热融化，透镜也会脱落。

(2)避免和挥发性药品或腐蚀性酸类一起存放。碘片、酒精、醋酸、盐酸和硫酸等对显微镜金属质机械装置和光学系统均是有害的。

(3)透镜要用擦镜纸擦拭，若仅用擦镜纸擦不净，可用擦镜纸蘸二甲苯擦拭。但用量不宜过多，拭擦时间也不宜过长，以免黏合透镜的树脂被融化，而使透镜脱落。

(4)不能随意拆卸显微镜，尤其是物镜、目镜、镜筒，因为拆卸后空气中的灰尘落入里面会引起生霉。机械装置需经常加润滑油，以避免因摩擦而受损。

(5)避免用手指沾抹镜面，否则会影响观察。沾有有机物的镜片，时间长了会生霉。因此，每使用一次，目镜和物镜都得用擦镜纸擦净。

(6)显微镜应放在干燥处，镜箱内要放硅胶吸收潮气。目镜、物镜应放在盒内并存于干燥器中，以免受潮生霉。

8.3.2 培养基的配制

8.3.2.1 培养基种类

培养基是微生物生长繁殖的基地，通常根据微生物生长繁殖所需要的各种营养物配制而成，其中含水分、碳化合物、氮化合物、无机盐等。这些营养物可为微生物提供能源、碳源、氮源等，组成细胞成分及调节代谢活动。按培养目的不同，或培养不同种类微生物可配成各种培养基。通常，培养细菌是用肉膏蛋白胨培养基，培养放线菌常用淀粉培养基，培养真菌用豆芽汁培养基，培养酵母菌用麦芽汁培养基。各种培养基根据其来源不同可以分为合成培养基、天然培养基和半合成培养基三种类型。

8.3.2.2 培养基配制

(1)配制溶液：取一定容量的烧杯，按培养基配方逐一称取各种成分，放入烧杯中。

(2)调 pH 值：调节 pH 值可用 1 mol/L 氢氧化钠溶液或 1 mol/L 盐酸溶液。灭菌前的 pH 值可比规定要求高出 0.2。pH 值必须按各种不同培养基要求准确测定。

(3)过滤:用滤纸或多层纱布趁热过滤培养基。一般无特殊要求时,此步可省去。

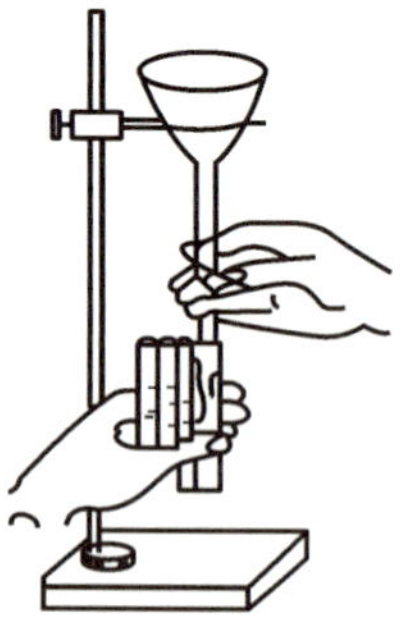

图 8.10 培养基的分装

(4)分装:按图 8.10 所示,将培养基分装于试管中或锥形瓶中,分装时可用漏斗,以免使培养基沾在管口或瓶口上而造成污染。

(5)灭菌:配制培养基后,应立即灭菌处理,按培养基的灭菌要求进行。如因特殊情况不能及时灭菌,应暂存于 4 ℃冰箱内,存放时间最好不要超过 2 h。

(6)制作平板和斜面:将灭菌后的培养基按需要制成平板或斜面。操作方法如图 8.11 所示。

(7)培养基的无菌检查:灭菌后的培养基,一般需进行无菌检查。最好从中取出 1～2 管,置于 37 ℃培养箱中培养 1～2 d,确定无菌后方可使用。

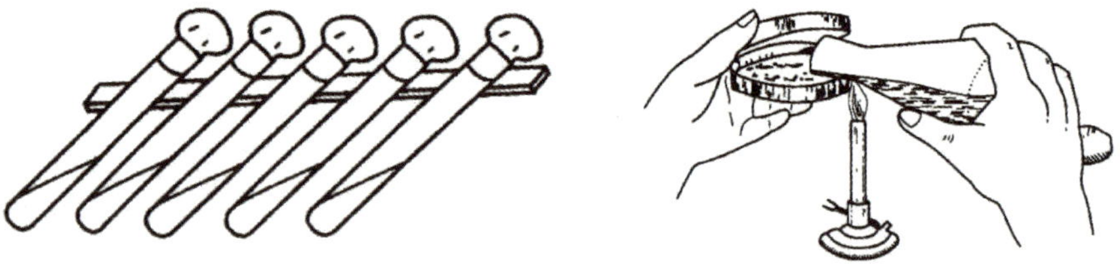

图 8.11 置放成斜面的试管

8.3.2.3 玻璃器皿的洗涤

(1)常用器皿的洗涤:一般包括三角瓶、培养皿、试管、烧杯等可用温水化开洗衣粉洗刷,用自来水洗净到器壁水膜均匀,不挂水滴或不显油斑为止,并用蒸馏水冲洗 2～3 次,烘干备用。玻璃吸管及移液管一般可用自来水冲洗后沥干,再插入重铬酸钾洗液中浸泡数十分钟,取出再用自来水洗净,并用蒸馏水冲洗 2～3 次,烘干备用。

(2)载玻片和盖玻片的洗涤:对观察活菌用的玻片要先浸入相应浓度的消毒液中浸泡一段时间后取出,用自来水洗净,按前法处理备用。

(3)带有培养物的玻璃器皿的处理:对于用过的带菌器皿,应先灭菌,后洗涤。对于试管、培养皿等一般玻璃器皿可用高压蒸汽灭菌,在环境微生物监测的实际工作中也可使用家用高压锅,简洁、方便。

(4)包扎:常规的包扎应采用牛皮纸,尽量使包扎的物品不外露。移液管的吸端用细铁丝将少许棉花塞入构成 1～1.5 cm 长的棉塞(以防细菌吸入口中,并避免将口中细菌吹入管内),按实验需要,可单支包装或多支包装,待灭菌。

8.3.2.4 灭菌

灭菌是用物理、化学因素杀死全部微生物的营养细胞和它们的芽孢(或孢子)。消毒和灭菌有些不同,它是用物理、化学因素杀死致病微生物或杀死全部微生物的营养细胞及一部分芽孢。

灭菌方法很多,有过滤除菌法,化学药品消毒和灭菌法(如利用酚、含汞药物及甲醛等使细菌蛋白质凝固变性以达到灭菌目的),物理消毒灭菌法(如利用高温、紫外线和超声波等灭菌)。

其中，加热（高温）灭菌是最主要的灭菌方法。加热灭菌法有两种：干热灭菌和湿热灭菌，湿热灭菌比干热灭菌优越，因为湿热的穿透力和热传导都比干热的强，湿热时微生物吸收高湿水分，菌体蛋白很容易凝固变性，所以湿热灭菌效果好。湿热灭菌中最常用的方法是高压蒸汽灭菌，此方法一般是在 121 ℃下，灭菌 15～30 min。而干热灭菌则需 160 ℃下灭菌 2 h，才能达到湿热灭菌的同样效果。

8.3.2.5 接种技术操作

(1)接种用具

常用的接种用具有接种环、接种针、接种钩、玻璃刮刀、铲、移液管、滴管等。接种环和接种针等总长约 25 cm，环、针、钩的长为 4.5 cm，可用白金、电炉丝或镍丝制成。

(2)接种环境

微生物的分离培养、接种等操作需在经紫外线灯灭菌的无菌操作室、无菌操作箱或生物超净台等环境下进行。教学实验由于人多，无菌室小，无法一次容纳所有实验者。所以，在一般实验室内进行时要特别注意无菌操作。也可多组分批进行。

(3)几种接种技术

①斜面接种技术

将长在斜面培养基（或平板培养基）上的微生物接到另一支斜面培养基上的方法[图 8.12(a)]。

②液体培养基中的菌种被接入液体培养基

接种用具是无菌移液管和无菌滴管。用无菌移液管从菌种管中吸取一定量的菌液接到另一管液体培养基中，将试管塞好棉塞即可。

③液体接种

由斜面培养基接种到液体培养基的方法。用接种环挑取斜面培养基上的菌种一环，送入液体培养基中，使环在液体表面与管壁接触轻轻研磨，将环上的菌种全部洗入液体培养基中，取出接种环塞上棉塞。将试管轻轻撞击手掌使菌体在液体培养基中均匀分布。

④穿刺接种

将斜面菌种接种到半固体深层培养基。如前文斜面接种操作，用接种针（必须很挺直）挑取少量菌种。将带菌种的接种针刺入固体或半固体深层培养基中直到接近管底，然后沿穿刺线缓慢地抽出[图 8.12(b)]，塞上棉塞。

(a) (b)

图 8.12 斜面接种和穿刺接种示意图

(a)斜面接种；(b)穿刺接种

⑤稀释平板涂布法

此法接种量不宜太多（0.5 mL 以下），培养时起初不能倒置，先正摆一段时间等水分蒸发后倒置。

8.3.2.6 细菌纯种分离

(1)稀释平板分离法

①取样:用无菌锥形瓶到现场取一定量的活性污泥或土壤或湖水,迅速带回实验室。

②制备稀释液:用 10 mL 的无菌移液管吸取 10 mL 水样(或 10 g 样品)加入盛有 90 mL 无菌水的锥形瓶(内含玻璃珠)中,振荡 20 min,将团粒打碎,即制成 10^{-2}(浓度)的菌液。

③稀释:将 5 管 9 mL 的无菌水排列好,按 10^{-2}、10^{-3}、10^{-4}、10^{-5}及 10^{-6}依次编号。在无菌操作条件下,将移液管吹洗三次,用手摇 10 min 将颗粒状样品打散。即为 10^{-1}浓度的菌液。用 1 mL 无菌移液管吸取 10^{-1}浓度的菌液 1 mL 于 9 mL 无菌水中即为 10^{-2}(浓度)稀释液,如此重复,可依次制成 10^{-2}~10^{-6}(浓度)的稀释液(图 8.13)。

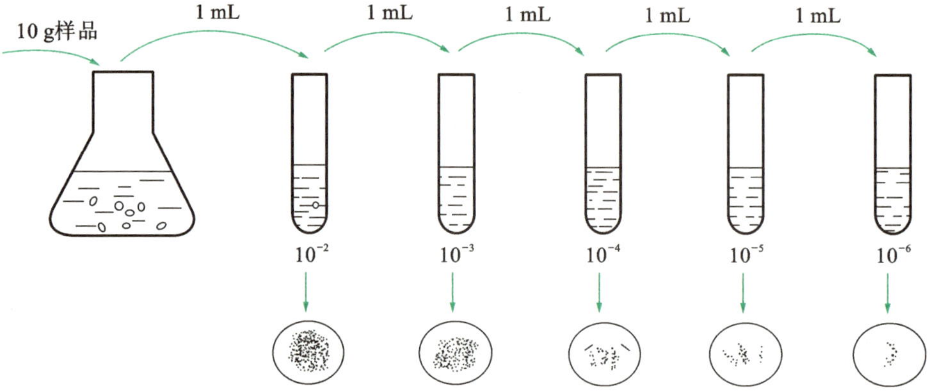

图 8.13 样品稀释过程

④平板的制作:取 9 套无菌培养皿编号,10^{-4}、10^{-5}、10^{-6}各 3 个。取 1 支 1 mL 无菌移液管从浓度小的 10^{-6}菌液开始,以 10^{-6}、10^{-5}、10^{-4}为序分别吸取 0.5 mL 菌液于相应编号的培养皿内(注:每次吸取前,用移液管在菌液中吹泡使菌液充分混匀)。然后取冷却至 50 ℃左右的培养基,分别倒入以上培养皿(培养基的量约为 15~20 mL)中,迅速将培养皿平放在桌上,并轻轻转动培养皿,使培养基和菌液充分混匀,但不沾湿培养皿的边缘,待冷凝后即成平板,置于 30℃培养 24~48 h,然后观察结果。

(2)平板划线分离法

①平板的制作:按无菌操作要求将冷却至约 50 ℃的牛肉膏蛋白胨琼脂培养基倒入无菌培养皿内,待其凝固成平板后备用。

②操作:用接种环挑取一环活性污泥(或土壤悬液等),左手拿培养皿,中指、无名指和小指托住皿底,拇指和食指夹住皿盖,将培养皿稍倾斜,左手拇指和食指将皿盖掀半开,右手将接种环伸入培养皿内,在平板上轻轻划线(切勿划破培养基),划线方法见图 8.14。划线完毕盖好皿盖,倒置,30 ℃培养 24~48 h 后观察结果。

图 8.14 平板划线法

8.3.2.7 微生物实验室质量控制

(1)实验室要求

①人员要求:相应岗位的人员,应具备相应的技术能力、相应的技术能力证明并持证上岗。微生物检验室应由有相应技术能力的人负责室内的技术工作并设立质量监督员。

②房屋条件要求:房屋应足够宽敞、通风良好、具有适宜的照明。房屋内墙面及地面等应采用易于清洁的材料,保持房间清洁。房间的大小还应从实验人员的进入数量上加以考虑。

③设备仪器要求:满足开展相关监测项目的要求。制定相关仪器设备的作业指导书。按规定在一定的周期开展送检或自校,自校仪器要有相应的仪器自校规程,维修后仪器设备投入使用前需送检或自校并保存相关的记录。

(2)实验室内部质量控制

①恒温培养箱:在使用期间,每天需对实际温度进行核查。一般显示值与实测值相差不大于±1 ℃,箱体内各点温度(内部的温度均衡性)以及温度波动同样不大于±1 ℃,可将检定合格的工作温度计置于甘油或水中,放入待测箱体内,观察工作温度计的温度,在恒温培养箱工作周期内,最好每天进行1～2次温度监控并记录。

②高压蒸汽灭菌器:应能提供均匀的高达121 ℃的高压灭菌温度,每月可用留点温度计、3M压力蒸汽灭菌生物培养指示剂、121 ℃压力蒸汽灭菌化学指示管进行灭菌效果监控。

③蒸馏水:每月对实验用蒸馏水开展细菌总数的监测,并对实验用水做出评判。定期清洁离子交换器和更换离子交换材料,标准平皿菌落计数超过1000个/mL则需更换新的过滤装置。

④培养基:每批微生物培养基投入使用前,需用标准菌种开展该培养基的适用性检验。即用已知菌种检查在此培养基上的生长繁殖情况或能否形成典型菌落来衡量,结果正常方可投入使用。见表8.6。

表8.6 标准菌株的观察指标

培养基	菌株名称	培养时间及条件	生长情况	观察指标
营养琼脂	大肠埃希菌 ATCC25922	37 ℃、24 h	+	生长
品红亚硫酸钠培养基	大肠埃希菌 ATCC25922	37 ℃、24 h	+	分解乳糖、菌落紫红色、具金属光泽
伊红美蓝培养基	大肠埃希菌 ATCC25922	37 ℃、24 h	+	分解乳糖、菌落深紫黑色、具金属光泽
乳糖蛋白胨培养液	大肠埃希菌 ATCC25922	37 ℃、24 h	+	产酸产气

⑤所有培养基配制完毕后,均需在培养基各自要求的温度和时间下高温高压灭菌并在规定时间内使用。配制好的培养基,需分别贴以相应标签,记录培养基名称、配制人、

配制时间和有效期等，不宜存放过久，以少量、多次配制为宜，具体保存时间参照表 8.7。

表 8.7 培养基的保存时间

培养基	保存时间
松帽试管内的琼脂或液态培养基，存放于 4 ℃冰箱	1 周
密闭紧帽试管中的琼脂或液态培养基，存放于 4 ℃冰箱	3 个月
平皿内的琼脂培养基，放于密闭塑料袋中，存放于 4 ℃冰箱	2 周

8.4 生物样品检测

8.4.1 概述

生物样品中的主要污染物有砷、汞、铅、镉、铬、铜、氟等无机化合物和农药、芳香烃、激素等有机化合物。生物污染的检测方法与水、气、土壤污染的检测方法相通，都是将样品预处理后再采取相应的分析方法进行测定。它们之间的区别主要是样品的预处理方法不同。

另外，由于生物体中污染物的含量普遍极低，故需要选用灵敏度较高的现代分析仪器进行痕量或超痕量分析。常用的分析方法有：光谱分析法、色谱分析法、电化学分析法、放射分析法和多仪器联用技术等。

光谱分析法包括紫外-可见分光光度法、红外分光光度法、荧光分光光度法、原子吸收分光光度法、发射光谱分析法、X 射线荧光分析法等。

色谱分析法主要有薄层色谱分析法、气相色谱分析法和高效液相色谱分析法等。多仪器联用技术中气相色谱-质谱联用(GC-MS)、液相色谱-质谱联用(LC-MS)已广泛用于生物样品痕量污染物的定性和定量分析，如用于农药残留、环境激素和持久性污染物分析。色谱-质谱联用技术是对复杂样品进行定性、定量分析的有力工具，突破了色谱分析的限制。

8.4.2 生物样品测定实例

8.4.2.1 粮食作物中有害金属元素测定

粮食作物中铜、镉、铅、锌、铬、汞、砷的测定方法可概括为：首先从前面介绍的植物样品采集和制备方法中选择适宜的方法采集和制备样品，然后用湿法消解或灰化法制备成样品溶液，再用原子吸收光谱法或分光光度法测定。

8.4.2.2 水果、蔬菜和谷类中有机磷农药测定

测定要点：首先根据样品类型选择适宜制备方法，对样品进行制备，如粮食样品用粉

碎机粉碎、过筛，蔬菜用捣碎机制成浆状；而后，取适量制备好的样品，加入水和丙酮提取农药，经减压抽滤，所得滤液用氯化钠饱和，并将丙酮相和水相分离，水相中的农药再用二氯甲烷萃取，分离所得二氯甲烷萃取液与丙酮提取液合并，用无水硫酸钠脱水后，于旋转蒸发仪中浓缩至约 2 mL，移至 5～25 mL 容量瓶中，用二氯甲烷定容，供测定；最后，分别取混合标准液和样品提取液注入气相色谱仪，用火焰光度检测器(FPD)测定，根据样品溶液峰面积或峰高与标准溶液峰面积或峰高进行比较定量。

此方法适用于水果、蔬菜、谷类中敌敌畏、速灭磷、久效磷、甲拌磷、巴胺磷、二嗪磷、乙嘧硫磷、甲基嘧啶硫磷、甲基对硫磷、稻瘟净、水胺硫磷、氧化喹硫磷、稻丰散、甲喹硫磷、虫胺磷、乙硫磷、乐果、喹硫磷、对硫磷、杀螟硫磷的残留量测定。

8.4.2.3 鱼组织中有机汞和无机汞测定

(1)巯基棉富集-冷原子吸收法测定样品中的有机汞和无机汞

称取适量制备好的鱼组织样品，加 1 mol/L 盐酸浸提出有机汞和无机汞化合物。将提取液的 pH 值调至 3，用巯基棉富集两种形态的汞化合物，然后用 2 mol/L 盐酸洗脱有机汞化合物，再用氯化钠饱和的 6 mol/L 盐酸洗脱无机汞，分别收集并用冷原子吸收法测定。

(2)气相色谱法测定甲基汞

鱼组织中的有机汞化合物和无机汞化合物用 1 mol/L 盐酸提取后，用巯基棉富集并用盐酸溶液洗脱，再用苯萃取洗脱液中的甲基汞，再用无水硫酸钠除去有机相中的残留水分，最后用气相色谱法(ECD)测定甲基汞的含量。

思考题与习题

1. 简要说明污染物质进入动、植物体后，主要有哪些分布和蓄积规律。
2. 简述生物样品的预处理方法有哪些。
3. 显微镜的使用和维护要注意哪些方面？
4. 微生物实验中培养基配制的步骤有哪些？

9 突发性环境污染事故应急监测

本章提要

【知识点】

◆ 突发性环境污染事故的类型及特点

◆ 突发性环境污染事故应急监测的内容和任务

◆ 常用的应急监测技术和设备

◆ 典型污染事故应急监测方法

【技能点】

◆ 掌握部分常用现场快速监测技术

◆ 能够正确操作部分常见现场监测设备

9.1 概　　述

随着人类社会工业化进程，人类面临的环境压力不断增大，突发性环境污染事故时有发生。例如，受 2011 年 3 月大地震和海啸的影响，日本福岛第一核电站发生核泄漏事故。这一被定为最高级 7 级的核事故给日本造成了重大损失，同时引起了全世界的广泛关注，随后，日本将核废水排海的行为给全球海洋环境安全和社会经济发展带来严重而深远的影响。

在瞬时或较短时间内大量非正常排放或泄漏环境污染物质，造成生命财产巨大损失或生态环境严重危害的恶性环境污染事故称为突发性环境污染事故。突发性环境污染事故不同于一般的环境污染事故，它没有固定的排放方式和排放途径，发生突然、难以控制，对经济、社会、人群健康和生态环境破坏性极大。突发性环境污染事故引发的环境安全问题已经引起全世界的广泛关注。

自 20 世纪 70 年代以来，世界上许多国家及国际组织针对突发性环境污染事故的防范和处理，建立了相应的管理机构，制定了相关的法规和标准，实施了防范、控制的方针和政策。1986 年联合国环境委员会(UNEP)提出了一系列的措施，旨在帮助各国政府特别是发展中国家政府降低化学污染事故的发生率。1988 年联合国环境规划署提出了阿佩尔(APELL)计划,该计划的中心思想是:各国应提高各级政府、企事业单位领导及群众团体对突发性事故的警觉与认识。只要平时提高警惕,加强管理和防范,许多恶性环境污染事故是完全可以避免的。即使发生了突发性污染事故,只要掌握污染事故应急处理措施、紧急救援的知识与技能,就能对其做出及时有效的处理和处置,降低污染事故的危害程度。这项计划一经提出立即得到了世界许多国家的普遍重视和积极响应。2010 年我国环保部制定并发布了《突发环境事件应急监测规范》(HJ 589—2010),2021 年发布《突发环境事件应急监测技术规范》(HJ 589—2021)代替(HJ 589—2010),旨在防止环境污染,改善环境质量,规范突发环境事件应急监测。

近年来,我国突发性环境事件应急管理体系不断完善,突发性环境污染事故应急监测技术进一步规范,先后发布了《环境空气 氯气等有毒有害气体的应急监测 比长式检测管法》(HJ 871—2017)、《环境空气 氯气等有毒有害气体的应急监测 电化学传感器法》(HJ 872—2017)、《环境空气 无机有害气体的应急监测 便携式傅里叶红外仪法》(HJ 920—2017)、《辐射事故应急监测技术规范》(HJ 1155—2020)、《核动力厂核事故环境应急监测技术规范》(HJ 1128—2020)、《近岸海域环境监测技术规范 第九部分 近岸海域应急与专题监测》(HJ 442.9—2020)、《应急监测中环境样品 γ 核素测量技术规范》(HJ 1127—2020)、《生态环境应急监测能力评估要点》和《生态环境应急监测报告编制指南》等一批应急监测规范性文件。

9.1.1 突发性环境污染事故产生原因

随着人类社会和经济的发展,地球环境的污染与破坏日益严重。社会经济生产活动中突发性环境污染事故时有发生。随着现代科学技术的不断发展,越来越多的新的化学合成物质被研制出来,并大量生产、广泛应用于各个领域。能导致突发性环境污染事故发生的物质种类和数量正在逐年增加,给生态环境带来极大的安全隐患。突发性环境污染事故产生的原因主要有以下几种:

(1)自然灾害

地震、台风、暴雨、泥石流等自然灾害造成的工厂损毁、仓库倒塌、船只沉没等事故,如果造成危险化学品流出,将引发恶性环境污染事故。

(2)生产事故

在石油、化工、煤炭、冶金、医药和核工业等行业生产过程中,如果发生生产事故将导致有毒化学品、放射性物质等泄漏甚至是燃烧、爆炸事故,都有可能造成环境污染事故。

(3)贮运事故

有毒有害物质在贮存过程中发生贮罐腐蚀、破损或仓库火灾、爆炸等事故;危险品在转移和运输过程中发生沉船、翻车、输送管道泄漏、爆炸或燃烧等事故都有可能造成环境污染事故。

(4)人类战争

在人类战争中,如果破坏了工厂、仓库、油田等生产设施,或者使用了化学武器、核武器和生化武器等,将会造成极其严重的环境污染。

9.1.2 突发性环境污染事故分类

突发性环境污染事故根据其发生原因、主要污染物性质和事故的表现形式等，可分为以下几类：

(1)废水非正常排放污染事故

废水非正常排放污染事故指在企业生产过程中因操作不当或生产事故而使得大量高浓度废水突然排入地表或地下水水体，造成水质突然恶化。

(2)有毒有害物质污染事故

有毒有害物质污染事故指因有毒有害物质在生产、贮存、转移、运输、排放或使用过程中出现泄漏或非正常排放而导致严重环境污染。

(3)爆炸污染事故

爆炸污染事故指易燃、易爆物质的存放、使用或处置不当引起爆炸、火灾等事故而导致环境污染。

(4)放射性污染事故

放射性污染事故指在生产、使用、贮存、运输放射性物质的过程中，由于操作不当而造成环境放射性污染。

(5)油污染事故

油污染事故是指在原油、燃料油以及各种油制品的生产、贮存、运输、使用或排放过程中，由于操作不当或意外而造成环境污染。

(6)农药污染事故

农药污染事故指剧毒农药在生产、贮存、运输和使用过程中，因意外或使用不当而造成恶性环境污染。

9.1.3 突发性环境污染事故的特征

突发性环境污染事故和一般环境污染事故相比，二者具有一些共性，如都对生态环境具有破坏作用，对人群健康和生命安全造成严重威胁和伤害以及会造成不同程度的财产损失等。同时，突发性环境污染事故又具有其独有的特征。

(1)事故发生的突然性

一般环境污染事故污染物质的排放有固定的方式和途径，在一定时间内属于有规律的排放。而突发性污染事故没有固定的排放方式和途径，事故的发生有很强的偶然性，在瞬间或极短时间内就造成严重后果。由于导致事故发生的人为活动或自然因素具有不确定性，因此突发性环境污染事故的发生难以预测。另外，由于人类认识客观世界能力的局限性，在开展突发性环境污染事故的风险评估、预测、防范等方面还存在着各种偏差，难以真正掌握各种突发性环境污染事故的客观规律，并对其进行有效的控制和预防。

(2)污染形式的多样性

突发性环境污染事故包括放射性污染事故、溢油事故、爆炸污染事故、农药、有毒化学品污染事故等多种类型，涉及多个行业领域。就某一类事故而言，造成污染的因素多且复杂，生产、贮存、运输、使用和处置不当都有发生污染事故的可能。突发性环境污染事故也有多样化的表现形式。另外，能导致突发性环境污染事故发生的有毒有害物质种类繁多。常见的有剧毒农药，有机氯、有机磷系列，挥发性有机溶剂苯、甲苯、甲醛等，剧毒化学品氰化物、砷化物、汞及其化合物等，有毒气体氯化氢、氯气、硫化氢等，印染废液、酿造废液、化工母液及废液，各种放射性物质等。

(3)污染危害的严重性

一般的环境污染事故危害性相对较低。突发性污染事故发生突然，在极短时间内大量泄漏、排放有毒有害物质，如果没有相应的防范措施，在很短的时间内往往难以控制，会造成生命、财产的巨大损失和生态环境的严重破坏，事故的环境影响、经济影响和社会影响都比较严重。

(4)处理处置的艰巨性

突发性环境污染事故涉及的污染因素较多，污染物排放量较大，污染面广且发生突然，危害强度高。突发性事故对监测技术和处理处置措施要求较高。处理此类事故必须快速及时，措施有效、得当，否则将会产生严重后果。因此，突发性污染事故发生的监测、处理比一般环境污染事故复杂，难度也大得多。

(5)事故原因的规律性

尽管突发性污染事故的发生存在很大的不确定性，但事故前的系统状态变化却是一个按客观规律演变的连续变化过程，突发事故的发生只是该系统连续变化过程中符合客观科学规律的一个突变。污染源集中处以及有害物质的生产、贮存、运输、使用环节是突发事故的发生源。工艺技术落后，管理制度不健全、不完善，防范不足是发生突发事故的直接原因。因此，研究分析突发性污染事故的发生规律，建立危险源系统状态变化的动态模型，进而掌握突发事故发生前的系统变化及导致该系统状态突变的原理和规律，有助于对突发环境事故的防范、预测和控制。

9.1.4 突发性环境污染事故应急监测的内容和任务

突发性污染事故应急监测是监测人员在事故现场，使用小型、便携、简易、快速的检测仪器和有效的检测方法，在尽可能短的时间内测定和判断污染物的种类、浓度、污染范围、扩散速度和危害程度的过程。应急监测的任务是为事故处理处置的决策提供科学依据；为正确决策赢得宝贵时间；为事故应急处置、善后处理提供技术支持；有效控制污染范围，缩短事故持续时间，减小事故损失。在应急监测过程中，一般在进行现场监测的同时采样，然后送到实验室分析，以获取更为准确的数据，用于后续的决策和事故性质认定。

9.1.5 突发性环境污染事故应急监测的原则

突发性环境污染事故应急监测不仅仅是事故发生后的环境监测，此类监测一般应结合事故预防与应急监测两方面。突发性环境污染事故应急监测应遵循以下原则：①事先防止污染事故的发生(例如:调查了解所在地区有害物质生产、使用情况,贮存数量和地点,运输方式和路线等,并制订相应的应急处置预案;加强宣传,提高公众预防意识;成立应急机构和网络,落实应急措施;定期组织演习等)。②成立相应的事故应急组织机构,落实组织、人员、装备、技术、资金等,制订各种情况下的应急预案。③事故发生后能在最短时间内携带装备到达现场,以最快速度确定监测方案,并确定污染物种类、浓度和扩散情况等,为处置决策提供科学依据,尽可能减少损失。

9.1.6 突发性环境污染事故应急监测系统

突发性环境污染事故应急监测系统包括质量管理、组织保障、技术支持等三部分。

(1)应急监测质量管理

突发性污染事故应急监测的质量管理应包括前期质量管理和运行中的质量管理两个方面。前期质量管理是应急监测质量管理的基础性工作,其主要内容有:①建立应急监测工作手册、应急监测数据库和应急监测地理信息系统;②组织应急监测人员技术培训;③做好监测方法和监测仪器的筛选,做好监测仪器、设备的计量检定,做好试剂、车辆等后勤保障。运行中的质量管理的主要内容有:①污染事故现场勘查和监测方案制订中的质量管理;②污染事故现场监测和采样中的质量管理;③实验室分析、监测数据处理的质量管理以及编制监测报告的质量管理。

(2)应急监测组织保障

在应急监测组织保障系统中,应建立全国和地区的监测机构网络,既考虑纵向的管理和支持,又兼顾横向的联系与协作,实现监测资源的合理配置,形成一套切实可行的应急监测管理办法和实施方案,根据管辖范围内污染隐患特征,有重点地开展特征污染物的监测能力建设,配备相应仪器设备,培养出技术优良的应急监测队伍。

(3)应急监测技术支持

应急监测技术支持的内容包括:①掌握本地区可能引发事故的危险品和污染物特性以及环境标准;②建立快速监测方法、安全防护措施和处置技术;③制订应急监测预案,汇编应急监测实际案例,为应急监测的实施和事故处理提供技术支持。

9.2 突发性环境污染事故应急监测技术与设备

9.2.1 现场应急监测方案制订原则

在实际工作中,可能遇到的突发性环境污染事故的类型、产生环节、污染成分及其危害程度往往各不相同,但是,应急监测工作还是有其内在的科学性和规律性。制订突发性环境污染事故现场应急监测方案应遵循的基本原则是:现场应急监测与实验室分析相结合；应急监测技术的先进性和现实可行性相结合；定性与定量、快速与准确相结合；监测过程中，环境要素的优先顺序为空气、地表水、地下水、土壤。

9.2.2 常用应急监测技术

(1)试纸法

试纸法的基本原理是根据某种特定污染物的某一特效反应，将试纸或普通滤纸浸渍或涂抹上与该种污染物能够产生选择性反应的化学试剂后制成该污染物的专用分析试纸。当专用分析试纸与对应污染物接触时，试纸颜色变化可作为定性分析的依据；试纸颜色变化后的色度与标准色阶比较即可作为定量分析的依据。一般的商品试纸上均配有标准色阶或标准比色板。

试纸法在实际工作中携带方便，测定简便、快速，但测定结果精度较差。

试纸法的操作步骤如图 9.1 所示。

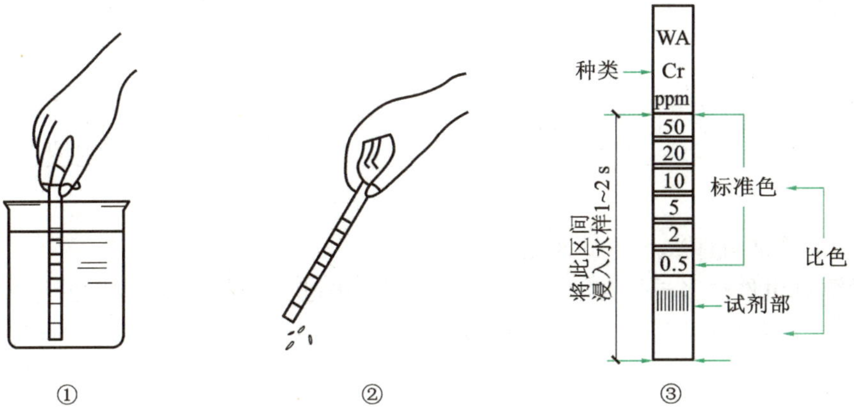

图 9.1 试纸法的操作步骤

①将试纸插入水样至“ppm”文字处；②轻轻甩掉多余的水分；③在一定时间后比色

(2)检测管法

检测管法的基本原理是将用特定试剂浸泡过的多空颗粒状载体填充于玻璃管中制成相应的污染物检测管，当被测气体或液体通过检测管时，被测组分与管内填充载体上的试剂发生反应，造成检测管中填充物的颜色发生变化，根据新生成颜色的深浅或变色区域的长度可大概确定被测组分种类或浓度。根据颜色深浅来进行测定的称为比色式检测管，比色式检测管通常配有标准色阶。根据变色区域长度来进行测定的称为比长式检测管，比长式检测管管体上通常刻有浓度标尺。

目前，市场上已有多种有害气体或挥发性污染物现场快速测定的气体检测管和水污染检测管。例如，德国 Drager 公司生产的 Drager 检测管与相应的提取装置配合可分别用于空气、水体、土壤及污水等样品中挥发性物质的现场快速检测。根据检测管的功能、测定方式及其应用范围可分成很多种类，常用检测管及其分类如图 9.2 所示。

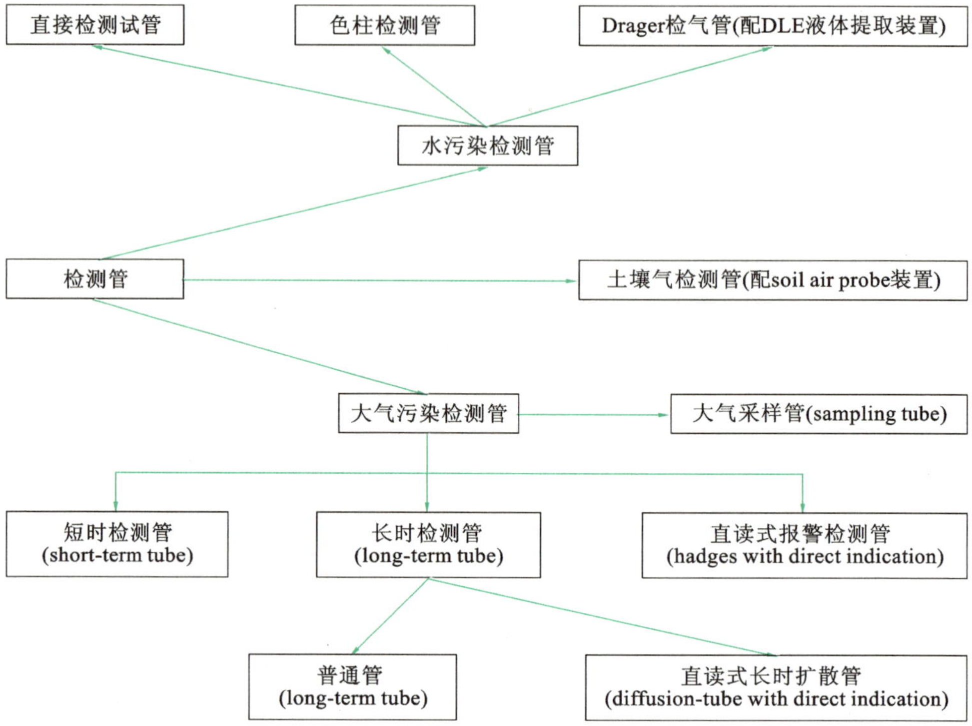

图 9.2 检测管及其分类

(3)化学测试组件法——目视比色法及滴定法

化学测试组件法多采用比色法和容量(滴定)法进行分析测定。比色法的基本原理是:将预先装在粉枕(试剂管或试剂小瓶)中的特定分析试剂加入一定量的待测试样中,试样经过显色反应产生相应的颜色变化,与标准色阶比较,根据其颜色深浅程度判断待测样品中污染物的浓度值。其实质就是目视比色法。滴定法的基本原理是:将一定量的待测试样及对应的指示剂加入测试管中,用配套的刻度移液管(相当于滴定管)抽取相应滴定剂滴入测试管,边滴边摇动测试管,待测试管颜色变化即达到滴定终点,根据滴定剂浓度及消耗量来判断待测试样中污染物的浓度值。其实质就是容量分析法。

化学测试组件法使用的试剂都是使用方便的包装试剂,不同规格的包装试剂可适用于不同测定对象和不同的测定范围。一般其使用的分析方法干扰较小,选择性较好。将不同的测试组件(包装试剂和现场实验器具)组合可配成一套现场快速检测箱,其功能相当于一个小型实验室,可分析检测多种参数,也可适用于不同的测定范围。化学测试组件法可在事故现场迅速确定污染源或泄漏点,并且可以快速确定污染程度,迅速判断是否需要进行更详细的实验室分析。

常用的化学测试组件有比色柱(color column,缩写 CC)、比色盘(color disc,缩写 CD)、比色卡(color card,缩写 CCa)、计数滴定器(drop count titrator,缩写 DCT)和数字式滴定器(digital titrator,缩写 DT)等。目前,化学测试组件已经商品化,在市场上很容易购买到技术成熟、品质可靠、种类齐全的化学测试组件相关产品,如美国 HACH、德国 Merck、德国 MN、意大利 HANNA 等公司的相关产品。

(4)便携式仪器分析法

随着科技的不断进步，分析仪器制造水平也在不断提高。目前，在环境监测领域已经大量使用便携式分析仪器。便携式分析仪器携带方便，能够快速得到检测结果，可以很好地满足突发性环境污染事故现场应急监测的要求，在现场应急监测中很多便携式分析仪器被广泛使用，如便携式比色计(分光光度计)、便携式爆炸和有毒有害气体检测仪、便携式光离子化分析仪、便携式气相色谱仪、便携式 GC-MS 联用仪、便携式 X 荧光光谱仪、便携式荧光分光光度计、便携式测油仪、便携式反射光度计、便携式红外光谱仪、便携式浊度计以及酸度计、离子计、多参数水质分析仪等多种便携式电化学分析仪。

9.3　典型污染事故应急监测

9.3.1　爆炸性环境污染事故

9.3.1.1　概述

爆炸性环境污染事故是指当物质从一种状态通过物理或化学变化在瞬间变为另一种状态并伴随释放出巨大能量而做机械功的过程。

爆炸分为物理爆炸(如锅炉爆炸)、化学爆炸(物质的化学结构发生变化，如炸药爆炸、瓦斯爆炸等)和核爆炸。

化学爆炸是爆炸性环境污染事故中最多的一类。按爆炸物质的性质可分为混合气体爆炸、气体分解爆炸、粉尘爆炸、混合危险废物爆炸、爆炸性化合物爆炸及蒸汽爆炸等。

化学爆炸一般具有反应速度极快、产生大量热量和形成气体产物三个基本特征。爆炸的危害，一是爆炸所引起的直接破坏，二是爆炸引起火灾，三是如果爆炸中产生有毒有害物，或爆炸是由有毒有害物泄漏、燃烧所引起，则将造成严重的环境污染。

对于爆炸性环境污染事故，在现场监测和处置过程中主要应判断爆炸的原因和继续发生爆炸的可能性以及是否由于有毒有害气体泄漏而引起爆炸，或是否因爆炸而产生了有毒有害气体，或是否因爆炸而引起有毒有害气体的泄漏等。本节主要讨论有毒有害气体和有毒化学品爆炸污染事故的现场应急监测与处理处置技术。

9.3.1.2　有毒气体爆炸事故

有毒气体是指吸入后能引起人、畜中毒，甚至死亡的气体。例如，氯气、光气、溴甲烷、氰化氢等。有毒气体爆炸事故具有以下特点：

①毒性大。有毒气体爆炸会产生各种有毒气体，甚至是剧毒气体弥散在较大范围内，处于该空间内的人会通过呼吸道、皮肤引起中毒、窒息甚至死亡。

②易引起燃烧，发生燃烧爆炸。多数有毒气体泄漏或容器爆炸后，逸出的大量气体在静电或明火的作用下往往会发生燃烧爆炸。处于该空间的人呼吸道和皮肤易被烧伤。

③烟痕不明显。有毒气体爆炸一般没有烟痕，尤其是因物态变化、体积膨胀而发生的爆炸，但有些气体分解爆炸可在容器内发现分解的炭黑。

④冲击波作用弱且有方向性，燃烧波致伤多。由于压力容器爆炸一般只在某个部位发生爆炸，所以冲击波有方向性，面对容器爆裂口的物体易被推倒或发生位移、变形。但事故引起的燃烧波作用范围广，伤害性强。

⑤击碎力小，抛出物块大，距离不等。由于压力容器选用韧性大的钢材制造，一般不发生粉碎性破坏，多是被炸成较大的物块，或撕裂出一些裂口，或使容器铁板变形。这种爆炸除玻璃外，其他物品很少能被击碎，且抛出的物块大，量少，抛出距离近。

9.3.1.3 有毒化学品爆炸事故

有毒化学品是指人、畜通过皮肤与之接触或少量进入体内，能与体液和机体组织发生作用，扰乱或破坏正常生理功能，引起机体产生暂时或持久性的病理状态，甚至危及生命的化学物质。有毒化学品毒性大小常用“半致死剂量”(LD50)来表示，定义为能使一组被试验动物死亡50%的剂量，单位为mg/kg体重。有毒化学品具有以下特点：

①不仅有毒性，还有易燃、易爆、腐蚀等危险性。例如，绝大多数有机有毒化学品遇明火、高温、氧化剂等均有燃烧的危险，部分(如二硝基氯苯、二硝基苯酚等)受强烈撞击或遇高温还有爆炸危险。无机有毒化学品一般本身不燃烧，但部分无机物遇水或酸会产生有毒物质、刺激性物质或发生燃烧、爆炸。

②有毒化学品在水中的溶解度越大，其毒性也越大。因为人体内含有大量水分，所以越易溶解于水就越易被人体吸收。有些有毒化学品虽不溶于水，但能溶于胃液或汗水中，同样能引起中毒。

③固体有毒化学品的颗粒越小越易引起中毒。因为颗粒小就容易在空气中飞扬，可经人的呼吸道进入肺泡，被人体吸收而引起中毒。

④液体有毒化学品的沸点越低，挥发性越强，在空气中的浓度就越高，也越容易从呼吸道侵入人体而引起中毒。无色无味的有毒化学品比色浓味烈的更难以被发现，也更容易引起中毒。

9.3.1.4 应急监测方法

在爆炸现场，应使用快速检测装置或方法测定燃烧爆炸的污染物成分及其浓度，以确定是否为有毒有害物质引起的爆炸或爆炸产物是否为有毒有害物质，以便对救护人员和受害者采取正确的防护和救援措施。

爆炸性污染事故现场监测的难度较大，成熟的现场应急监测技术很少。实际工作中，需依靠现场调查，了解和分析事故性质和可能存在的有毒物质的种类，才能选用简便、快速和适用的方法进行现场监测。检测管分析技术由于具有简便、快速，分析步骤简单，采样和测定一步完成，适用于气体样品的快速分析等特点而被广泛应用于事故现场环境有害物质的分析检测工作中，如对二氧化硫、溴甲烷、一氧化碳、氨气、氯气、硫化氢、磷化氢、氮氧化物、汞蒸气、羰基镍、苯等有毒物质的检测管分析技术。近年来，便携式仪器分析法也应用较多。

9.3.2 有毒化学品污染事故

9.3.2.1 概述

有毒化学品种类繁多，性质各异。有毒化学品污染事故的突发性、污染的持续性和累积性以及污染程度和范围的时空变化性，决定了其现场应急监测工作的困难程度。在有毒化学品污染事故应急监测的最初阶段往往要求监测人员结合现场情况、个人经验和简易监测技术来判断污染物种类、数量及污染程度，这对事故的科学处理处置和减少损失意义重大。为进一步得到更加详细的监测数据，此类污染事故的应急监测应将现场监测与实验室分析相结合。

9.3.2.2 应急监测方法

有毒化学品污染事故中现场应急监测的技术和方法应具有以下特点：

①简便、快速和连续监测；

②能对浓度分布不均匀的各类样品进行选择性分析；

③定性分析和定量分析都能快速实现。

目前，在有毒化学品污染事故中常用的现场快速监测技术与方法主要有试纸法、水质速测管法——显色反应型、气体速测管法——填充管型、化学测试组件法和便携式分析仪器测定法等。例如：六价铬的测定可采用试纸法、速测管法、目视比色法或六价铬测定仪。

9.3.3 毒气泄漏污染事故

9.3.3.1 概述

毒气泄漏污染事故的主要原因是管理或操作不当而在生产、贮存和运输过程中发生有毒气体的泄漏。泄漏出的有毒气体将会严重污染环境，危害人的生存和健康。一般，有毒气体造成的环境污染有以下特点：

①污染范围广。有毒气体可随空气扩散到泄漏点周边较大的区域形成大面积的污染。

②污染中毒的途径较多。例如，通过呼吸道吸入、皮肤接触和食用受污染的水和食物等途径引起人、畜中毒。

③受气象、地形条件影响较大。风速快或下雨可快速降低毒气浓度并减弱毒气的毒害作用。高山可阻挡毒气的扩散，森林可使毒气滞留而增加毒害作用的持续时间。

9.3.3.2 应急监测方法

目前，在毒气泄漏污染事故应急监测中使用较多的技术和方法是检测管法和便携式分析仪器法。例如：一氧化碳的测定可使用便携式气体检测仪器、五氧化二碘比长式检测管法或硫酸钯-钼酸铵比色式检测管法，氰化氢的测定可使用便携式气体检测仪器、甲基橙检测管法或联苯胺检测管法，磷化氢的测定可使用便携式气体检测仪器或硝酸银检测管法，硫化氢的测定可使用便携式气体检测仪器、醋酸铅检测管法或醋酸铅指示纸法。

9.3.4 腐蚀性物质污染事故

9.3.4.1 概述

在化学危险品中，腐蚀性物质是化学性质比较活泼，能和很多金属、有机物、动植物机体等发生化学反应的物质。这类物质具有酸性，或碱性，或氧化性，或吸水性，能灼伤人体组织，对金属、动植物机体、纤维制品等具有强烈的腐蚀作用，使之遭受破坏。按腐蚀性强度和化学组成，腐蚀性物质可分为以下九类：

第一类：一级无机酸性腐蚀物品。这类物品包括具有氧化性的强酸和遇水能生成强酸的物质，均有强烈的腐蚀性，如硝酸、硫酸、五氧化二磷、二氧化硫等。

第二类：一级有机酸性腐蚀物品。这类物品具有强腐蚀性及酸性，如甲酸、氯乙酰氯等。

第三类：二级无机酸性腐蚀物品。如正磷酸、四溴化锡等。

第四类：二级有机酸性腐蚀物品。如冰醋酸、醋酸酐等。

第五类：一级无机碱性腐蚀物品。如氢氧化钠、硫化钠等。

第六类：一级有机碱性腐蚀物品。如乙醇钠、二丁胺等。

第七类：二级碱性腐蚀物品。如氧化钙、环己二胺等。

第八类：一级其他腐蚀物品。如苯酚钠、氟化铬等。

第九类：二级其他腐蚀物品。如次氯酸钠溶液等。

9.3.4.2 应急监测方法

发生腐蚀性污染事故，被污染的环境介质主要为水或土壤。因此，只要能够判定被污染的环境介质是否具有腐蚀性，就可判断是否发生了腐蚀性污染事故。常用测定方法有 pH 试纸法、便携式 pH 计法、酸碱滴定法和玻璃电极法。pH 试纸法和便携式 pH 计法适用于现场快速监测，可做定性和半定量判定。酸碱滴定法和玻璃电极法一般在实验室中进行，可做较准确的定量判定。现场判定污染物的腐蚀性时，首先应选择 pH 试纸法，若 pH 值为 2～12，再选用便携式 pH 计法准确测定 pH 值。

若被污染的环境介质是水，则可用 pH 试纸法或便携式 pH 计直接测定被污染水体 pH 值（或取少量被污染水样于烧杯中进行测定）。

如果被污染的环境介质是土壤等固体物质，则应取适量固体物质于 250 mL 烧杯中，按固液比为 1∶5的比例（体积比）加入蒸馏水，用玻璃棒搅拌 2 min 后，再用 pH 试纸法或便携式 pH 计测定其水相的 pH 值。

腐蚀性物质污染事故注意事项：①每次监测必须分别于不同地点采集至少两个以上的样品进行测定。②对于碱性污染物的判定，pH 值应取样品测得值的最高值；对于酸性污染物的判定，pH 值应取样品测得值的最低值，两种情况均不能取平均值。③被测溶液的 pH 值小于或等于 2 或 pH 值大于或等于 12.5，均可认定污染物为具有腐蚀性的污染物，事故为腐蚀性污染事故。④如被测溶液的 pH 值小于或等于 2，污染物为酸性物质；被测溶液的 pH 值大于或等于 12.5，污染物为碱性物质。

9.3.5 农药污染事故

9.3.5.1 概述

农药属有毒化学品，因其在生产、运输、贮存和使用等过程中发生非正常排放而引起环境污染和毒害的事件称为农药污染事故。农药污染的途径和对象主要是：农产品、水体、大气、土壤和生态系统。农药污染事故一般有以下特征：

①突发性。如农药厂生产事故引起的农药泄漏、农药包装破损引起的农药溢流都是无法预测的突发性事故。

②严重性。农药污染事故一旦发生，其污染后果往往是严重的。例如，1984 年印度发生的农药厂爆炸事件，顷刻间数以千计的人中毒死亡。而一旦农药污染事故使地下水遭受污染，其危害是难以消除的。

③多重性。很多农药污染事故往往同时使农产品、空气、水体、土壤和生态系统遭受污染，并引发人、畜中毒。

④归一性。任何农药污染事故最终都会直接或间接地危害到人类本身。农药经皮肤接触、呼吸道吸入或误食都能使人中毒。被农药污染的空气、水源和农产品可通过呼吸和饮食进入人体内，若农药摄入量超过人体极限即可造成人的中毒甚至死亡。

9.3.5.2 应急监测方法

对于农药污染事故，一般情况下，经过事故现场调查及了解事故起因可初步确定农药污染物类型，通过进一步监测就可确定农药种类及污染物浓度。在常规条件下，农药的测试基本上采用色谱及色谱-质谱联用技术，从样品采集、前处理到测试都有较高的技术要求。目前，经常采用的农药应急分析测试方法主要有：比色法、紫外光谱法、气相色谱法、高效液相色谱法和气相色谱-质谱联用技术等。为满足现场监测需要，国内外很多公司已研制生产出适用于农药污染事故应急监测的技术和相应产品，例如便携式气相色谱仪、多种农药快速检测管产品等。

发生农药污染事故(不论是农作物、大气、水质、土壤受到污染)，首先应摸清情况，撤离人员，现场处置人员应佩戴防毒面具，穿着防护服，采取措施防止污染扩散，集中收集污染物，对中毒人员应在采取必要措施后，送医院治疗。

思考题与习题

1. 突发性环境污染事故现场应急监测的目的和任务是什么？
2. 简述联合国环境规划署提出的阿佩尔(APELL)计划的要点和重要性。
3. 突发性环境污染事故应急监测系统由哪几部分组成？
4. 常用的现场应急监测技术有哪些？

10 环境监测质量保证

本章提要

【知识点】

◆环境监测质量保证的内容、目的和意义

◆监测数据统计处理的一般知识

◆实验室质量控制的常用手段

◆环境标准物质的分类和分级

【技能点】

◆ 了解环境监测过程各个环节的质量控制要点

◆ 掌握监测数据统计处理的一般方法

◆ 能够正确评价监测数据质量

◆ 熟悉实验用水、化学试剂和环境标准物质的分类，能够根据实际需要合理选择和使用

10.1 概　　述

10.1.1 环境监测质量保证和环境监测质量控制

环境监测质量保证是对整个环境监测过程进行技术上、管理上的全面监督，以保证监测数据的准确性和可靠性。

环境监测的质量控制是为满足环境监测质量需求而采取的技术措施和监控活动。环境监测的质量控制是环境监测质量保证的一部分，主要是对实验室的工作质量、管理程序进行监控，包括实验室内部质量控制和外部质量控制。

(1)实验室内部质量控制

实验室内部质量控制，是实验室自我控制质量的常规程序，它能反映分析质量稳定性如何，以便及时发现分析中的异常情况，随时采取相应的校正措施。其内容包括空白

试验、校准曲线核查、仪器设备的定期标定、平行样分析、加标样分析、密码样品分析和编制质量控制图等。

(2)实验室间质量控制

实验室间质量控制包括分发标准样、对诸实验室的分析结果进行评价、对分析方法进行协作实验验证、对加密码样进行考察等。它是发现和消除实验室间存在的系统误差的重要措施。通常是由常规监测以外的中心监测站或其他有经验人员来执行,以便对数据质量进行独立评价,各实验室可以从中发现所存在的系统误差等问题,以便及时校正,提高监测质量。

10.1.2 环境监测质量保证的内容

环境监测质量保证是整个环境监测过程的全面质量管理,包括制订计划,根据需要和可能确定监测指标及数据的质量要求,规定相应的分析监测系统。其内容包括采样,样品预处理、贮存、运输、实验室供应,仪器设备、器皿的选择和校准,试剂、溶剂和基准物质的选用,统一测量方法,质量控制程序,数据的记录和整理,各类人员的要求和技术培训,实验室的清洁度和安全,以及编写有关的文件、指南和手册等。

10.1.3 环境监测质量保证的目的

环境监测质量保证的目的是确保分析数据达到预定的准确度和精密度,避免由于监测数据的误差而给环境保护相关工作造成影响或损失。

从质量保证和质量控制的角度出发,为了使监测数据能够准确地反映环境质量的现状并预测污染的发展趋势,要求环境监测数据具有代表性、完整性、准确性、精密性和可比性。

代表性:表示在具有代表性的时间、地点,按规定的采样要求采集的样品,能反映总体真实状况的程度。

完整性:表示取得有效监测资料的总量满足预期要求的程度或表示相关资料收集的完整性。实际工作中,不仅要保证样品的完整性,还要保证分析检测、评价和数据处理的完整性。

准确性:表示测量值与真值的一致程度。一般以准确度来表征。

精密性:表示多次重复测定同一样品的分散程度。一般以精密度来表征。

可比性:表示在环境条件、监测方法、资料表达方式等可比条件下所获资料的一致程度。监测数据的可比性包含时空分布可比性分析、污染物排放规律可比性分析、监测指标之间相互关系可比性分析以及采样、监测、数据处理等全过程可比性分析,还包含标准物质准确度,各行业之间、污染物之间、实验室之间监测数据的可比性和统一性。

10.1.4 相关概念

10.1.4.1 准确度、精密度、灵敏度

(1)准确度

准确度是指某个"被测量"经过一个特定的分析测试程序所获得的测量结果与该"被测量"的接收参照值或约定真值之间的一致程度。

准确度能够反映分析方法或测量系统存在的系统误差和随机误差的总体情况并且决定测量结果的质量及可靠性。准确度可以用绝对误差和相对误差表示。

正确度是一个与准确度相关的概念,但两者有一定区别。

正确度指对某个"被测量"的多次重复测量结果的平均值与该"被测量"的接收参照值或约定真值之间的一致程度。正确度的度量常用术语"偏倚"表示。

(2)精密度

精密度是指采用一个特定的分析测试程序在受控条件下重复分析均一样品所获得的测量值间的一致程度。

精密度能够反映分析方法或测量系统存在的随机误差的总体情况。

(3)灵敏度

灵敏度指某分析方法或分析仪器对单位浓度或单位量待测物质变化所引起的响应量的变化程度。

灵敏度与实验条件有关,可以用仪器的响应量或其他指示量与对应的待测物质的浓度或量之比来描述。如:分光光度法常用校准曲线的斜率度量灵敏度。斜率越大,灵敏度越高。

10.1.4.2 检出限

(1)定义

检出限是指对某一特定的分析方法在给定的置信度内可从样品中检出待测物质的最小浓度或最小量。所谓"检出"是指定性检测,即断定样品中确实存在有浓度高于空白的待测物质。

(2)影响因素

检出限除了与分析中所用的试剂和水的空白有关外,还与仪器的稳定性和噪声水平有关。不同的实验室条件所求得的检出限会有差异,实际工作中应说明获得检出限的具体条件。

灵敏度和检出限是两个从不同角度表示检测器对测定物质敏感程度的指标,前者越高,后者越低,说明检测器性能越好。为了提高灵敏度,操作者通过放大器将检测器的输出信号放大到足够大的做法是不妥的,必须考虑噪声参数。将产生两倍噪声信号时,单位体积的载气或单位时间进入检测器的组分量称为检出限。则:

$$D = 2 \times N/S$$

式中 N——噪声(mV 或 A);

S——检测器灵敏度;

D——检出限，其单位随 S 的不同也有 3 种：$D_g=2N/S_g$（mg/mL），$D_V=2N/S_V$（mL/mL），$D_t=2N/S_t$（g/s）。

有时也用最小检测量（MDA）或最小检测浓度（MDC）作为检出限。它们分别是产生两倍噪声时，进入检测器的物的质量（g）或浓度（mg/mL）。

10.1.4.3 校准曲线及最佳测定范围

（1）校准曲线

校准曲线是描述待测物质浓度或量与相应的测量仪器响应量或其他指示量之间的定量关系曲线，包括标准曲线和工作曲线两种形式。

标准曲线是指用标准溶液系列直接测量，没有经过样品的预处理过程，对于基体复杂的样品定量分析误差较大。

工作曲线是指所使用的标准溶液经过了与样品同步的消解、净化、测量等全过程，对于基体复杂的样品定量分析误差较小。

一般情况下，校准曲线测量应按与样品测定的相同步骤进行，包括样品预处理步骤（只有经过实验证实，标准系列在省略部分操作步骤时，直接测量的响应值与全部操作步骤具有一致结果时，方可省略部分操作步骤）。如果因试样的预处理较复杂而引起的污染或损失不可忽略，则标准溶液应和试样同样处理后再测定，此时应绘制工作曲线。

（2）校准曲线的绘制

①空白校正。对标准系列以纯溶剂为参比进行测量后，应先做空白校正，即将测得的仪器响应值扣除零浓度的响应值，然后绘制曲线。

②配制已知浓度标准溶液。标准系列的浓度值应较均匀分布在直线范围内，包括零浓度在内至少应有 6 个浓度点。绘制校准曲线用的容器和量器应检定合格。

③测定。按照与样品测定相同的步骤测定各浓度标准溶液的响应值。以响应值为纵坐标，浓度（或含量）为横坐标，绘制曲线。

④确定测定上限和下限。使用时，只能用实测的线性范围，在环境监测中，通常选用校准曲线的直线部分，不得将线性范围任意外延。

⑤计算回归方程。校准曲线的点阵符合相关系数 $|r|\geqslant 0.9990$ 要求时，可用最小二乘法的原理计算回归方程。校准曲线的相关系数只舍不入，保留到小数点后第一个非 9 数字，如 0.999 89→0.9998。如果小数点后多于 4 个 9，最多保留 4 位。校准曲线斜率 b 的有效位数，应与自变量 x_i 的有效数字位数相等，或最多比 x_i 多保留一位。截距 a 的最后一位数，应与因变量 y_i 的最后一位数字取齐，或最多比 y_i 多保留一位。

校准曲线的使用效果与各种因素相关，如环境温度、试剂批号和贮存时间的变化等。因此，在测定试样的同时绘制校准曲线最为理想。否则，至少应在测定试样的同时，测定校准曲线上 1～2 个点，其测定结果与原校准曲线上的相应点比对，其相对偏差不得大于 5%，否则应重新绘制校准曲线。

（3）最佳测定范围

最佳测定范围（图 10.1）指在限定误差能满足预定要求的前提下，特定方法的测定下限至测定上限之间的浓度范围。在此范围内能够准确地定量测定待测物质的浓度或量。

最佳测定范围应小于方法的适用范围(方法适用范围为某特定方法具有可获得响应的浓度范围,在此范围内可满足定性或定量的目的)。对测量结果的精密度(通常以相对标准偏差表示)要求越高,相应的最佳测定范围越小。

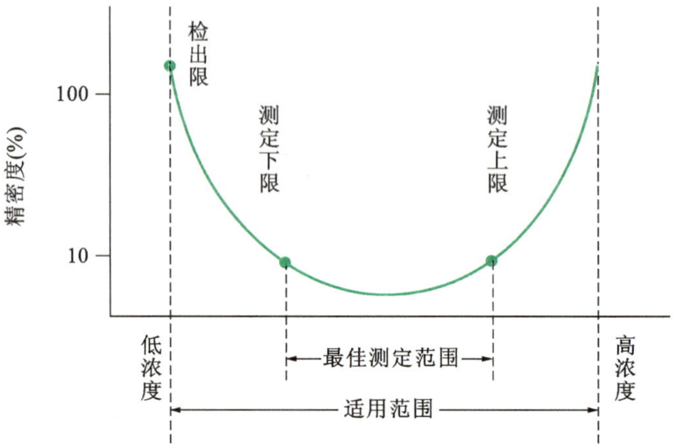

图 10.1　最佳测定范围

①测定下限

测定下限是指在测定误差能满足预定要求的前提下,用特定方法能准确地定量测定待测物质的最小浓度或量,反映了该方法能准确定量测定低浓度水平待测物质的极限可能性。在消除系统误差的前提下,它受精密度要求的限制(精密度通常以相对标准偏差表示)。

分析方法的精密度要求越高,测定下限高于检出限越多。我国《环境监测分析方法标准制修订技术导则》(HJ/T 168—2020)附录 A 中以 4 倍检出限作为测定下限。

②测定上限

测定上限是指在限定误差能满足预定要求的前提下,用特定方法能够准确地定量测定待测物质的最大浓度或量。对消除系统误差的特定分析方法精密度要求不同,测定上限也将不同。

10.1.4.4　空白值

空白试验也称作空白测定,指除用水代替样品外,其他所加试剂和操作步骤均与样品测定完全相同的操作过程。空白实验应与样品测定同时进行,得到的结果称为空白值,空白值可用于扣除由非待测成分引起的响应值。

影响分析空白值的因素有:工作环境空气中的污染气体和沉降微粒,试剂纯度、浓度、加入量以及配制和保存,存放器皿的材质和洁净度,分析目标物质本身在环境中的分布情况,仪器性能的稳定性、量程,采样设备是否被污染,样品运输、储存和现场处置,试验用水,预处理及分析过程,分析人员对样品的污染等。

10.1.4.5　平行样

(1)定义

平行样是指在环境监测和样品分析中,只包括两个相同子样的样品。平行样的测定结果在一定程度上反映了测试的精密度水平,但不能反映测试结果的准确度。

采集和测定平行样是实施环境监测质量保证的一项措施，一般分现场平行与实验室平行。采集和测定平行样的百分比应根据样品的批量、测定的难易程度、有无质量控制等进行确定，一般不少于全部样品的10%。

(2)结果表示

结果一般用相对偏差 d_r 表示。相对偏差为绝对偏差与均值的比值，一般用%表示。

$$d_r=\frac{d_i}{\bar{x}}\times100\%$$

式中 d_i——绝对偏差，为某一测量值与多次测量值的均值之差；

$\bar{x}$——平均值。

10.1.4.6 加标回收

(1)分类

加标回收率反映了目标分析物在样品分析过程中的损失程度，损失越少，回收率越高，是判断分析结果准确度的量化指标，有空白加标回收和样品加标回收两种。

①空白加标回收。在不含待测物的基体空白中加入一定量的标准物质，按样品的处理步骤分析，所得结果与理论值的比值即为空白加标回收率。空白加标回收可以用于监测分析方法是否可控以及实验室是否有能力准确测定样品。

②样品加标回收。取两等份相同的样品，其中一份加入定量的待测成分标准物质；两份同时按相同的分析步骤分析，加标的一份所得的结果减去未加标一份所得的结果，其差值同加入标准物质的理论值之比即为样品加标回收率。样品加标回收有助于判断该批次样品的分析数据是否准确、可靠。

如果按照平行加标进行回收率的测定，那么所得的结果既可以反映测试结果的准确度，也可以反映其精密度。

(2)加标回收率计算公式

加标回收率的理论公式为：

$$\text{加标回收率}=\frac{\text{加标试样测定值}-\text{试样测定值}}{\text{加标量}}\times100\%$$

从公式的分子角度分析，加标量应为浓度单位；从公式的分母角度理解，加标量应为加入一定体积的标准溶液中所含标准物质的量值，为质量单位。若公式中的加标量为浓度单位，此时的加标量并不是指标准溶液的浓度，而应该是加标体积所含标准物质的量值除以试样体积(或除以试样体积与加标体积之和)所得的浓度值。

(3)环境监测技术规范要求

《水污染物排放总量监测技术规范》(HJ/T 92—2002)要求每组样品分析中必须抽取不少于10%的样品进行加标回收，在分析方法给定值范围内加标样的回收率在70%～130%时准确度合格，但对痕量有机污染物项目及油类的加标回收率可放宽至60%～140%。《固定源废气监测技术规范》(HJ/T 397—2007)中则要求每批样品至少应做一个加标回收样品的测定。《土壤环境监测技术规范》(HJ/T 166—2004)中规定，在每批试样中应随机抽取10%～20%的试样进行加标回收测定，样品数不足10个时适当增加加标比率。加标回收率应控制在相应方法规定的加标回收率允许范围之内，同时要求加标回收总合格率要大于或等于70%。

(4)加标回收实验影响因素：

①分析方法及实验条件：当所加标物质含有机溶剂时，加标量过大则会造成有机溶剂和标准物质在水中难以溶解，从而因溶解度问题对回收率产生影响。

②样品中待测物的含量：低浓度区，含量越低，加标回收率也越低。

③加标量：当样品中待测物含量较高时，若加标量过大，会使加标后的测定值接近方法的检出上限，产生较大误差；当样品中待测物含量较低时，加标量过小，则测得的回收率较低，相反加标量过大则又会改变待测物在加标样品和样品中的测定背景。

10.1.4.7 比对

比对是指在规定条件下，相同准确度等级或者指定不准确度范围的同种测量仪器复现的量值之间比较的过程。

根据所涉及的范围不同，比对总体上可分为实验室内比对和实验室间比对。在同一个实验室内部举行的比对活动为实验室内比对，在两个或以上实验室间进行的比对活动为实验室间比对。涉及环境监测系统的比对也可以根据组织者和涉及范围的不同分为：国家认证认可监督管理委员会和省质量技术监督部门组织的实验室间验证比对，中国环境监测总站、省站组织的实验室间比对，本站组织的实验室间比对，本站组织的实验室内部比对。

实验室比对主要有以下几个方面的作用：

①评定实验室从事特定检测或测量的能力及监控实验室的持续能力。

②识别实验室存在的问题并启动改进措施，这些问题可能与诸如不适当的检测或测量程序、人员培训和监督的有效性、设备校准等因素有关。

③建立检测或测量方法的有效性和可比性。

④增强实验室客户的信心。

⑤识别实验室间的差异。

⑥根据比对的结果，帮助参与实验室对比的人员提高能力。

⑦确认实验室声称的不确定度。

总之，通过比对，不但能考核检验人员的操作水平，而且可以检查仪器的运行状态、标准物质的运用、化学试剂的纯度及实验用水是否符合要求等。

10.2 监测实验室基础

10.2.1 实验用水

水是最常用的溶剂，配制试剂和标准物质、洗涤玻璃仪器均需大量使用。它对分析质量有着广泛而根本的影响。在环境监测实验中，根据不同用途，需要采用不同质量的水。

10.2.1.1 实验室用水的规格

国家标准《分析实验室用水规格和试验方法》(GB/T 6682—2008)将适用于化学分析和无机痕量分析等的试验用水分为3个级别:一级水、二级水和三级水。表10.1列出了各级实验室用水的规格。

表10.1 各级实验室用水的规格

项目	一级水	二级水	三级水
外观(目视观察)	无色透明液体		
pH值范围(25 ℃)	—	—	5.0～7.5
电导率(25 ℃)(mS/m) ≤	0.01	0.10	0.50
可氧化物质(以O计)(mg/L) ≤	—	0.08	0.4
吸光度(254 nm,1 cm光程) ≤	0.001	0.01	—
蒸发残渣(105 ℃±2 ℃)(mg/L) ≤	—	1.0	2.0
可溶性硅(以SiO_2计)(mg/L) ≤	0.01	0.02	—

10.2.1.2 实验室用水的分类

实验室用水主要有下面几大类:蒸馏水、去离子水、特殊用水。

(1)蒸馏水

蒸馏水的质量因蒸馏器的材料与结构而异,水中常含有可溶性气体和挥发性物质。现在介绍几种常用蒸馏器及其所得蒸馏水的用途:金属蒸馏器所获得的蒸馏水含有微量金属杂质,而玻璃蒸馏器由含低碱高硅硼酸盐的“硬质玻璃”制成,所得的水中含痕量金属。石英蒸馏器含99.9%以上的二氧化硅,所得蒸馏水仅含痕量金属杂质,不含玻璃溶出物。亚沸蒸馏器是由石英制成的自动补液蒸馏装置,其热源功率很小,使水在沸点以下缓慢蒸发,故而不存在雾滴污染问题,所得蒸馏水几乎不含金属杂质。

(2)去离子水

去离子水是用阳离子交换树脂和阴离子交换树脂以一定形式组合进行水处理。去离子水含金属杂质极少,适于配制痕量金属分析用的试液,因它含有微量树脂浸出物和树脂崩解微粒,所以不适于配制有机分析试液。

(3)特殊用水

在分析某些指标时,对分析过程所用的纯水中这些指标的含量要求愈低愈好,这就提出某些特殊要求的纯水以及制取方法。

①无氯水:加入亚硫酸钠等还原剂将水中余氯还原为氯离子,以联邻甲苯胺检查不显黄色。用附有缓冲球的全玻璃蒸馏器(以下各项的蒸馏同此)进行蒸馏制得。

②无氨水:加入硫酸至pH值小于2,使水中各种形态的氨或胺均转变成不挥发的盐类,收集馏出液即得,但应注意避免实验室空气中存在的氨对水的重新污染。

③无二氧化碳水:可由两种方法制得。第一种方法是煮沸法:将蒸馏水或去离子水煮沸至少10 min(水多时),或使水量蒸发10%以上(水少时),加盖放冷即得。第二种方法是曝气法:用惰性气体(稀有气体)或纯氮通入蒸馏水或去离子水至饱和即得。

制得的无二氧化碳水应贮于以附有碱石灰管的橡皮塞盖严的瓶中。

④无铅(重金属)水:用氢型强酸性阳离子交换树脂处理原水即得。所用贮水器事先用 6 mol/L 硝酸溶液浸泡过夜再用无铅水洗净。

⑤无砷水:一般蒸馏水和去离子水均能达到基本无砷的要求。应避免使用软质玻璃制成的蒸馏器、贮水瓶、树脂管。进行痕量砷分析时,必须使用石英蒸馏器、石英贮水瓶、聚乙烯树脂管。

⑥无酚水:采用加碱蒸馏法制取。加氢氧化钠至水的 pH 值大于 11,使水中的酚生成不挥发的酚钠后蒸馏即得,也可同时加入少量高锰酸钾溶液至水呈深红色后进行蒸馏。

⑦不含有机物的蒸馏水:加入少量高锰酸钾碱性溶液,使水呈紫红色,进行蒸馏即得。若蒸馏过程中红色褪去应补加高锰酸钾。

10.2.2 化学试剂

10.2.2.1 化学试剂的分类

一般按试剂的化学组成或用途分类,分为无机试剂、有机试剂、基准试剂、等效试剂、食品分析试剂、生化试剂、指示剂和试纸、高纯物质、标准物质、液晶。

10.2.2.2 化学试剂的规格及应用范围

(1)化学试剂的规格

按纯度和作用要求分为化学纯试剂、分析纯试剂、优级纯试剂、基准试剂、光谱纯试剂和色谱纯试剂。我国国家标准《化学试剂 包装及标志》(GB 15346—2012)规定用不同的颜色标记化学试剂的等级及门类,见表 10.2。

表 10.2 化学试剂的标签颜色

级别	中文标志	英文标志	标签颜色
一级	优级纯	GR	绿色
二级	分析纯	AR	红色
三级	化学纯	CP	深蓝色
	基准试剂	PT	深绿色

(2)应用范围

①化学纯试剂,为三级试剂,简写为 CP,一般瓶上用深蓝色标签。主成分含量高、纯度较高,存在干扰杂质,适用于化学实验和合成制备。

②分析纯试剂,为二级试剂,简写为 AR,一般瓶上用红色标签。主成分含量很高、纯度较高,干扰杂质含量很低,适用于工业分析及化学实验。

③优级纯试剂,又称保证试剂,为一级试剂,简写为 GR,一般瓶上用绿色标签。主成分含量很高、纯度很高,适用于精确分析和研究工作,有的可作为基准物质。

④基准试剂:简写为 PT,可直接配制标准溶液,专门作为基准物用。

⑤光谱纯试剂:简写为 SP,用于光谱分析。适用于分光光度计标准品、原子吸收光谱标准品、原子发射光谱标准品。

⑥色谱纯试剂：分为气相色谱(GC)分析专用和液相色谱(LC)分析专用。质量指标注重干扰色谱峰的杂质。主成分含量高。

(3)化学试剂的使用注意事项

①应熟悉最常用的试剂的性质，如市售酸碱的浓度、试剂在水中的溶解度、有机溶剂的沸点、试剂的毒性等。

②要注意保护试剂瓶的标签，它表明试剂的名称、规格、质量，万一丢失应照原样贴牢。分装或配制试剂后应立即贴上标签。绝不可在瓶中装上不是标签指明的物质。无标签(无法识别)或失效(不能使用)的试剂要按照国家相关规定妥善处理、处置。

③为保证试剂不受沾污，应当用清洁的牛角勺从试剂瓶中取出试剂。

④不可用鼻子对准试剂瓶口猛吸气。

⑤试剂均应避免阳光直射及靠近暖气等热源。

⑥应根据实验要求恰当地选用不同规格的试剂。

10.2.3　分析仪器

分析仪器的应用领域十分广泛，有的用于生产过程分析，有的用于环境监测，还有许多用在各个学科和企业部门的实验室。为了适应不同的需要，分析仪器的结构比较庞杂。

在环境监测过程中，分析仪器是常用的基本工具。其质量和性能的好坏会直接影响分析结果的准确度和精密度。常用的分析仪器有玻璃类仪器、天平、烘箱及专用监测仪器等。

常用的玻璃类仪器有烧杯、量筒、移液管、滴定管、容量瓶等，仪器洗涤是否符合要求，对检验结果的准确度和精密度均有影响。天平按照其精度可分为三种：托盘天平(精确度一般为 0.1 g 或 0.2 g)、分析天平(能精确称量到 0.0001 g 的天平)、电子天平。

专用监测仪器一般包括 pH 计、电导率仪、紫外-可见分光光度计、原子吸收分光光度计、气相色谱仪、液相色谱仪、ICP、FTIR、GC-MS、LC-MS 等。

10.2.4　人员

人员管理的原则是坚持"持证上岗"，经考试合格的监测人员，才有资格进行监测分析。环境监测人员在工作中要加强学习和研究，提高综合能力和水平，既要知其然，又要知其所以然。通过专家业务指导、现场实践操作等方式对监测人员进行培训。

10.2.5　实验室管理制度

面对日益增多的实验教学需求，古老的人工管理方式和人工预约方式受到了强烈的冲击，更加简便、清晰、规范的实验室管理系统应运而生。

通过使用实验室管理系统实现高校实验室、实验仪器与实验耗材管理的规范化、信息化；提高实验教学特别是开放实验教学的管理水平与服务水平；为实验室评估、实验室建设及实验教学质量管理等的决策提供数据支持；智能生成每学年教育部数据报表，协助高校完成数据上报工作。运用计算机技术，特别是现代网络技术，为实验室管理、实验教学管理、仪器设备管理、低值品与耗材管理、实验室建设与设备采购、实验室评估与评教、实践管理、数据与报表等相关事务进行网络化的规范管理。

10.3 数据的处理、表示和统计检验

10.3.1 量

环境监测的结果是对测定对象的特定指标的物理量描述，主要是测试对象的具体指标的某些物理量的定量值。环境监测的过程就是对具体的量的测定。

量可用单位与一数值的乘积来表示。量的符号通常是单个拉丁或者希腊字母，有时带下标或者其他的说明性标记。量的符号主要用于公式、表达式及图表。量的名称应规范使用，尽量避免使用定义不明确的含量、浓度等说法。

例："某水样的 COD_{Cr} 结果是 180 mg/L"其中的量是指"质量浓度"，一般表示为 $C[COD_{Cr}]=180$ mg/L。

10.3.2 单位

国际单位制是一种简单而科学的实用单位制，国际简称"SI"。目前国际单位制共有米(m)、千克(kg)、秒(s)、安培(A)、开尔文(K)和坎德拉(cd)、摩尔(mol) 七个基本单位。

我国实行法定单位制度。我国的法定计量单位，是以国际单位制的单位为基础(SI 单位均为法定单位)，根据我国的情况，适当增加了一些其他非 SI 单位，如：升(L)、公顷(ha)、吨(t)、分贝(dB)等。

环境监测中单位选用时，应优先考虑采用评价标准中所列的单位。其次是考虑采用合适的词头(倍数单位)。没有评价标准的可以采用监测方法中所用的单位。个别科学技术领域中，如有特殊需要，可使用某些非法定计量单位，但必须与有关国际组织规定的名称、符号相一致。

单位符号使用应遵循以下规则：

①单位和词头的符号用于公式、数据图表等地方，也用于叙述性文字中。监测报告和技术性文本一般不用中文符号。

②单位符号不得附加任何其他标记或符号(量的符号可以附加标记)。例：不能使用%(m/m)或者%(v/v)来表示质量分数和体积分数。

③不应在组合单位中同时使用单位符号和中文符号。例：mg/升。

④应选择合适的词头组成单位，使得数值处于实用范围内。只通过相除构成的组合单位或通过乘和除构成的组合单位在加词头时，词头一般应加在分子中的第一个单位之前，分母中一般不用词头。

⑤任何量纲一(即:无量纲)的量的单位都是一,符号是1。在表示量值时,它们一般并不明确写出。部分单位1有专门名称。

⑥应避免使用‰。

⑦不能使用ppm、ppb等缩写。

⑧单位符号用正体字母。单位符号和数值间留适当空隙。

10.3.3 数值和修约

10.3.3.1 数值和修约的概念

(1)数值

数值指一个或者多个数字的组合,也可以包括小数点。数值中数字所在的位置称为数位。如:123.45中,1、2、3、4、5分别为百位、十位、个位、十分位(小数点后第一位)、百分位(小数点后第二位)。

监测得到的数值是个近似值,存在一定的不确定性,过多的位数的数值没有意义。有效数字是指从数值左边第一个非0的数字起,到精确到的位数止所有的数字(对数的有效数字较特殊)。监测结果和报告,应采用有效数字。有效位数即有效数字的个数,表示有效数字的基本特征。

例:1.234　　4位有效数字

0.0012　　2位有效数字

0.001200　4位有效数字

1.2×10^3　　2位有效数字

1.20×10^3　3位有效数字

对于特定量的数值,其有效位数应按照量的规定。

例:pH值11.25,0.11均为两位有效位数。

声压级(以dB为单位)73.2为两位有效位数。

(2)修约

修约间隔是修约值的最小间隔单位,修约值为修约间隔的整数倍。修约间隔是确定修约保留(有效)位数的一种方式。修约间隔与测量精度、不确定度等相关。一般修约间隔取10^n(n为整数),特殊情况也可以取0.2×10^n或0.5×10^n。最小间隔指规定的数值的最小修约间隔,实际修约间隔不得小于最小间隔。

例:如指定修约间隔为0.01,修约值即应在0.01的整数倍中选取,相当于将数值修约到两位小数。对数值进行修约,首先要确定修约间隔。如指定修约间隔为10,修约值即应在10的整数倍中选取,相当于将数值修约到十位数。

分光光度法校准曲线$y=a+bx$(y为吸光度,x为待测溶液质量浓度),则截距a的修约间隔应和分光光度计的分辨率对齐(即一般取0.001)。

10.3.3.2 数值修约方法

(1)“四舍六入五取偶”法

“四舍六入五取偶”法是环境监测结果数据的一般修约方法,也是科学数据的最常见处理方法。

具体内容为：对于修约间隔取 10^n 的情况，拟舍弃数字的最左一位数字小于 5 时，则舍去，即保留的各位数字不变；拟舍弃数字的最左一位数字大于 5，或者是 5 而其后跟有并非全部为 0 的数字时，则进一，即保留的末位数字加 1；舍弃数字的最左一位数字为 5，而右面无数字或皆为 0 时，若所保留的末位数字为奇数则进一，为偶数则舍弃，即最后一位数总是偶数。

例：

12.3456　　修约间隔为 0.1　修约结果为 12.3
12.3456　　修成 5 位有效位数　修约结果为 12.346
1234　　修约间隔为 100　修约结果为 1.2×10^3（特定时可写为 1200）
12.503　　修约间隔为 1　修约结果为 13
1.150　　修约间隔为 0.1　修约结果为 1.2
1.250　　修约间隔为 0.1　修约结果为 1.2
0.2501　　修约间隔为 0.1　修约结果为 0.3
10.55　　修约间隔为 0.1　修约结果为 10.6

(2)进一法

适用于一类保守估算。如不确定度的评估、检出限（测定下限）的计算、空气质量指数(AQI)的计算等。

具体内容为：只要拟舍弃数字大于 0，都进 1。这样得到的近似值为过剩近似值（即比准确值大）。

例：

12.3456　　修约间隔为 0.1　修约结果为 12.4
0.2501　　修约间隔为 0.01　修约结果为 0.26

例：

方法实验计算得到的检出限为 0.0305 mg/L，修约结果为 0.04 mg/L；
某标准样品测定结果的相对误差为 3.312%，修约结果为 3.4%或者 4%。

(3)去尾法

也适用于一类保守估算。如校准曲线的相关系数、测定上限的计算等。

具体内容为：去掉拟舍弃数字的小数部分（不管其数字为多少），而保留部分不变。这样得到的近似数为不足近似数（即比准确值小）。

例：5.678　修约间隔为 0.1　修约结果为 5.6

校准曲线相关系数：$r=0.99598=0.995$

$r=0.999998=0.9999$（一般最多保留到小数点后 4 位）

(4)负数修约

具体内容为：先将它的绝对值按修约规则进行修约，然后在修约值前面加上负号。

(5)不允许连续修约

在数值修约时应注意一次修约获得结果，不允许连续修约。

在具体实施中，有时测试与计算部门先将所获得数值按指定的修约位数多一位或几位报出，再由其他部门判定。

报出数值最右的非零数字为 5 时，应在数值右上角加“＋”或“－”或不加符号，以分别表明已进行过舍、进或未舍未进。

例：将下列数值修约到个数位后进行判定(报出值多留一位到一位小数)。

实测值	报出值	修约值
15.4546	15.5^{-}	15
16.5203	16.5^{+}	17
17.5000	17.5	18

10.3.3.3 有效数字的运算规则

(1)加减运算

几个数值加减结果的最低有效数位同几个数值中最低位数最大者。

例：12.568＋0.4－0.036＝12.932＝12.9

(2)乘除运算

几个数值乘除的结果有效位数同几个数值中有效位数最少者。

例：123.4×56÷78.90＝87.58＝88

应用实例：校准曲线的斜率有效位数应取 3 位或 4 位。

(3)开方、乘方运算

经过开方、乘方运算，有效位数不变。

(4)对数运算

对数运算结果的有效位数只计小数点后的位数，位数不变。例：$pH=-\lg[m(H^{+})]$

当 $m(H^{+})=0.0056$ mol/L，pH＝2.25，有效数字为 2 位。

例：声压级(单位为 dB)的计算公式为 $L_p=20\lg(p/p_0)$，$L_p=65.2$ dB ＝6.52×10 dB，有效数字为 2 位。

(5)其他规则

运算过程有效数字可以多记一位。

大量数值取平均时，有时可以多取一位。

常数的有效位数是无限的，可以根据需要取。

10.3.3.4 原始数值的记数规则

有效数字保留的位数，应根据分析方法与仪器的准确度来确定，一般使测得的数值中只有最后一位是可疑的。

例如，在分析天平上称取试样 0.5000 g，这不仅表明试样的质量为 0.5000 g，还表明称量的误差在±0.0002 g 以内；如将其质量记录成 0.50 g，则表明该试样是在台称上称量的，其称量误差为 0.02 g，故记录数据的位数不能任意增加或减少。

如在上例中，在分析天平上测得称量瓶的质量为 10.4320 g，这个记录有 6 位有效数字，最后一位是可疑的。因为分析天平只能准确到 0.0002 g，即称量瓶的实际质量应为 10.4320±0.0002 g，无论计量仪器如何精密，其最后一位数总是估计出来的。因此，所谓有效数字就是保留末一位不准确数字，其余数字均为准确数字。同时从上面的例子也可以看出有效数字是和仪器的准确程度有关，即有效数字不仅表明数量的大小而且也反映测量的准确度。

10.3.3.5 环境监测结果数据的表示

环境监测数值表达方式是监测方法的重要参数。通常环境监测数据的表示方式规则可以采用以下两种描述：

①单位＋最小数位＋最多有效位数。

例：单位为 mg/L，结果保留小数点后 2 位，最多 3 位有效数字。

有效的数值如：1.23×10^3，123，12.3，1.23，0.78，0.06。

②最小间隔（量）＋最多有效位数。

例：最小间隔为 0.01 mg/L，最多 3 位有效数字。

有效的数值如：1.23×10^3，123，12.3，1.23，0.78，0.06。

例：最小间隔为 0.05 mg/L，最多 3 位有效数字。

对于上例的数值，修约后有效的数值为：

1.23×10^3，123，12.3，1.25，0.80，0.05。

最多有效数字通常代表监测结果的精密度。通过不确定度的评估也可以确定最多有效数字的位数。通常环境监测数据的有效数字最多不超过 3 位，个别项目的数据不超过 2 位有效数字，特定项目只有 1 位有效数字（如烟气黑度）。需要注意的是，“最多 3 位有效数字”意味着不一定具备 3 位有效数字，也可能是 2 位，或者 1 位。

最小间隔主要和方法检出限相对应。一般来说，检出限只能表示为 1 位有效数字，且只入不舍。另外根据业务的需求，最小间隔也可以加大。如考虑对应评价标准中的限值，最小间隔也可以与限值数位对齐。

常见的环境监测项目的数据表示规则参考表 10.3。

表 10.3 常见监测项目数据表示参数参考值

类别	序号	监测项目	单位	最多有效位数	最小间隔	备注
水质	1	水温	℃	3	0.5	
	2	透明度	m	2	0.01	
	3	色度	倍	2	1	《水质 色度的测定》（GB/T 11903—1989）中色度的单位为“度”（铂钴比色法）或者“倍”（稀释倍数法）。废水排放标准一般使用稀释倍数法，部分使用“稀释倍数”作为单位。严格意义上色度是个无量纲的量
	4	pH 值	1	小数点后 2 倍	0.01	无量纲
	5	溶解氧	mg/L	3	0.01	
	6	悬浮物	mg/L	3	1	
	7	电导率	mS/m	3	0.01	
	8	化学需氧量	mg/L	3	1	

续表 10.3

类别	序号	监测项目	单位	最多有效位数	最小间隔	备注
水质	9	高锰酸盐指数	mg/L	3	0.1	
	10	五日生化需氧量	mg/L	3	0.1	
	11	总有机碳	mg/L	3		
	12	氨氮	mg/L	3	0.01	
	13	总氮	mg/L	3	0.01	
	14	总磷	mg/L	3	0.01	
	15	氟化物	mg/L	3	0.01	
	16	氰化物	mg/L	3	0.001	
	17	挥发酚	mg/L	3	0.001 0.01	地表水 废水
	18	硫化物	mg/L	3	0.001 0.01	地表水 废水
	19	硫酸盐	mg/L	3	1	
	20	氯化物	mg/L	3	1	
	21	硝酸盐	mg/L	3	0.01	
	22	总硬度	mmol/L	3	0.01	
	23	阴离子表面活性剂	mg/L	3	0.01	
	24	石油类(动植物油)	mg/L	3	0.01	
	25	铜	mg/L	3	0.001 0.01	地表水 废水
	26	锌	mg/L	3	0.0001 0.01	地表水 废水
	27	硒	mg/L	3	0.0001	
	28	砷	mg/L	3	0.0001	
	29	汞	mg/L	3	0.00001	
	30	镉	mg/L	3	0.001	
	31	六价铬	mg/L	3	0.001 0.01	地表水 废水
	32	铅	mg/L	3	0.001 0.01	地表水 废水
	33	镍	mg/L	3	0.01	
	34	铁	mg/L	3	0.01	
	35	锰	mg/L	3	0.01	

续表 10.3

类别	序号	监测项目	单位	最多有效位数	最小间隔	备注
水质	36	粪大肠菌群	个/L	2	1	
	37	总余氯	mg/L	3	0.01	
	38	苯、甲苯、二甲苯		3	0.001 0.01	地表水 废水
	39	苯胺类	mg/L	3	0.01	
	40	硝基苯类	mg/L	3	0.01	
空气和废气	1	二氧化硫	mg/m³	3	0.001 1	环境空气 废气
	2	二氧化氮	mg/m³	3	0.001 1	环境空气 废气
	3	臭氧	mg/m³	3	0.001	
	4	一氧化碳	mg/m³	3	0.1 1	
	5	颗粒物	mg/m³	3	0.001	TSP、PM_{10}、$PM_{2.5}$
	6	烟尘/颗粒物	mg/m³	2	1	废气
	7	烟气流速	m/s	2	0.1	
	8	烟气流量	m³/h	2	10	
	9	烟气黑度	林格曼级	1	1	
	10	油烟	mg/m³	3	0.1	
	11	氨	mg/m³	3	0.01 0.1	环境空气 废气
	12	氟化物	mg/m³	3	0.0001 0.1	环境空气 废气
	13	硫化氢	mg/m³	3	0.001 0.01	环境空气 废气
	14	氯化氢	mg/m³	3	0.01 0.1	环境空气 废气
	15	硫酸雾	mg/m³	3	1	废气
	16	铬酸雾	mg/m³	3	0.001	
	17	铅	mg/m³	3	0.001 0.01	环境空气 废气
	18	汞	μg/m³	3	0.001 0.1	环境空气 废气
	19	镉	mg/m³	3	0.001 0.01	环境空气 废气

续表 10.3

类别	序号	监测项目	单位	最多有效位数	最小间隔	备注
空气和废气	20	铍	mg/m^3	3	0.0001 0.001	环境空气 废气
	21	镍	mg/m^3	3	0.001 0.1	环境空气 废气
	22	苯系物	mg/m^3	3	0.01 0.1	环境空气 废气
	23	甲醛	mg/m^3	3	0.01	
	24	甲醇	mg/m^3	3	1	
	25	非甲烷总烃	mg/m^3	3	0.01	
	26	臭气浓度	1	2	1	无量纲
噪声振动	1	环境噪声（等效声级）	dB	—	0.1	包括（区域噪声、道路交通噪声、功能区噪声）
	2	污染源噪声（等效声级）	dB	—	1	包括（工业企业厂界噪声、社会生活噪声等）
	3	环境振动（Z 振级）	dB	—	0.1	

注：监测项目数据表示参数与监测方法（包括前处理方法、稀释或浓缩等）、样品类别、业务需求等都有关系。具体可根据实际情况确定。本表参数仅提供参考。

10.3.4 极限数值的判断

极限数值是指标准（或技术规范）中规定考核的以数量形式给出且符合该标准（或技术规范）要求的指标数值范围的界限值。环境质量标准和污染物排放标准中的限值都属于极限数值。

在判定监测结果是否符合标准要求时，将监测结果与标准限值作比较，比较的方法有两种。

（1）全数值比较法：将结果不经过修约直接与限值作比较，只要超出限值规定的范围，即判定不符合要求。

（2）修约值比较法：将监测结果经过修约（修约数位与限值数位一致）后与限值作比较，只要超出限值规定的范围，即判定不符合要求。

全数值比较法严于修约比较法，所以，当标准或文件中，如果对限值没有特殊规定时，应使用全数值比较法。

10.3.5 测量结果的统计检验

对监测结果进行统计检验是对分析结果的准确度进行检验。影响准确度的因素很多，除偶然误差外，主要由系统误差引起。

10.3.5.1 均值检验方法(t 检验法)

均值检验(t 检验法)可用于发现隐藏在随机误差后面的系统误差;发现大于或与随机误差大小相等的系统误差。如精密度越高,随机误差越小,那么即使小的系统误差也易被发现。

(1)平均值(样本均数)与标准值(总体均数)的显著性检验(t 检验法)

检查分析方法或操作过程是否存在较大系统误差,可对标样进行若干次分析,利用 t 检验法比较分析结果的均值与标准值是否存在显著性差异。若有显著性差异,则存在系统误差,否则是由偶然误差引起的。

检验步骤:

①计算 t 值,$t_{计}=\dfrac{|\bar{x}-\mu|}{s}\sqrt{n}$;

②根据自由度 f 与置信度 P,得 t 值;

③t 与 $t_{计}$ 比较,若 $t_{计}$ 小于 t,则无显著性差异,反之有显著性差异。

(2)两组平均值的检验(t 检验法)

不同的人、不同的方法、不同的仪器对同一种试样进行分析时,所得平均值一般不会相等。t 检验法是检验两组平均值之间是否存在显著性差异的一种统计假设检验方法。如:检验两个分析人员测定结果有无显著性差异或两种测定方法有无显著性差异。

检验步骤:

①计算,$t_{计}=\dfrac{|\bar{x}_1-\bar{x}_2|}{s_{合}}\sqrt{\dfrac{n_1n_2}{n_1+n_2}}$,$s_{合}=\sqrt{\dfrac{(n_1-1)\cdot s_1^2+(n_2-1)\cdot s_2^2}{n_1+n_2-2}}$;

②用 $P=95\%$,$F=n_1+n_2-2$ 的值查表 10.4,得 t 值;

③ t 与 $t_{计}$ 比较,若 $t_{计}$ 小于 t,则无显著性差异,反之存在显著性差异。

10.3.5.2 F 检验法(方差分析)

方差是描述分散程度的,因此方差检验实际上是有关分散程度的检验,两个总体方差是否一致,或者说两组数据是否等精度,可用 F 检验法。

检验步骤:

(1)计算出两组数据的标准方差的平方 $S_{大}^2$、$S_{小}^2$;

(2)计算 $F_{计}=\dfrac{S_{大}^2}{S_{小}^2}$;

(3)查表 10.4,得 F 值,与 $F_{计}$ 比较;

(4)若 $F_{计}$ 小于 F,则无显著性差异,否则存在显著性差异。

10.3.5.3 监测数据的回归处理与相关分析

在环境监测中经常要了解各种参数之间是否有联系,可用一元线性回归处理的方法判断各参数之间的联系。

若两个变量 x 和 y 之间存在一定的关系,并通过试验获得 x 和 y 的一系列数据,用数学处理的方法得出这两个变量之间的关系式,这就是回归分析,也就是工程上所说的拟合问题,所得关系式称为经验公式,或称回归方程、拟合方程。

如果两变量 x 和 y 之间的关系是线性关系,就称为一元线性回归或称直线拟合。如果两变量之间的关系是非线性关系,则称为一元非线性回归或称曲线拟合。

表 10.4 置信度95%时 F 值(单边)

$F_{大}$ / $F_{小}$	2	3	4	5	6	7	8	9	10	∞
2	19.0	19.16	19.25	19.30	19.33	19.36	19.37	19.38	19.39	19.5
3	9.55	9.28	9.12	9.01	8.94	8.88	8.84	8.81	8.78	8.53
4	6.94	6.59	6.39	6.26	6.16	6.09	6.04	6.00	5.96	5.63
5	5.79	5.41	5.19	5.05	4.95	4.88	4.82	4.78	4.74	4.36
6	5.14	4.76	4.53	4.39	4.28	4.21	4.51	4.10	4.06	3.67
7	4.74	4.35	4.12	3.97	3.87	3.79	3.73	3.68	3.63	3.23
8	4.46	4.07	3.84	3.69	3.58	3.50	3.44	3.39	3.34	2.93
9	4.26	3.86	3.63	3.48	3.37	3.29	3.23	3.18	3.13	2.71
10	4.10	3.71	3.48	3.33	3.22	3.14	3.07	3.02	2.97	2.54
∞	3.00	3.60	2.37	3.21	2.10	2.01	1.94	1.88	1.83	1.00

(1)相关和直线回归方程

变量之间关系有两种主要类型：

①确定性关系。例如，欧姆定律 $U=IR$，已知三个变量中任意两个就能按公式求第三个量。

②相关关系。有些变量之间既有关系又无确定性关系，称为相关关系，它们之间的关系式叫回归方程式，最简单的直线回归方程为：

$$\overline{y}=a\overline{x}+b$$

式中，a、b 为常数。

根据最小二乘法建立直线回归方程，首先测定一系列 $x_1,x_2,\cdots,x_n$ 和相对应的 $y_1,y_2,\cdots,y_n$，然后按下式求常数 a 和 b。

$$a=\frac{n\sum xy-\sum x\sum y}{n\sum x^2-\left(\sum x\right)^2}$$

$$b=\frac{\sum x^2\sum y-\sum x\sum xy}{n\sum x^2-\left(\sum x\right)^2}$$

(2)相关系数及其显著性检验

①相关系数 r。r 表示两个变量之间关系的性质和密切程度的指标，其值在 $-1\sim+1$ 之间。公式为：

$$r=\frac{\sum(x-\overline{x})(y-\overline{y})}{\sqrt{\sum(x-\overline{x})^2\sum(y-\overline{y})^2}}$$

对于环境分析与监测工作中的标准曲线，应力求相关系数 $|r|\geqslant0.9990$；否则，应找出原因，加以纠正，并重新进行测定和绘制。

a. 若 x 增大，y 也相应增大，则称 x 与 y 呈正相关，$0<r\leqslant1$。

b. 若 x 增大，y 相应减小，则称 x 与 y 呈负相关，$-1\leqslant r<0$。

c. 若 x 与 y 的变化无关，则称 x 与 y 不相关，此时 $r=0$。

②相关系数显著性检验。

a. 计算 r 值

$$r=\frac{\sum(x-\bar{x})(y-\bar{y})}{\sqrt{\sum(x-\bar{x})^2\sum(y-\bar{y})^2}}$$

b. 按给定的 n 和 α 查相关系数临界值表得 r_α

c. 比较 r 和 r_α

若 $|r|>r_\alpha$，线性相关，根据回归直线方程绘制的直线才有意义；反之，不存在线性关系。

10.4 环境标准物质

10.4.1 环境标准物质

10.4.1.1 环境标准物质的定义

(1)标准物质

标准物质又称标准参考物质、参考物质、标准样品等。国际标准化组织推荐使用"有证参考物质"(certified reference material，缩写为 CRM)一词。我国的标准物质以 BW("标物"的汉语拼音缩写)为代号。

(2)环境标准物质

环境标准物质又称环境标准参照物质，是在组成与性质上与被测的环境物质相似的参照物质。由于目前所用的仪器分析方法仅是一种相对的测定法，要用标准参照物质对仪器分析加以校正，以排除在被测成分的量与测定信号之间所引起的干扰和影响，从而获得较准确的测定值。

环境标准物质是按规定的准确度和精密度确定了物理特性值或组分含量值，在相当长时间内具有高度的均匀性、稳定性和量值准确性，并在组成和性质上接近于环境样品的物质。

它在环境监测质量保证中具有非常重要的作用，主要用于确定物质特性量值、校准仪器、检验分析测定方法及监测质量考核等。

环境标准物质只是标准物质中的一类。20 世纪 80 年代，标准物质的发展已进入了在全世界范围内普遍推广使用的阶段。环境标准物质不仅成为环境检测中传递准确度的基准物质，而且也是实验室分析质量控制的物质基础。在世界范围内，已有近千种环境标准物质。

环境标准物质是环境监测中传递准确度的基准物质，也是控制实验室分析质量的物质基础。随着环境管理的加强和环境科学的发展，环境监测的范围越来越广，环境监测数据的可比性、一致性、可靠性显得更加重要。作为量值传递和质量保证基础的环境标准物质的制备和使用越来越受到重视，并逐渐规范化。

10.4.1.2 环境标准物质的特性

①良好的基体代表性；

②高度的均匀性；

③良好的稳定性和长期保存性；

④含量准确。

10.4.1.3 环境标准物质在环境监测中的应用

环境标准物质在环境监测中的应用：环境监测仪器的验收和校准环境标准物质在计量监督部门对强制性检定的仪器进行检定时经常用到，可使这些仪器能溯源到国家标准；同时在日常的分析检测工作中也会经常用环境标准物质来校准仪器，控制测量的准确度和精密度。如果采用自配标准溶液，不但费时费力，而且容易引入误差，难以使分析结果具有可比性。

①评价监测分析方法的准确度和精密度，研究和验证标准方法，发展新的监测方法。

②校正和标定分析测试仪器，发展新的监测技术。

③提高协作实验结果的质量，在协作实验中用于评价实验室的管理效能和测试人员的技术水平，从而提高实验室提供可靠数据的能力。

④用作量值传递和追溯的标准。由于环境标准物质不仅有接近真值的保证值，而且具有追溯性。利用标准物质的准确性传递系统和追溯系统能够保证国家之间、行业之间以及各实验室之间数据的可比性和一致性。

⑤把环境标准物质当作工作标准和监控标准使用：利用环境标准物质绘制校准曲线，与未知试样同时分析，确定未知试样中待测组分的含量。

⑥以一级环境标准物质作为真值，控制二级环境标准物质和质量控制样品的制备和定值，也可为新型标准物质的研制生产提供保证。

⑦用于环境监测数据的仲裁等。

10.4.1.4 环境标准物质的制备和定值

理想的环境标准物质应是直接从环境中采集，对其中各组分含量、均匀性和稳定性进行测定。环境标准物质的制备一般为人工合成。

制备方法如下：

①调查样品组成和浓度；

②制备模拟样品；

③均匀性和稳定性试验；

④确定保证值($A \pm 2S$)；

⑤报批。

10.4.1.5 环境标准物质选择的原则

环境监测质量保证中应根据分析方法和被测样品的具体情况选用适当的环境标准物质。选择标准物质应考虑以下原则：

①基体组成的选择：标准物质的基体组成与被测样品的组成越接近越好，这样可以消除二者基体差异引入的系统误差。

②对标准物质准确度水平的选择：标准物质的准确度应比被测样品预期达到的准确

度高 3～10 倍；

③标准物质浓度水平的选择：分析方法的精密度是被测样品浓度的函数，所以要选择浓度水平适当的标准物质。

④取样量不得小于标准物质证书中规定的最小取样量。

10.4.2 我国环境标准物质现状

10.4.2.1 标准物质的分级与分类

(1)标准物质的分级

《标准物质管理办法》(1987 年 7 月 10 日由原国家计量局发布)中第二条规定：用于统一量值的标准物质，包括化学成分标准物质、物理特性与物理化学特性测量标准物质和工程技术特性测量标准物质。

按照标准物质的定级条件，我国将标准物质划分为两级，即一级标准物质和二级标准物质。

一级标准物质：

①用绝对测量法或两种以上同原理的准确可靠的方法定值。在只有一种定值方法的情况下，用多个实验室以同种准确可靠的方法定值；

②准确度具有国内最高水平，均匀性在准确度范围之内；

③稳定性在一年以上或达到国际上同类标准物质的先进水平；

④包装形式符合标准物质技术规范的要求。

二级标准物质：

①用与一级标准物质进行比较测量的方法或一级标准物质的定值方法定值；

②准确度和均匀性未达到一级标准物质的水平，但能满足一般测量的需要；

③稳定性在半年以上，或能满足实际测量的需要；

④包装形式符合标准物质技术规范的要求。

(2)标准物质的分类

按其标准物质的属性和应用领域，可分成十三大类，即：①钢铁成分分析标准物质；②有色金属及金属中气体成分分析标准物质；③建材成分分析标准物质；④核材料成分分析与放射性测量标准物质；⑤高分子材料特性测量标准物质；⑥化工产品成分分析标准物质；⑦地质矿产成分分析标准物质；⑧环境化学分析标准物质；⑨临床化学分析与药品成分分析标准物质；⑩食品成分分析标准物质；⑪煤炭石油成分分析和物理特性测量标准物质；⑫工程技术特性测量标准物质；⑬物理特性与物理化学特性测量标准物质。

10.4.2.2 标准物质的编号

一级标准物质的编号是以标准物质代号“GBW”冠于编号前部，编号的前两位数是标准物质的大类号。三位数是标准物质的小类号，最后两位是顺序号。生产批号用英文小写字母表示，排于标准物质编号的最后一位。

二级标准物质的编号是以二级标准物质代号“GBW”冠于编号前部，编号的前两位数是标准物质的大类号，后四位数为顺序号，生产批号用英文小写字母表示，排于编号的最后一位。

10.4.2.3 环境监测实验室使用的标准物质

目前，环境监测实验室使用的标准物质按照其特性可以分为3类：第1类是物理特性标准物质，第2类是化学特性标准物质，第3类是微生物检测质量控制标准样品。

(1)物理特性标准物质

环境实验室使用的物理特性标准物质主要有用于对噪声监测仪进行校准的标准声级校准器(标准声源)、用于天平校准核查用的标准砝码、用于辐射测定仪器校准的标准放射源等，这类标准物质的管理可以纳入仪器设备的管理范畴。

(2)化学特性标准物质

①气态标准物质，又称为标准气体。用于气体监测项目的量值溯源。如用于大气自动监测仪校准用的SO_2标准气体、NO标准气体、CO标准气体、非甲烷烃标准气体等，用于理化仪器监测的有机物标准气体，用于污染源仪器校准核查的SO_2、NO标准气体。这些标准气体大部分为国家有证标准气体，为一级标准物质或二级标准物质。

②液体标准物质，又分为标准溶液和标准样品。

a.标准溶液。已知准确浓度的溶液，在滴定分析中常用作滴定剂。在光谱分析法、色谱分析方法中用标准溶液绘制工作曲线或作计算标准。标准溶液配制方法有两种，一种是直接法，即准确称量基准物质，溶解后定容至一定体积；另一种是标定法，即先配制成近似需要的浓度，再用基准物质或用标准溶液进行标定。目前标准溶液的来源有两种，一种为购买的国家有证标准物质，直接使用或取一定体积稀释定容后使用；另一种为自配标准溶液。

b.标准样品。包括水质监测标准样、空气监测标样和有机物监测标样，其标准值和不确定度由多个具有资质的实验室采用一种或多种准确可靠的分析方法共同测定后确定，主要用于环境监测及分析测试中的质量保证和质量控制，也可用于仪器校准、方法验证和技术仲裁。

③固体标准物质。包括土壤标准样品、煤质标准样品、植物标准样品、生物标准样品和工业固体废弃物标准样品。用途与液体标准样品相同。

(3)微生物检测质量控制标准样品

用于培养基(营养琼脂)质量检定和微生物监测的质量保证和质量控制。

10.5 实验室认可、实验室计量认证/审查认可

10.5.1 实验室国家认可制度

10.5.1.1 实验室认可

实验室认可ISO 17025全称是ISO/IEC 17025:2005《检测和校准实验室能力的通用要求》标准认可。中国实验室国家认可委员会(CNAS)是我国唯一的实验室认可机构，承

担全国所有实验室的 ISO 17025 标准认可。

所有的校准和检测实验室均可采用和实施 ISO 17025 标准，按照国际惯例，凡是通过 ISO 17025 标准的实验室提供的数据均具备法律效力，得到国际认可。

10.5.1.2　标准制度内容

ISO 17025 标准主要包括定义、组织和管理、质量体系、审核和评审、人员、设施和环境、设备和标准物质、量值溯源和校准、校准和检测方法、样品管理、记录、证书和报告、校准或检测的分包、外部协助和供给、投诉等内容。该标准中核心内容为设备和标准物质、量值溯源和校准、校准和检测方法、样品管理，这些内容的重点是评价实验室校准或检测能力是否达到预期要求。

10.5.2　实验室认可流程

10.5.2.1　初次认可

①意向申请；②正式申请；③评审准备；④现场评审；⑤实验室认可评定；⑥批准发证。

10.5.2.2　扩大、缩小认可范围

(1)扩大认可范围

获准认可机构在认可有效期内可以向 CNAS 提出扩大认可范围的申请。CNAS 根据情况在监督评审、复评审时对申请扩大的认可范围进行评审，也可根据获准认可机构需要单独安排扩大认可范围的评审。

(2)缩小认可范围

在下列情况下，可以导致缩小认可范围：

①获准认可机构自愿申请缩小其原认可范围；

②业务范围变动使获准认可机构失去原认可范围内的部分能力；

③监督评审、复评审或能力验证的结果表明获准认可机构在某些检测、校准项目的技术能力或质量管理不再满足认可要求，且在 CNAS 规定的时间内不能恢复。

10.5.2.3　监督评审

监督评审的目的是证实获准认可机构在认可有效期内持续地符合认可要求，并保证在认可规则和认可准则修订后，及时将有关要求纳入质量体系。

(1)定期监督评审

对获准认可的实验室实施定期监督评审的周期和频次按照《实验室和检查机构认可规则》(CNAS-RL01)文件要求进行。定期监督评审的范围可以是认可领域以及认可要求的全部或部分内容。

(2)不定期监督评审

在获准认可机构发生变化、CNAS 的认可要求变化或 CNAS 认为有必要时，或需对投诉进行调查，或有迹象表明获准认可机构可能不再继续满足认可要求时，CNAS 秘书处可随时安排不定期监督评审或不定期的访问。不定期监督评审有可能先进行文件审查，然后再决定是否实施现场评审。不定期监督评审的程序与定期监督评审相同。

10.5.2.4 复评审

获准认可机构应在认可有效期(5 年)到期前 6 个月向 CNAS 提出复评审申请。CNAS 在认可有效期到期前应根据获准认可机构的申请组织复评审,以决定是否延续认可至下一个有效期。

10.5.3 实验室认可的作用和意义

①可以表明具备了按相应认可准则开展检测和校准服务的技术能力;
②可以增强市场竞争能力,赢得政府部门、社会各界的信任;
③可以获得签署互认协议方国家和地区认可机构的承认;
④可以有机会参与国际合格评定机构认可的双边、多边合作交流;
⑤可以在认可的范围内使用 CNAS 国家实验室认可标志和 ILAC 国际互认联合标志;
⑥可以列入获准认可机构名录,提高知名度。

10.5.4 计量认证、审查认可与实验室认可

10.5.4.1 计量认证

根据《中华人民共和国产品质量法》的有关规定,在中国境内从事面向社会检测、检验产品的机构必须由国家或省级计量认证管理部门会同评审机构评审合格,依法设置或依法授权后,才能从事检测、检验活动。

中国计量认证(CMA),是国家对检测机构的法制性强制考核,是政府权威部门对检测机构进行规定类型检测所给予的正式承认。

CMA 是检测机构计量认证合格的标志,具有此标志的机构为合法的检验机构。取得实验室资质认定(计量认证)合格证书的检测机构,可按证书上所批准列明的项目,在检测(检测、测试)证书及报告上使用 CMA 标志。

10.5.4.2 审查认可

审查认可是指国家认监委和地方质检部门依据有关法律、行政法规的规定,对承担产品是否符合标准的检验任务和承担其他标准实施监督检验任务的检验机构的检测能力以及质量体系进行的审查。审查认可机构除承担社会的检测业务之外,还承担着政府的监督抽查职能。

CAL 是中国考核合格检验实验室的缩写,CAL 标志是质量技术监督部门依法设置或依法授权的检验机构的专用标志。

1990 年发布的《中华人民共和国标准化法实施条例》(第 29 条)明确了对这些质检机构的规划、审查工作。在技术监督系统依法设置的质检所称“审查验收”,在行业的检验机构叫依法授权,统称“审查认可”,使用 CAL 标志。

(1)审查验收——验收证书

质量技术监督部门根据有关法律法规的规定,对其依法授权或依法设置承担产品质量检验工作的检验机构进行合理规划,界定检验任务范围,并对其公正性和技术能力进

行考核合格后，准予其承担法定产品质量检验工作的行政行为。

(2)依法授权——授权证书

对计量授权考核合格的单位，由受理申请的人民政府计量行政部门批准，颁发相应的计量授权证书和计量授权检定、测试专用章，公布被授权单位的机构名称和所承担授权的业务范围。

10.5.4.3 实验室认可与计量认证、审查认可的区别

(1)适用对象不同

实验室认可适用于检测/校准实验室，计量认证和审查认可适用于产品质检机构。

(2)法律效力不同

计量认证和审查认可属国家对检验和检定机构实施的法制管理范围，是强制性行为，其结果将导致对检验和检定机构的授权。实验室认可则是实验室依从国际惯例，接受第三方权威机构评审的一种自愿行为，通过认可则表明认可委对实验室技术能力的承认。

(3)管理层次不同

计量认证和审查认可由国务院和省两级政府的质量技术监督部门实行分级管理，而实验室认可是一级管理，实施机构是中国合格评定国家认可委员会，实施一站式认可。

(4)互认性不同

在国际合作中，计量认证和审查认可是政府行政管理行为，各国做法不一，实验室间不能互认，认可实验室出具的检测/校准数据是得到签署了互认协议的实验室认可机构认可的。

取得计量认证(CMA)资质即可满足室内环境检测实验室开展业务的需求。审查认可(CAL)是一种政府行政行为，是国家实施的一项针对承担监督检验、仲裁检验任务的各级质量技术监督部门所属的质检机构和授权的国家、省级质检中心(站)的一项行政审批制度。取得国家实验室认可(CNAS)可以提高实验室自身的管理水平和技术能力，且认可实验室出具的检测/校准报告具有互认资格，使得实验室的技术能力得到社会承认。

10.5.4.4 计量认证与审查认可(验收、授权)的区别

(1)共同点：

①均需有第三方的公正地位；

②均为强制性行为；

③国家、省二级管理；

④评审准则一致，都是对质检机构公正性和技术能力的考核。

(2)不同点：

①法律依据不同：计量认证依据《中华人民共和国计量法》，审查认可依据《中华人民共和国标准化法》和《中华人民共和国产品质量法》；

②法律地位不同：计量认证只考核技术能力，没有政府授权，通过计量认证的质检机构不能称其为“法定质检机构”；审查认可不光考核技术能力，政府要依法设立或授权，给予质检机构承担法定监督检验任务的特殊地位。因此，通过计量认证和审查认可的质检机构是“法定质检机构”。

③政府规划不同：计量认证不需列入规划，凡向社会出具公证数据的质检机构必须通过计量认证；审查认可要列入统一规划。原则：统筹规划、合理布局、优势互补、不重复建设。

④使用标志不同：计量认证标志为CMA，为中国计量认证的英文缩写；审查认可标志为CAL，为中国考核合格检验实验室的英文缩写。

10.6　测量设备的期间核查

10.6.1　概述

实验室根据自己规定的程序对其测量设备、计量标准或标准物质，在一个检定/校准周期内，一次或多次使用适当的校核方法进行检查，以判定测量设备和标准物质是否保持着校准或检定时的准确度或计量特性，以确保检测/校准结果的质量，此过程称为期间核查。

为保证测量设备的计量性能，确保监测结果准确可靠，《实验室资质认定评审准则》5.4.8条款、《检测和校准实验室能力认可准则》(CNAS-CL01：2006)5.5.10条款中要求当需要利用期间核查以保持设备校准状态的可信度时，应按照规定的程序进行。通过期间核查，一方面可增强测量设备校准结果的可信度，另一方面当测量设备发生异常时，可缩短追溯期。对测量设备进行期间核查意义重大。

10.6.2　实验室应测量设备期间核查程序

①期间核查程序应明确核查职责、核查范围、核查内容、核查记录等要求。

②对核查测量设备编制作业指导书，根据不同测量设备或不同类别测量设备，规定具体的核查指标(参数)、操作步骤、评价标准、记录等内容，以使期间核查有据可依，按规范进行。

③实验室应制订年度期间核查计划，按月实施，可在每月质控计划中将本月需要核查的测量设备列出，同时发放核查标准(需要时)，核查标准物质有时同时可作为质控样使用，一举两得。

④对共用核查标准如标准砝码可实行使用共享、统一管理，既可节约核查成本，又能有效控制核查标准。可能情况下，对实验室的通用仪器设备如分析天平进行统一核查也是可行的方法之一。

10.6.3　期间核查的对象

测量设备自身性能不稳定、使用频繁、经常携带到现场监测以及在恶劣环境下使用的仪器设备，其计量性能更易发生变化，必须进行期间核查，以确保测量设备的计量性能。

(1)现场监测用的测量设备

都应进行期间核查，核查频次依据仪器性能及工作性质而定。

(2)实验室内使用的测量设备

由于操作方法、环境条件、样品和试剂溶液污染等因素的影响，并不能保证检定或校准状态的持续可信度时，一般也需要进行期间核查。如 pH 计(性能受多种因素影响)，分析天平(使用频繁、环境条件要求高、易受样品污染)，分光光度计(使用频繁、使用波长需不断变换、样品室和比色皿的污染都可能影响仪器的灵敏度和波长的准确度)等。

10.6.4 期间核查方法

不同仪器的特性不同，为使核查具有针对性，必须掌握仪器设备的主要计量性能指标及其含义，熟悉其计量检定规程，选择适宜指标进行核查。

(1)直读式测量设备

采用标准物质进行核查。如 pH 计、烟气分析仪(二氧化硫)、分析天平。

①pH 计：通常采用标准缓冲液进行核查，核查其示值准确度及重复性。可用有证的 pH 值标准溶液作为样品进行测定，结果应在标准给出的定值范围内，重复测量此 pH 值标准溶液 6 次，最大值与最小值之差应不大于 0.05。

②电子天平：用等精度的标准砝码进行核查，核查其示值准确度及重复性。以万分之一电子天平为例，一般示值误差不大于 0.0005 g。

(2)光学类测量设备

需核查波长准确性和仪器灵敏度。如分光光度计、原子吸收分光光度计。

①紫外、可见分光光度计：日常使用中，波长准确度和灵敏度是分光光度计的主要特性指标，可选择波长准确度和灵敏度进行核查。实验室可根据《紫外、可见、近红外分光光度计检定规程》(JJG 178—2007)表 11　波长标准器的选择中所列标准器，选择合适的标准器作为波长的核查标准。仪器最大波长允许误差应满足《紫外、可见、近红外分光光度计检定规程》表 1 的要求。灵敏度的核查可用《紫外、可见、近红外分光光度计检定规程》中所述的重铬酸钾溶液进行核查，可与规程附录 B 所列的透射比进行比较。

②原子吸收分光光度计：正常使用中的原子吸收分光光度计，检出限、测量重复性和线性误差是表征其计量性能的主要特征指标，在《原子吸收分光光度计》(JJG 694—2009)中，使用中检验的检定项目可作为实验室期间核查的参考指标，波长准确度很重要，但对自动波长校准的仪器，一般不进行测量，同时，一旦波长发生偏差，必然反映到仪器检出限，因此，从仪器检出限可间接获得波长准确度的信息。火焰原子化法用铜标准溶液进行核查，石墨炉原子化法用镉标准溶液进行核查，按《原子吸收分光光度计》中给出的方法，结合日常监测工作进行。

(3)色谱类测量设备

可根据其检定规程，通过定性指标如保留时间、定量指标如响应值等来进行核查。

如气相色谱仪、液相色谱仪。

气相色谱仪：气相色谱仪的保留时间是定性分析的基础，而色谱响应值则是定量依据。通过核查保留时间、色谱响应值的重复性以及仪器的灵敏度（或仪器检出限）等指标，可反映气相色谱仪的整体性能。根据工作需要，气相色谱仪有时同时配备多个不同的检测器，应根据仪器配置，按《气相色谱仪检定规程》(JJG 700—1999)中的相关要求，对不同检测器，采用不同的核查标准进行核查。

(4)其他类型设备

有些测量设备如定电位电解法烟气(SO_2、NO_x、CO)测定仪，其核查要求在相关技术规范中有规定，应结合其要求确定核查指标，进行核查。

定电位电解法烟气(SO_2)测定仪：用有证标准气体进行核查，根据烟气分析仪检定规程及固定源废气监测技术规范的要求，用仪器量程中点值附近浓度的标准气作为核查标准气，重复测定 3 次，仪器示值偏差应不超过±5%；重复测定 6 次，其相对标准偏差应不大于 2%。

在既无核查标准物质，又无检定规程可参考的情况下，还可采用同一类型测量设备之间的比对、使用不同监测方法进行比对等手段。

10.7 消耗性材料质量验收

10.7.1 概述

环境监测理化实验室所用的试剂及消耗材料种类繁多，有些试剂用量很大，其质量优劣直接影响测定结果的准确度。为确保服务和供应品的质量符合规定的要求，《实验室资质认定评审准则》4.5 条款、《检测和校准实验室能力认可准则》(CNAS-CL01)和《检测和校准实验室能力认可准则在化学检测领域的应用说明》(CNAS-CL10)4.6 条款对建立相关程序进行试剂及消耗材料的质量验收提出了要求。

10.7.2 验收程序

为指导和规范实验室进行试剂及消耗材料的采购、供应商的选择、试剂及消耗材料的质量验收等工作，《实验室资质认定评审准则》和《检测和校准实验室能力认可准则》规定实验室应制定服务和供应品采购的相关程序。采购初期，要选择有资质的供应商，并定期对供应商进行评价，建立合格供应商的档案和名录。采购时，要求供应商提供产品合格证、检测报告等相关技术资料，证明产品符合质量要求。在实验室使用对检测结果有影响的试剂及消耗材料前，应进行质量验收，出具验收意见或报告，验收合格方能使用。

10.7.3 环境监测理化实验室消耗性材料验收范围

10.7.3.1 水

(1)实验用水

通常指用于器皿的最后冲洗、样品稀释和试剂配制等所用的水,必须进行质量检验和验收。

(2)特殊用水

如无氨水、无酚水、不含有机物的水、不含金属的水等,都应进行质量检查或验收。

10.7.3.2 试剂和消耗材料

一般分析方法中有明确要求的、空白值较高或波动较大、本身不稳定或存放后易变质的试剂和消耗材料必须进行质量验收,这些要求在相关分析方法标准中都有明确规定。实验室应根据开展的检测项目、所用分析方法的要求和实际工作的需要,筛选出对测定结果有较大影响的试剂和消耗材料,列出本实验室应进行质量验收的试剂和消耗材料名录,按要求进行验收,必要时,编制作业指导书。

例如:测定水中总氮用的过硫酸钾(其空白值可能较高或波动较大);测定酚类化合物用的4-安基安替比林(本身不稳定,存放后易变质,其空白值可能较高或波动较大);用于空气和废气中苯系物测定的二硫化碳和活性炭采样管(其空白值可能较高);用于测定空气和废气中铅、汞等元素采样用的滤膜、滤筒(不同生产厂家或批次,空白值可能相差较大);用于提取或萃取环境样品中有机物的提取剂或萃取剂(可能含有待测物)。

10.7.4 验收方法

通常采用试剂空白、样品空白或测定待测物含量,来进行试剂和消耗材料的质量验收。

10.7.4.1 水

(1)实验用水

《地表水和污水监测技术规范》(HJ/T 91—2002)中规定一般分析实验用水电导率应小于3.0 μS/cm,相当于《分析实验室用水规格和试验要求》(GB/T 6682—2008)表1中二级水的要求。

(2)特殊用水

根据分析方法标准中的要求及用途进行验收。

例如:测定水中氨氮用的无氨水、测定挥发酚用的无酚水、测定水中化学需氧量(COD)用的不含耗氧有机物的水,可通过空白试验、测定实验室空白值进行这些特殊用水的质量验收。五日生化需氧量(BOD_5)所用实验用水除满足一般实验用水要求外,还应进行水中铜离子及氧化物质的测定。

10.7.4.2 试剂和消耗材料

根据分析方法中的要求,测定其试剂或消耗材料中待测物含量或空白值来进行验收。

例如：测定水中总氮用的过硫酸钾，测定空气和废气中苯系物用的活性炭采样管，测定空气和废气中铅用的滤膜、滤筒，用于提取或萃取环境样品中有机物的提取剂或萃取剂等试剂和消耗材料。

10.7.5 验收结果评价

试剂空白或样品空白值的大小是衡量试剂和消耗材料质量的重要指标，通过测定试剂和消耗材料的空白值或其待测物的含量，可判别试剂和消耗材料的质量。

试剂和消耗材料的空白值或其含量多少为合格，一般按标准中要求来进行评判。若无规定，一般以测定结果小于方法检出限为合格。实验用水（二级用水）等常用的几种试剂和消耗材料的质量要求见表 10.5。

表 10.5 实验用水(二级用水)等常用的几种试剂和消耗材料的质量要求

序号	试剂或耗材名称	质量验收项目	评价标准	备注
1	实验用水（二级水）	电导率(25 ℃)/(mS/m)	≤0.10	
		可氧化物质含量(以 O 计)/(mg/L)	≤0.08	溶液的粉红色不得完全消失
		吸光度(254 nm，1 cm 光程)	≤0.01	
		蒸发残渣(105 ℃±2 ℃)含量/(mg/L)	≤1.0	
		可溶性硅(以 SiO_2 计，%)	≤0.02	
2	过硫酸钾	含氮量(以 N 计，%)	≤0.0005	两者满足之一即可
		空白试验的校正吸光度(A_b)	≤0.030	
3	活性炭采样管	苯系物	不得存在干扰峰	
4	滤膜	铅	<0.05 μg，且空白值稳定	制成 50.00 mL 试液后的测定量
5	BOD_5 实验用水	铜/(mg/L)	≤0.01	
		氯或氯胺等物质	不得含有	淀粉-碘化钾试纸不出现蓝色

10.7.6 实例

10.7.6.1 实验用水的质量验收

可按《分析实验室用水规格和试验要求》(GB/T 6682—2008)中二级水的要求进行验收。二级水 pH 值不作要求。

(1)电导率的测定

用配备电极常数为0.01～0.1 cm^{-1}的“在线”电导池进行测定，需具有温度自动补偿功能。

(2)实验用水可氧化物质含量测定

量取1000 mL水样注入烧杯中，加入5.0 mL硫酸溶液(20%)混匀，加入1.0 mL高锰酸钾标准溶液[$c(\frac{1}{5}KMnO_4)=0.01$ mol/L]混匀，盖上表面皿，加热至沸腾，保持5 min。

(3)吸光度的测定

将水样分别注入1 cm和2 cm的石英吸收池中，于254 nm处，以1 cm石英吸收池中水样为参比，测定2 cm石英吸收池中水样的吸光度。

(4)蒸发残渣和可溶性硅的测定

可按《分析实验室用水规格和试验要求》(GB/T 6682—2008)中给出的测定方法和步骤进行。按表10.5中各项目的评价标准对测定结果进行评价，合格后使用。

10.7.6.2 过硫酸钾的质量验收

(1)过硫酸钾的含氮量测定

按《水质 总氮的测定 碱性过硫酸钾消解紫外分光光度法》(HJ 636—2012)附录A中过硫酸钾含氮量测定方法的步骤，进行过硫酸钾含氮量的测定。

过硫酸钾的含氮量必须小于0.0005%，说明过硫酸钾质量符合要求。否则应进行纯化，经再次检验合格后使用。

(2)空白值的测定

用10.00 mL实验用水代替试样，按《水质 总氮的测定 碱性过硫酸钾消解紫外分光光度法》(HJ 636—2012)中9.2步骤进行测定，按表10.5中要求进行评价。

空白试验的校正吸光度(A_b)小于或等于0.030，说明过硫酸钾等试剂的质量合格和测定过程符合要求，可使用；若空白试验的校正吸光度(A_b)大于0.030，应检查实验用水、试剂(主要是氢氧化钠和过硫酸钾)纯度、器皿和高压蒸汽灭菌器的污染状况，首先对过硫酸钾和氢氧化钠质量进行检查，即进行含氮量测定，合格后，再逐一检查实验用水、器皿和高压蒸汽灭菌器的污染状况、实验环境等因素，消除影响因素，直至空白试验的校正吸光度(A_b)小于或等于0.030。

10.7.6.3 BOD_5实验用水质量验收

《水质 五日生化需氧量(BOD_5)的测定 稀释与接种法》(HJ 505—2009)中要求实验用水为符合GB/T 6682规定的三级蒸馏水，且水中铜离子的质量浓度不大于0.01 mg/L，不含氯或氯胺等物质。为此，按《分析实验室用水规格和试验要求》(GB/T 6682—2008)中三级蒸馏水要求进行验收，若实验用水已通过质量验收，则认为已满足三级蒸馏水要求，可只进行BOD_5实验用水中铜、氯或氯胺等氧化物的检验。

BOD_5实验用水中铜的测定，可用原子吸收分光光度法或等离子体发射光谱法进行，若测得的质量浓度不大于0.01 mg/L，说明水中铜离子符合要求；用淀粉-碘化钾试纸检验水中氯或氯胺等氧化物的存在与否，取样品滴于淀粉-碘化钾试纸上，若不出现蓝色，说明不存在氯或氯胺等氧化剂，符合要求。

10.7.7 记录

进行试剂和消耗材料质量验收后，要认真填写质量验收记录。实际工作中，常常存在没有进行试剂和消耗材料质量验收，或验收方法不正确，或只做不记，或记录不完整、不规范等种种情况，导致无法追溯。

质量验收记录可分两个部分进行填写和记录，一是将待验收试剂或消耗材料作为样品进行检验，填写实验原始记录；二是将进行验收的试剂或消耗材料的相关信息如名称、生产厂家、级别、规格、批号、数量、用途、质量要求、检验结果、评价结果/结论等记入质量验收记录表中，根据质量验收要求，作出评判，合格时使用，不合格时应进行提纯或更换等处理，再按规定进行验收，直至合格，方可用于相关实验及实际工作。对采样用的滤膜、滤筒、采样管等消耗材料，尤应关注。

思考题与习题

一、填空题

1. 在实验室内质量控制技术中，______只能反映数据的精密度，不能表示数据的准确度；______指示数据的准确度。

2. 我国的法定计量单位以______的单位为基础，同时选用了一些______单位所构成。

3. 校准曲线包括______和______，前者用标准溶液系列直接测量，没有经过水样的______过程，这对于______或______往往造成较大误差；而后者所使用的标准溶液经过了与水样相同的消解、净化、测量等全程。

4. 最佳测定范围指在限定误差能满足预定要求的前提下，特定方法______至______之间的浓度范围。

二、问答题

1. mg/L，mg/kg，dB，m^3/h 这些单位代表的量是什么？

2. 影响空白值的因素主要有哪些？

3. 什么叫标准物质？标准物质有哪几类？

4. 环境监测理化实验室所用的试剂和消耗材料种类繁多，一般应选择哪些试剂和消耗材料进行质量验收？

参考文献

[1] 师耀龙，陈传忠，魏峻山，等. 加强生态环境监测机构监督管理的思考与分析[J]. 环境保护，2018，46(23)：56-60.
[2] 吴季友，陈传忠，赵岑，等. 关于"十四五"生态环境监测支撑能力提升的思路与目标[J]. 中国环境监测，2020，36(6)：1-4.
[3] 浙江省环境监测中心. 环境监测人员基础知识基本技能培训教材[M]. 北京：中国环境出版社，2016.
[4] 奚旦立. 环境监测[M]. 5 版. 北京：高等教育出版社，2019.
[5] 国家环境保护总局. 土壤环境监测技术规范：HJ/T 166—2004 [S]. 北京：中国环境科学出版社，2005.
[6] 生态环境部，国家市场监督管理总局. 土壤环境质量 农用地土壤污染风险管控标准(试行)：GB 15618—2018[S]. 北京：中国环境出版社，2019.
[7] 生态环境部，国家市场监督管理总局. 土壤环境质量 建设用地土壤污染风险管控标准(试行)：GB 36600—2018[S]. 北京：中国环境出版社，2019.
[8] 国家环境保护总局《水和废水监测分析方法》编委会. 水和废水监测分析方法[M]. 4 版增补版. 北京：中国环境科学出版社，2002.
[9] 国家环境保护总局《空气和废气监测分析方法》编委会. 空气和废气监测分析方法[M]. 4 版增补版. 北京：中国环境科学出版社，2003.
[10] 任妍冰，焦云. 影响分析空白值的因素及控制措施污染防治技术[J]. 污染防治技术，2011，24(4)：57-60.
[11] 周晓惠. 浅析环境监测质量保证方法[J]. 环境研究与监测，2010，23(3)：45-47.
[12] 国家环境保护总局. 水污染物排放总量监测技术规范：HJ/T 92—2002[S]. 北京：中国环境科学出版社，2003.
[13] 国家环境保护总局. 土壤环境监测技术规范：HJ/T 166—2004[S]. 北京：中国环境科学出版社，2005.
[14] 国家环境保护总局. 固定源废气监测技术规范：HJ/T 397—2007[S]. 北京：中国环境科学出版社，2008.
[15] 国家质量监督检验检疫总局，国家标准化管理委员会. 化学试剂 包装及标志：GB 15346—2012[S]. 北京：中国标准出版社，2012.
[16] 国家环境保护总局. 地表水和污水监测技术规范：HJ/T 91—2002[S]. 北京：中国环境科学出版社，2003.
[17] 中国环境监测总站. 环境水质监测质量保证手册[M]. 2 版. 北京：化学工业出版社，1994.
[18] 国家认证认可监督管理委员会. 实验室资质认定工作指南[M]. 2 版. 北京：中国计量出版社，2012.
[19] 中华人民共和国国家质量监督检验检疫总局，中国国家标准化管理委员会. 分析实验室用水规格和试验方法：GB 6682—2008[S]. 北京：中国标准出版社，2008.